电脑日常使用问答

主　编　杨奎河

编　者　张雪梅　孔美静　张晓明

　　　　黄春茹　路国庆　赵玲玲

　　　　李雅丽　刘　超　杨　露

金盾出版社

内 容 提 要

本书针对电脑初学者的需求,精选了 800 多个具有代表性的电脑日常使用时所遇到的问题,并以通俗易懂的语言和翔实生动的操作进行了全面的解答。主要包括电脑的购买维护、基本操作应用、上网基本应用、家庭娱乐、办公应用、常用工具软件、故障排除、安全防护等多个方面的知识和内容。本书内容全面、语言简练、操作性强,既可以作为电脑初学者的参考书,也可作为广大电脑使用者的日常使用查询手册。

图书在版编目(CIP)数据

电脑日常使用问答/杨奎河主编. -- 北京:金盾出版社,2012.4
ISBN 978-7-5082-7210-8

Ⅰ.①电… Ⅱ.①杨… Ⅲ.①电子计算机－问题解答 Ⅳ.①TP3－44

中国版本图书馆 CIP 数据核字(2011)第 202812 号

金盾出版社出版、总发行

北京太平路 5 号(地铁万寿路站往南)
邮政编码:100036 电话:68214039 83219215
传真:68276683 网址:www.jdcbs.cn
封面印刷:北京蓝迪彩色印务有限公司
正文印刷:北京金盾印刷厂
装订:永胜装订厂
各地新华书店经销
开本:787×1092 1/16 印张:19.5 字数:444 千字
2012 年 4 月第 1 版第 1 次印刷
印数:1～8 000 册 定价:48.00 元
(凡购买金盾出版社的图书,如有缺页、
倒页、脱页者,本社发行部负责调换)

前　言

随着信息时代的到来和网络的普及,电脑已经成为人们日常生活中不可缺少的工具。电脑给我们带来了很多方便,改变了我们的生活方式和娱乐方式。然而,很多电脑初学者在使用电脑时会遇到这样或那样的问题,出现了故障也无从下手,耽误时间和工作。为此,我们编写了此书,用于快速解决人们在日常使用电脑时经常遇到的各种问题,使办公室和家中的电脑最大限度地发挥作用,成为大家得心应手的工具。

本书共9章,第1章主要介绍购买电脑和电脑日常维护的基础知识,第2章主要介绍电脑的基本操作和使用,第3章主要介绍电脑上网的一些基本操作,第4章主要介绍网上娱乐,第5章主要介绍Office的日常应用和使用技巧,第6章主要介绍电脑常见硬件、软件故障的排除,第7章主要介绍常用工具软件的下载、安装及使用方法,第8章主要介绍电脑在使用当中的一些技巧,第9章主要介绍病毒知识、杀毒软件的使用以及电脑安全防护。

本书由杨奎河任主编,参加编写的有:张雪梅、孔美静、张晓明、黄春茹、路国庆、赵玲玲、李雅丽、刘超、杨露任,张铖、姜民英、赵松杰、孟祥慧、王彦新、钮时金、马建敏、岳梦一、杨洁为本书做了很多基础性工作,在此向他们表示诚挚的谢意。

由于编者水平有限,书中难免有错误和考虑不周之处,欢迎读者批评、指正。

编　者

目 录

第 1 章　电脑的购买与维护 ·· 1

1. 电脑是什么? ·· 1
2. 电脑中硬件和软件的关系? ··· 1
3. 电脑主机主要由哪些硬件设备组成? ·· 1
4. 什么是兼容机? ·· 1
5. 一台电脑的配件包括些什么? ·· 1
6. 购买电脑需要注意些什么? ··· 1
7. CPU 是什么? ·· 1
8. CPU 的主频是什么? ··· 2
9. CPU 的外频是什么? ··· 2
10. 双核处理器是什么? ·· 2
11. 什么是 CPU 超频? ··· 2
12. 如何给 CPU 进行升级? ·· 2
13. 选购 CPU 时需要注意什么参数? ··· 2
14. 双核 CPU 性能一定比单核 CPU 性能好吗? ·· 3
15. CPU 频率越高越好吗? ·· 3
16. 奔腾-M 处理器与赛扬-M 处理器有什么区别? ··· 3
17. 赛扬系列与速龙系列性能上的区别是什么? ·· 3
18. 主板是什么? ··· 3
19. 选购主板时需要注意什么? ·· 4
20. BIOS 设置与 COMS 设置有什么区别与联系? ··· 4
21. 驱动程序是什么? ··· 4
22. 内存是什么? ··· 4
23. 内存如何进行升级以及升级应该注意什么? ·· 5
24. 双通道内存是什么? ·· 5
25. 如何挑选内存的型号? ··· 5
26. 内存与硬盘有什么区别? ··· 5
27. 硬盘型号中的 2M、8M 是什么意思? ··· 5
28. 硬盘容量与标称值明显不符是为什么? ·· 6
29. 显卡是什么? ··· 6
30. 如何进行显卡的升级? ··· 6
31. 独立显卡和集成显卡的区别是什么? ·· 6

32. 电脑的分辨率是什么? ·· 7

33. 光驱是什么? ·· 7

34. 声卡是什么? ·· 7

35. 网卡是什么? ·· 7

36. 调制解调器是什么? ··· 7

37. 如何正确使用 U 盘? ··· 7

38. 怎样选购电脑音箱? ··· 8

39. 怎么判断机箱的好坏? ··· 8

40. 选购机箱时,在机箱设计上应注意什么? ··· 8

41. 电脑放什么位置合适? ··· 9

42. 如何给电脑清洁除尘? ··· 9

43. 电脑有哪三种模式? ··· 9

44. 电脑的硬盘分区和格式化过程是什么? ·· 9

45. 虚拟内存是什么? ··· 10

46. 磁盘碎片是什么? ··· 10

47. 为什么要定期整理硬盘? ·· 10

48. 笔记本键盘上的【Fn】键有什么作用? ·· 10

49. 是否可以将显示器外接到笔记本上同时使用? ··································· 10

50. 玩游戏和打字时笔记本触摸板经常误操作,有什么办法可以屏蔽? ·········· 11

51. 笔记本不小心进水怎么办? ··· 11

52. 笔记本接入了耳机,可音箱依旧有声音,应该如何解决? ····················· 11

53. 内置无线网卡的笔记本怎样才可以无线上网? ··································· 11

54. 笔记本是否可以随时关闭屏幕? ·· 11

55. 想为笔记本升级无线网卡,哪种比较好? ·· 11

56. 如何清理笔记本键盘? ··· 11

57. 笔记本电脑是否可以进行升级? ·· 12

58. 笔记本电池在使用中应该注意什么? ··· 12

59. 笔记本很多都预装 Vista 或 Linux 系统,是否可以改装 Windows XP 系统? ······ 12

60. 宽屏和普屏有什么区别? 应该如何选择? ··· 13

61. 英特尔和 AMD 的处理器哪种较好? 奔腾和酷睿处理器哪种较好? ··········· 13

62. 如何选择笔记本无线鼠标? ··· 13

63. 笔记本无线网卡的多种规格,应该如何选择? ····································· 13

64. 集成显卡的笔记本是否可以增加独立显卡? ······································ 13

65. 如果用笔记本连接液晶电视,应该用什么样的笔记本? ························· 13

66. 购买笔记本时,如何检验是样机还是新机? ······································· 14

67. 新买的笔记本硬盘只有一个分区,能否自己重新分区? ······················· 14

第 2 章　电脑的基本操作 ··· 15

68. 什么是操作系统? ··· 15

69. 怎么安装 Windows XP 操作系统? ··· 15

70. 怎么启动 Windows XP? ······ 15

71. 怎么退出 Windows XP 并关闭电脑? ······ 16

72. 电脑怎么进入待机模式? ······ 16

73. 怎么重新启动计算机? ······ 16

74. 怎么注销计算机? ······ 16

75. 什么是 Windows XP 的桌面? ······ 16

76. Windows XP 的【开始】菜单由哪几部分组成? ······ 17

77. 怎样设置任务栏的外观和显示项目? ······ 18

78. 怎样设置 Windows XP 桌面的"背景"? ······ 18

79. 怎样设置 Windows XP 桌面的"屏幕保护程序"? ······ 19

80. 怎样更改 Windows XP 的"外观"? ······ 19

81. 怎样设置显示器的分辨率、颜色及刷新频率? ······ 20

82. Windows 中的文件、文件夹、路径是什么? ······ 20

83. 怎样使用鼠标"拖放"操作? ······ 21

84.【我的电脑】窗口里有什么? ······ 21

85. 怎么自定义工具栏? ······ 21

86. 什么是应用程序窗口? ······ 22

87. 怎么改变窗口大小? ······ 22

88. 如何切换窗口? ······ 22

89. 怎么移动窗口? ······ 23

90. 怎么关闭应用程序? ······ 23

91. 什么是菜单及菜单命令? ······ 23

92. 菜单命令中符号的含义是什么? ······ 23

93. 怎么执行菜单命令? ······ 24

94. 怎么使用窗口菜单? ······ 24

95. 怎样使用右键快捷菜单? ······ 24

96. 怎样关闭打开的菜单? ······ 24

97. 怎样使用"Windows 资源管理器"? ······ 25

98. Windows 系统有哪些常见文件类型? ······ 26

99. 怎么选定文件或文件夹? ······ 26

100. 怎么新建文件? ······ 27

101. 怎么新建文件夹? ······ 27

102. 如何为文件或文件夹重命名? ······ 27

103. 如何浏览文件或文件夹? ······ 28

104. 怎样查找文件或文件夹? ······ 28

105. 文件或文件夹的属性有哪些? ······ 29

106. 怎样查看隐藏文件? ······ 29

107. 怎样复制文件或文件夹? ······ 30

108. 怎样移动文件或文件夹? ······ 31

109. 怎样删除文件或文件夹? ……………………………………………… 31

110. 什么是"回收站"? ………………………………………………………… 32

111. 怎么从回收站中还原文件或文件夹? ………………………………… 32

112. 怎么在回收站里彻底删除文件或文件夹? …………………………… 32

113. 如何使用"清空回收站"? ……………………………………………… 32

114. 什么是快捷方式以及如何创建桌面快捷方式? ……………………… 33

115. 如何排列桌面图标? …………………………………………………… 33

116. 怎么向【开始】菜单添加文件或文件夹的快捷方式? ……………… 34

117. 启动 Windows XP 应用程序的常用方法有哪些? …………………… 34

118. 怎样使用开始菜单中的【运行】? …………………………………… 34

119. 打开【控制面板】窗口有哪几种方式? ……………………………… 35

120. 如何打开设备管理器? ………………………………………………… 35

121. 什么是任务计划及如何安排自己的任务计划? ……………………… 36

122. 如何调整日期、时间? ………………………………………………… 36

123. 如何进行电源管理? …………………………………………………… 36

124. 怎样在控制面板中设置键盘? ………………………………………… 37

125. 怎样在控制面板中设置鼠标? ………………………………………… 38

126. 如何设置"声音和音频设备"? ………………………………………… 38

127. 怎样创建新帐户? ……………………………………………………… 39

128. 如何给帐户创建密码? ………………………………………………… 39

129. 怎样更改帐户的密码? ………………………………………………… 40

130. 怎么删除帐户? ………………………………………………………… 40

131. 怎么更改用户登录或注销的方式? …………………………………… 41

132. 怎么安装程序? ………………………………………………………… 41

133. 怎么卸载程序? ………………………………………………………… 42

134. 怎样添加/删除 Windows XP 组件? ………………………………… 42

135. 怎样使用控制面板中的【添加硬件】? ……………………………… 43

136. 怎么安装打印机? ……………………………………………………… 43

137. 怎么设置打印机? ……………………………………………………… 44

138. 怎么玩【空当接龙】游戏? …………………………………………… 45

139. 怎么玩【扫雷】游戏? ………………………………………………… 45

140. 如何使用 Windows Media Player 播放媒体文件? ………………… 46

141. 怎样使用 Windows XP 提供的录音机? ……………………………… 47

142. 怎样使用【音量控制】控制音量? …………………………………… 48

143. 如何使用【画图】工具绘制图画? …………………………………… 48

144. 如何使用 Windows 系统自带的计算器? …………………………… 49

145. 如何使用"记事本"? …………………………………………………… 50

146. 怎样使用"写字板"? …………………………………………………… 50

147. 什么是"剪贴板"? ……………………………………………………… 51

148. 怎样利用剪贴板获取屏幕图像? ………………………………… 51
149. 怎样利用剪贴板编辑文字? …………………………………… 51
150. 怎样查看磁盘的常规属性? …………………………………… 51
151. 怎样进行磁盘查错? …………………………………………… 52
152. 怎样进行磁盘清理? …………………………………………… 53
153. 怎样整理磁盘碎片? …………………………………………… 53
154. 怎样格式化磁盘? ……………………………………………… 54
155. 怎样使用语言栏? ……………………………………………… 54
156. 键盘的结构是怎样的? ………………………………………… 55
157. 什么是键盘的基本键? ………………………………………… 56
158. 使用键盘时,手的基本位置在哪儿? ………………………… 56
159. 使用键盘打字时,手指是如何分工的? ……………………… 56
160. 什么是正确的击键方法? ……………………………………… 57
161. 怎样选择汉字输入法? ………………………………………… 57
162. 怎样切换中英文输入法? ……………………………………… 57
163. 怎样添加输入法? ……………………………………………… 57
164. 怎样删除输入法? ……………………………………………… 58
165. 怎样使用智能 ABC 输入法输入单字和词组? ……………… 58
166. 怎样下载和安装紫光华宇拼音输入法? ……………………… 59
167. 怎样使用紫光华宇拼音输入单字和词组? …………………… 59
168. 怎样使用紫光华宇拼音输入法快速输入长词? ……………… 60
169. 怎样下载和安装搜狗拼音输入法? …………………………… 60
170. 怎样使用搜狗拼音输入法输入单字和词组? ………………… 61
171. 怎样使用搜狗拼音输入法快速输入人名? …………………… 62
第 3 章　电脑上网的基本应用 ……………………………………… 63
172. 什么是 Internet(因特网/国际互联网)? …………………… 63
173. 上网可以做些什么? …………………………………………… 63
174. 家庭上网的方式有哪些? ……………………………………… 63
175. 电话拨号上网方式有哪些特点? ……………………………… 63
176. ISDN 上网方式有哪些特点? ………………………………… 64
177. DDN 上网方式有哪些特点? ………………………………… 64
178. 什么是 ADSL 宽带上网? …………………………………… 64
179. 如何实现 ADSL 宽带上网? ………………………………… 64
180. 什么是网址? …………………………………………………… 65
181. 顶级域的域名是如何规定的? ………………………………… 65
182. 中国的二级域名是如何规定的? ……………………………… 65
183. 什么是 ISP? 怎样选择并确定 ISP? ………………………… 65
184. 什么是 TCP/IP 协议? ………………………………………… 66
185. 如何创建 ADSL 拨号连接? ………………………………… 66

186. 使用 ADSL 宽带上网方式,如何接入和断开因特网? …………………… 67

187. 什么是 VDSL? ……………………………………………………………… 67

188. 如何使用笔记本电脑无线上网? …………………………………………… 67

189. 什么是小区宽带上网? ……………………………………………………… 68

190. 怎样安装"TCP/IP"协议? …………………………………………………… 68

191. 家庭组网有什么作用? ……………………………………………………… 68

192. 组建家庭网络需要什么? …………………………………………………… 69

193. 怎样组成一个家庭局域网? ………………………………………………… 69

194. 什么是拨号连接资源共享? ………………………………………………… 69

195. 多台计算机共享宽带上网是否会增加网费开支? ………………………… 69

196. 多台计算机共享上网后,网络速度会变慢吗? …………………………… 70

197. 共享上网对计算机配置的要求高不高? …………………………………… 70

198. 共享上网是否有被"黑"的危险? …………………………………………… 70

199. 有哪些方法可以共享上网? ………………………………………………… 70

200. 计算机的共享资源有哪些? ………………………………………………… 70

201. 怎样设置和取消文件夹共享? ……………………………………………… 70

202. 如何将其他计算机上的共享文件夹映射成"网络盘符"? ………………… 71

203. 怎样设置和取消打印机共享? ……………………………………………… 71

204. 怎样使用网络中的共享打印机? …………………………………………… 72

205. 怎样使用 Windows XP 的发送和接收传真? ……………………………… 73

206. 什么是路由式 ADSL Modem? 使用路由式 ADSL Modem 组网有哪些
好处? ………………………………………………………………………… 74

207. 什么是宽带路由器? ………………………………………………………… 74

208. 使用路由式 ADSL Modem 共享上网怎样连接和设置? ………………… 74

209. 集线器、HUB、交换机、路由器有什么区别? ……………………………… 75

210. 什么是对等网? ……………………………………………………………… 75

211. 两台计算机怎样连接 Windows 对等网? ………………………………… 76

212. 什么是直接电缆连接? ……………………………………………………… 76

213. 怎样安装网卡和驱动程序? ………………………………………………… 76

214. 什么是网站? 什么是网页(Page)? ………………………………………… 77

215. 什么是网站首页? …………………………………………………………… 77

216. 什么是网页浏览器? ………………………………………………………… 77

217. 怎样启动 IE 浏览器? ……………………………………………………… 77

218. IE 浏览器窗口里有什么? …………………………………………………… 77

219. 如何使用 IE 浏览器浏览网页? …………………………………………… 78

220. 怎样更改 IE 的主页? ……………………………………………………… 78

221. 怎样使用 IE 的【停止】和【刷新】按钮? …………………………………… 78

222. 怎样使用 IE 脱机浏览网页? ……………………………………………… 79

223. 怎样使用 IE 查找最近浏览的网页? ……………………………………… 79

224. 使用 IE 时怎样正确显示网页中的乱码？ ……………………… 79

225. 如何将网站加入 IE 收藏夹？ ………………………………… 79

226. 怎样整理 IE 收藏夹？ ………………………………………… 80

227. 怎样删除 IE 中的历史记录？ ………………………………… 80

228. 怎样加快网页显示速度？ ……………………………………… 81

229. 怎样保存网页上的内容？ ……………………………………… 81

230. 怎样打印网页内容？ …………………………………………… 82

231. 在打印网页时如何去掉网页标题、URL 地址、页码及打印日期等？ …… 82

232. 在打印网页时如何打印出网页的背景颜色和图像？ ………… 82

233. 什么是搜索引擎？ ……………………………………………… 83

234. 怎样在网上搜索需要的信息？ ………………………………… 83

235. 如何利用百度搜索和试听音乐？ ……………………………… 83

236. 如何利用百度搜索歌词？ ……………………………………… 83

237. 如何利用百度搜索和观看视频？ ……………………………… 83

238. 如何利用百度搜索图片？ ……………………………………… 84

239. 如何使用百度搜索地图？ ……………………………………… 84

240. 如何使用百度地图查询公交线路？ …………………………… 84

241. 如何使用百度地图查询驾车线路？ …………………………… 84

242. 什么是【百度知道】？ ………………………………………… 85

243. 如何在【百度知道】中提问？ ………………………………… 85

244. 如何在【百度知道】中查看对自己问题的回答？ …………… 85

245. 如何浏览【百度贴吧】中的帖子？ …………………………… 85

246. 如何在【百度贴吧】中发表回复？ …………………………… 86

247. 如何在【百度贴吧】中发表新帖？ …………………………… 86

248. 如何使用 Google 首页中的【手气不错】？ ………………… 86

249. 如何使用 Google 搜索地图？ ………………………………… 86

250. 如何使用 Google 查询股票行情？ …………………………… 87

251. 如何使用 Google 的计算器功能？ …………………………… 87

252. 如何使用 Google 进行单位换算或货币换算？ ……………… 87

253. 电子邮件的基本原理是什么？ ………………………………… 87

254. 什么是 POP3 协议？ …………………………………………… 88

255. 如何保障 E-mail 的安全？ …………………………………… 88

256. 如何定时发送 E-mail 邮件？ ………………………………… 88

257. 怎样申请免费电子邮箱？ ……………………………………… 88

258. 怎样以 Web 方式使用免费 E-mail 邮箱？ ………………… 89

259. 怎样以 Web 方式接收和阅读邮件？ ………………………… 89

260. 怎样以 Web 方式发送邮件？ ………………………………… 89

261. 怎样以 Web 方式回复或转发邮件？ ………………………… 90

262. 怎样以 POP3 方式使用免费 E-mail 邮箱？ ………………… 90

263. 怎样启动电子邮件程序 Outlook Express? ……………………… 91

264. 怎样使用 Outlook Express 创建多个 E-mail 帐户? …………… 91

265. 怎样使用 Outlook Express 接收和阅读 E-mail? ……………… 92

266. 怎样在使用 Outlook Express 阅读邮件时消除乱码? ………… 92

267. 怎样使用 Outlook Express 在电脑上写信及发送? …………… 92

268. 怎样使用 Outlook Express 答复 E-mail? ……………………… 92

269. 怎样使用 Outlook Express 全部答复 E-mail? ………………… 93

270. 怎样使用 Outlook Express 转发 E-mail? ……………………… 93

271. 怎样使用 Outlook Express 作为附件转发 E-mail? …………… 93

272. 使用 Outlook Express 怎样设置信纸? ………………………… 93

273. 使用 Outlook Express 在 E-mail 中怎样添加签名? …………… 94

274. 怎样使用 Outlook Express 发送附件? ………………………… 94

275. 使用 Outlook Express 怎样查看及保存附件? ………………… 95

276. 怎样使用 Outlook Express 删除与恢复 E-mail? ……………… 95

277. 怎样使用 Outlook Express 彻底删除 E-mail? ………………… 95

278. 怎样使用 Outlook Express 设置 SMTP 认证? ………………… 96

279. 两个以上家庭成员怎样共用 Outlook Express? ……………… 96

280. 什么是【新闻组】? …………………………………………… 96

281. 怎样使用 Outlook Express 新建联系人? ……………………… 96

282. 怎样使用 Outlook Express 拒收垃圾邮件? …………………… 97

283. 怎样下载安装 QQ? ……………………………………………… 97

284. 怎样申请一个免费的 QQ 号码? ……………………………… 98

285. 怎样使用 QQ 查找和添加好友? ……………………………… 98

286. 怎样使用 QQ 与朋友聊天? …………………………………… 99

287. 怎样使用 QQ 与朋友传送文件? ……………………………… 99

288. 怎样使用 QQ 进行语音聊天? ………………………………… 99

289. 怎样使用 QQ 进行视频聊天? ………………………………… 100

290. 如何将 QQ 的在线方式设置为隐身? ………………………… 100

291. 使用 QQ 进行聊天时,如何在聊天内容中加入图片? ……… 100

292. 什么是 QQ 群? ………………………………………………… 100

293. 怎样加入 QQ 群? ……………………………………………… 100

294. 如何使用 QQ 创建一个"群"? ……………………………… 101

295. 如何远程控制 QQ 好友的电脑? ……………………………… 101

296. 什么是 BBS? …………………………………………………… 102

297. 什么是博客(Blog)? …………………………………………… 102

298. 如何浏览别人的博客? ………………………………………… 102

299. 如何使用在线翻译? …………………………………………… 103

第 4 章　电脑的家庭娱乐 ……………………………………………… 104

300. 网上听音乐有哪些方式? ……………………………………… 104

301. 如何使用酷我音乐盒听音乐? ……………………………………… 104

302. 如何使用酷我音乐盒下载音乐? ……………………………………… 105

303. 为什么要注册酷我音乐盒? 如何注册酷我音乐盒? ……………… 105

304. 如何使用酷我音乐盒播放 MV? …………………………………… 106

305. 如何使用酷我音乐盒显示歌词? ……………………………………… 106

306. 如何使用一听音乐网听音乐? ………………………………………… 106

307. 为什么在网上听音乐或看视频时需要缓冲? ……………………… 107

308. 怎样用电脑播放 CD 音乐? ………………………………………… 107

309. 怎样在网上收听广播? ……………………………………………… 108

310. 如何通过网络收看电影和电视节目? ……………………………… 109

311. 如何使用 PPTV 收看电视节目? …………………………………… 109

312. 使用 PPTV 收看电视节目时,如何同时收看多路电视节目? …… 109

313. 如何使用 PPTV 收看电影? ………………………………………… 110

314. 如何看网络视频? …………………………………………………… 110

315. 常见的视频文件格式有哪些? ……………………………………… 111

316. 如何在优酷网上发布自己的视频? ………………………………… 111

317. 在网上怎么玩趣味小游戏? ………………………………………… 112

318. 怎么样在网上玩棋牌游戏? ………………………………………… 112

319. 什么是桌面软件? 常用的桌面软件有哪些? ……………………… 113

320. 怎样在桌面上添加活动日历? ……………………………………… 114

321. 怎样制作自己的屏保程序? ………………………………………… 114

322. 怎样在网上求助? …………………………………………………… 115

323. 怎样使用 163 网盘将文档保存在网上? …………………………… 115

324. 什么是网上银行? …………………………………………………… 115

325. 怎样使用工商银行的网上银行? …………………………………… 116

326. 如何在网上看最新报刊? …………………………………………… 116

327. 如何在网上买卖基金? ……………………………………………… 117

328. 网上炒股常用哪些软件? …………………………………………… 117

329. 怎么下载安装"大智慧"软件,接收股市行情? …………………… 118

330. 怎么在网上买卖股票? ……………………………………………… 118

331. 如何在基金公司的网站上买卖基金? ……………………………… 118

332. 如何在各大银行的网上银行买卖基金? …………………………… 119

333. 什么是网上购物? …………………………………………………… 119

334. 网上购物安全吗? …………………………………………………… 119

335. 如何注册成为淘宝用户? …………………………………………… 119

336. 如何在淘宝网上购买商品? ………………………………………… 120

337. 如何在淘宝网上用购物车购买商品? ……………………………… 120

338. 如何使用网上校友录联系老同学? ………………………………… 121

339. 怎样利用电脑修饰照片? …………………………………………… 121

340. 怎样使用 Photoshop 调整图片的大小? ············· 121

341. 图片调整大小后,为什么没有以前清晰了? ············· 122

342. 怎样使用 Photoshop 修改图片的文件格式? ············· 122

343. 怎样使用 Photoshop 修复照片中脏点或划痕? ············· 122

344. 怎样使用 Photoshop 调整照片的亮度和对比度? ············· 123

345. 怎样使用 Photoshop 调整照片的暗调和高光? ············· 123

346. 怎样使用 Photoshop 裁切照片? ············· 123

347. 怎样使用 Photoshop 调整倾斜的照片? ············· 123

348. 怎样使用 Photoshop 调整照片的色彩? ············· 124

第5章　电脑的办公应用 ············· 125

349. Word 2003 具有哪些功能特点? ············· 125

350. 怎样在 Word 2003 中安装公式编辑器? ············· 125

351. 怎样启动 Word 2003? ············· 125

352. 中文 Word 2003 工作界面是什么样子? ············· 125

353. 怎样创建 Word 2003 新文档? ············· 126

354. 怎样在 Word 2003 中创建自己的模板? ············· 126

355. 怎样打开 Word 2003 文档? ············· 127

356. 怎样关闭 Word 2003 文档? ············· 128

357. 怎样保存 Word 2003 的文档? ············· 128

358. 怎样使用 Word 2003 的视图方式? ············· 128

359. 怎样在 Word 2003 中输入文本? ············· 129

360. 怎样在 Word 2003 中选定连续文本? ············· 129

361. 怎样在 Word 2003 中复制与移动文本? ············· 130

362. 怎样在 Word 2003 中使用 Office 剪贴板? ············· 130

363. 怎样使用 Word 2003 的撤销和恢复功能? ············· 131

364. 怎样在 Word 2003 文档中查找和替换? ············· 131

365. 怎样在 Word 2003 中对文本带格式替换? ············· 132

366. 怎样在 Word 2003 文档中添加水印效果? ············· 133

367. 怎样在 Word 2003 中让文字竖排或首字下沉? ············· 133

368. 怎样设置 Word 2003 文档的格式? ············· 133

369. 怎样用格式刷设置 Word 2003 文本的格式? ············· 134

370. 怎样设置 Word 2003 的字符间距和动态效果? ············· 134

371. 在 Word 2003 文档中怎样给汉字加上拼音? ············· 135

372. 怎样在 Word 2003 文档输入带圈的数字序号或文字? ············· 135

373. 在 Word 2003 文档中怎样合并字符或双行合一? ············· 136

374. 怎样在 Word 2003 中设置段落的对齐方式? ············· 136

375. 怎样在 Word 2003 中设置段落的缩进方式? ············· 136

376. 怎样在 Word 2003 中设置行间距和段间距? ············· 137

377. 怎样在 Word 2003 中为文本添加边框? ············· 137

378. 怎样在 Word 2003 中为文本添加底纹? ……………………………… 138

379. 怎样在 Word 2003 中为页面添加边框? ……………………………… 138

380. 怎样在 Word 2003 文本中插入艺术字? ……………………………… 138

381. 怎样在 Word 2003 文本中插入图片文件? …………………………… 139

382. 怎样使用 Word 2003 的图片工具栏? ………………………………… 139

383. 怎样在 Word 2003 文档中插入文本框? ……………………………… 140

384. 怎样将 Word 2003 文本框设置成透明的? …………………………… 140

385. 怎样创建 Word 2003 文本框之间的链接? …………………………… 140

386. 怎样在 Word 2003 文本中创建/删除表格? ………………………… 140

387. 怎样在 Word 2003 中让表格自动调整? ……………………………… 141

388. 怎样选定 Word 2003 的表格及其行、列、单元格? ………………… 141

389. 在 Word 2003 文档表格中怎样手动调整行高和列宽? ……………… 142

390. 怎样设置 Word 2003 文档表格单元格文本的对齐方式? …………… 142

391. 在 Word 2003 中怎样设置表格位置和文字环绕方式? ……………… 142

392. 怎样在 Word 2003 中将文本和表格互相转换? ……………………… 143

393. 怎样在 Word 2003 的表格中插入和删除行、列或单元格? ………… 143

394. 怎样在 Word 2003 表格中合并和拆分单元格或表格? ……………… 144

395. 怎样对 Word 2003 文档表格中的数据进行计算? …………………… 144

396. 怎样对 Word 2003 文档表格中的数据排序? ………………………… 145

397. 怎样设置 Word 2003 文档表格的边框和底纹? ……………………… 145

398. 怎样在 Word 2003 文档表格中绘制斜线表头? ……………………… 146

399. 怎样使 Word 2003 表格的表头跨页和防止一行跨页? ……………… 146

400. 怎样设置 Word 2003 文档的纸张、页面? …………………………… 146

401. 怎样设置 Word 2003 文档中每页行数和每行字符数? ……………… 147

402. 怎样在 Word 2003 文档中设置分栏? ………………………………… 147

403. 怎样在 Word 2003 文档中插入/删除分节符? ……………………… 148

404. 怎样改变 Word 2003 文档中的分节符位置? ………………………… 148

405. 怎样让 Word 2003 文档强制分页或分栏? …………………………… 148

406. 在 Word 2003 中怎样设置文档背景? ………………………………… 148

407. 怎样在 Word 2003 中添加和管理目录? ……………………………… 149

408. 怎样为 Word 2003 文档设置/删除密码? …………………………… 150

409. 怎样比较 Word 2003 文档? …………………………………………… 150

410. 怎样使用 Word 2003 文档的自动更正功能? ………………………… 151

411. 怎样在 Word 2003 文档中使用书签? ………………………………… 151

412. 怎样在 Word 2003 文档中插入公式? ………………………………… 152

413. 怎样在 Word 2003 文档中绘制图形? ………………………………… 152

414. 怎样选定 Word 2003 文档中绘制的图形? …………………………… 153

415. 怎样编辑 Word 2003 文档中绘制的图形? …………………………… 153

416. 怎样在 Word 2003 文档中添加行号? ………………………………… 154

417. 怎样在 Word 2003 文档中插入组织结构图？ ……………………… 154

418. 怎样在 Word 2003 文档中插入图表？ ………………………………… 155

419. 怎样在 Word 2003 文档中使用项目符号和编号？ ………………… 155

420. 怎样在 Word 2003 文档中使用批注？ ……………………………… 156

421. 怎样在 Word 2003 文档中使用修订功能修改文档？ ……………… 156

422. 怎样在 Word 2003 文档中使用宏？ ………………………………… 156

423. 怎样给 Word 2003 文档添加页眉/页脚？ ………………………… 158

424. 怎样修改 Word 2003 文档中页眉/页脚下的直线？ ……………… 158

425. 怎样在 Word 2003 文档中添加页码？ ……………………………… 159

426. 怎样在 Word 2003 文档打印前预览文档？ ………………………… 159

427. 怎样打印 Word 2003 文档？ ………………………………………… 159

428. Word 2003 的菜单栏不见了怎么办？ ……………………………… 160

429. 怎样在 Word 2003 中统计文档字数？ ……………………………… 160

430. 怎样启动 Excel 2003？ ……………………………………………… 161

431. 中文 Excel 2003 工作界面是什么样子？ …………………………… 161

432. 什么是 Excel 2003 的工作簿、工作表和单元格？ ………………… 161

433. 怎样创建 Excel 2003 的工作簿？ …………………………………… 162

434. 怎样保存 Excel 2003 工作簿？ ……………………………………… 162

435. 怎样关闭 Excel 2003 工作簿？ ……………………………………… 162

436. 怎样共享 Excel 2003 工作簿？ ……………………………………… 162

437. 怎样显示对 Excel 共享工作簿的修订？ …………………………… 163

438. 如何接受或拒绝对共享的 Excel 工作簿的修订？ ………………… 163

439. 怎样保护 Excel 2003 工作簿？ ……………………………………… 164

440. 怎样在 Excel 2003 工作簿中插入、删除工作表？ ………………… 164

441. 怎样在 Excel 2003 工作簿中切换工作表及重新命名？ …………… 165

442. 怎样在 Excel 2003 工作簿中移动/复制工作表？ ………………… 165

443. 怎样选定 Excel 2003 工作表中的单元格？ ………………………… 165

444. 怎样在 Excel 2003 工作表单元格中输入数据？ …………………… 165

445. 在 Excel 2003 工作簿中怎样设置数据的有效性？ ………………… 166

446. 怎样设置 Excel 2003 单元格的小数位数和负数显示格式？ ……… 166

447. 怎样在 Excel 2003 工作表中用相同数据填充相邻单元格？ ……… 167

448. 怎样在 Excel 2003 工作表相邻单元格中自动填充数据序列？ …… 167

449. 怎样在 Excel 2003 工作表单元格中自动填充公式？ ……………… 168

450. 在 Excel 2003 中怎样通过帮助学习函数的应用？ ………………… 169

451. 怎样在 Excel 2003 工作表中快速输入小数？ ……………………… 169

452. 怎样在 Excel 2003 工作表中插入行、列或单元格？ ……………… 169

453. 怎样在 Excel 2003 工作表中删除单元格？ ………………………… 170

454. 怎样在 Excel 2003 工作表中查找、替换？ ………………………… 170

455. 怎样在 Excel 2003 工作簿中撤消和恢复操作？ …………………… 171

456. 怎样在 Excel 2003 工作表中移动、复制单元格? ························· 171

457. 怎样设置 Excel 2003 工作表单元格的边框和底纹? ····················· 171

458. 怎样调整 Excel 2003 工作表单元格的行高和列宽? ··················· 172

459. 怎样设置 Excel 2003 工作表单元格的对齐方式? ····················· 172

460. 怎样在 Excel 2003 工作簿中创建图表? ······························· 172

461. 怎样编辑 Excel 2003 工作簿中的图表? ······························· 173

462. 怎样打印 Excel 2003 中的图表? ····································· 174

463. 怎样在 Excel 2003 工作表中排序? ··································· 174

464. 怎样在 Excel 2003 工作表中筛选数据? ····························· 175

465. Excel 2003 中高级筛选的条件是什么格式? ··························· 176

466. 怎样使用 Excel 2003 的分类汇总功能? ······························· 176

467. 怎样在 Excel 2003 工作簿中创建数据透视表? ······················· 177

468. 中文 PowerPoint 2003 工作界面什么样子? ··························· 178

469. 在 PowerPoint 2003 中有哪些视图方式? ····························· 178

470. 在 PowerPoint 2003 演示文稿中怎样切换视图方式? ················· 179

471. 怎样选定 PowerPoint 2003 演示文稿的幻灯片? ····················· 179

472. 怎样在 PowerPoint 2003 演示文稿中插入/删除幻灯片? ··············· 179

473. 怎样在 PowerPoint 2003 演示文稿中插入其他演示文稿中的幻灯片? ····· 180

474. 怎样将 Word 文档转换为 PowerPoint 演示文稿? ····················· 180

475. 怎样利用任务窗格设计 PowerPoint 2003 幻灯片? ··················· 181

476. 怎样为 PowerPoint 2003 幻灯片设置背景? ··························· 181

477. 怎样在 PowerPoint 2003 演示文稿中移动、复制幻灯片? ··············· 181

478. 怎样在 PowerPoint 2003 演示文稿中隐藏幻灯片? ····················· 182

479. 怎样为 PowerPoint 2003 演示文稿设置不同的模板? ················· 182

480. 怎样在 PowerPoint 2003 演示文稿中嵌入字体? ····················· 182

481. 怎样为 PowerPoint 2003 幻灯片快速添加重复内容? ················· 182

482. 怎样选定 PowerPoint 2003 幻灯片中的对象? ························· 182

483. 怎样在 PowerPoint 2003 幻灯片中插入表格? ························· 183

484. 怎样在 PowerPoint 2003 幻灯片中引用 Excel 单元格中的数据? ········· 183

485. 怎样将 Word 文档的表格导入幻灯片中? ····························· 183

486. 怎样在 PowerPoint 2003 幻灯片中插入文本框? ····················· 184

487. 怎样编辑 PowerPoint 2003 幻灯片中的文本框? ····················· 184

488. 怎样在 PowerPoint 2003 幻灯片上绘制图形? ························· 184

489. 怎样在 PowerPoint 幻灯片中插入幻灯片编号和页脚? ··············· 185

490. 怎样在 PowerPoint 幻灯片中插入日期和时间? ····················· 186

491. 怎样在 PowerPoint 2003 幻灯片中插入彩色公式? ··················· 186

492. 怎样在 PowerPoint 2003 幻灯片中创建超链接? ····················· 186

493. 怎样去掉 PowerPoint 2003 幻灯片中超链接文本的下划线? ··········· 187

494. 怎样在 PowerPoint 2003 幻灯片中插入声音? ······················· 187

495. 怎样为 PowerPoint 2003 幻灯片录制旁白？ …………………………… 188

496. 怎样从 PowerPoint 中提取图片？ ………………………………………… 189

497. 怎样在 PowerPoint 中创建自己的配色方案？ ………………………… 189

498. 如何自动压缩 PowerPoint 2003 幻灯片中的图片？ ………………… 189

499. 怎样为 PowerPoint 2003 演示文稿幻灯片自定义动画？ …………… 190

500. 怎样在 PowerPoint 2003 演示文稿中设置幻灯片切换效果？ ……… 190

501. 怎样放映 PowerPoint 2003 演示文稿？ ……………………………… 191

502. 在 PowerPoint 2003 中怎样自定义放映？ …………………………… 191

503. 在 PowerPoint 2003 中怎样设置放映方式？ ………………………… 191

504. 怎样使 PowerPoint 演示文稿双击即可放映？ ………………………… 192

505. 没有安装 PowerPoint 怎样播放演示文稿？ …………………………… 192

506. 怎样打印 PowerPoint 2003 幻灯片？ ………………………………… 193

507. 怎样在 Office 2003 和 Office 2007 中互相打开文件？ …………… 194

508. Word 2007 的工作界面是什么样的？ ………………………………… 194

509. 怎样在 Word 2007 中插入 SmartArt 图形？ ………………………… 194

510. 怎样在 Word 2007 中将页面设置为稿纸？ …………………………… 195

511. 怎样提取 Word 文档中的图片？ ………………………………………… 195

第 6 章　电脑常见故障排除 ……………………………………………………… 197

512. 排除故障的一般原则是什么？ ………………………………………… 197

513. 常见的系统故障有哪些？ ……………………………………………… 197

514. 怎么从主板的报警声判断电脑是什么故障？ ………………………… 198

515. 如何处理开机无显示的主板常见故障？ ……………………………… 198

516. 如何处理 CMOS 设置不能保存的主板常见故障？ ………………… 199

517. 安装主板驱动程序后出现死机或光驱读盘速度变慢怎么处理？ …… 199

518. 安装 Windows 或启动 Windows 时鼠标不可用怎么处理？ ……… 199

519. 电脑频繁死机，在进行 CMOS 设置时也会出现死机现象怎么处理？ … 199

520. 主板不启动，开机无显示，有内存报警是什么原因？ ……………… 199

521. 开机 BIOS 找到硬盘显示错误信息无法启动怎么办？ …………… 199

522. 双硬盘无法启动如何解决？ …………………………………………… 200

523. USB 设备无法识别怎么办？ …………………………………………… 200

524. 为什么无法使用磁盘碎片整理程序？ ………………………………… 201

525. 硬盘引导故障如何处理？ ……………………………………………… 201

526. 怎样修复安装 Windows XP 后失去的分区？ ……………………… 202

527. 开机无显示，显卡故障怎么处理？ …………………………………… 202

528. 显示花屏，看不清字迹怎么处理？ …………………………………… 202

529. 显示器颜色显示不正常是什么原因？ ………………………………… 202

530. 显卡与主板不兼容问题怎么解决？ …………………………………… 202

531. 显示显卡驱动程序丢失，怎么处理？ ………………………………… 202

532. 电脑装有声卡却没有声音怎么处理？ ………………………………… 203

533. 声卡发出的噪声过大是什么原因？ ········· 203

534. 声卡无法"即插即用"怎么处理？ ········· 203

535. 安装声卡却无法正常录音是什么原因？ ········· 203

536. 无法播放 Wav 音乐、Midi 音乐，声卡是什么故障？ ········· 204

537. PCI 声卡在 Windows 98 下使用不正常是什么原因？ ········· 204

538. Windows 7 下找不到声卡如何解决？ ········· 204

539. 清理内存条后开机无显示是什么原因？ ········· 204

540. Windows 经常自动进入安全模式是什么原因？ ········· 204

541. 更换内存后随机性死机怎么处理？ ········· 204

542. 内存加大后系统资源反而降低是什么原因？ ········· 205

543. 为什么总是提示内存不足？ ········· 205

544. 电脑的内存读取错误是怎么回事？ ········· 205

545. Windows 下 CD-ROM 操作显示"32 磁盘访问失败"并死机是什么原因？ ········· 205

546. 光驱无法正常读盘是什么原因？ ········· 205

547. 光驱使用时出现读写错误或无盘提示是什么原因？ ········· 206

548. 在播放电影 VCD 时出现画面停顿或破碎现象是什么原因？ ········· 206

549. 光驱在读数据时，有时读不出，并且读盘的时间变长怎么处理？ ········· 206

550. 开机检测不到光驱或者检测失败是什么原因？ ········· 206

551. 光驱能够正常播放 CD，但是却不能读数据光盘是什么原因？ ········· 206

552. 光盘盘符不见了怎么办？ ········· 206

553. 安装刻录机后无法启动电脑怎么处理？ ········· 207

554. 使用模拟刻录成功，实际刻录却失败怎么处理？ ········· 207

555. 用刻录机无法复制游戏 CD 是什么原因？ ········· 207

556. 刻录的 CD 音乐不能正常播放是什么原因？ ········· 207

557. 刻录光盘过程中出现"BufferUnderrun"错误提示信息是什么原因？ ········· 207

558. 光盘刻录过程中，刻录失败是什么原因？ ········· 207

559. 使用 EasyCDPro 刻录时，无法识别中文目录名怎么处理？ ········· 208

560. 如何选择适合自己 DVD 刻录机刻录格式的盘片？ ········· 208

561. 在显示器上找不到鼠标是什么原因？ ········· 208

562. 鼠标能显示，但无法移动怎么办？ ········· 209

563. 鼠标按键失灵是什么原因？ ········· 209

564. 键盘上一些键出现"卡键"故障怎么处理？ ········· 209

565. 某些字符不能输入怎么处理？ ········· 209

566. 按下一个键产生一串多种字符，或按键时字符乱跳是什么原因？ ········· 209

567. Modem 经常掉线是什么原因？ ········· 210

568. 怎么才能使 Modem 无拨号音？ ········· 210

569. Modem 无法拨号或连接怎么处理？ ········· 210

570. 电脑无法上网是什么原因？ ········· 211

571. 喷墨打印机打印时墨迹稀少，字迹无法辨认怎么处理？ ········· 211

572. 更换新墨盒后,打印机在开机时面板上的"墨尽"灯亮怎么处理? ·············· 211
573. 喷墨打印机喷头软性堵头怎么处理? ································· 211
574. 打印机清洗泵嘴出现故障如何处理? ······························· 212
575. 检测墨线正常而打印精度明显变差怎么处理? ························ 212
576. 打印机行走小车错位碰头怎么处理? ······························· 212
577. 怎样排除打印机故障? ·· 212
578. 打印机不能打印汉字怎么办? ······································ 213
579. 电脑刚开机时显示器的画面抖动厉害是什么原因? ·················· 213
580. 电脑开机后,显示器只闻其声不见其画,漆黑一片是什么原因? ········ 213
581. 显示器花屏是什么原因? ·· 213
582. 显示器屏幕抖是什么原因? ·· 213
583. 为什么显示器出现黑屏? ·· 214
584. 怎样排除静电噪声和不规则的背景噪声? ···························· 214
585. 系统濒临崩溃的原因都有哪些? ····································· 214
586. 大型 3D 游戏提示缺少"d3dx9_41.dll",无法进入游戏怎么办? ········ 214
587. Windows 7 系统的"msnp32.dll"动态链接失败是怎么回事? ············ 214
588. NTFS 怎样转化为 FAT32 格式? ····································· 215
589. Windows XP 经常显示系统资源不足如何解决? ······················ 215
590. Windows XP 删除的文件为什么未放在回收站? ······················ 216
591. 电脑无法启动 Windows,频繁死机怎么办? ·························· 216
592. Windows 系统蓝屏死机是什么原因? ······························· 216
593. 开机时提示 CMOS 出错怎么办? ···································· 216
594. Windows XP 启动时间过长是什么原因? ···························· 217
595. Windows 自动关机或重启怎么解决? ······························· 217
596. Ghost 版 Windows XP 安装至计算机导致死机怎么办? ················ 217
597. 忘记了电脑登录密码,怎样才能打开电脑? ·························· 217
598. 开机后不能进入系统是什么原因? ·································· 217
599. 电脑内存不足怎么办? ·· 218
600. Windows XP 关机自动重启是什么原因? ····························· 218
601. 电源开关或 RESET 键损坏开机后,过几秒就自动关机是什么原因? ····· 219
602. "磁盘清理"工具怎么应用? ·· 219
603. 如何隐藏我的电脑中的驱动器? ···································· 219
604. 怎么删除应用服务程序? ·· 220
605. 如何管理开机时加载的程序? ······································ 220
606. 如何对常用的网页地址自动加载? ·································· 220
607. ipconfig 命令如何应用? ·· 220
608. 如何通过红外端口将打印机连接到计算机中进行打印? ··············· 220
609. 如何实现自动定时开机? ·· 221
610. 如何关闭 Windows XP 的自动播放功能? ···························· 221

611. 下载中断后的文件希望继续下载,如何处理? ……………… 221

612. 在 Windows XP 下安装不了软件该如何处理? …………… 222

613. Outlook Express 无法使用怎么办? …………………………… 222

614. QQ 密码忘了怎么办? …………………………………………… 222

615. 双击".txt"文件打不开怎么办? …………………………… 223

616. 如何打开损坏的 Word 文件? ……………………………… 223

617. Word 文档不能被修改如何解决? …………………………… 223

618. 玩 3D 游戏时经常不定时死机怎么办? …………………… 223

619. Vista、Windows XP 或者 Windows 7 哪个系统好? ……… 223

620. 怎样使用瑞星杀毒软件"定时查杀病毒"? ……………… 224

621. 怎样使用瑞星杀毒软件"病毒隔离系统"功能? ………… 224

622. Windows XP 中怎样恢复系统? ……………………………… 224

623. 怎样使用 Outlook Express 备份并恢复"通讯簿"? ……… 224

624. Windows XP 设备管理器里面有问号是怎么回事? ……… 225

625. 如何确认自己的系统是安全的? …………………………… 225

626. 如何设定永久通用 WinRAR 压缩密码? ………………… 226

627. 如何隐藏压缩包里的文件名? ……………………………… 226

628. 如何给压缩包添加注释? …………………………………… 226

629. 如何解读 U 盘 Autorun.inf 文件? ………………………… 226

630. 如何清除与 Autorun.inf 文件有关的病毒? ……………… 226

631. 如何预防与 autorun.inf 文件有关的病毒? ……………… 227

632. 如何恢复 U 盘里的中毒文件? ……………………………… 227

633. 如何对系统声音进行选择与设置? ………………………… 227

634. 如何利用回收站给文件夹加密? …………………………… 228

635. 如何解决插电即开机问题? ………………………………… 228

636. 如何解决系统关机变重启故障? …………………………… 229

637. 如何简单地重装系统? ……………………………………… 229

638. 如何解决光驱读盘不正常? ………………………………… 229

639. 为何回收站无法清空? ……………………………………… 229

640. 如何解决内存不能为 read 的问题? ……………………… 230

641. 如何解决开始菜单响应速度过慢? ………………………… 230

642. 电脑故障急救必备的工具有哪些? ………………………… 230

643. 如何处理 Windows XP 不能自动关机的现象? …………… 231

第 7 章 电脑的常用工具软件 …………………………………… 232

644. 文件压缩软件(WinRAR)有什么用途? …………………… 232

645. 从哪里下载文件压缩软件 WinRAR? ……………………… 232

646. 如何安装压缩软件 WinRAR? ……………………………… 232

647. 如何启动压缩软件 WinRAR? ……………………………… 233

648. 如何用压缩软件 WinRAR 对文件(文件夹)进行压缩? …… 233

649. 如何用压缩软件 WinRAR 给文件（文件夹）解压缩？ …………… 233

650. 如何用压缩软件 WinRAR 制作自解压文件？ ………………… 234

651. 如何用压缩软件 WinRAR 进行分卷压缩？ …………………… 235

652. 什么是"下载"，在网上可以下载哪些资源？ ………………… 235

653. 如何下载网上资源？ …………………………………………… 235

654. 如何利用网页下载单个图片、文本？ ………………………… 236

655. 常用的下载专用软件有哪些？ ………………………………… 236

656. 如何下载迅雷？ ………………………………………………… 236

657. 如何启动迅雷？ ………………………………………………… 236

658. 如何卸载迅雷下载工具？ ……………………………………… 237

659. 如何使用迅雷建立下载任务？ ………………………………… 237

660. 如何使用迅雷下载 BT 资源？ ………………………………… 237

661. 如何更改迅雷默认存储目录？ ………………………………… 238

662. 在迅雷中如何设置显示或隐藏悬浮窗？ ……………………… 238

663. 如何下载快车（FlashGet）软件？ …………………………… 239

664. 如何安装快车（FlashGet）软件？ …………………………… 239

665. 如何卸载快车（FlashGet）软件？ …………………………… 239

666. 如何用快车（FlashGet）软件下载网络资源？ ……………… 240

667. 如何用快车（FlashGet）软件下载 BT 资源？ ……………… 240

668. 如何用快车软件下载全部链接？ ……………………………… 240

669. 如何更改快车的默认存储目录？ ……………………………… 240

670. 在快车中如何设置悬浮窗？ …………………………………… 241

671. 如何下载安装电驴 eMule？ …………………………………… 241

672. 如何用 VeryCD 版 eMule 搜索资源？ ………………………… 241

673. 如何更改 VeryCD 版 eMule 的存储路径？ …………………… 242

674. 如何用 VeryCD 版 eMule 进行文件下载？ …………………… 242

675. 如何在 VeryCD 版 eMule 中进行上载文件？ ………………… 243

676. 什么是暴风影音？ ……………………………………………… 243

677. 如何下载安装暴风影音？ ……………………………………… 243

678. 如何更新暴风影音？ …………………………………………… 243

679. 如何卸载暴风影音？ …………………………………………… 244

680. 如何启动暴风影音？ …………………………………………… 244

681. 暴风影音的主界面所包含的内容及其基本控制键的使用？ … 244

682. 暴风影音中如何打开播放文件？ ……………………………… 245

683. 暴风影音怎么改变屏幕显示比例？ …………………………… 245

684. 如何下载暴风影音中视频的字幕？ …………………………… 245

685. 千千静听的下载、安装和使用？ ……………………………… 245

686. 如何使用千千静听中的歌词功能？ …………………………… 246

687. 如何使用千千静听的设置音效功能？ ………………………… 246

688. 什么是 Foxmail,如何下载和安装 Foxmail? ············· 247

689. 如何设置邮件客户端软件 Foxmail? ················· 247

690. 如何利用 Foxmail 软件接收邮件? ················· 247

691. 如何利用 Foxmail 软件发送邮件? ················· 248

692. 屏幕抓图软件 Snagit 有什么作用? ················· 248

693. 如何利用抓图软件 Snagit 捕捉区域、窗口? ············· 248

694. 如何利用抓图软件 Snagit 捕捉图像时保留鼠标? ·········· 248

695. 如何在 Snagit 中设置自己的方案? ················· 249

696. 如何下载、安装和使用 Adobe Reader 软件? ············ 249

697. 如何利用 Adobe Reader 复制 PDF 文档中的文本? ········· 250

698. 虚拟光驱软件 Daemon Tools 的用途是什么? ··········· 250

699. 如何利用 Daemon Tools 工具加载虚拟光驱镜像文件? ······· 250

第 8 章　电脑的使用技巧 ························· 252

700. 如何找回丢失的桌面图标透明效果? ················ 252

701. 怎样隐藏/显示桌面图标? ····················· 252

702. 如何在桌面时间旁加上自己的名字? ················ 252

703. 如何在任务栏上显示星期与日期? ················· 252

704. 【显示桌面】按钮不见了怎么办? ·················· 253

705. 如何找出被 Windows XP 隐藏的输入法? ·············· 253

706. 如何将所喜爱的程序放置在开始菜单的顶部? ············ 253

707. 如何使【我的文档】数据不在 C 盘存储? ·············· 253

708. 怎样更改画图板的默认保存路径? ················· 254

709. 怎样更改 IE 临时文件夹? ····················· 254

710. 如何减少启动时的加载项目? ··················· 254

711. 如何提高 Windows XP 的启动速度? ················ 254

712. Windows XP 中如何快速关闭多个已打开的窗口? ········· 255

713. 如何隐藏部分文件扩展名? ···················· 255

714. 在 Windows XP 中如何实现批量文件重命名? ··········· 255

715. 在 Windows XP 中如何快速找到快捷方式指向的文件? ······· 256

716. 在 Windows XP 中怎样快速展开文件夹? ·············· 256

717. 在删除文件时,遇到"文件或文件夹无法删除"的情况,应该怎么办? ·· 256

718. 如何关闭 Windows XP 的系统还原功能? ·············· 256

719. 如何自动关闭停止响应的程序? ·················· 256

720. 怎样关闭【自动发送错误报告】功能? ··············· 257

721. 怎样让系统关闭时自动结束任务? ················· 257

722. 如何让电脑的键盘会说话? ···················· 257

723. 哪个是【Winkey】键,如何巧用键盘上的【Winkey】键? ······· 257

724. 如何巧用 Windows XP 中的几个常用快捷键? ··········· 258

725. 怎样关闭 Windows XP 的自动播放功能? ·············· 258

726. 在 Windows XP 中如何隐藏登录界面中的"关闭计算机"按钮？ ……………… 259

727. Windows XP 中如何快速切换用户？ …………………………………………… 259

728. 怎样快速关机？ ………………………………………………………………… 259

729. 如何创建【锁定计算机】的快捷方式？ ………………………………………… 260

730. 忘记安全口令怎么办？ ………………………………………………………… 260

731. 怎样使时间校正自动化？ ……………………………………………………… 260

732. 如何使用 Windows 系统中的"录音机"将 WAV 文件转换成 MP3 格式？ …… 260

733. 录音时如何设置语声效果？ …………………………………………………… 261

734. 如何不让 QQ 图标在任务栏中显示？ ………………………………………… 261

735. 在 Windows XP 环境下，如何使用远程桌面功能控制远程的计算机？ ……… 261

736. 在局域网如何实现远程关机？ ………………………………………………… 262

737. 怎样加快【网上邻居】的共享速度？ …………………………………………… 262

738. 编辑 Word 文档时，如何取消自动将 E-mail 地址转换为一个超链接？ ……… 263

739. 如何显示消失的 Word 工具栏和菜单栏？ …………………………………… 263

740. 在 Word 中，如何实现公式居中，公式编号靠右对齐？ ……………………… 263

741. 在 Word 中如何随意放大/缩小页面？ ………………………………………… 264

742. 在 Word 中如何对图形、文本框等非字符元素的位置进行微调？ …………… 264

743. 如何在 Word 中直接调用外部程序？ ………………………………………… 264

744. 如何在 Word 中标注圆圈数字？ ……………………………………………… 264

745. 如何用低版本的 Office 打开或编辑 Office 2007 的文档？ …………………… 265

746. 安装 Office 2007 时如何同时保留低版本的 Office？ ………………………… 265

747. 如何将 Office 2007 文档保存为低版本的 Office 文档？ ……………………… 266

748. 在 Excel 里输入较长的数字时，如何快捷地避免被显示为科学计数法的
　　 形式？ …………………………………………………………………………… 266

749. 如何解决 Excel 2007 输入数据后显示为"＃＃＃＃＃"的问题？ …………… 266

750. 如何在 Excel 2007 中单元格中输入分数？ …………………………………… 266

751. 如何使用 Power Point 2007 在幻灯片中插入公式？ ………………………… 267

752. 如何使用 Power Point 2007 在幻灯片中插入视频？ ………………………… 267

753. 如何为 ppt 增加背景音乐？ …………………………………………………… 268

754. 如何使 PDF 文档变清晰？ …………………………………………………… 268

755. 忘记 WinRAR 压缩文件设置的密码怎么办？ ………………………………… 269

756. 如何在生成压缩文件的同时自动设置密码？ ………………………………… 269

第 9 章　电脑的安全防护 …………………………………………………………… 271

757. 什么是计算机病毒？ …………………………………………………………… 271

758. 电脑病毒是怎样感染到电脑上的？ …………………………………………… 271

759. 计算机中毒都有哪些症状？ …………………………………………………… 271

760. 如何更好地预防计算机中毒？ ………………………………………………… 271

761. 常见的计算机病毒有哪些？ …………………………………………………… 272

762. 通过病毒名字能知道什么？ …………………………………………………… 272

763. 什么是蠕虫病毒,它有什么特点? ………… 272

764. 什么是木马病毒,它有什么特点? ………… 272

765. 什么是宏病毒,它有什么特点? ………… 272

766. 什么是防火墙? ………… 273

767. 什么是黑客? 黑客与骇客的区别? ………… 273

768. 网络攻击的一般步骤有哪些? ………… 273

769. 什么是入侵检测系统? ………… 273

770. 入侵检测系统有哪些类型? ………… 273

771. 什么是电子欺骗攻击? ………… 274

772. 什么是拒绝服务攻击? ………… 274

773. 什么是缓存溢出攻击? ………… 274

774. 现在大家常用的杀毒软件有哪些? ………… 274

775. 如何下载 360 杀毒软件? ………… 274

776. 如何安装 360 杀毒软件? ………… 275

777. 如何启动 360 杀毒软件? ………… 275

778. 如何在线升级 360 杀毒软件的病毒库? ………… 275

779. 如何利用 360 杀毒软件进行病毒查杀? ………… 275

780. 如何处理 360 杀毒软件扫描出的病毒? ………… 275

781. 360 杀毒软件与 360 安全卫士的区别是什么? ………… 276

782. 如何下载 360 安全卫士? ………… 276

783. 如何安装 360 安全卫士? ………… 277

784. 如何启动 360 安全卫士? ………… 277

785. 如何用 360 安全卫士对计算机进行体检? ………… 277

786. 如何用 360 安全卫士查杀木马病毒? ………… 277

787. 如何用 360 安全卫士清理计算机中的插件? ………… 277

788. 如何用 360 安全卫士修复系统漏洞? ………… 278

789. 如何用 360 安全卫士清理计算机中的系统垃圾? ………… 278

790. 如何用 360 安全卫士清理计算机的使用痕迹? ………… 278

791. 如何用 360 安全卫士对系统进行修复? ………… 279

792. 360 安全卫士的高级工具功能有什么用? ………… 279

793. 在 Windows XP 中为什么要使用用户帐户? ………… 279

794. 如何在 Windows XP 中建立一个新的用户帐户? ………… 279

795. 如何设置更改 Windows XP 用户帐户的类型? ………… 279

796. 如何创建和更改 Windows XP 用户帐户的密码? ………… 280

797. Windows XP 登录选项有哪些,如何设置? ………… 280

798. 如何将计算机设置成登录 Windows 之前必须按【Ctrl+Alt+Delete】
组合键? ………… 280

799. 如何使用组合键锁定计算机? ………… 281

800. 如何设置屏幕保护密码? ………… 281

801. 在 Windows XP 中如何加密文件和文件夹？ …………………… 281
802. 在 Windows XP 中如何彻底隐藏文件？ …………………… 282
803. Windows XP 的安全中心有什么作用？ …………………… 282
804. 如何打开 Windows XP 的安全中心？ …………………… 282
805. 如何启用或关闭 Windows XP SP2 自带的防火墙？ …… 283
806. Windows XP 安全中心病毒防护选项的设置？ …………… 283
807. 如何阻止 IE 浏览器的弹出窗口？ …………………… 283
808. 如何统一管理 IE 浏览器加载项？ …………………… 284
809. 什么是 Ghost？ …………………… 284
810. 如何启动 Ghost？ …………………… 284
811. Ghost 菜单功能简介？ …………………… 285
812. 如何利用 Ghost 进行分区备份？ …………………… 285
813. 如何利用 Ghost 镜像文件对分区进行恢复？ …………… 286
814. Ghost 的最佳使用方案是什么？ …………………… 286
815. 利用 Ghost 进行恢复时必须要注意的问题？ …………… 286

第1章 电脑的购买与维护

1. 电脑是什么？

电脑是利用电子学原理根据一系列指令对数据进行处理的机器,即平时所说的计算机。第一台电脑 ENIAC 于 1946 年 2 月 15 日宣告诞生。电脑可以分为软件系统和硬件系统两部分。软件系统包括操作系统和应用软件等,硬件系统由主机和外设组成。电脑的应用范围包括数值计算、数据处理、实时控制、计算机辅助设计和娱乐,在生活中扮演着举足轻重的角色。多媒体电脑是指能够对声音、图像、视频等多媒体信息进行综合处理的计算机,一般指多媒体个人计算机(MPC)。

2. 电脑中硬件和软件的关系？

硬件和软件是一个完整的计算机系统互相依存的两大部分。硬件是软件赖以工作的物质基础,软件的正常工作是硬件发挥作用的唯一途径。随着计算机技术的发展,在许多情况下,计算机的某些功能既可以由硬件实现,也可以由软件实现。计算机软件随硬件技术的迅速发展而发展,而软件的不断发展与完善又促进硬件的更新,两者密切地交织发展,缺一不可。

3. 电脑主机主要由哪些硬件设备组成？

主机用于放置计算机主板及其他主要部件。通常包括主板、CPU(中央处理器)、内存、硬盘、光驱、电源以及其他输入输出控制器和接口,如 USB 控制器、显卡、网卡、声卡等。位于主机箱内的通常称为内设,而位于主机箱之外的通常称为外设,如显示器、键盘、鼠标、外接硬盘、外接光驱等。通常,主机已经是一台能够独立运行的计算机,如服务器等有专门用途的计算机通常只有主机,没有其他外设。

4. 什么是兼容机？

兼容机指 DIY(Do It Yourself) 的机器,即非厂家原装,由个体装配而成,其中的元件可以是同一厂家出品,也可以整合各家之长。通常把有品牌且整机出售的电脑叫品牌机,把组装的电脑称为兼容机。

5. 一台电脑的配件包括些什么？

一台电脑的基本配件包括输入设备、输出设备和主机箱。输入设备包括鼠标、键盘、光驱、(软驱、手写版);输出设备包括显示器、音箱、耳麦;主机箱内部有 CPU、主板、显卡、内存、硬盘、电源、CPU 散热器、机箱风扇、网卡、声卡等。如果工作需要可连接打印机、复印机、传真机、扫描仪、照相机和摄像机等数码设备。

6. 购买电脑需要注意些什么？

(1)购机时认真核对机器的装箱单或配件表,并和实物一一检验,再检查机器的外观是否有划伤、破损。

(2)机器安装调试完以后,一定要求经销商认真填写质保卡,并盖章。

7. CPU 是什么？

CPU 是中央处理单元的缩写,简称微处理器或处理器。CPU 是计算机的核心,负责处理、运算计算机内部的所有数据。CPU主要由运算器、控制器、寄存器组和内部总线等构成。

8. CPU的主频是什么?

CPU的主频即CPU内核工作的时钟频率(CPU Clock Speed)。CPU的主频不代表CPU的速度,但提高主频对于提高CPU运算速度至关重要。假设某个CPU在一个时钟周期内执行一条运算指令,那么当CPU运行在100MHz主频时,将比它运行在50MHz主频时速度快一倍。但是电脑的整体运行速度不仅取决于CPU运算速度,还与其他各分系统的运行情况有关。

9. CPU的外频是什么?

外频是CPU乃至整个计算机系统的基准频率,单位是MHz。在早期的电脑中,内存与主板之间的同步运行速度等于外频。在这种方式下,可以理解为CPU外频直接与内存相连通,实现两者间的同步运行状态。对于目前的计算机系统来说,两者完全可以不相同,但是外频的意义仍然存在,计算机系统中大多数的频率都是在外频的基础上乘以一定的倍数实现的。

10. 双核处理器是什么?

双核处理器(Dual Core Processor)是指在一个处理器上集成两个运算核心,从而提高计算能力。简言之,将两个物理处理器核心整合到一个CPU核中。芯片制造厂商们也一直坚持寻求增进性能而不用提高实际硬件覆盖区的方法,双核及多核处理器解决方案针对这些需求,提供更强的性能而不需要增大容量或实际空间,是提高处理器性能的有效方法。如果想让系统达到最大性能,必须充分利用两个内核中的所有可执行单元,即每个执行单元同时对复杂的工作进行处理时才会明显的提高效率。

11. 什么是CPU超频?

电脑的超频就是通过人为的方式将CPU、显卡等硬件的工作频率提高,使其在高于额定频率的状态下稳定工作。CPU超频的主要目的是为了提高CPU的工作频率,也就是CPU的主频。CPU的主频是外频和倍频的乘积,如一块CPU的外频为100MHz、倍频为8.5,可以计算得到它的主频=外频×倍频=100MHz×8.5=850MHz。主频较低的CPU比较适合超频,例如同样是酷睿2的E7000系列,E7200与E7400是完全相同的内部结构,只是工作频率上的差别,超频所能达到的极限,也非常接近,所以超频到同样的频率,原始主频低的CPU产品,超频幅度要更大一些。另外,超频要循序渐进,并且要随时观察温度,找到最适合的频率。

12. 如何给CPU进行升级?

作为电脑的运算、控制中心,CPU的速度影响着整个电脑的速度,因此CPU是最常见的升级部件。常见的CPU升级方法有以下三种:一是直接用主板支持的新的CPU更换旧的CPU;二是调整CPU的外频,CPU的主频=外频×倍频,而倍频在出厂时已锁定,因此可以通过COMS调整CPU的外频来提高主频,此方法收效不大;三是利用超频软件进行CPU超频。CPU升级特别要注意散热问题,CPU超频使用,散热量会提高,稍有不慎就可能将其烧坏,因此给CPU升级时,最好准备一个好的风扇。

13. 选购CPU时需要注意什么参数?

CPU的主要参数有主频、外频、倍频、一级缓存、二级缓存、多媒体指令集等。CPU的主频=外频×倍频,若主频相当于高速公路车辆通过的频率,则外频相当于公路的宽度。由此可见,主频越高越好,外频越大整体的效果越好。外频是数据交换的通道和内存交换数据紧密相连,所以在主频相同的情况下提高外频比提高倍频提升的速度效果要高。一级缓存和二级缓存是暂时存放数据的地方,一般以KB为单位,现在还出现了1MB以上的缓存。多媒体指令集是一些指令的集合，这些指令所支持的功能不一样，所以不同 CPU 的指令集是不一样的。

14. 双核 CPU 性能一定比单核 CPU 性能好吗？

双核处理器是基于单个半导体的一个处理器上拥有两个功能相同的处理器核心，即将两个处理器物理核心整合到一个内核中。这必然带来处理器两个核心之间的任务协同、数据交换、争抢缓存通道等一系列问题。因此，双核处理器的性能远未达到 1＋1＝2 的水平。

15. CPU 频率越高越好吗？

在 CPU 发展初期，无论是 CPU 本身的结构还是所面临的任务都比较单一，频率（MHz，时钟速度）作为区分 CPU 最明显的标识，已成为 CPU 性能的代名词。其实，准确的 CPU 性能判断标准应该是 CPU 性能＝IPC（CPU 每一时钟周期内所执行的指令）×频率，这个公式最初由英特尔提出并被业界广泛认可。由此可见，是频率和 IPC 共同影响 CPU 性能。

IPC 代表了一款处理器的设计架构，一旦该处理器设计完成之后，IPC 值就不会再改变了。英特尔的最新产品奔腾 4 出世后，频率高达 1400MHz 以上，但通过评测发现，该产品性能评测结果却不敌 1000MHz 的奔腾 3。众多评测结果显示，同频率下，奔腾 4 的产品性能竟然比 AthlonXP 低 30％。由此可说明，IPC 值的高低起到了决定性作用。

16. 奔腾-M 处理器与赛扬-M 处理器有什么区别？

奔腾-M 与赛扬-M 处理器的核心、构架都是相同的，主要区别有两个：一是奔腾-M 支持自动降频节电的 Intel SpeedStep 技术，可以带来更长的电池使用时间，而赛扬-M 则不支持该技术；二是奔腾-M 比同核心的赛扬-M 处理器的二级缓存高出一倍，比如采用 Banias 核心的奔腾-M 的二级缓存为 1M，而赛扬-M 仅为 512K。和台式机上赛扬处理器与奔腾处理器性能的巨大差距不同，赛扬-M 处理器的性能比同频率的奔腾-M 处理器仅低 10％左右。

个别机型采用了相关软件对赛扬-M 处理器进行了降频，与奔腾-M 处理器采用降低倍频达到降频的原理不同，赛扬-M 是通过降低外频来实现频率的下降，这样会导致系统性能下降，因为外频的频繁更换对一些设备会有不良的影响。

17. 赛扬系列与速龙系列性能上的区别是什么？

两者之间的区别涉及了缓存。CPU 的缓存分两个，一个是内部缓存，也叫一级缓存（L1 Cache），另一个是外部缓存，也叫二级数据缓存（L2 Cache）。内部缓存是封闭在 CPU 芯片内部的高速缓存，用于暂时存储 CPU 运算时的部分指令和数据，存取速度与 CPU 主频一致。L1 Cache 越大，CPU 工作时与存取速度较慢的 L2 Cache 和内存间交换数据的次数越少，相对电脑的运算速度可以提高；外部缓存是 CPU 外部的高速缓存，现在处理器的 L2 Cache 是和 CPU 运行在相同频率下的。

赛扬的基本架构和同时代的奔腾是差不多的，但它的外频低、前端总线低，而且缓存与奔腾系列相比严重缩水（Northwood 核心赛扬 4 的二级缓存只有 128K，而 Northwood 核心 P4 的二级缓存有 512K）。减少了 3/4 的缓存大大降低了成本，但也造成了 CPU 能力的急剧下降。而速龙系列的一级缓存高达 128K，TA、TB 核心的速龙二级缓存为 256K，Barton 及以后核心的速龙二级缓存达到了 512K，再加上其比较精确的指令分支预测以及三路数据校验（或者叫三角形数据校验回路），所以处理器虽然工作频率不高，但性能很出色。

18. 主板是什么？

主板又叫主机板、系统板和母板，它安装在机箱内，是电脑最基本的也是最重要的部件之一。主板一般为矩形电路板，上面安装了组成计算机的主要电路系统，有 BIOS 芯片、I/O 控制芯片、键盘和面板控制开关接口、指示灯插接件、扩充插槽、主板及插卡的直流电源供电接插件等元件。主板的另一特点是采用了开放式结构。主板上大都有 6～8 个扩展插槽，供 PC 机外围设备的控制卡（适配器）插接。通过更换这些插卡，可以对电脑的相应子系统进行局部升级，使厂家和用户在配置机型方面有更大的灵活性。可以说，主板的类型和档次决定着整个电脑系统的类型和档次，主板的性能影响着整个电脑系统的性能。

19. 选购主板时需要注意什么？

（1）根据实际需求购买主板，此外还要看应用环境，因为它对于选择主板尺寸、支持 CPU 性能等级及类型、需要的附加功能都会有一定的影响。

（2）品牌的选择。品牌决定产品的品质，有实力的主板厂商为了推出自己品牌的主板，从产品的设计、选料筛选、工艺控制、包装运送等都要经过十分严格的把关，并且好的品牌厂商往往有良好的售后服务。

（3）性价比。电脑对于普通用户来说可分为：低端应用，做一些简单的文字处理，数据管理等；中端应用，用于运行一些商用软件，玩一些普通的游戏；高端应用，用于运行高级软件，玩高级的 3D 游戏等。虽然适合高端应用的电脑也能适合低端应用，但这样会造成资源和金钱上的浪费，应该在性能与价格两者之间找个平衡点，这就是经常提到的性价比。

（4）芯片组的选择。作为主板的心脏，芯片组掌握着一块主板的性能。事实上，采用了相同芯片组的不同品牌的主板，性能差异已相当小。

（5）注意升级潜力。如果希望主板能最大限度地支持未来的处理器，那么理想的主板应该是采用了最新芯片组的主板。因为最新的芯片组具有最大的延伸性，未来的处理器至少能在这些芯片组支持下正常运行。从广义上来看支持分离电压，高倍频、高外频的主板具有最好的处理器支持能力，所以在选购时要注意主板的升级潜力。

20. BIOS 设置与 COMS 设置有什么区别与联系？

BIOS 是主板上的一块 EPROM（可擦除 ROM）或 EEPROM（可擦除可编程 ROM）芯片，里面装有系统的重要信息和设置系统参数的设置程序（BIOS Setup 程序）；CMOS 是主板上的一块可读写 RAM 芯片，里面装的是关于系统配置的具体参数，其内容可通过设置程序进行读写。CMOS RAM 芯片靠后备电池供电，即使系统掉电后信息也不会丢失。BIOS 与 CMOS 既相关又不同：BIOS 中的系统设置程序是完成 CMOS 参数设置的手段；CMOS RAM 既是 BIOS 设定系统参数的存放场所，又是 BIOS 设定系统参数的结果。因此，完整的说法应该是通过 BIOS 设置程序对 CMOS 参数进行设置。由于 BIOS 和 CMOS 都跟系统设置密切相关，所以在实际使用过程中造成了 BIOS 设置和 CMOS 设置的说法，其实指的都是同一回事，但 BIOS 与 CMOS 却是两个完全不同的概念。

21. 驱动程序是什么？

驱动程序（Device Driver，设备驱动程序）是一种可以使计算机和设备通信的特殊程序，相当于硬件的接口，操作系统只有通过这个接口，才能控制硬件设备的工作。驱动程序被誉为"硬件的灵魂"、"硬件的主宰"、"硬件和系统之间的桥梁"等。驱动程序是直接工作在各种硬件设备上的软件，通过驱动程序，各种硬件设备才能正常运行，达到既定的工作效果。硬件如果缺少了驱动程序的"驱动"，就无法根据软件发出的指令进行工作。

22. 内存是什么？

内存也被称为内存储器，由内存芯片、电路板、金手指等部分组成，其作用是暂时存放 CPU

中的运算数据,以及与硬盘等外部存储器交换的数据。它是计算机与 CPU 进行沟通的桥梁,只要计算机在运行中,CPU 就会把需要运算的数据调到内存中进行运算,当运算完成后 CPU 再将结果传送出来,内存的运行也决定了计算机的稳定运行。计算机中所有程序的运行都是在内存中进行的,因此内存的性能对计算机的影响非常大。

23. 内存如何进行升级以及升级应该注意什么?

内存升级是指增加内存或者更换容量更大的内存。例如,某台电脑的内存是 512M,内存升级后变为 1G 或者更大。由于一般主板上都有两条以上的 DIMM 槽,因此可以任意增加 DIMM 槽支持的内存直到 DIMM 槽用完为止。另外,内存的升级必须要注意老内存条和新内存条是否兼容,除了要考虑两者之间的频率差异外,还得注意两者的品牌差异,因为品牌和频率都可能造成内存条之间的不兼容。

24. 双通道内存是什么?

双通道 DDR 是芯片组可以在两个不同的数据通道上分别寻址、读取数据。双通道 DDR 有两个 64bit 内存控制器,双 64bit 内存体系所提供的带宽等同于一个 128bit 内存体系所提供的带宽,但是两者所达到效果却不同。双通道体系包含了两个独立的、具备互补性的智能内存控制器,两个内存控制器都能够在彼此间零等待时间的情况下同时运作。例如,当控制器 B 准备进行下一次存取内存的时候,控制器 A 就在读/写主内存,反之亦然。两个内存控制器的互补性可以让有效等待时间缩减 50%,双通道技术使内存的带宽增加了一倍。

25. 如何挑选内存的型号?

(1)关于内存的大小。如果只是普通的上网、学习、办公用,256M 就可以了,但是如果是游戏玩家,256M 的内存已经难于应付,这就需要搭配 512M 甚至 1G 的内存来满足需求。

(2)关于内存的频率。前面讲过,内存带宽要与 CPU 带宽一致。CPU 外频和内存外频有着密切关系,关系到识别内存参数问题。如赛扬 2.4G 外频为 100,需要的内存带宽为 3.2G(根据计算 CPU 需要内存带宽得出),理论上用 DDR400(内存带宽为 3.2G/s)就可以满足 CPU 所需要的带宽。但是,由于赛扬外频为 100,不能正确识别 DDR400,外频为 200 的内存,赛扬只能识别外频为 133 的 DDR266。因为 Intel 在主板芯片组上设定了“内存异步工作”来保护自己的产品,一旦 CPU 要求 3.2GB/s 的数据吞吐而内存本身达不到,芯片组若不进行设置,内存被强制要求更高的数据流量,必然产生内存强行超频,从而导致稳定性下降。初学者可以认为:CPU 外频是多少,就选用工作频率是多少的内存。

26. 内存与硬盘有什么区别?

硬盘是电脑的主要储存介质,电脑中的文件都放置在硬盘中,可以永久保存。内存则是用来暂时储存。机器在运行过程中,若 CPU 直接从硬盘读取数据,速度会很慢,这时就需要内存的介入。由于内存读写速度快,文件由硬盘传输到内存上做暂时缓存,CPU 可以直接在内存上读取所需文件,这样可以加快 CPU 处理效率。从计算机的体系结构来讲,硬盘应当是计算机的“外存”,内存是计算机内部的存储器,用来保存 CPU 运算的中间数据和计算结果。

27. 硬盘型号中的 2M、8M 是什么意思?

这是指硬盘的缓存。硬盘缓存是硬盘与外部总线交换数据的场所,当磁头从硬盘盘片上将磁记录转化为电信号时,硬盘会临时将数据暂存到数据缓存内,当数据传输完毕后,硬盘清空缓存,然后再进行下一次的填充与清空。简单地说,每当系统从硬盘上读写数据时,也会将数据“顺便”存入缓存,当下一次系统要读取的数据正好存放于缓存中时,系统就直接将缓存中的数据取走,称为"快取命中"。因为缓存的读写速度比硬盘要快得多,因此可有效加速硬盘数据处理的速度。

28. 硬盘容量与标称值明显不符是为什么?

一般来说,硬盘格式化后容量会小于标称值,但此差距绝不会超过 20%。如果两者差距很大,则应该在开机时进入 BIOS 设置,在其中根据硬盘做合理设置。如果还不行,则说明可能是主板不支持大容量硬盘,此时可以尝试下载最新的主板 BIOS 并进行刷新来解决。此种故障多在大容量硬盘与较老的主板搭配时出现。另外,由于突然断电等原因使 BIOS 设置产生混乱也可能导致该故障的发生。

29. 显卡是什么?

显卡(Video card,Graphics card,显示接口卡)又称为显示适配器(Video adapter),是个人电脑最基本的组成部分之一,分为集成显卡和独立显卡。显卡的用途是将计算机系统所需要的显示信息进行转换驱动,并向显示器提供行扫描信号,控制显示器的正确显示。显卡是连接显示器和个人电脑主板的重要元件,是"人机对话"的重要设备之一。

30. 如何进行显卡的升级?

显卡的升级可分为以下两种。

(1)软件升级就是升级驱动程序。升级显卡驱动有以下两种方法。

方法一:下载显卡驱动,右击【我的电脑】,在菜单栏中依次单击【属性】→【硬件】→【设备管理】,打开【显示卡】前的"+"号,双击下面的一项,选择【驱动程序】选项卡,选择【更新驱动程序】按钮。

方法二:下载显卡驱动,依次打开【我的电脑】→【控制面板】→【显示】,依次选择【设置】→【高级】→【适配器】→【属性】→【驱动程序】,选择【更新驱动程序】按钮,如图 1-1 所示。

图 1-1　设备管理器

(2)硬件升级。先确定主板有显卡插槽,再了解是 AGP 的插槽还是 PCI 或 PCI-E 插槽。AGP 又分支持 4X(4 速)和 8X(8 速),虽然支持 4X 的插槽也可以使用 8X 的显卡,但是相对会减少一些性能。若主板支持 SLI 技术(N 板)并且资金充足,建议买两块显卡并打开 SLI 技术。

31. 独立显卡和集成显卡的区别是什么?

独立显卡是指将显示芯片、显存及相关电路单独做在一块电路板上,作为一块独立的板卡存在,需占用主板的扩展插槽。集成显卡是将显示芯片、显存及相关电路都集成在主板上。独立显示单独安装有显存,一般不占用系统内存,在技术上也较集成显卡先进得多,比集成显卡有更好的显示效果和性能,且集成显卡不能进行硬件升级。

32. 电脑的分辨率是什么?

电脑的分辨率就是显示器分辨率,是定义画面解析度的标准,由每帧画面的像素数量决定。它以水平显示的像素个数×水平扫描线数表示,如 1024×768 表示一幅图像由 1024×768 个点组成。分辨率越高,显示的图像就越清晰,但并不是说把分辨率设置得越高越好,因为显示器的分辨率是由显像管的尺寸和点距所决定的。通常,19 寸纯平用 1280×1024;17 寸纯平用 1024×768;15 寸纯平用 800×600;19 寸宽屏的液晶标准分辨率是 1440×900;17 寸或 19 寸的液晶标准分辨率是 1280×1024;15 寸的液晶标准分辨率是 1024×768。液晶显示器若使用非标准分辨率则画面是发虚的。

33. 光驱是什么?

光驱是电脑用来读写光碟内容的机器,是台式机里比较常见的配件。随着多媒体的应用越来越广泛,光驱已成为台式机的标准配置。目前,光驱可分为 CD-ROM 光驱、DVD 光驱(DVD-ROM)、康宝(COMBO)和刻录机等。CD-ROM 光驱又称为致密盘只读存储器,是一种只读的光存储介质。它是利用原本用于音频 CD 的 CD-DA(Digital Audio)格式发展起来的。DVD 光驱是一种可以读取 DVD 碟片的光驱,除了兼容 DVD-ROM、DVD-VIDEO、DVD-R、CD-ROM 等常见的格式外,对于 CD-R/RW、CD-I、VIDEO-CD、CD-G 等都能很好地支持。

34. 声卡是什么?

声卡(Sound Card)也叫音频卡,是多媒体技术中最基本的组成部分,可实现声波/数字信号的相互转换。它有三个基本功能:一是音乐合成发音功能;二是混音器(Mixer)功能和数字声音效果处理器(DSP)功能;三是模拟声音信号的输入和输出功能。声卡处理的声音信息在计算机中以文件的形式存储。声卡工作应有相应的软件支持,包括驱动程序、混频程序(mixer)和 CD 播放程序等。声卡可以把来自话筒、收录音机、激光唱机等设备的语音、音乐等声音变成数字信号交给电脑处理,并以文件形式存盘,还可以把数字信号还原成真实的声音输出。声卡尾部的接口从机箱后侧伸出,上面有连接麦克风、音箱、游戏杆和 MIDI 设备的接口。目前大部分的声卡都集成在主板上,并能很好地满足用户的需求,不需要额外的购买和升级。

35. 网卡是什么?

计算机与外界局域网的连接是通过主机箱内插入一块网络接口板。网络接口板又称为通信适配器、网络适配器或网络接口卡 NIC,简称网卡。网卡是工作在物理层的网路组件,是局域网中连接计算机和传输介质的接口,它不仅能实现与局域网传输介质之间的物理连接和电信号匹配,还涉及帧的发送与接收、帧的封装与拆封、介质访问控制、数据的编码与解码以及数据缓存等功能。

36. 调制解调器是什么?

调制解调器即 MODEM,其作用是把计算机的数字信号翻译成可沿普通电话线传送的脉冲信号,另一个线路另一端的调制解调器将脉冲信号接收,并译成计算机可懂的语言。

37. 如何正确使用 U 盘?

(1)U 盘的写保护开关应该在插入主机接口之前切换,不能在其工作状态下切换。

(2)U 盘都有工作状态指示灯,如果是一个指示灯,当插入主机接口时,灯亮表示接通电源,当灯闪烁时表示正在读写数据;如果是两个指示灯,则一个在接通电源时亮,另一个在 U 盘进行读写数据时亮。严禁在读写状态灯亮时拔下 U 盘,必须在读写状态指示灯停止闪烁或灭了才能拔。

（3）有些品牌型号的 U 盘为文件分配表预留的空间较小，在拷贝大量单个小文件时容易报错，此时可以先停止拷贝，把多个小文件压缩成一个大文件再拷贝。

（4）使用 USB 延长线可以预防主板及 U 盘的 USB 接口变形，并可减少摩擦。

（5）U 盘的存储原理和硬盘不同，不用整理碎片，否则会影响其使用寿命。

38. 怎样选购电脑音箱？

音箱的重要性指标主要有以下几个方面：

（1）频率响应。普通人耳的听力范围是频率为 25Hz～20KHz 的声音，因此音箱的频率应至少达到 45Hz～20KHz 才能保证基本覆盖人耳的有效听力范围。一般说来，多媒体电脑音箱的频率在 40Hz～20KHz 范围内就能基本满足要求。

（2）谐波失真是指由于音箱所产生的谐振现象而导致的声音重放失真，该指标越小越好。

（3）灵敏度值越高，性能越好，普通音箱的灵敏度一般为 70～80dB。

（4）输出功率包括标称功率（即连续输出功率）和峰值功率（即最大输出功率）。标称功率是指音箱谐波失真在标准范围内变化时，音箱长时间工作输出功率的最大值；峰值功率是指在不超负荷的工作状况下音箱瞬时功率的最大值。在选购时要注意其标注的是标称功率还是峰值功率。

（5）购买音箱时必须仔细观察箱体表面有无气泡、裂纹，开关操作起来是否方便等。

（6）从音响效果上来挑选，重在听。具体的听法是先听电流声，将音频输入线拔下，并将音量调至最大，人耳离喇叭 20cm 左右应听不到噪声或噪声很微弱。然后播放熟悉的曲子，细听音响，要低音沉而不浊、高音亮而不尖、中音醇和，此时音量不要调得太大，音量大不代表音质好。同时还要注意音箱上的调节旋钮在旋动时不应有接触不良的噪声。

39. 怎么判断机箱的好坏？

判断机箱的好坏需要从多方面考虑，但机箱的做工和用料是非常重要的判断依据。

（1）机箱重量。做工优良的机箱钢板厚度一般在 0.8～1mm 之间，重量一般都比较重，大约在 8kg 左右。

（2）内部五金件使用凹凸加强工艺越多，表明钢材的质量越好，因为普通的钢板韧性差，没有办法完成凹凸加强工艺。

（3）塑胶面板原材料辨别方法。目前国内已开始采用挂钩式面板来代替螺丝固定式安装面板。劣质塑胶材料没有韧性，无法满足弹性挂钩式面板的材质要求。

40. 选购机箱时，在机箱设计上应注意什么？

（1）现在很多机箱都使用螺丝挡板来挡住 PCI 等插槽的空位，但仍有相当一部分使用一次性冲成的挡板，这种机箱每次安装新的 PCI 卡都必须把主板拆下来，安装相当麻烦。

（2）不可拆卸的前面板。大多数机箱的塑料前面板都是用卡子或螺丝固定在箱体上的，可以拆卸下来。但也有少数机箱是用塑料铆钉固定在机箱前架上的，这种机箱一旦出现开机开关卡死，或指示灯脱落需要卸下面板修理时，就是一个严重的问题。

（3）风扇设计的问题。机箱风扇的设计是一个系统工程，设计时必须关注风道、风孔大小和风孔位置、进风值与出风值的匹配等。单纯靠增加风扇数量，可能会导致风力相互抵消，反而使热量无法排出。机箱的侧板风扇，应该选择大型低速的进风风扇。机箱顶部的风扇，位置应尽量靠后。不为风扇安装过滤网是风扇设计中的一个常见问题，这样会使电磁屏蔽性能下降且风扇容易积灰。

(4)卡式结构的问题。卡式结构虽然方便,但这种设计的最大问题在于它对配件的尺寸公差要求比较严格,不像螺钉结构允许配件有一定的错位,如果强行装上,会带来配件变形的隐患。另外,卡式结构如果经常拆卸,会影响整体的稳定性。

41. 电脑放什么位置合适?

由于电脑运行时不可避免的会产生电磁波和磁场,因此最好将电脑放置在离电视机、录音机远一点的位置。这样做可以防止电脑显示器和电视机屏幕相互磁化,交频信号互相干扰。由于电脑是由许多精密的电子元件组成的,并且在运行的过程中 CPU 会散发大量的热量,因此,最好将电脑放在干燥、通风凉爽的位置。

42. 如何给电脑清洁除尘?

电脑在工作的时候,会产生一定的静电场、磁场,加上电源和 CPU 风扇运转产生的吸力,会将悬浮在空气中的灰尘颗粒吸进机箱并滞留在板卡上。如果不定期清理,灰尘将越积越多,会使电路板的绝缘性能下降,甚至导致短路、接触不良等硬件故障。因此应定期打开机箱,用干净的软布、不易脱毛的小毛刷、吹气球等工具进行机箱内部除尘。CPU 风扇和电源风扇由于长时间的高速旋转,轴承受到磨损后散热性能降低并且还会发出很大的噪声,一般一年左右就要进行更换或者请专业人士进行拆洗。对于机器表面的灰尘,可用潮湿的软布和中性高浓度的洗液进行擦拭,擦完后不必用清水清洗,残留在上面的洗液有助于隔离灰尘,下次清洗时只需用湿润的毛巾进行擦拭即可。键盘在使用时,也会有灰尘落在键帽下影响接触的灵敏度。使用一段时间后,可以将键盘翻转过来,适度用力拍打,将嵌在键帽下面的灰尘抖出来。

43. 电脑有哪三种模式?

(1)待机(Standby)。将系统切换到该模式后,除了内存,电脑其他设备的供电都将中断,不在硬盘上存储未保存的数据,这些数据仅存储在内存中。当希望恢复的时候,可以直接恢复到待机前状态。如果在待机状态下供电发生异常,那么待机前未保存的数据都会丢失。但这种模式的恢复速度是最快的,一般 5s 之内就可以恢复。

(2)休眠(Hibernate)。将系统切换到该模式后,系统会自动将内存中的数据全部转存到硬盘上的休眠文件中,然后切断对所有设备的供电。当恢复时,系统会从硬盘上将休眠文件的内容直接读入内存,并恢复到休眠之前的状态。这种模式完全不耗电,因此不怕休眠后供电异常,但代价是需要一块和物理内存一样大小的硬盘空间。这种模式的恢复速度较慢,取决于内存大小和硬盘速度,一般都要 1min 左右,甚至更久。

(3)睡眠(Sleep)。该模式是 Windows Vista 的新模式,这种模式结合了待机和休眠的所有优点。将系统切换到睡眠状态后,系统会将内存中的数据全部转存到硬盘上的休眠文件中,然后关闭除了内存外所有设备的供电,让内存中的数据依然维持着。如果在睡眠过程中供电没有发生过异常,就可以直接从内存中的数据恢复,速度很快;如果睡眠过程中供电异常,内存中的数据已经丢失了,就可以从硬盘上恢复。这种模式不会导致数据丢失。

44. 电脑的硬盘分区和格式化过程是什么?

对电脑硬盘进行分区就是把硬盘分成几块。分区的软件比较多,常见的有 FDISK、DM、PQ 等。FDISK 软件分区后还要用 FORMAT 来进行格式化,速度比较慢,主要应用于硬盘容量比较小的电脑。DM 和 PQ 可以在一个软件中完成分区和格式化的过程,速度比较快。分区格式通常有 FAT32 和 NTFS 两种。FDISK 和 DM 都只能分成 FAT32 格式,PQ 可以分成两种格式。这两种分区格式的区别是 FAT32 格式比较老,主要应用于 WIN 98、WIN 2000、

WINME、WINXP 等,比较容易产生磁盘碎片,在 DOS 环境中可以访问。NTFS 格式主要应用于 WIN 2000 和 WIN XP,包括以后未来的操作系统,不兼容 WIN 98 操作系统,不容易产生磁盘碎片,在 DOS 环境中不可以直接访问,系统中的安全性比较高。

45. 虚拟内存是什么?

虚拟内存是计算机系统内存管理的一种技术,它使得应用程序认为它拥有连续的可用的内存(一个连续完整的地址空间)。实际上,它通常被分隔成多个物理内存碎片,还有部分暂时存储在外部磁盘存储器上,在需要时进行数据交换。

虚拟内存的作用与物理内存基本相似,它是作为物理内存的"后备力量"而存在的。但是,它并不是只有在物理内存不够用时才发挥作用,也就是说在物理内存够用时也有可能使用虚拟内存,如果虚拟内存设置过小则会提示"虚拟内存不足"。

46. 磁盘碎片是什么?

磁盘碎片又称为文件碎片,是文件被分散保存到整个磁盘的不同地方而形成的。

产生磁盘碎片的主要原因是:当应用程序所需的物理内存不足时,操作系统在硬盘中产生临时交换文件,用该文件所占用的硬盘空间虚拟成内存。虚拟内存管理程序对硬盘频繁读写,产生大量的碎片。IE 浏览器浏览信息时生成的临时文件或临时文件目录的设置也会造成系统中形成大量的碎片。

磁盘碎片一般不会在系统中引起问题,但是碎片过多会使系统在读文件时来回寻找,引起系统性能下降,甚至缩短硬盘寿命。另外,过多的磁盘碎片还有可能导致存储文件的丢失。

47. 为什么要定期整理硬盘?

硬盘使用的时间长了,文件的存放位置就会变得支离破碎,文件内容散布在硬盘的不同位置上。磁盘碎片过多会降低硬盘的工作效率,还会增加数据丢失和数据损坏的可能性。碎片整理程序把这些碎片收集在一起,并把它们作为一个连续的整体存放在硬盘上。Windows 自带有磁盘碎片整理程序(DiskDefragmenter),但在工具软件 NortonUtilities 和 Nuts&Bolts 中有更好的此类程序。

大多数情况下,定期的硬盘碎片整理减少了硬盘的磨损,但是频繁地整理硬盘使硬盘频繁地进行读写,会影响其使用寿命。建议 3～4 个月整理一次。

48. 笔记本键盘上的【Fn】键有什么作用?

【Fn】键的主要作用是实现快捷键,如屏幕亮度调整、音量调整、关闭屏幕、待机等,都可以通过【Fn＋特定的快捷键】实现。

其中组合包括:【Fn＋Number Lock】让部分键盘成为数字键盘,【Fn＋F1】为休眠功能,【Fn＋F2】为无线网卡开关,【Fn＋F3】为显示切换,【Fn＋F4】和【Fn＋F5】为亮度调节,【Fn＋F6】为静音,【Fn＋F7】和【Fn＋F8】为音量调节,【Fn＋Prtsc】为截图。不同型号笔记本的【Fn】快捷键设置也不同,具体可以参考说明书。

49. 是否可以将显示器外接到笔记本上同时使用?

目前笔记本电脑都有 VGA 乃至 DVI 接口,用专用的数据线即可连接。然后在控制面板里的【显示属性】里,单击【设置】,选择【第二显示器】,勾选【将 Windows 桌面扩展到该显示器上】,就可以让显示器和笔记本液晶屏同时工作。显示器会成为笔记本液晶屏的扩展桌面,可以将需要的窗口拖到显示器上,还可以根据需要进行全屏等操作。

50. 玩游戏和打字时笔记本触摸板经常误操作,有什么办法可以屏蔽?

在部分笔记本上,设计有关闭触摸板的按键,如惠普的 Pavilion dv 2000 系列设计在触摸板的正上方,ThinkPad 则是【Fn＋F8】。对于没有这个按键的笔记本电脑,可以进入 BIOS,在 BIOS 中会有触摸板的控制选项,可以选择 Disable 或者 Auto,后者在插入外置鼠标就可以自动禁用触摸板。使用 Synaptics 触摸板的用户,还可以升级最新的触摸板驱动,那么在插入外置鼠标的情况下,笔记本就会自动禁用触摸板。

51. 笔记本不小心进水怎么办?

如果笔记本电脑不小心进水,建议立即强制关机、拔除电源、拆除电池,然后再倒转笔记本,让余水滴干,并尽快送修。如果是已经过保修期的笔记本,则可以拆下被打湿的部分,晾干或者用冷风吹干。注意切忌用热风,很容易过热彻底损坏部件。

52. 笔记本接入了耳机,可音箱依旧有声音,应该如何解决?

在正常情况下,接入耳机后笔记本音箱就会停止出声。出现这种情况大多是驱动的问题,建议到官网更新最新的驱动,也可能是音频驱动软件的设置有问题,如 Realtek,可以尝试更改面板的设置。如果更新驱动及更改设置后依旧无法解决,则通常为接口检测部分的问题,建议送客服维修。

53. 内置无线网卡的笔记本怎样才可以无线上网?

笔记本的内置无线网卡可以通过局域网中的无线网络上网,也就是说如果附近有无线路由器,笔记本的内置无线网卡即可接收由无线路由器发射出来的信号,当然该无线路由器必须连入宽带网络。此时,设置好帐号和密码,在无线路由器的有效距离内,即可实现无线上网。

54. 笔记本是否可以随时关闭屏幕?

很多笔记本有关闭屏幕的快捷键,相当方便。如果没有快捷键,可以用以下两个方法。

方法一:合上屏幕,默认情况下就会关闭屏幕。如果进入了待机或休眠状态,可以在【控制面板】中的【电源选项】的【高级】选项里进行设置,将【合上便携计算机】选为【不进行任何操作】。

方法二:采用工具软件 Close LCD。系统关闭显示器的功能并不能满足随时随地关闭显示器的要求,这款名为 Close LCD 绿色小工具就可以满足要求。在笔记本或者没有关闭屏幕快捷键的机器上,下载安装 Close LCD 后,只需要在桌面上为其建立一个快捷方式,并在里面设置快捷键,就可以通过快捷键随时随地关闭显示器了。

55. 想为笔记本升级无线网卡,哪种比较好?

目前无线网卡主要有三种选择:

(1)Mini PCIExpress 插槽:目前的笔记本电脑大多都有 Mini PCIExpress 插槽,拆开笔记本的背面即可看到。此类无线网卡价格最低,信号也比较理想。不过该接口需要笔记本预留天线,如果没有预留天线则需要拆开屏幕埋线。

(2)PCMCIA/ExpressCard 插槽:PCMCIA 价格较低,但是目前具有该插槽的笔记本不多。笔记本基本都有 ExpressCard,但是价格非常昂贵。这两种网卡信号都较理想。

(3)USB 插槽相对而言信号不太理想,而且很容易过热掉线,并且需占据 USB 接口,不过价格较低。

56. 如何清理笔记本键盘?

如果是少量灰尘和脏东西,可以用小毛刷或小型吸尘器清理,或者将笔记本翻转,轻轻抖动或拍击键盘部分。如果脏东西较多,则需要拆除键帽来清理,用指甲卡住键帽两端小心扣下,拆除所有键帽后就可以清理整个键盘,再将键帽按回原位即可。不过拆除键帽对于普通用户有一定难度,建议有一定动手能力的用户采用。

57. 笔记本电脑是否可以进行升级?

笔记本电脑绝大部分部件都可以进行升级,通常最普遍的升级有内存、硬盘和无线网卡三类,以下分别对其做详细介绍。

(1)内存:目前绝大多数笔记本电脑都有两条 Micro-dimm 内存插槽,近期 1GB DDR2 667 的 Micro-dimm 内存报价约为 200 元,用户完全可以根据自己的需要升级。不过需要注意的是,部分笔记本出厂预装的就是两条内存,如 $2\times256M$、$2\times512M$ 等。如果遇上此类情况,升级内存就必须拔除原有的内存。

(2)硬盘:目前笔记本电脑主流采用 2.5 英寸 SATA /PATA 硬盘,近期 120GB 2.5 英寸 SATA /PATA 硬盘约为 500 元。由于绝大部分笔记本只有一个硬盘位,所以升级就必须换下原有的硬盘。同时,有不少品牌如果拆除原有硬盘保修就会失效,需要注意。

(3)无线网卡:目前主流的无线网卡都是基于 MINI PCIE 插槽,而大部分没有集成无线网卡的机型,主板上也都预留该插槽,只需买一块 MINI PCIE 的无线网卡插入,然后连接上天线即可。不过需要注意的是,少数笔记本电脑没有预埋天线,如果遇到此类情况,就必须拆下屏幕进行埋线操作,或者购买基于 PCMCIA/PCI EXPRESS/USB 的外置无线网卡。

58. 笔记本电池在使用中应该注意什么?

电池使用的主要注意事项有以下五点:

(1)避免高温情况下使用笔记本电池。高温下使用笔记本电池不仅电池寿命也会缩短,而且还有爆炸起火的危险。

(2)尽量不要使用快速充电技术。快速充电技术虽然带来许多便利,但是同时也会严重影响电池寿命,对于电池的安全也有不良影响。

(3)尽量减少电池的充电和放电。电池的充放电次数越多,电池的寿命越短,因而在有条件的情况下,应尽量使用交流电。

(4)切勿在潮湿或者淋湿的情况下使用电池。潮湿等情况下很容易使电池短路,轻则损毁电池,重则发生爆炸起火。

(5)尽量避免过度放电,电池剩余容量尽量不要低于 5%。锂电池使用殆尽很容易造成过度放电,彻底损毁电池。

59. 笔记本很多都预装 Vista 或 Linux 系统,是否可以改装 Windows XP 系统?

目前很多笔记本都预装了正版的 Vista/Linux 系统,不过和台式机一样,可以根据自己的需要,购买并安装 Windows XP 系统。需要注意的是,如果自行改装 Windows XP,很可能会遇到以下问题:

(1)目前绝大多数笔记本都已经使用 SATA 光驱,而 XP 并没有内置 SATA 驱动,所以需要用外置的软驱加载 SATA 驱动才能实现安装,或者采用经网友改造的内置了 SATA 驱动的 Windows XP 安装光盘。

(2)绝大部分笔记本没有提供 FOR XP 驱动光盘,所以在重装系统前,必须先到官方网站下载 FOR XP 的驱动。至于部分国内站点不提供驱动的品牌,必须去其在国外的站点下载。

(3)目前绝大多数笔记本都没有提供恢复光盘,而都保存在硬盘上的恢复分区,重新分区并安装系统后,很大可能会破坏恢复分区,无法使用一键恢复等功能。同时日后若想升级到

Vista,也无法再继续享受正版 OEM 的 Vista。

60. 宽屏和普屏有什么区别？ 应该如何选择？

笔记本液晶屏目前主要有几种规格,一种是长宽比为传统的 4∶3,称之为普屏,还有一种是长宽比为 16∶9 或 16∶10,由于比普屏更宽,称之为宽屏。宽屏是目前笔记本液晶屏的主流,约 98％的笔记本都采用宽屏。相比普屏,宽屏主要有以下优势:

(1)宽屏更符合人的视角比例。

(2)由于和 DVD、数字电视、高清视频等长宽比相同或相近,宽屏更适合欣赏影片等。

(3)宽屏的成本更低,相比之下宽屏的机型价格更加便宜。

(4)Vista 有许多针对宽屏的设计,宽屏是未来的主流,未来的网页、软件会更多的针对宽屏进行优化。

(5)宽屏的分辨率较高,画面更加精细。但是宽屏由于其分辨率较高,文字较小,不适合长时间的文字工作,也不太适合中老年人使用。

61. 英特尔和 AMD 的处理器哪种较好？ 奔腾和酷睿处理器哪种较好？

英特尔和 AMD 的处理器性能相差不大,但是目前而言,AMD 处理器的发热、耗电以及配套芯片组方面还是略逊于英特尔。

奔腾和酷睿都是英特尔旗下处理器的品牌,目前英特尔在移动平台的处理器由高到低有酷睿、奔腾和赛扬三个品牌。目前酷睿和奔腾基本上都是双核处理器,而赛扬依旧是单核处理器。相对而言,无论是酷睿还是奔腾,主频较高的性能更好。在同主频下,酷睿比奔腾略好。不过两者都完全可以满足人们的性能需求,所以没有必要太过在意处理器选择哪种。

62. 如何选择笔记本无线鼠标？

依照无线技术的不同,目前市场上主流的无线鼠标多采用 2.4GHz 和蓝牙两种技术。相对而言,2.4GHz 产品较多,价格也较低;蓝牙鼠标则种类很少,价格也要贵许多。现在很多笔记本电脑都内置蓝牙,无须再使用蓝牙适配器,免去了插拔适配器的麻烦,也节省了一个 USB 接口,因此比较占优势。

63. 笔记本无线网卡的多种规格,应该如何选择？

目前无线的主要协议有 802.11b、802.11a、802.11g 和 802.11n 四种。其中 802.11b 已经基本淘汰,802.11a 由于支持的路由器价格居高不下,在国内也鲜有使用。目前主流为 802.11g,无线连接速度可以达到 54Mbps,而更先进的 802.11n,可以实现 300Mbps 的连接速率。不过要注意的是,不仅是无线网卡,无线路由也必须支持这一协议。除非对速度有相当高的要求,否则没有必要盲目追求 802.11n。

64. 集成显卡的笔记本是否可以增加独立显卡？

集成显卡的定位主要为初级用户和商务用户,独立显卡的定位主要为中高级用户和游戏用户。同一厂家的同一代显卡中,独立显卡的性能肯定优于集成显卡。不同厂商之间的集成显卡和独立显卡在性能上的比较则应参考具体的对比评测。集成显卡的笔记本理论上是不可以增加独立显卡的,未来可以通过外置显卡升级,但目前此类产品尚未在国内上市。

65. 如果用笔记本连接液晶电视,应该用什么样的笔记本？

目前笔记本连接液晶电视比较常用的接口有 VGA、DVI 和 HDMI 三种。其中 DVI 和 HDMI 都是数字传输,画面品质有保证。HDMI 可以同时传输音频,不必另外用音频线或光纤连接音箱,更加便利。

用笔记本连接液晶电视机,首先要确定液晶电视有什么视频输入接口。如果只有 VGA 接口,那么任何一台笔记本都可以胜任。如果有 DVI 或者 HDMI 接口,那么就要求笔记本带有以上接口。如果还想利用光纤输出音频信号,那么笔记本就需要带有 SPDIF 光纤输出。

需要特别注意的是,DVI 和 HDMI 之间可以互转,但是互转后只能传输视频信号,不能传输音频信号。

66. 购买笔记本时,如何检验是样机还是新机?

笔记本是样机还是新机,可从以下几个方面来分辨:

(1)封箱胶是否是单层,是否有打开过的痕迹。

(2)检查笔记本的出风口是否有积尘,铜散热片是否氧化变黑。

(3)检查锁孔是否有磨损痕迹,键盘等处是否有积尘。

(4)用 hd-tune 检测硬盘通电时间是否过长。

67. 新买的笔记本硬盘只有一个分区,能否自己重新分区?

由于绝大多数笔记本电脑,尤其是预装了操作系统的笔记本电脑都有系统还原分区,通过该分区实现系统一键还原等功能,但是绝大多数分区操作都会破坏这一功能。目前有少数品牌的少数机型可以通过 partition magic 等无损分区软件进行调整。如果确实有这方面的需要,建议咨询各品牌的技术售后部门,咨询是否有不损坏一键还原功能,同时能够调整分区大小的方法,再按照指导操作。

第2章 电脑的基本操作

68. 什么是操作系统？

操作系统(Operating System,OS)是用来控制和管理计算机硬件和软件资源,合理地对各类作业进行调度,方便用户使用计算机的程序的集合。它对计算机硬件功能进行扩充,使计算机系统的使用和管理更加方便,资源的利用效率更高,上层的应用程序可以获得比硬件提供的功能更多的支持。微机上常见的操作系统有 DOS、Windows、UNIX、Linux 等。微软公司发布的 Windows 系列操作系统是目前流行的操作系统,包括 Windows 2000、Windows XP、Windows Vista、Windows 7 等版本。

69. 怎么安装 Windows XP 操作系统？

Windows XP 的安装方式有多种,利用光盘安装系统的具体操作步骤如下。

步骤 1. 开机自检通过后按【Del】键或者【F2】键,进入 BIOS,将第一启动项设置为【CD-ROM】,即将光驱设置为第一启动项。

步骤 2. 将 Windows XP 安装光盘放入光驱,重启电脑之后屏幕上出现提示"Press any key to boot from CD··",此时按任意键即可从光驱启动系统。

步骤 3. 系统启动后,弹出【欢迎使用安装程序】界面。按【Enter】键开始安装,弹出 Windows XP 的许可协议界面。按【F8】同意许可协议,继续安装。

步骤 4. 若硬盘未进行分区,则按【C】键进入硬盘分区划分的界面。选择要安装系统的分区后,按【Enter】键进入下一步。

步骤 5. 选择文件系统。在 Windows XP 中有 FAT32 和 NTFS 两种文件系统,选择好之后按回车键即开始格式化。格式化完成后,安装程序即开始从光盘中向硬盘复制安装文件,完成后计算机自动重新启动,并开始安装。

步骤 6. 设置区域和语言选项。单击【自定义】按钮进入自定义选项卡,选择某个国家,即可完成区域的设置;在【语言】选项卡进行默认语言及输入法的相应设置。设置完成后单击【下一步】按钮。

步骤 7. 输入个人信息后单击【下一步】按钮。然后输入 Windows XP 的序列号,单击【下一步】按钮。

步骤 8. 输入管理员密码,在安装过程中 Windows XP 会自动设置一个系统管理员帐户,此时需要为系统管理员帐户设置密码,设置完成后单击【下一步】按钮。接下来设置系统的日期和时间,设置完成后单击【下一步】按钮。

步骤 9. 设置网络连接。一般用户可以选择【典型设置】,单击【下一步】按钮,弹出【工作组或计算机域】的设置界面,设置后单击【下一步】按钮即可。

步骤 10. 安装完成后,Windows XP 会自动调整屏幕的分辨率,若能够看清楚对话框中的文字,则单击【确定】按钮。屏幕分辨率设置结束后,弹出 Windows XP 的欢迎界面。

70. 怎么启动 Windows XP？

在电脑中安装了 Windows XP 之后,电脑启动的同时会启动 Windows XP。

步骤 1. 打开连接电脑的外部电源开关,接通电源。

步骤 2. 按下显示器的电源开关,显示器的指示灯亮。

步骤 3. 按下电脑主机的电源开关后,机器自动检查连接到主机上的所有硬件,检查完毕后电脑会发出"滴"的一声,以表示检查通过,随后进入 Windows XP 启动状态。

步骤 4. 如果设置了用户名和密码,就会出现 Windows XP 登录界面。如果计算机中注册了多个用户,登录界面中将显示所有用户的帐号,可单击选中要登录的用户名。如果计算机中只注册了一个用户,并且没有设置密码,则不会出现登录界面,计算机直接进入 Windows XP 操作系统的主界面。

步骤 5. 输入登录密码,按回车键,或单击密码输入框右边的 ⊡ 按钮,稍后进入 Windows XP 操作系统的主界面。

71. 怎么退出 Windows XP 并关闭电脑?

每一次使用完电脑后,都需要退出 Windows XP 并关闭电脑,具体操作步骤如下。

步骤 1. 单击主界面左下方的【开始】按钮,弹出【开始】菜单。

步骤 2. 单击 关闭计算机 按钮,弹出【关闭计算机】对话框。

步骤 3. 单击【关闭】按钮,系统自动保存相关信息,并退出系统。主机的电源自动关闭,指示灯熄灭,表示电脑已经安全关机。

72. 电脑怎么进入待机模式?

步骤 1. 单击桌面左下方的【开始】按钮,弹出【开始】菜单。

步骤 2. 单击【开始】菜单中的【关闭计算机】按钮,弹出【关闭计算机】对话框。

步骤 3. 单击【关闭计算机】对话框中的【待机】按钮,电脑进入待机状态。

此时运行的程序将被暂停,显示器自动关闭,但是内存的信息仍然保留。当需要继续使用电脑时,只需移动一下鼠标,或者按下键盘上的任意键即可将其从待机状态唤醒。如果用户设置了密码,系统将要求用户输入密码重新登录。待机模式不在硬盘上存储未保存的信息,这些信息仅仅只存储在计算机内存中,如果待机期间突然断电,这些信息将丢失,因此在将计算机置于待机模式前应保存文件。

73. 怎么重新启动计算机?

步骤 1. 单击桌面左下方的【开始】按钮,弹出【开始】菜单。

步骤 2. 单击【开始】菜单中的【关闭计算机】按钮,弹出【关闭计算机】对话框。

步骤 3. 单击【关闭计算机】对话框中的【重新启动】按钮,则退出系统,然后重新启动计算机。

74. 怎么注销计算机?

注销只是把当前用户的所有程序关闭,然后再使用另一用户登录。应用注销功能,使用户不必重新启动计算机就可以实现多用户登录,既快捷方便,又减少了对硬件的损耗。

步骤 1. 单击主界面左下方的【开始】按钮,弹出【开始】菜单。

步骤 2. 单击 注销 按钮,弹出【注销 Windows】对话框。

步骤 3. 单击【注销】按钮,系统会保存当前的所有设置,关闭当前登录用户并回到 Windows XP 登录界面,这时就可以重新选择用户帐户进行登录。

75. 什么是 Windows XP 的桌面?

启动了 Windows XP 操作系统之后,首先进入的就是桌面。Windows XP 的桌面主要包括桌面背景、桌面图标、【开始】按钮、任务栏、快速启动栏和通知区域等部分，如图 2-1 所示。

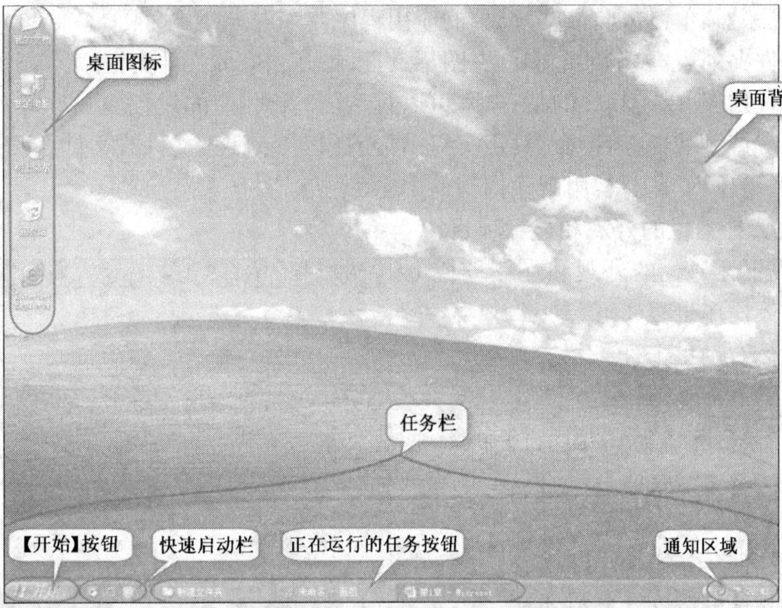

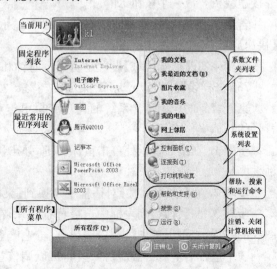

图 2-1　Windows XP 桌面

（1）桌面背景的作用是让系统的外观变得更美观，用户可根据需要更换不同的桌面背景。

（2）在 Windows XP 操作系统的桌面上有很多图标，每个图标代表着一个程序或文件对象的快捷方式，用鼠标双击图标就可以运行相应的程序或打开相应的文件对象。

（3）任务栏的最左边是【开始】按钮，依次向右是快速启动栏、正在运行的任务按钮、通知区域。快速启动栏中的每个图标都代表计算机上的一个程序，通过单击快速启动栏中的相应图标可以快速启动应用程序。任务按钮代表正在运行的程序，当执行应用程序而打开一个窗口后，任务栏中就会显示相应的任务按钮，当打开多个窗口时，单击某个任务按钮即可切换到对应的窗口。通知区域显示一些正在运行的任务图标，当该区中包含多个图标时，系统将自动隐藏近期没有使用的程序图标，单击 按钮可显示隐藏的图标。

76. Windows XP 的【开始】菜单由哪几部分组成？

单击 Windows XP 桌面左下角的【开始】按钮会弹出【开始】菜单，在【开始】菜单中可对 Windows XP 进行各种操作。【开始】菜单主要由以下几部分组成，如图 2-2 所示。

（1）当前用户：在【开始】菜单的最顶部显示了当前登录用户的帐户图片和帐户名。

（2）固定程序列表：用于方便、快速地运行程序。一般固定程序列表中都包括 IE 浏览器和 Outlook 的快捷方式，用户也可以将自己定义的快捷方式放到这个列表中。

（3）最近常用的程序列表：最近频繁打开

图 2-2　【开始】菜单

的应用程序的快捷方式,单击某个图标就可以运行这个程序。

(4)【所有程序】菜单:包含有绝大部分的应用程序。

(5)系统文件夹列表:单击某个文件夹图标,可以打开相应的文件夹窗口。

(6)系统设置列表:单击其中的某一项,可以对系统进行相应的设置。

(7)帮助和支持、搜索和运行命令:用于提供帮助和支持、搜索文件或文件夹和运行程序。

(8)注销、关闭计算机按钮:用于注销当前用户、关机、待机、重新启动等。

77. 怎样设置任务栏的外观和显示项目?

用户可以设置任务栏的外观和在任务栏上显示的项目,具体操作步骤如下。

步骤 1. 鼠标右键单击任务栏空白处,弹出快捷菜单。

步骤 2. 单击快捷菜单中的【属性】命令,弹出【任务栏和「开始」菜单属性】对话框,如图 2-3 所示。

步骤 3. 在【任务栏】选项卡中,在【任务栏外观】框中单击复选框设置任务栏外观。

若选中【锁定任务栏】,则将任务栏锁定在桌面上当前位置,同时还锁定显示在任务栏上任意工具栏的大小和位置。

若选中【自动隐藏任务栏】,则当鼠标指针不在任务栏所在区域时,任务栏会自动隐藏起来,将鼠标指针移动到任务栏所在区域,任务栏会自动弹出。若要确保指向任务栏时任务栏立

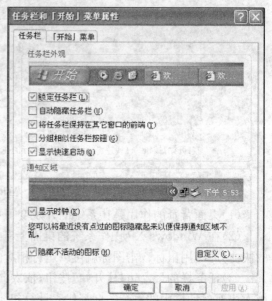

图 2-3 【任务栏和「开始」菜单属性】对话框

即显示,则需要同时选中【将任务栏保持在其它窗口的前端】。

若选中【分组相似任务栏按钮】,当任务栏的任务按钮过多时,则同一程序所打开文件的任务按钮会折叠成一个按钮,如 ![5 Microsoft Off...] 表示打开了 5 个 Word 文档。

若选中【显示快速启动】,则在任务栏上显示【快速启动】栏。用户可通过鼠标拖动方式向【快速启动】栏中添加快捷方式。

步骤 4. 在【通知区域】设置是否显示时钟和隐藏不活动的图标。

78. 怎样设置 Windows XP 桌面的"背景"?

桌面背景的作用是让系统的外观变得更美观,用户可以更换不同的桌面背景。设置桌面背景的具体操作步骤如下。

步骤 1. 在桌面背景处单击鼠标右键,弹出快捷菜单,单击【属性】命令,打开【显示 属性】对话框。

步骤 2. 在【显示 属性】对话框中切换到【桌面】选项卡,如图 2-4 所示。

步骤 3. 从【背景】列表框中选择背景图片,在选项卡中的显示器中将显示该图片作为背景图片的效果,也可以单击【浏览】按钮,在本地磁盘中选择其他图片作为桌面背景。在【位置】下拉列表中选择居中、平铺或拉伸选项,可以调整背景图片在桌面上的位置。若用户想用纯色作为桌面背景颜色,则在【背景】列表框中选择"无"选项,在【颜色】下拉列表中选择喜欢的颜色即

可。单击【确定】或【应用】按钮完成设置。

79. 怎样设置 Windows XP 桌面的"屏幕保护程序"?

在实际使用过程中,若彩色屏幕的内容一直固定不变,间隔时间较长后可能会造成屏幕的损坏。因此若在一段时间内不用计算机,可设置屏幕保护程序自动启动,以动态的画面显示屏幕,从而保护屏幕。设置屏幕保护程序的具体操作步骤如下。

步骤 1. 在桌面背景处单击鼠标右键,在弹出快捷菜单中单击【属性】命令,打开【显示属性】对话框。

步骤 2. 在【显示 属性】对话框中切换到【屏幕保护程序】选项卡,如图 2-5 所示。

步骤 3. 在【屏幕保护程序】下拉列表中选择屏幕保护程序,在选项卡的显示器中即可看到该屏幕保护程序的显示效果。单击【设置】按钮,在弹出的对话框中可对该屏幕保护程序进行一些设置。单击【预览】按钮可以预览该屏幕保护程序的效果,预览时移动鼠标或操作键盘即可结束该屏幕保护程序。在【等待】文本框中可以输入等待的时间或使用按钮调节等待时间。单击【确定】或【应用】按钮完成设置。

80. 怎样更改 Windows XP 的"外观"?

更改桌面、消息框、活动窗口和非活动窗口的颜色、大小、字体等可按以下步骤操作。

步骤 1. 在桌面背景处单击鼠标右键,在弹出的快捷菜单中单击【属性】命令,打开【显示 属性】对话框。

步骤 2. 在【显示 属性】对话框中切换到【外观】选项卡,如图 2-6 所示。

图 2-4 【桌面】选项卡

图 2-5 【屏幕保护程序】选项卡

步骤 3. 在【窗口和按钮】下拉列表中可以选择喜欢的样式,在【色彩方案】下拉列表中可以选择自己喜欢的色彩方案,在【字体大小】下拉列表中可以选择【正常】、【大字体】或【特大字体】。

步骤 4. 单击【效果】按钮,可以在弹出的【效果】对话框中进行显示效果的设置,然后单击该对话框中的【确定】按钮返回【外观】选项卡。单击【高级】按钮,弹出【高级外观】对话框,用户可以在该对话框中的【项目】下拉列表中选择要更改的项目,或者单击显示框中的想要更改的项目,然后更改其大小和颜色,若所选项目中包含字体,则【字体】下拉列表变为可用状态,用户

可对其进行设置,然后单击【确定】按钮返回
【外观】选项卡。

步骤 5. 单击【确定】或【应用】按钮完成
设置。

81. 怎样设置显示器的分辨率、颜色及刷新频率?

步骤 1. 在桌面背景处单击鼠标右键,在
弹出快捷菜单中单击【属性】命令,打开【显示
属性】对话框。

步骤 2. 在【显示 属性】对话框中切换到
【设置】选项卡,如图 2-7 所示。

步骤 3. 拖动【屏幕分辨率】滑块可以
调整屏幕的分辨率,分辨率越高则显示效果
越清晰,同时桌面的图标和文字也就越小。
在【颜色质量】下拉列表中可以选择颜色
质量。

步骤 4. 单击【高级】按钮,在弹出的对话
框中切换到【监视器】选项卡,在【屏幕刷新频
率】下拉列表中可以设置屏幕的刷新频率,屏
幕的刷新频率越高则显示器输出的图像就越
不易产生闪烁感。

步骤 5. 单击【设置】选项卡上的【确定】
或【应用】按钮完成设置。

82. Windows 中的文件、文件夹、路径是什么?

文件是指存储在外存储器上的一组相关
信息的集合,有文档、应用程序、图片和声音
等多种类型,每个文件都有一个文件名。

文件夹是系统组织和管理文件的一种形
式,是为方便用户查找、维护和存储而设置
的,每个文件夹也都有一个名字。文件夹采
用多层次结构(树状结构),在这种结构中每
一个磁盘有一个根文件夹,它包含若干文件
和文件夹。文件夹不但可以包含文件,并且可包含下一级文件夹,这样类推下去形成的多级文
件夹结构既可以使用户将不同类型和功能的文件分类储存,又方便文件查找,还允许不同文件
夹中的文件有同样的文件名。

路径是操作系统对一个文件所在位置的具体描述,路径又分为绝对路径和相对路径。绝
对路径是指从根目录开始的路径,从根目录到任何数据文件,都只有唯一的通路。相对路径指
文件相对于当前目录的路径。

图 2-6 【外观】选项卡

图 2-7 【设置】选项卡

83. 怎样使用鼠标"拖放"操作?

Windows 的一个显著特色就在于支持鼠标拖放,使用拖放可以简化许多操作。

(1)移动和复制:在资源管理器或【我的电脑】窗口中,拖住选中的文件或文件夹移动到目标位置,可以快速实现文件或文件夹的复制或移动。

鼠标左键:如果在同一个盘符下,选中文件或文件夹后,单击左键拖放,就可以实现移动文件或文件夹的操作;若按住【Ctrl】键再拖放,则可以实现复制的操作。如果不在同一个盘符下,单击左键拖动到目标处即可实现复制;若按住【Shift】键再拖放,则实现移动操作。

鼠标右键:用鼠标右键单击选中对象拖到相应文件夹窗口,松开右键,弹出如图 2-8 所示菜单。用户可以根据需要选择【复制到当前位置】、【移动到当前位置】或【在当前位置创建快捷方式】等菜单项。

图 2-8　快捷菜单

(2)快捷操作:将一个文件拖放到快速启动栏上,可以为其建立快捷方式。

84.【我的电脑】窗口里有什么?

双击桌面上的【我的电脑】图标,即可打开【我的电脑】窗口,该窗口由以下几部分组成,如图 2-9 所示。

(1)标题栏:位于窗口的顶部,其左边是当前所打开对象的图标和名称,右边依次是【最小化】按钮■、【最大化】按钮■和【关闭】按钮✕。

(2)菜单栏:位于标题栏下方,包含了多个菜单项。每个菜单项包括多个命令,单击菜单项就可以在弹出的下拉菜单中看到包括的菜单命令。

(3)工具栏:位于菜单栏下方,提供了处理窗口内容的一些常用工具,它们是一些常

图 2-9　【我的电脑】窗口

用命令的快捷按钮。当鼠标悬停在按钮上方时,鼠标指针旁边会显示一个简短的提示,说明这个按钮的用途。单击按钮,就可以执行相应的命令。

(4)地址栏:位于工具栏的下方。用户可以在地址栏中输入要打开的窗口地址后按回车键,或者单击其右侧的✓按钮,在弹出的下拉列表中选择地址,单击即可打开相应的窗口。

(5)任务窗格:位于窗口左侧,由【系统任务】、【其它位置】和【详细信息】三部分组成,为窗口操作提供了常用命令、经常访问的对象以及经常查看的信息。

(6)窗口工作区:位于窗口右侧,用于显示窗口中的操作对象和操作结果。如果窗口工作区中的内容太多,右侧就会出现一个垂直滚动条,拖动滚动条可以使窗口中的内容垂直滚动。

(7)状态栏:位于窗口的最下方,用于显示当前对象的提示信息和状态信息。

85. 怎么自定义工具栏?

工具栏位于窗口菜单栏下方,提供了处理窗口内容的一些常用工具,它们是一些常用命令的快捷按钮。有时 Windows XP 默认给出的按钮不能满足用户的需求,此时就需要自定义工具栏,具体操作步骤如下。

步骤 1. 在【我的电脑】窗口中,依次单击【查看】→【工具栏】→【自定义】命令,弹出【自定义工具栏】对话框,如图 2-10 所示。对话框左侧的【可用工具栏按钮】列表框中列出了可选的工具栏按钮,对话框右侧的【当前工具栏按钮】列表框中列出了当前已经显示的工具栏按钮。

步骤 2. 在【可用工具栏按钮】列表框中选择一个工具栏按钮后,单击【添加】按钮,则把所选的按钮添加到【当前工具栏按钮】列表框中。若在【当前工具栏按钮】列表框中选择一个工具栏按钮后,单击【删除】按钮,则把所选的按钮移动至【可用工具栏按钮】列表框内。

图 2-10 【自定义工具栏】对话框

步骤 3. 在【当前工具栏按钮】列表框内选择一个工具栏按钮后,单击【上移】或【下移】按钮,可以改变按钮在工具栏中的排列顺序。

步骤 4. 在【文字选项】下拉列表框中,选择按钮名称的显示方式。若选择【显示文字标签】,将在按钮下方显示按钮的名称;若选择【选择性地将文字置于右侧】,只有部分按钮的名称显示在按钮的右侧;若选择【无文字标签】,工具栏内将不会出现按钮的名称。

步骤 5. 在【图标选项】下拉列表框中,选择按钮图标的显示方式。若选择【大图标】,则所有按钮将以大图标显示;若选择【小图标】,则所有按钮将以小图标显示。

步骤 6. 单击【关闭】按钮,关闭【自定义工具栏】对话框。若单击【重置】按钮,则用户对工具栏按钮的更改将无效,工具栏内的按钮将恢复刚打开【自定义工具栏】对话框时的情况。

86. 什么是应用程序窗口?

应用程序窗口就是指程序打开时弹出的那个窗口。打开电脑后,首先看到的是电脑桌面,然后打开一个程序,变化的部分就是应用程序窗口,如双击一个 Word 文档,就会打开 Word 程序窗口。

87. 怎么改变窗口大小?

要改变窗口的大小,可将鼠标停留在窗口的边缘,当鼠标指针变为↔或↕形状时,按住鼠标的左键不放并拖动,就可以改变窗口的宽度或高度。若将鼠标指针停留在窗口的四角,当鼠标光标变为↘或↗形状时,按住鼠标的左键不放并拖动,就可同时改变窗口的高度和宽度。但窗口最大化后不能用此方法来改变窗口的大小。

88. 如何切换窗口?

用户可以在多个打开的窗口之间切换,切换窗口的常用方法有以下三种。

方法一:利用任务栏切换。用鼠标单击任务栏中窗口对应的按钮来切换窗口。

方法二:使用组合键【Alt+Tab】。尤其是在运行全屏幕的程序时,可用组合键【Alt+Tab】方便地完成窗口的切换,具体操作步骤如下。

步骤 1. 在键盘上按下【Alt+Tab】键,屏幕上会出现切换任务栏,其中列出了当前正在运行的窗口的图标,如图 2-11 所示。

步骤 2. 按住【Alt】键,同时按【Tab】键在窗口图标中进行选择,选中某一窗口图标后松开两个键,选中的窗口即可成为当前窗口。

方法三：使用组合键【Alt＋Esc】。先按下【Alt】键,然后再按【Esc】键来选择需要打开的窗口,但是这个功能只能切换不处于最小化状态的窗口。

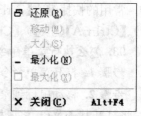

图 2-11　切换任务栏

89. 怎么移动窗口?

用户可以将窗口从桌面一个位置移动到另一个位置,具体操作步骤如下。

步骤 1. 将鼠标放到要移动的窗口标题栏的空白处。

步骤 2. 按住鼠标左键不放并拖动,移动窗口到合适位置并释放鼠标左键。

【注意】：最大化后的窗口由于已填满了整个屏幕,因此不能进行移动操作。

90. 怎么关闭应用程序?

关闭应用程序的常用方法有以下五种。

方法一：单击应用程序窗口右上角的关闭按钮,即可关闭当前的应用程序窗口。

方法二：在应用程序窗口菜单栏中依次单击【文件】→【退出】命令,就会关闭该应用程序。

方法三：用鼠标右键单击任务栏中应用程序窗口对应的按钮,弹出快捷菜单,如图 2-12 所示,单击【关闭】命令,关闭应用程序。

方法四：按组合键【Alt＋F4】即可。

方法五：若应用程序停止响应,不能使用正常方法关闭,则可使用以下方法关闭应用程序。

图 2-12　快捷菜单

步骤 1. 按下组合键【Ctrl＋Alt＋Del】,弹出【Windows 任务管理器】窗口,在【应用程序】选项卡中,正在运行的应用程序的名称出现在任务列表框中。

步骤 2. 选择要关闭的程序,单击【结束任务】按钮,弹出【结束程序】对话框。

步骤 3. 单击【立即结束】,可以关闭正在运行的应用程序,但是该方法会失去尚未保存的数据,除非应用程序停止响应,否则不要轻易使用该方法关闭正在运行的应用程序。

91. 什么是菜单及菜单命令?

菜单是一张命令列表,用来完成已定义好的命令操作,Windows XP 中很多基本操作命令都可以在菜单中执行。菜单有【开始】菜单、控制菜单、窗口菜单栏上的菜单和快捷菜单等多种类型。菜单中的操作命令就是菜单命令。

92. 菜单命令中符号的含义是什么?

菜单中有的菜单命令除了命令名外,还有一些特殊的符号,如【我的电脑】窗口中的【查看】菜单,如图 2-13 所示。菜单命令中符号的含义如下。

(1)灰色或暗淡显示的命令:表示使用此命令的条件还不具备,当前状态下不能执行该命令。

(2)高亮显示的命令:表示此命令处于选择状态,单击或按回车键就可执行。

(3)命令名右侧有 ▶ 标记:表示此项的后面有子菜单,鼠标指针指向命令时,将弹出其子菜单。

(4)命令名前带有"●"标记:表示在并列的一组命令选项中,选中此菜单命令,且同时只能选中一项。

（5）命令名前带有"√"标记：表示该命令正在起作用。再次选择该命令,将取消"√"标记,同时该命令不再起作用。

（6）命令名后面带有省略号"…"：表示该命令执行后将弹出对话框。

（7）命令名后面括号内带有下划线的字母：表示当打开菜单的情况下,再按该字母,便可执行字母对应的菜单命令。

（8）命令名右侧的组合键：也称为快捷键,在不打开菜单的情况下,使用快捷键可以直接执行该命

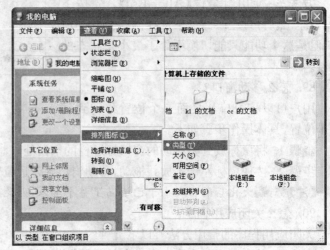

图 2-13 【查看】菜单

令。常用的快捷键有【Ctrl＋X】(剪切)、【Ctrl＋C】(复制)、【Ctrl＋V】(粘贴)、【Ctrl＋Z】(撤销)、【Ctrl＋A】(全选)、【Ctrl＋S】(保存)等。

93. 怎么执行菜单命令？

步骤 1. 打开菜单命令所在的菜单。

步骤 2. 移动鼠标到菜单命令并单击。若命令名右侧有 ▶ 标记,则鼠标指针指向该命令时,将打开其子菜单,将鼠标移动到要执行的菜单命令并单击。

94. 怎么使用窗口菜单？

用户对应用程序所能执行的各种操作在窗口中以菜单的形式提供,窗口菜单分门别类排列于窗口的菜单栏中。下面以 Word 的窗口菜单为例介绍窗口菜单的使用方法。

步骤 1. 单击菜单栏中的菜单项,如单击【编辑】菜单项,弹出主菜单的下拉菜单,如图 2-14 所示。

步骤 2. 如果下拉菜单中的菜单项右边有一个小黑三角标识 ▶ ,则说明该菜单项仍然有下一级菜单,将鼠标移动到该菜单项就会弹出下一级子菜单。

步骤 3. 单击一个菜单命令,就开始执行相应操作。例如,单击【编辑】菜单下的【查找】命令,就会打开【查找和替换】对话框,输入要查找的内容,然后按【Enter】键或者单击【查找下一处】按钮开始查找操作。

95. 怎样使用右键快捷菜单？

快捷菜单是 Windows 系统的重要功能。在任何时候,单击鼠标右键,会显示与特定项目相关的一列命令菜单,这个菜单称为右键快捷菜单。右键快捷菜单的内容与单击右键时的鼠标位置和当前的工作内容密切相关,使用快捷菜单可以更快速地执行与当前操作相关的一些命令。例如,在 Word 窗口中选中一些文字后单击鼠标右键,会弹出如图 2-15 所示的快捷菜单。快捷菜单的使用方法与窗口菜单类似。

96. 怎样关闭打开的菜单？

打开菜单后如果不再需要可以关闭该菜单,关闭菜单的常用方法有以下三种。

方法一：用鼠标单击菜单以外的任何地方。

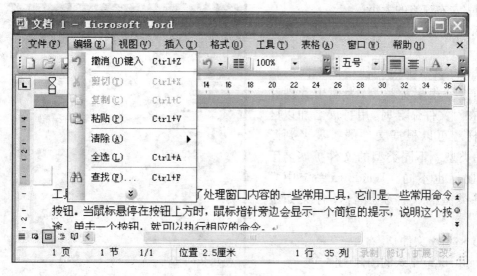

图 2-14　主菜单的下拉子菜单

方法二：按【Alt】键可关闭菜单。

方法三：按【Esc】键即可关闭菜单。

97. 怎样使用"Windows 资源管理器"？

资源管理器可以用分层的形式显示计算机内所有的文件和文件夹，使用资源管理器可以方便地进行查看、复制和移动文件或文件夹等操作，用户可以在一个窗口中浏览所有的磁盘和文件夹。启动资源管理器的常用方法有以下三种。

方法一：单击 Windows XP 桌面左下角的【开始】按钮，在打开的【开始】菜单中依次单击【所有程序】→【附件】→【Windows 资源管理器】命令，即可打开 Windows 资源管理器，在资源管理器左边的窗格显示了所有磁盘和文件夹的列表，右边的窗格用于显示当前选定的磁盘或文件夹中的内容，如图 2-16 所示。

图 2-15　Word 窗口中的右键快捷菜单

方法二：右击 Windows XP 桌面左下角的【开始】按钮，在弹出的快捷菜单中单击【资源管理器】命令，打开 Windows 资源管理器。

方法三：右击桌面【我的电脑】图标，在弹出的快捷菜单中单击【资源管理器】命令，打开 Windows 资源管理器。

在资源管理器左边的窗格中，若驱动器或文件夹前面有"＋"号，表明该驱动器或文件夹有下一级子文件夹，单击该"＋"号可展开其所包含的子文件夹；当展开驱动器或文件夹后，"＋"号会变成"－"号，表明该驱动器或文件夹已展开，单击"－"号，可折叠已展开的内容。单击资源管理器左边窗格中的某个文件夹，右边的窗格中会显示该文件夹中的内容。双击资源管理器右边窗格中的某个文件或文件夹，会打开该文件或文件夹。单击工具栏中的 按钮，可返回上一级文件夹。

移动鼠标到左右窗格之间的分隔条，当鼠标指针变成↔形状时，按下鼠标左键并拖动鼠标可以调整左右窗格的大小。

98. Windows 系统有哪些常见文件类型？

Windows 系统中文件按照不同的格式和用途分很多种类型，为便于管理和识别，在对文件命名时，用扩展名加以区分，这样就可以根据文件的扩展名判断文件的类型。不同类型的文件扩展名不同，其图标也不同。Windows 系统中常见文件类型的文件扩展名及含义如下所示：

图 2-16　Windows 资源管理器

．bak：备份文件。

．bmp：bmp 格式的图像文件。

．com：命令文件。

．dat：数据文件。

．dll：动态链接库文件。

．doc：Microsoft Word 文档。

．exe：可执行文件。

．jpg：jpg 格式的图像文件。

．mp3：MP3 格式声音文件。

．ppt：Microsoft PowerPoint 演示文稿。

．rar：WinRAR 压缩文件。

．sys：系统文件。

．txt：文本文档。

．wav：声音文件。

．xls：Microsoft Excel 工作表。

．zip：WinZip 压缩文件。

99. 怎么选定文件或文件夹？

用户在操作文件或文件夹时，首先要选定此文件或文件夹。选定文件或文件夹的常用方法有以下四种。

方法一：单击文件或文件夹，使它变成蓝底白字，就选定了这个文件或文件夹。

方法二：如果用户要选定窗口中的所有文件和文件夹，可以在文件和文件夹所在窗口菜单栏中依次单击【编辑】→【全部选定】，或者使用组合键【Ctrl＋A】，就会将所有文件和文件夹选定。

方法三：若要选定多个排列不连续的文件或文件夹，则按下【Ctrl】键，单击要选定的文件或文件夹即可。

方法四：若要选定多个排列连续的文件或文件夹，则单击要选定的第一个文件或文件夹，然后按住【Shift】键，再单击要选定的最后一个文件或文件夹即可。也可以直接拖动鼠标，选定文件或文件夹。

100. 怎么新建文件？

新建文件的常用方法有以下两种。

方法一：利用【文件】菜单，具体操作步骤如下。

步骤 1. 在【我的电脑】窗口或资源管理器中，打开要在其中创建新文件的文件夹。

步骤 2. 在菜单栏中依次单击【文件】→【新建】命令，在其子菜单中选择要创建的文件类型，如选择新建"文本文档"，如图 2-17 所示。

步骤 3. 新建文件的文件名默认为"新建 文本文档"，此时文件名处于可编辑状态，可输入新建文件的文件名。

步骤 4. 按【Enter】键或者单击文本框外面的空白处即可。

方法二：利用快捷菜单，具体操作步骤如下。

步骤 1. 在【我的电脑】窗口或资源管理器中，打开要在其中创建新文件的文件夹。

步骤 2. 在窗口的工作区空白位置单击鼠标右键，在弹出的快捷菜单中选择【新建】命令，在其子菜单中选择要创建的文件类型，如选择新建"文本文档"。

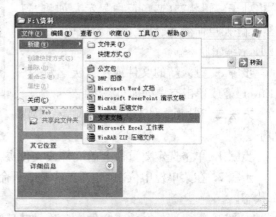

图 2-17　新建"文本文档"

步骤 3. 新建文件的文件名默认为"新建 文本文档"，此时文件名处于可编辑状态，可输入新建文件的文件名。

步骤 4. 按【Enter】键或者单击文本框外面的空白处即可。

101. 怎么新建文件夹？

新建文件夹的常用方法有以下两种。

方法一：利用【文件】菜单或快捷菜单，具体操作步骤如下。

步骤 1. 在【我的电脑】窗口或资源管理器中，打开要在其中创建新文件夹的文件夹。

步骤 2. 在菜单栏中依次单击【文件】→【新建】→【文件夹】命令，或在窗口的工作区空白处单击鼠标右键，在弹出的快捷菜单中单击【新建】→【文件夹】命令。

步骤 3. 新建文件夹的名称默认为"新建文件夹"，此时文件夹名称处于可编辑状态，输入新建文件夹的名称即可。

步骤 4. 按【Enter】键或单击文本框外面的空白处。

方法二：利用任务窗格，具体操作步骤如下。

步骤 1. 打开【我的电脑】窗口，找到并打开要在其中创建新文件夹的文件夹。

步骤 2. 在窗口的【文件和文件夹任务】窗格中，单击【创建一个新文件夹】。

步骤 3. 新建文件夹的名称默认为"新建文件夹"，此时文件夹名称处于可编辑状态，输入新建文件夹的名称即可。

步骤 4. 按【Enter】键或单击文本框外面的空白处。

102. 如何为文件或文件夹重命名？

在 Windows XP 中，用户随时可以根据自己的需要为文件或文件夹重命名，常用方法有以下三种。

方法一:利用快捷菜单,具体操作步骤如下。

步骤 1. 选定要重命名的文件或文件夹。

步骤 2. 单击右键,在弹出的快捷菜单中单击【重命名】命令,此时文件或文件夹的名称将处于编辑状态(蓝色反白显示),如将"习题"文件夹重命名,文件夹名称会变成如图 2-18 所示编辑状态。

步骤 3. 键入新的文件或文件夹名称,按【Enter】键或单击空白处即可。

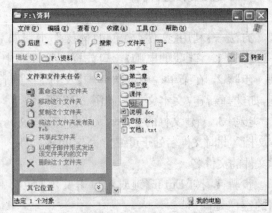

图 2-18　编辑状态的文件夹名

方法二:利用【文件】菜单,具体操作步骤如下。

步骤 1. 单击选定要重命名的文件或文件夹。

步骤 2. 在菜单栏中依次单击【文件】→【重命名】命令,此时文件或文件夹的名称会处于编辑状态。

步骤 3. 键入新的文件或文件夹名称,按【Enter】键或单击空白处即可。

方法三:利用【F2】键,具体操作步骤如下。

步骤 1. 单击选定要重命名的文件或文件夹。

步骤 2. 按下【F2】键,此时文件或文件夹的名称会处于编辑状态。

步骤 3. 键入新的文件或文件夹名称,按【Enter】键或单击空白处即可。

103. 如何浏览文件或文件夹?

在 Windows XP 中,可以通过【我的电脑】或资源管理器浏览文件和文件夹。

步骤 1. 打开【我的电脑】窗口或资源管理器。

步骤 2. 双击打开驱动器或一个文件夹,打开要浏览的文件或文件夹所在的文件夹。

步骤 3. 单击【查看】菜单或在窗口空白处单击鼠标右键,在弹出的快捷菜单中选择【查看】,选择文件和文件夹的显示方式。Windows XP 提供了六种文件和文件夹的显示方式,如图 2-19 所示。

步骤 4. 在菜单栏中依次单击【查看】→【排列图标】命令,选择排列方式。可以按照文件的名称、大小、类型或修改时间等进行排列,还可以选择按组排列、自动排列或对齐到网格。

104. 怎样查找文件或文件夹?

查找文件或文件夹的常用方法有以下两种。

方法一:利用【我的电脑】或资源管理器,具体操作步骤如下。

步骤 1. 打开【我的电脑】窗口或资源管理器。

步骤 2. 双击打开驱动器或某个文件夹,再双击某个文件夹,逐级打开,直到找到要查找的文件或文件夹。

方法二:利用【搜索】操作,具体操作步骤如下。

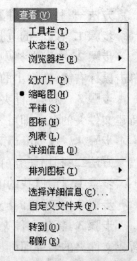

图 2-19　【查看】菜单

步骤 1. 依次单击【开始】→【搜索】命令,打开【搜索结果】窗口,单击左边窗格中的【所有文件和文件夹】,打开如图 2-20 所示窗口,或者在资源管理器窗口中,单击工具栏上的【搜索】按钮🔍搜索,进入搜索设置界面。

步骤 2. 在【全部或部分文件名】文本框中输入要搜索的文件或文件夹的全部或部分名称。此时也可以使用通配符"＊"或"?"进行模糊查找,"＊"表示任意个不确定字符,"?"表示一个不确定字符。

步骤 3. 在【在这里寻找】的下拉列表选择搜索的目的位置。

步骤 4. 单击【什么时候修改的?】,则可以根据文件或文件夹的修改日期进行搜索;单击【大小是】和【更多高级选项】,可以设置更多的搜索条件。

步骤 5. 单击【搜索】按钮,开始搜索文件或文件夹。搜索过程中也可以单击【停止】按钮停止搜索工作。

步骤 6. 搜索结束后,窗口中会显示查找到的所有条件符合的文件和文件夹。搜索结束后,可以在菜单栏中依次单击【文件】→【保存搜索】命令,保存文件名为"名为××的文件"(××为所查找的文件名)的搜索文件,以便再次搜索该文件或文件夹。

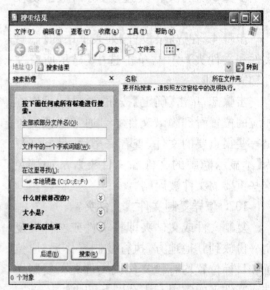

图 2-20　【搜索结果】窗口

105. 文件或文件夹的属性有哪些?

每个文件或文件夹都有自己的属性,选定文件或文件夹,单击鼠标右键,在打开的快捷菜单中单击【属性】命令,打开属性对话框,在该对话框中可以看到文件或文件夹的属性信息。例如,打开【习题一.doc】文件的属性对话框,如图 2-21 所示。

文件和文件夹有相同的属性项,也有各自特有的属性项,常规选项卡中主要有以下属性。

(1)文件和文件夹的固定属性信息包括:类型、位置、大小和操作的时间,这些属性在属性对话框中都是以不能编辑的方式显示的。

(2)在文件和文件夹的属性对话框中,用户可以通过勾选【只读】、【隐藏】和【存档】复选框,改变其属性。勾选【隐藏】属性,则该文件或文件夹在常规显示中将不被看到;勾选【只读】属性,则不允许更改;【存档】属性是有些程序根据此选项来确定哪些文件需做备份,编辑完一个文档,它就具有了存档属性。

(3)文件的打开方式。文件的属性比文件夹的属性多了一项【打开方式】的设置。双击任一文件时,系统就会根据该文件【属性】对话框中的【打开方式】启动相应的应用程序。单击【更改】按钮,在打开的对话框中可以更改文件的打开方式。

文件夹还有和共享有关的及自定义的一些属性信息,单击属性对话框的对应选项卡可以看到这些属性。

106. 怎样查看隐藏文件?

通常,隐藏文件是不显示的,若要查看它们,可以采用以下操作步骤。

步骤 1. 双击桌面【我的电脑】图标，打开【我的电脑】窗口。

步骤 2. 在菜单栏中依次单击【工具】→【文件夹选项】命令，打开【文件夹选项】对话框。

步骤 3. 在【文件夹选项】对话框中切换到【查看】选项卡，如图 2-22 所示。

步骤 4. 在【高级设置】列表框中的【隐藏文件和文件夹】项中，单击选中【显示所有文件和文件夹】。

步骤 5. 单击【确定】按钮，这样就可以在相应的位置看到隐藏文件了。通常隐藏文件是一些很重要的文件，查看完毕后，最好恢复为【不显示隐藏的文件和文件夹】，从而避免这些重要的文件被误删。

107. 怎样复制文件或文件夹？

复制文件或文件夹即将文件或文件夹复制一份放到其他地方，执行复制操作后，原位置和目标位置均有该文件或文件夹。复制文件或文件夹的常用方法有以下三种。

方法一：利用复制和粘贴操作，具体操作步骤如下。

步骤 1. 选中要复制的文件或文件夹。

步骤 2. 单击右键，在弹出的快捷菜单中单击【复制】命令或者在菜单栏中依次单击【编辑】→【复制】命令。

步骤 3. 选择目标位置。

步骤 4. 单击右键，在弹出的快捷菜单中单击【粘贴】命令或者在菜单栏中依次单击【编辑】→【粘贴】命令，即可把文件或文件夹复制到目标位置。

方法二：使用拖动方式，具体操作步骤如下。

步骤 1. 选中要复制的文件或文件夹。

步骤 2. 按住【Ctrl】键。

步骤 3. 用鼠标左键拖动选中的文件或文件夹到目标位置。

方法三：使用快捷键方式，具体操作步骤如下。

步骤 1. 选中要复制的文件或文件夹。

步骤 2. 按【Ctrl＋C】组合键，执行复制命令。

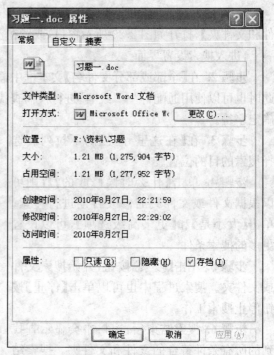

图 2-21　文件属性对话框

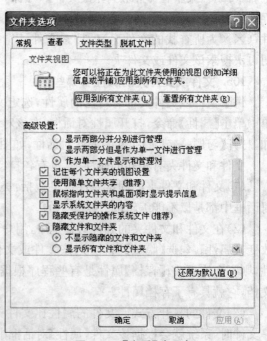

图 2-22　【查看】选项卡

步骤 3. 选择目标位置。

步骤 4. 按【Ctrl＋V】组合键,执行粘贴命令。

108. 怎样移动文件或文件夹?

移动文件或文件夹就是将文件或文件夹移动到其他地方,执行移动操作可以将文件或文件夹移动到目标位置。移动文件或文件夹的常用方法有以下三种。

方法一:利用剪切和粘贴操作,具体操作步骤如下。

步骤 1. 选中要移动的文件或文件夹。

步骤 2. 单击右键,在弹出的快捷菜单中单击【剪切】命令或者在菜单栏中依次单击【编辑】→【剪切】命令。

步骤 3. 选择目标位置。

步骤 4. 单击右键,在弹出的快捷菜单中单击【粘贴】命令或者在菜单栏中依次单击【编辑】→【粘贴】命令,即可把文件或文件夹移动到目标位置。

方法二:使用拖动方式,具体操作步骤如下。

步骤 1. 选中要移动的文件或文件夹。

步骤 2. 按住【Shift】键。

步骤 3. 用鼠标左键拖动选中的文件或文件夹到目标位置。

方法三:使用快捷菜单方式。具体操作步骤如下。

步骤 1. 选中要移动的文件或文件夹。

步骤 2. 用鼠标右键拖动选中的文件或文件夹到目标位置。

步骤 3. 释放鼠标右键,弹出快捷菜单。

步骤 4. 单击快捷菜单中的【移动到当前位置】即可。

109. 怎样删除文件或文件夹?

当用户不再需要某些文件或文件夹时,可以将其删除,删除文件夹时会将文件夹下所有内容一起删除。删除文件或文件夹的方法主要有以下三种。

方法一:利用删除操作将删除的文件或文件夹放到【回收站】中,具体操作步骤如下。

步骤 1. 选定要删除的文件或文件夹。这里选择一个文件夹进行删除。

步骤 2. 单击右键,在弹出的快捷菜单中单击【删除】命令或者在菜单栏中依次单击【文件】→【删除】命令,弹出【确认文件夹删除】对话框,如图 2-23 所示。

步骤 3. 单击【是】按钮,可以删除该文件夹并将删除的文件夹移入回收站。

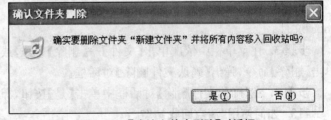

图 2-23　【确认文件夹删除】对话框

方法二:采用拖动操作。直接用鼠标将要删除的文件或文件夹拖动到【回收站】中即可。

方法三:彻底删除文件或文件夹。此方法不将文件或文件夹放入回收站而是直接彻底删除,具体操作步骤如下。

步骤 1. 选择要删除的文件或文件夹。

步骤 2. 单击右键,在弹出的快捷菜单中选择【删除】命令,同时按下【Shift】键,执行【删除】

命令后,弹出确认是否删除的对话框。

步骤 3. 单击【是】按钮,可以将该文件或文件夹彻底删除。

110. 什么是"回收站"?

双击桌面上的【回收站】图标,可以打开回收站窗口。回收站用来存放用户临时删除的文件和文件夹。回收站里的文件和文件夹可以还原到原来的位置,也可以彻底将它们删除。

111. 怎么从回收站中还原文件或文件夹?

放入回收站的文件或文件夹可以还原到原来的位置。从回收站中还原文件或文件夹常用的方法有两种。

方法一:利用任务窗格中的还原操作,具体操作步骤如下。

步骤 1. 双击桌面上的【回收站】图标,打开【回收站】窗口。

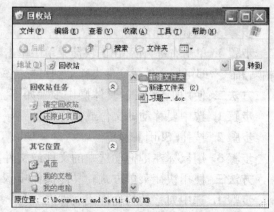

步骤 2. 选中要还原的文件或文件夹,然后单击【回收站任务】窗格中的【还原此项目】,则可把选中的文件或文件夹放回到其被放到回收站以前的位置,如图 2-24 所示。若要还原所有的文件和文件夹,可单击【回收站任务】窗格中的【还原所有项目】。

方法二:利用菜单中的【还原】命令,具体操作步骤如下。

图 2-24　【回收站】窗口

步骤 1. 双击桌面上的【回收站】图标,打开【回收站】窗口。

步骤 2. 选中要还原的文件或文件夹。

步骤 3. 在菜单栏中依次单击【文件】→【还原】命令或者单击右键,在弹出的快捷菜单中单击【还原】命令,则可把选中的文件或文件夹放回到其被放到回收站以前的位置。

112. 怎么在回收站里彻底删除文件或文件夹?

步骤 1. 双击桌面上的【回收站】图标,打开【回收站】窗口。

步骤 2. 在回收站窗口中选中要删除的文件或文件夹。本例选择删除回收站中的"习题一.doc"文件。

步骤 3. 在菜单栏中依次单击【文件】→【删除】命令,或单击鼠标右键在弹出的快捷菜单中单击【删除】命令,弹出【确认文件删除】对话框。

步骤 4. 在【确认文件删除】对话框中单击【是】按钮,即可删除被选中文件。

113. 如何使用"清空回收站"?

若用户要彻底删除【回收站】中所有的文件和文件夹,可以使用"清空回收站",常用方法有以下两种。

方法一:使用【清空回收站】命令,具体操作步骤如下。

步骤 1. 双击桌面上的【回收站】图标,打开【回收站】窗口。

步骤 2. 在菜单栏中依次单击【文件】→【清空回收站】命令,或单击鼠标右键在弹出的快捷菜单中单击【清空回收站】命令,即可删除【回收站】中所有的文件和文件夹。

方法二:利用任务窗格中的清空回收站操作。具体操作步骤如下。

步骤 1. 双击桌面上的【回收站】图标,打开【回收站】窗口。

步骤 2. 单击【回收站任务】窗格中的【清空回收站】,即可删除【回收站】中所有的文件和文件夹,如图 2-25 所示。

114. 什么是快捷方式以及如何创建桌面快捷方式?

快捷方式是 Windows 系统为方便用户而提供的一种快速启动程序、打开文件或文件夹的方法。常用的创建桌面快捷方式的方法有以下三种。

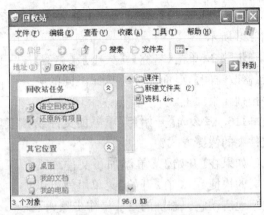

图 2-25 【回收站】窗口

方法一:使用【发送到】创建,具体操作步骤如下。

步骤 1. 在要创建桌面快捷方式的对象上单击鼠标右键,弹出快捷菜单。

步骤 2. 在快捷菜单中单击【发送到】→【桌面快捷方式】命令即可,如图 2-26 所示。

方法二:利用鼠标右键创建,具体操作步骤如下。

步骤 1. 用鼠标右键拖动要创建快捷方式的对象到桌面。

步骤 2. 释放鼠标,弹出一快捷菜单。

步骤 3. 单击快捷菜单中的【在当前位置创建快捷方式】命令即可。

方法三:利用创建快捷方式向导创建,具体操作步骤如下。

步骤 1. 鼠标右击桌面背景,弹出快捷菜单。

步骤 2. 单击【新建】→【快捷方式】命令,打开【创建快捷方式】对话框,如图 2-27 所示。

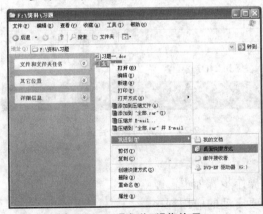

图 2-26 【发送到】菜单项

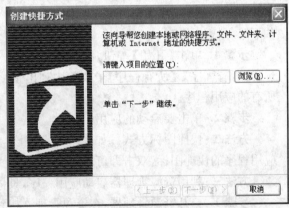

图 2-27 【创建快捷方式】对话框

步骤 3. 单击【浏览】按钮,找到要创建快捷方式的文件或文件夹。

步骤 4. 单击【下一步】按钮,在【键入该快捷方式的名称】的文本框中输入名称或使用默认名称,然后单击【完成】按钮。

115. 如何排列桌面图标?

桌面上的图标可以使用拖动的方法移动,也可以使用以下操作步骤来排列图标。

步骤 1. 在桌面背景处单击鼠标右键,弹出快捷菜单。

步骤 2. 选择【排列图标】命令，如图2-28 所示。

步骤 3. 单击【名称】、【大小】、【类型】或【修改时间】，桌面图标会按照不同的顺序排列在桌面上。

116. 怎么向【开始】菜单添加文件或文件夹的快捷方式？

如果在【开始】菜单添加了文件或文件夹的快捷方式，在【开始】菜单里就可以快速地启动它。添加的具体操作步骤如下。

步骤 1. 找到需要在【开始】菜单中添加快捷方式的文件或文件夹。

步骤 2. 用鼠标拖动到【开始】按钮，弹出【开始】菜单，用鼠标将其拖至想要放的位置，如图 2-29 所示。

步骤 3. 释放鼠标即可创建该文件或文件夹对应的快捷方式。

117. 启动 Windows XP 应用程序的常用方法有哪些？

在 Windows XP 中，启动应用程序的常用方法有三种。

方法一：【开始】菜单方式，具体操作步骤如下。

步骤 1. 单击【开始】按钮，在开始菜单中选择【所有程序】，【所有程序】子菜单中列出了所有的应用程序。

步骤 2. 单击要启动的应用程序。

方法二：快捷图标方式。如果桌面上有该应用程序的快捷图标，双击即可启动。

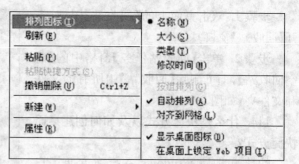

图 2-28　【排列图标】菜单项

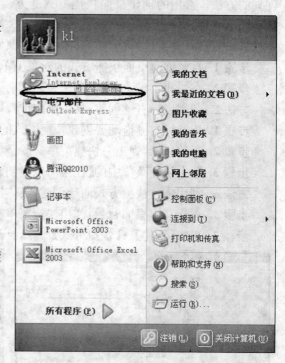

图 2-29　拖动对象到合适位置

方法三：利用资源管理器启动应用程序，具体操作步骤如下。

步骤 1. 打开资源管理器，在资源管理器找到要启动的应用程序。

步骤 2. 双击该应用程序图标即可启动。

118. 怎样使用开始菜单中的【运行】？

开始菜单中的【运行】是打开系统程序和文件的快捷途径，输入特定的命令后，即可快速地打开相应的程序。

步骤 1. 单击【开始】按钮，在【开始】菜单中单击【运行】命令，打开【运行】对话框，如图 2-30 所示。

步骤 2. 输入要打开的程序、文件夹、文档或 Internet 资源的名称，或者单击 ﹀ 按钮在展开的下拉列表中选择最近曾经输入过的内容；也可单击【浏览】按钮，找到要打开的对象。

步骤 3. 单击【确定】按钮即可。

119. 打开【控制面板】窗口有哪几种方式?

打开【控制面板】窗口的常用方法有以下三种。

方法一:【开始】菜单方式。依次单击【开始】→【控制面板】可打开如图 2-31 所示控制面板窗口。

方法二:从【我的电脑】窗口打开,具体操作步骤如下。

步骤 1. 双击桌面【我的电脑】图标,打开【我的电脑】窗口。

步骤 2. 在地址栏中输入"控制面板"后按【Enter】键或者在地址栏下拉列表中选中"控制面板"可打开【控制面板】窗口;单击【我的电脑】窗口中【其他位置】窗格中的【控制面板】也可打开【控制面板】窗口。

方法三:利用浏览器打开,具体步骤如下。

步骤 1. 打开浏览器。

步骤 2. 在地址栏里输入"控制面板",按【Enter】键,即可打开【控制面板】窗口。

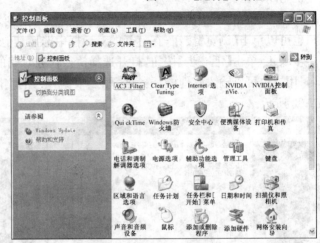

图 2-30 【运行】对话框

图 2-31 【控制面板】窗口

120. 如何打开设备管理器?

Windows XP 的设备管理器是管理计算机硬件设备的工具,使用设备管理器可以查看计算机中所安装的硬件设备、查看和更改设备属性、更新驱动程序、停用或卸载设备等。打开设备管理器的常用方法有以下三种。

方法一:【开始】菜单方式,具体操作步骤如下。

步骤 1. 依次单击【开始】→【控制面板】,打开【控制面板】窗口。

步骤 2. 在【控制面板】窗口中双击【系统】图标,打开【系统属性】对话框。

步骤 3. 在【系统属性】对话框中切换到【硬件】选项卡。

步骤 4. 单击【设备管理器】按钮,打开设备管理器。

方法二:利用【我的电脑】→【属性】命令,具体操作步骤如下。

步骤 1. 右键单击桌面上【我的电脑】图标,弹出快捷菜单。

步骤 2. 单击该快捷菜单中的【属性】命令,打开【系统属性】对话框。

步骤 3. 在【系统属性】对话框中切换到【硬件】选项卡。

步骤 4. 单击【设备管理器】按钮,打开设备管理器。

方法三:利用【我的电脑】→【管理】命令,具体操作步骤如下。

步骤 1. 右键单击桌面上【我的电脑】图标,弹出快捷菜单。

步骤 2. 单击该快捷菜单中的【管理】命令,打开【计算机管理】窗口。

步骤 3. 单击【系统工具】下的【设备管理器】,打开设备管理器。

121. 什么是任务计划及如何安排自己的任务计划？

任务计划可以让系统在预定的时间自动执行某项任务。每次启动 Window XP 系统时任务计划也会启动，并在后台运动，安排自己的任务计划步骤如下。

步骤 1. 打开【控制面板】窗口，双击【任务计划】图标，或者依次单击【开始】→【所有程序】→【附件】→【系统工具】→【任务计划】，打开【任务计划】窗口。

步骤 2. 双击【任务计划】窗口中的【添加任务计划】图标，打开【任务计划向导】对话框，如图 2-32 所示。

步骤 3. 单击【下一步】按钮，在打开的对话框中的列表框中选择要定期运行的应用程序。用户也可以单击【浏览】按钮，在打开的对话框中选择其他应用程序。

步骤 4. 单击【下一步】按钮，打开选择执行任务时间的对话框。系统自动将程序名作为任务名，用户也可以输入其他的任务名，然后根据自己的实际需求选择什么时候执行该任务，如图 2-33 所示。

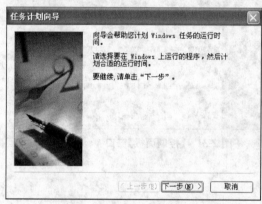
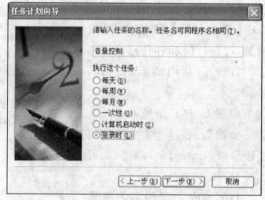

图 2-32 【任务计划向导】对话框　　　　图 2-33 选择任务运行时间的对话框

步骤 5. 单击【下一步】按钮，在打开的对话框中输入用户名和密码，这样只有在该用户登录操作系统时，才会执行此任务。

步骤 6. 单击【下一步】按钮，在打开的对话框中会列出用户刚刚设置的任务计划，单击【完成】按钮即可。

122. 如何调整日期、时间？

调整时间和日期的具体操作步骤如下。

步骤 1. 双击【控制面板】窗口中的【日期和时间】图标，或者双击任务栏中的数字时钟，打开【日期和时间 属性】对话框，如图 2-34 所示，在【时间和日期】选项卡中即可进行时间和日期的设置。

步骤 2. 在【日期】区域内的月份下拉列表中选择月份，通过单击 ↕ 按钮调整年份，单击日历列表框中选择日期，如单击"10"号，完成新日期的设置。

步骤 3. 在【时间】区域内的"时：分：秒"格式的数值框中，双击数字更改时间，或单击其右侧的 ↕ 钮进行调整。

步骤 4. 单击【确定】按钮，完成日期和时间的调整。

123. 如何进行电源管理？

步骤 1. 打开【控制面板】窗口，双击【电源选项】图标，打开【电源选项 属性】对话框，如图 2-35所示。

步骤 2. 在【电源使用方案】选项卡的【电源使用方案】下拉列表中选择一种电源使用方案。可以根据需要设置【关闭监视器】和【关闭硬盘】及【系统待机】的时间。

步骤 3. 切换到【高级】选项卡，如图 2-36 所示，用户可以根据需要进行设置。若选中【总是在任务栏上显示图标】，那么任务栏上就会出现 图标，双击该图标即可打开【电源选项属性】对话框；若选中【在计算机从待机状态恢复时，提示输入密码】，则计算机从待机状态返回工作状态时，系统会提示用户输入密码。

图 2-34　【日期和时间 属性】对话框

步骤 4. 单击【休眠】标签，打开【休眠】选项卡，可以启用休眠。若启用休眠，可在【电源使用方案】选项卡设置【系统休眠】时间。

步骤 5. 单击【确定】按钮完成设置。

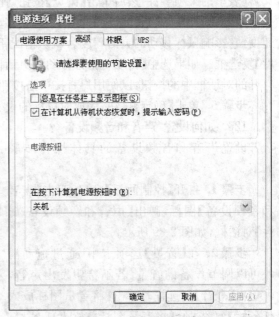

图 2-35　【电源选项 属性】对话框　　　　　　**图 2-36　【高级】选项卡**

124. 怎样在控制面板中设置键盘？

对键盘进行设置的具体操作步骤如下。

步骤 1. 打开【控制面板】窗口，双击【键盘】图标，打开【键盘 属性】对话框，如图 2-37 所示。

步骤 2. 在【字符重复】区域，拖动【重复延迟】滑块，可以调整按住一个键后字符重复出现的延迟时间；拖动【重复率】滑块，可以调整按住一个键时字符重复的速度，可以在文本框中输入字符,来测试设置的是否合适。在【光标闪烁频率】区域中,拖动滑块可以调整光标闪烁的速度,测试光标会在该区域左端以新频率闪烁。

步骤 3. 单击【确定】按钮,完成对键盘的设置。

125. 怎样在控制面板中设置鼠标?

对鼠标进行设置的具体步骤如下。

步骤 1. 打开【控制面板】窗口,双击【鼠标】图标,打开【鼠标 属性】对话框,如图 2-38 所示。

步骤 2. 在【鼠标键配置】区域单击选中【切换主要和次要的按钮】,可将鼠标左右两键的作用相互调换;在【双击速度】区域拖动速度滑块可以设置双击的速度。

步骤 3. 切换到【指针】选项卡,在【方

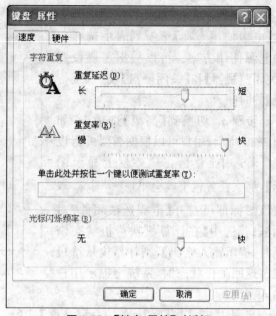

图 2-37　【键盘 属性】对话框

案】下拉列表可以选择一种现成的方案;也可以自定义各事件的鼠标光标,即单击选定【自定义】列表里的某项事件,然后单击【浏览】按钮,弹出浏览窗口,寻找合适的图标。

步骤 4. 切换到【指针选项】选项卡。在【移动】区域中,可以拖动滑块调整鼠标指针的移动速度,它影响鼠标移动的灵活程度。默认情况下,系统使用中等速度并且选中【提高指针精确度】复选框。如果选中【自动将指针移动到对话框中的默认按钮】,鼠标指针将自动移动到当前打开的对话框中的按钮,以便用户直接单击按钮。

步骤 5. 单击【确定】按钮,完成对鼠标的设置。

126. 如何设置"声音和音频设备"?

设置声音和音频设备的具体操作步骤如下。

步骤 1. 打开【控制面板】窗口,双击【声音和音频设备】图标,弹出【声音和音频设备 属性】对话框,如图 2-39 所示。

步骤 2. 在【音量】选项卡中,通过拖动滑块可以调节设备的音量,若不希望发出声音,可单击【静音】复选框。单击【将音量图标放入任务栏】复选框可将音量图标放入任务栏。单击【扬声器音量】按钮可调节左右扬声器的音量。

步骤 3. 切换到【声音】选项卡。在【声音方案】下拉列表中选择方案。在【程序事件】列表框中选择事件后,在【声音】下拉列表中选择声音则系统执行相关事件的命令时,会发出所

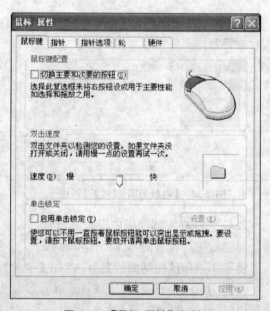

图 2-38　【鼠标 属性】对话框

选择的声音。

　　步骤 4. 切换到【音频】选项卡。单击【音量】按钮,可以设置声音播放设备、录音和 MI-DI 音乐播放的音量。单击【高级】按钮,可以设置它们的高级属性。

　　步骤 5. 切换到【语声】选项卡,设置声音播放和录音的音量以及相应设备的高级属性。

127. 怎样创建新帐户?

　　创建新帐户即允许有新的帐户访问计算机资源,创建新帐户时,用户应以计算机管理员帐户身份登录,具体操作步骤如下。

　　步骤 1. 打开【控制面板】窗口,双击【用户帐户】图标,打开【用户帐户】窗口,如图 2-40 所示。

　　步骤 2. 在【挑选一项任务】处单击【创建一个新帐户】,弹出为新帐户起名窗口,在【为新帐户键入一个名称】文本框中键入新用户的帐户名称,新名称应该和原有的用户帐户名不同。

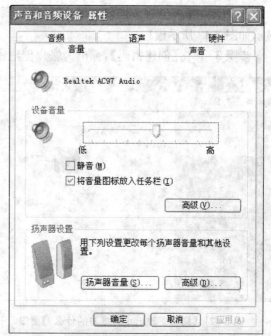

图 2-39　【声音和音频设备 属性】对话框

　　步骤 3. 单击【下一步】按钮,弹出挑选一个帐户类型窗口。帐户类型有计算机管理员和受限帐户两种,不同类型的帐户权限不同。选择要创建的帐户类型,如图 2-41 所示,选中某类帐户后,窗口下方会出现这类帐户的权限。

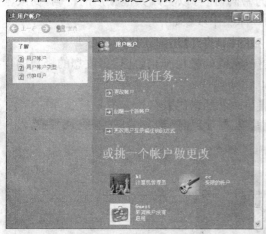

图 2-40　【用户帐户】窗口

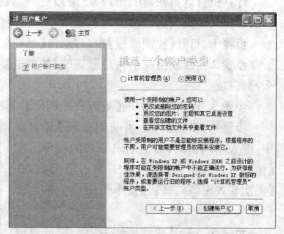

图 2-41　【挑选一个帐户类型】窗口

　　步骤 4. 单击【创建帐户】按钮,完成新帐户的创建。此时【用户帐户】窗口中就会显示刚创建的帐户。

128. 如何给帐户创建密码?

　　给帐户创建密码的操作步骤如下。

　　步骤 1. 打开【控制面板】窗口,双击【用户帐户】图标,打开【用户帐户】窗口。

步骤 2. 在【或挑一个帐户做更改】处单击要创建密码的帐户。例如,选择帐户"ran",则会显示如图 2-42 所示窗口。

步骤 3. 单击【创建密码】,弹出为帐户创建密码的窗口,如图 2-43 所示。

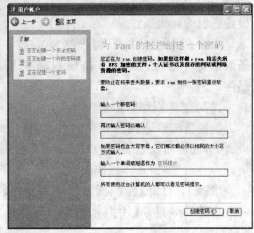

图 2-42　【您想更改 ran 的帐户的什么?】窗口　　　图 2-43　【为 ran 的帐户创建一个密码】窗口

步骤 4. 在【输入一个新密码】文本框中,键入要设置的密码;在【再次输入密码以确认】文本框中重复输入密码。还可以输入一个单词或短语作为密码提示,但所有使用这台计算机的人都可以看见密码提示。

步骤 5. 单击【创建密码】按钮,完成密码的创建。

129. 怎样更改帐户的密码?

计算机管理员帐户的用户,既可以更改自己的密码,还可以更改其他帐户的密码,受限帐户的用户只能更改自己的密码。更改帐户密码的具体操作步骤如下。

步骤 1. 打开【控制面板】窗口,双击【用户帐户】图标,打开【用户帐户】窗口。

步骤 2. 在【或挑一个帐户做更改】处单击要更改密码的帐户弹出【您想更改您的帐户的什么?】窗口。

步骤 3. 单击窗口中的【更改我的密码】,弹出【更改您的密码】窗口,如图 2-44 所示。

步骤 4. 在【键入您当前的密码】文本框中,键入当前密码,确认用户帐户的身份。在【输入一个新密码】文本框中输入新密码,在【再次输入密码以确认】文本框中重复输入密码以确认。

步骤 5. 单击【更改密码】按钮,完成更改密码操作。

130. 怎么删除帐户?

只有计算机管理员才有删除用户帐户的权限,受限用户没有删除用户帐户的权限。删除帐户的具体操作步骤如下。

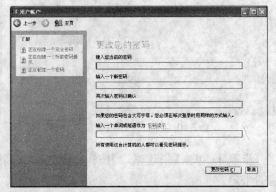

图 2-44　【更改您的密码】窗口

步骤 1. 打开【控制面板】窗口,双击【用户帐户】图标,打开【用户帐户】窗口。

步骤 2. 在【或挑一个帐户做更改】处单击要删除的帐户，这里选择删除受限帐户 ran，弹出【您想更改 ran 的帐户的什么？】窗口。

步骤 3. 单击【删除帐户】，弹出【您想保留 ran 的文件吗？】窗口。

步骤 4. 若单击【保留文件】按钮，系统将在桌面上新建一个名为 ran 的新文件夹中保存 ran 的桌面和我的文档的内容，但不保存 ran 的电子邮件、Internet 收藏夹和其他设置。若单击【删除文件】按钮，系统将删除 ran 的所有文件。单击【保留文件】按钮或【删除文件】按钮后，弹出【您确实要删除 ran 的帐户吗？】窗口。

步骤 5. 单击【删除帐户】按钮，完成删除帐户的操作。

131. 怎么更改用户登录或注销的方式？

步骤 1. 打开【控制面板】窗口，双击【用户帐户】图标，打开【用户帐户】窗口。

步骤 2. 单击【挑选一项任务】处的【更改用户登录或注销的方式】，弹出【选择登录和注销选项】窗口，如图 2-45 所示。

步骤 3. 选中【使用欢迎界面】，登录时通过使用欢迎界面，用户可以单击帐户名来登录。选中【使用快速用户切换】，用户不用关闭所有程序就可以快速切换到另一帐户。若不选中【使用欢迎屏幕】，则无法选中【使用快速用户切换】。

步骤 4. 单击【应用选项】，完成设置。

图 2-45 【选择登录和注销选项】窗口

132. 怎么安装程序？

给计算机安装程序的常用方法有以下三种。

方法一：使用安装光盘安装。具体操作步骤如下。

步骤 1. 插入安装盘，有些应用程序会自动启动安装程序。

步骤 2. 按照屏幕上的提示进行操作，即可完成程序的安装。有的应用程序未自动启动安装程序，则可以利用【我的电脑】或资源管理器在安装盘上找到并双击该安装程序启动安装。

方法二：运行硬盘上的安装程序。具体操作步骤如下。

步骤 1. 在【我的电脑】窗口或资源管理器中找到程序的安装文件。

步骤 2. 双击该文件，按照屏幕上的提示进行操作，即可完成程序的安装。

方法三：使用【添加/删除程序】安装。具体操作步骤如下。

步骤 1. 打开【控制面板】窗口，双击【添加或删除程序】图标，打开【添加或删除程序】窗口。

步骤 2. 单击窗口左边的【添加新程序】，弹出【添加新程序】窗口，如图 2-46 所示。

图 2-46 【添加新程序】窗口

步骤 3. 单击【CD 或软盘】按钮,打开【从软盘或光盘安装程序】对话框。

步骤 4. 插入安装盘,单击【下一步】按钮,系统开始搜索安装程序。若找到安装程序,则会在对话框中显示安装文件的路径。如果没有搜索到,对话框中会提示"Windows 找不到安装程序",此时可以单击【浏览】按钮,手动查找安装程序。

步骤 5. 单击【完成】按钮即可安装。

133. 怎么卸载程序?

常用的卸载 Windows 应用程序的方法有两种。

方法一:使用【添加或删除程序】卸载,具体操作步骤如下。

步骤 1. 打开【控制面板】窗口,双击【添加或删除程序】图标,打开【添加或删除程序】窗口,窗口的列表框中会显示当前安装的程序,如图 2-47 所示。

图 2-47 【添加或删除程序】窗口

步骤 2. 单击需要卸载的应用程序,程序右侧即显示【删除】按钮 删除 或【更改/删除】按钮 更改/删除 。

步骤 3. 单击【删除】按钮或【更改/删除】按钮,弹出确认对话框,单击【是】或【卸载】按钮,系统开始自动卸载该程序组。

方法二:使用【卸载程序】卸载,具体操作步骤如下。

步骤 1. 单击【开始】→【所有程序】,在弹出的程序组里找到要卸载的程序,如图 2-48 所示。

步骤 2. 单击【卸载程序】,弹出卸载对话框,要用户确定是否卸载此程序。

图 2-48 卸载程序菜单

步骤 3. 单击【是】按钮,完成卸载。

134. 怎样添加/删除 Windows XP 组件?

在计算机安装好 Windows XP 系统之后,用户可以添加组件或者删除多余的组件。具体操作步骤如下。

步骤 1. 打开【控制面板】窗口,双击【添加或删除程序】,打开【添加或删除程序】窗口。

步骤 2. 单击窗口左边的【添加/删除 Windows 组件】,弹出【Windows 组件向导】对话框,如图 2-49 所示。

步骤 3. 在【Windows 组件向导】对话框的【组件】列表框中列出了 Windows 提供的一些组

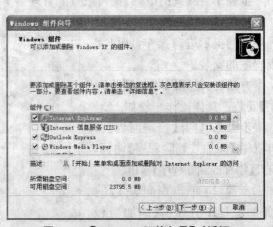

图 2-49 【Windows 组件向导】对话框

件,若组件前面复选框被选中(内有"√")则表示该组件已安装。在描述处介绍了该组件,并给出了安装组件需要的磁盘空间和磁盘中可用空间。如果某个 Windows 组件包含一个以上的子组件,当用户选中该组件时,【详细信息】按钮则变为可用状态,单击它即可在打开的对话框中查看子组件的信息。

步骤 4. 若要添加组件则单击选中要添加的组件前面的复选框,若要删除组件则单击取消已选中的组件前面的复选框,然后单击【下一步】按钮,完成添加或删除组件操作。

135. 怎样使用控制面板中的【添加硬件】?

使用控制面板中的【添加硬件】的具体操作步骤如下。

步骤 1. 打开【控制面板】窗口,双击【添加硬件】图标,打开【添加硬件向导】对话框,如图2-50 所示。

步骤 2. 单击【下一步】按钮,系统开始搜索最近连接到计算机但尚未安装驱动程序的硬件,如果未能找到所添加的硬件设备,则显示【硬件连接好了吗】对话框。如果已经将硬件与计算机连接好,可选中【是,我已经连接了此硬件】。

步骤 3. 单击【下一步】按钮,在对话框的【已安装的硬件】列表框中选择未安装好的硬件重新进行

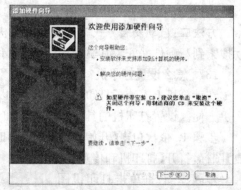

图 2-50　【添加硬件向导】对话框

安装。如果要添加列表中没有显示的硬件,可单击【添加新的硬件设备】。

步骤 4. 单击【下一步】按钮,在弹出的对话框中选择怎样安装硬件。一般情况下选择【搜索并自动安装硬件(推荐)】的方式,也可以选择【安装我手动从列表选择的硬件(高级)】。

步骤 5. 若选择的是【搜索并自动安装硬件(推荐)】,单击【下一步】按钮,系统开始搜索新硬件,找到后自动安装。若选择的是【安装我手动从列表选择的硬件(高级)】,单击【下一步】按钮,弹出选择要安装的硬件类型对话框,选择需要安装的硬件后单击【下一步】按钮,根据向导的提示即可安装好所要添加的硬件驱动程序。

136. 怎么安装打印机?

在开始安装打印机前,应先将打印机与计算机正确连接,同时应了解打印机的生产厂家和型号。安装打印机的常用方法有两种。

方法一: 利用【添加打印机】向导安装,具体操作步骤如下。

步骤 1. 依次单击【开始】→【打印机和传真】或者双击【控制面板】窗口中的【打印机和传真】图标,打开【打印机和传真】窗口。

步骤 2. 单击【打印机和传真】窗口的【打印机任务】窗格中的【添加打印机】,打开【添加打印机向导】对话框,如图 2-51 所示。

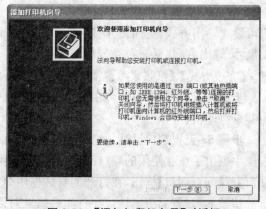

图 2-51　【添加打印机向导】对话框

步骤 3. 单击【下一步】按钮,在【添加打印机向导】对话框中选择安装本地打印机还是安装网络打印机。

步骤 4. 单击【下一步】按钮,系统开始检测并安装即插即用打印机,如果检测不到则显示"向导未能检测到即插即用打印机。要手动安装打印机请单击【下一步】"。

步骤 5. 若要手动安装打印机,可单击【下一步】按钮。选择打印机安装的端口后,单击【下一步】按钮,然后在出现的对话框的【厂商】列表框中选择打印机的生产厂商,在【打印机】列表框中选择需要安装的打印机型号;如果用户已有打印机的驱动程序,那么可单击【从磁盘安装】按钮,在弹出的对话框中设置驱动程序路径。

步骤 6. 单击【下一步】按钮,可输入打印机的名称,选择是否设置为默认的打印机后,单击【下一步】按钮,在弹出的对话框中选择是否打印测试页。

步骤 7. 单击【下一步】按钮,在弹出的对话框中单击【完成】按钮完成打印机的安装。

方法二:自动安装方式。首先将打印机与计算机正确连接,打开打印机电源后,系统会自动搜索到新硬件并安装其驱动程序,按提示操作即可。

137. 怎么设置打印机?

在计算机上安装了打印机后,用户可以根据自己的需要改变打印机的默认设置,从而使使用更方便。设置打印机的具体操作步骤如下。

步骤 1. 依次单击【开始】→【打印机和传真】或者双击【控制面板】窗口中的【打印机和传真】图标,打开【打印机和传真】窗口。

步骤 2. 右键单击打印机图标,在弹出的右键快捷菜单中单击【属性】命令,打开打印机属性对话框,如图 2-52 所示。不同型号的打印机,所打开的属性对话框中的选项卡数量、名称和各选项卡的内容会有所不同。

步骤 3. 设置常规属性。单击【常规】选项卡中的【打印首选项】按钮,打开【打印首选项】对话框。在【页面设置】选项卡中,用户可设置输出方式、页面尺寸、输出尺寸、输出方向、页面布局等信

图 2-52　打印机属性对话框

息。【完成方式】、【纸张来源】及【质量】选项卡可分别设置完成方式、纸张类型及打印质量。

步骤 4. 设置共享属性。在打印机属性对话框中切换到【共享】选项卡,可以设置该打印机为共享打印机。

步骤 5. 设置端口属性。在打印机属性对话框中切换到【端口】选项卡,在【端口】选项卡列表框中列出了正在使用的端口和其他可以选用的端口,用户可以通过单击【添加端口】、【删除端口】或【配置端口】按钮,在打开的对话框中分别完成添加、删除或配置端口。

步骤 6. 设置高级属性。在打印机属性对话框中切换到【高级】选项卡,如图 2-53 所示。

单击【使用时间从】单选按钮,可调整使用打印机的起止时间,即可限制打印机在设定时间段使用。【高级】选项卡中的【优先级】可设置文件的优先级,优先级高的文件提前执行打印命令。在驱动程序列表框中显示了设为默认打印机的驱动程序,打开下拉列表框可以查看计算

机中已经安装的其他的打印机驱
动程序,单击【新驱动程序】按钮
即可按照向导添加新的驱动
程序。

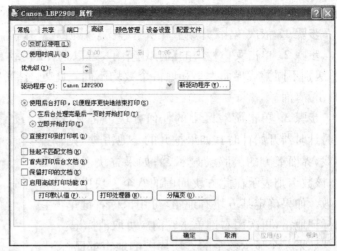

　　后台打印是指当用户执行打
印命令时,先把需要打印的内容
存储到磁盘上,然后在后台将内
容发送到打印机进行打印。这
样,用户可以继续使用应用程序
执行其他操作,不必浪费很多时
间来等待打印输出,提高了工作
效率。使用后台打印有【在后台
处理完最后一页时开始打印】和

图 2-53 【高级】选项卡

【立即开始打印】两种方式。
　　步骤 7. 设置其他属性。在打印机属性对话框切换到【颜色管理】选项卡、【设备管理】选项
卡或【配置文件】选项卡,可以分别对颜色、设备或配置文件进行相关属性的设置。

138. 怎么玩【空当接龙】游戏?

　　空当接龙是 Windows XP 自带的一款经典游戏。空当接龙游戏的目标是利用中转单元作
为空位将所有纸牌都移到回收单元,当四个回收单元中分别放了一叠花色相同且从小到大排
列的牌时,赢此局。具体操作步骤如下。

　　步骤 1. 依次单击【开始】→【所有程序】→【游戏】→【空当接龙】,打开【空当接龙】窗口。

　　步骤 2. 依次单击菜单栏中的【游戏】
→【开局】,打开【空当接龙游戏】窗口,如
图 2-54 所示。游戏区右上方有四个回收
单元,左上方有四个中转单元,下方有一
副正面朝上、排成八列的牌。

　　步骤 3. 移动纸牌。单击一张纸牌,
然后单击要移到的位置即可移动一张
纸牌。

　　【移牌规则】:每列最下面那张牌可移
到中转单元;中转单元中的牌或每列最下
面那张牌可移到回收单元;要想移到回收
单元,必须是每个单元花色相同且从小到

图 2-54 【空当接龙游戏】窗口

大排列;A 可以随时移到任一空的回收单元中。中转单元中的牌或每列最下面那张牌可移到
另列的最下面,移到另一列时,必须是红黑花色交替并且从大到小排列。

　　步骤 4. 多次移动纸牌,当将纸牌放入四个回收单元,每叠牌花色相同且从小到大排列时
赢此局。

139. 怎么玩【扫雷】游戏?

　　扫雷是 Windows XP 自带的一款经典游戏。扫雷游戏的目标是尽可能快地找到所有地雷

的位置,而不踩到地雷。具体操作步骤如下。

步骤 1. 依次单击【开始】→【所有程序】→【游戏】→【扫雷】,打开【扫雷】界面。

步骤 2. 单击菜单栏中的【游戏】菜单,可以选择【初级】、【中级】、【高级】或自定义游戏级别,级别不同游戏界面大小和地雷个数均不同。此处选择【中级】菜单项,打开如图 2-55 所示【扫雷】界面。

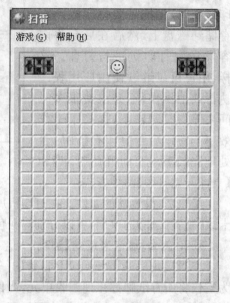

步骤 3. 单击游戏区中的任何方块可将它挖开,此时计时器开始计时。如果挖开的是地雷❋,则输掉游戏,界面上方的笑脸会显示☹;如果方块上出现数字,该数字则表示在此方块周围的八个方块中的地雷颗数。如果确定某方块有地雷,可用鼠标右键单击它来标记地雷,再次用右键单击它两次可取消标记。

如果某个显示数字的方块周围的地雷都已标记,则可以用鼠标左右键同时单击该方块,会将其周围所有的方块都挖开;但是当用鼠标左右键同时单击某个显示数字的方块时,若其周围的持挖方块闪动,则说明该方块周围还有未标记的地雷,按照已挖方块上的数字确定雷的位置。

步骤 4. 扫雷成功后,界面上方的笑脸会显示😎,右上角会显示所用的时间。若速度打破了记录,会弹出一个填入【尊姓大名】的对话框,填入姓名后单击【确定】按钮即可记入扫雷英雄榜。

图 2-55 【扫雷】界面

140. 如何使用 Windows Media Player 播放媒体文件?

Windows Media Player 是一款 Windows 自带的音频/视频播放器,支持多种音频/视频文件格式。使用 Windows Media Player 播放媒体文件的操作步骤如下。

步骤 1. 依次单击【开始】→【所有程序】→【附件】→【娱乐】→【Windows Media Player】,启动 Windows Media Player 播放器。【Windows Media Player】窗口主要由标题栏、菜单栏、显示区和播放控制按钮等组成,如图 2-56 所示。

步骤 2. 在菜单栏中依次单击【文件】→【打开】命令,打开【打开】对话框,找到并选中要播放的媒体文件后,单击【打开】按钮,即可播放。此时播放器窗口的右侧【"正在播放"列表】处将自动显示选定的曲目的播放列表,在窗口的中部将自动显示系统提供的可视化效果。或者直接从媒体库中选择媒体文件播放。

步骤 3. 单击【暂停】按钮,可以暂停当前播放的曲目,再次单击【播放】按钮,则从暂停处开始继续播放当前曲目。通过单击【下一

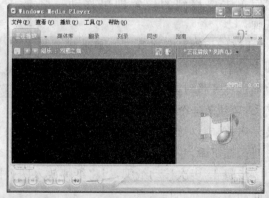

图 2-56 【Windows Media Player】窗口

个】按钮 或【上一个】 按钮可以选择列表中曲目。

141. 怎样使用 Windows XP 提供的录音机?

使用 Windows XP 提供的录音机可以录制、混合、播放和编辑声音文件,也可以将声音文件插入到另一文档中,使用录音机的常用方法如下。

1. 使用录音机进行录音

步骤 1. 依次单击【开始】→【所有程序】→【附件】→【娱乐】→【录音机】命令,打开【声音-录音机】窗口,如图2-57所示。

步骤 2. 单击录音按钮 开始录音,此时对着话筒说话或唱歌,状态框中出现波形图,说明正在录音。

步骤 3. 单击停止按钮 可停止录音。

步骤 4. 在菜单栏中依次单击【文件】→【另存为】命令,打开【另存为】对话框,保存文件。

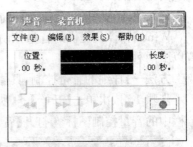

图 2-57 【声音-录音机】窗口

步骤 5. 单击播放按钮 ▶ ,可播放所录制的声音文件。

2. 调整声音文件的质量

用户可以调整用录音机录制下来的声音文件的质量,具体操作步骤如下。

步骤 1. 在【声音-录音机】窗口的菜单栏中依次单击【文件】→【打开】命令,打开要进行调整的声音文件。

步骤 2. 在菜单栏中依次单击【文件】→【属性】命令,打开声音文件的属性对话框,在对话框中显示了该声音文件的具体信息。

步骤 3. 在【格式转换】区域的【选自】下拉列表中,选择一种格式。若选择全部格式则显示全部可用的格式,选择播放格式则显示声卡支持的所有可能的播放格式,选择录音格式则显示声卡支持的所有可能的录音格式。

步骤 4. 单击【立即转换】按钮,打开【声音选定】对话框。

步骤 5. 在【声音选定】对话框中的【格式】和【属性】下拉列表中选择合适的格式与属性,然后单击【确定】按钮返回属性对话框。

步骤 6. 单击【确定】按钮即可。

3. 混合声音文件

利用录音机可以将某个声音文件混合到现有的声音文件中,新的声音将与插入点后的原有声音混合在一起,具体操作步骤如下。

步骤 1. 在【声音-录音机】窗口的菜单栏中依次单击【文件】→【打开】命令,打开要混入声音的声音文件。

步骤 2. 将滑块移动到文件中需要混入声音的地方。

步骤 3. 在菜单栏中依次单击【编辑】→【与文件混音】命令,打开【混入文件】对话框,打开要混入的声音文件即可。

4. 插入声音文件

利用录音机可以将某个声音文件插入到现有的声音文件中,且不会让它与插入点后的原有声音混合,具体操作步骤如下。

步骤 1. 在【声音-录音机】窗口的菜单栏中依次单击【文件】→【打开】命令,打开要插入声音的声音文件。

步骤 2. 将滑块移动到文件中需要插入声音的地方。

步骤 3. 在菜单栏中依次单击【编辑】→【插入文件】命令,打开【插入文件】对话框,打开要插入的声音文件即可。

142. 怎样使用【音量控制】控制音量?

Windows XP 提供的音量控制可以使用户方便地改变声音的音量,常用的音量控制方法有以下两种。

方法一: 详细的音量控制,具体操作步骤如下。

步骤 1. 依次单击【开始】→【所有程序】→【附件】→【娱乐】→【音量控制】菜单项或双击任务栏中的音量控制图标❷打开【音量控制】界面,如图 2-58 所示。

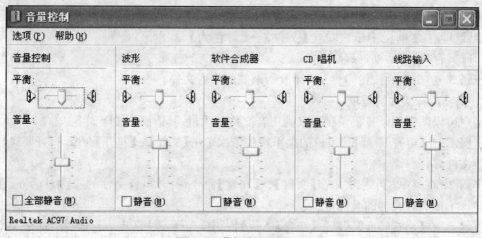

图 2-58　【音量控制】界面

步骤 2. 依次单击菜单栏中【选项】→【属性】命令,弹出【属性】对话框,在该对话框中的【显示下列音量控制】列表中可选择在【音量控制】界面中要显示的音量控制单元。

步骤 3. 上下拖动【音量】滑块可改变音量的大小,向上为增大音量,向下为减小音量。左右拖动【平衡】滑块可以在左右声道之间进行音量平衡,默认情况下滑块在中间是立体声。

【音量控制】用来调整整体音量的大小,若选中【全部静音】复选框可使整体处于静音状态。可通过【波形】、【CD 唱机】等分别调整相应的音量。

方法二: 整体音量调整。具体操作步骤如下。

步骤 1. 单击任务栏中的音量图标,弹出音量对话框,如图 2-59 所示。

步骤 2. 拖动滑块改变音量大小,若单击【静音】复选框可设置为静音。

步骤 3. 单击音量对话框以外的任何地方,该对话框消失。

图 2-59　音量对话框

143. 如何使用【画图】工具绘制图画?

【画图】是 Windows XP 自带的一个处理图像的程序,可以绘制图画,也可查看和编辑修改扫描的图片。在编辑完成后,可以以 BMP、JPG、GIF 等格式存档,还可以将图画发送到桌面或插入到其他文本文档中。使用【画图】绘制图画的具体操作步骤如下。

步骤 1. 依次单击【开始】→【所有程序】→【附件】→【画图】命令，打开【画图】窗口，如图 2-60 所示。画图窗口中除了标题栏和菜单栏外，还有工具箱、颜料盒、状态栏和绘图区等。

①工具箱包含了十六种常用的绘图工具和一个辅助选择框，用户在工具箱中选择不同的工具时，此框内会出现一些辅助选项供用户选择。②颜料盒由多种颜色的小色块组成。在小色块中，对某种颜色单击鼠标左键则把该颜色选为前景色，单击鼠标右键则选为背景色，用户可以根据需要改变绘图颜色。③状态栏的内容随光标的移动而改变，标明了当前鼠标所处位置的信息。④绘图区处于整个界面的中间，为用户提供画布。

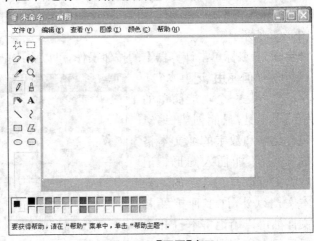

图 2-60　【画图】窗口

步骤 2. 确定画布的大小。将鼠标指针移动到画布的右边中点、下边中点或者右下角的黑色的小方块上，按住鼠标左键并拖动，当画布大小合适时释放鼠标左键；或者在菜单栏中依次单击【图像】→【属性】，在打开的【属性】对话框的的【宽度】和【高度】文本框中输入宽度和高度，然后单击【确定】按钮即可。

步骤 3. 在工具箱中单击选中要使用的绘图工具，如选择椭圆工具○。

步骤 4. 在工具箱下边的框中单击选中所画椭圆形的类型。

步骤 5. 在颜料盒中设定前景色和背景色。

步骤 6. 把鼠标移动到绘图区，按住鼠标左键并拖动，画出一个椭圆，当形状符合要求时，释放鼠标左键即可。若想画一圆形，可同时按下【Shift】键。根据需要还可以在绘图区绘制其他图形。

步骤 7. 在菜单栏中依次单击【文件】→【保存】命令，在【保存为】对话框中的【保存在】列表中确定保存位置，输入文件名称，选择保存类型，然后单击【保存】按钮保存文件。

144. 如何使用 Windows 系统自带的计算器？

使用 Windows 系统提供的计算器可以帮助用户完成数据的运算，它分为标准型计算器和科学型计算器两种。标准型计算器用于日常工作中简单的算术运算，科学型计算器可以完成较为复杂的科学运算。

（1）标准型计算器的使用，具体操作步骤如下。

步骤 1. 依次单击【开始】→【所有程序】→【附件】→【计算器】，打开【计算器】，如图 2-61 所示，这是标准型计算器。

步骤 2. 可以通过鼠标单击计算器上的按钮来操作，也可以通过键盘输入来操作。若要把计算器的运算结果放到别的文件中，可以在菜单栏中依次单击【编辑】→【复制】命令，然后把运算结果粘贴到别处；也可以从别的地方复制好运算算式后，依次单

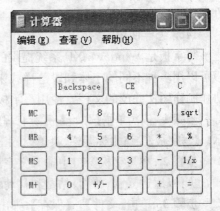

图 2-61　标准计算器

击【编辑】→【粘贴】命令，在计算器中进行运算。

（2）科学型计算器的使用，具体操作步骤如下。

步骤 1. 在图 2-61 所示界面的菜单栏中依次单击【查看】→【科学型】，打开科学型计算器，如图 2-62 所示。

步骤 2. 鼠标单击计算器上的按钮操作，可以完成函数运算和数制转换等。

145. 如何使用"记事本"？

记事本是一个功能简单的文字编辑工具，只能创建、编辑仅包含文字和数字的纯文本格式的文件，不能插入图形。记事本除了可以打开默认的 .txt 文本文档以外，许多种扩展名的文件都可以用记事本打开和编辑后保存。使用记事本的具体操作步骤如下。

图 2-62　科学型计算器

步骤 1. 依次单击【开始】→【所有程序】→【附件】→【记事本】，打开【记事本】窗口，如图2-63所示。

步骤 2. 在记事本窗口的输入区输入文字，键入的正文将在插入点开始出现，在输入时，只有选中【格式】→【自动换行】选项，才会自动换行，否则不会自动换行，需在每行结尾按【Enter】键。

步骤 3. 编辑完后，在菜单栏中依次单击【文件】→【保存】命令，弹出【另存为】对话框。

步骤 4. 在【另存为】对话框中的【保存为】下拉列表中选择保存位置，输入文件名，单击【保存】按钮即可。

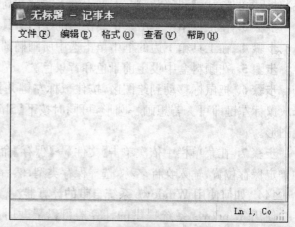

图 2-63　【记事本】窗口

146. 怎样使用"写字板"？

写字板是 Windows XP 系统提供的一个使用简单、功能齐全的文本编辑程序。使用写字板可以用多种不同的字体和段落样式来设置文档的字体及段落格式，还可以与其他应用程序协作制作图文并茂的文档。使用写字板的具体操作步骤如下。

步骤 1. 依次单击【开始】→【所有程序】→【附件】→【写字板】，打开【写字板】窗口，如图2-64所示。【写字板】窗口由标题栏、菜单栏、工具栏、格式栏、水平标尺、工作区和状态栏几部分组成。

步骤 2. 在写字板窗口中输入文字信息，可以利用【格式】菜单或格式栏设置字体及段落格式，也可以通过复制、剪切、粘贴和移动等各种操作编辑文档，使文档符合用户的要求。

步骤 3. 单击【文件】→【保存】，弹出【保存为】对话框。

步骤 4. 在【保存为】对话框中的【保存在】下拉列表中选择保存位置，在【文件名】文本框中输入文件名，在【保存类型】下拉列表中选择文件类型。然后单击【保存】按钮即可。

147. 什么是"剪贴板"?

剪贴板是内存中的一段临时存储区,编辑文档时,用户使用剪切或复制操作后,Windows XP 会把剪切或复制的内容暂时存储到剪贴板上,供粘贴使用,利用剪贴簿查看器可以查看文本和图片等内容。当向剪贴板复制新的内容时,剪贴板中原来的内容将被清除。

148. 怎样利用剪贴板获取屏幕图像?

使用剪贴板复制屏幕图像的常用方法有两种。

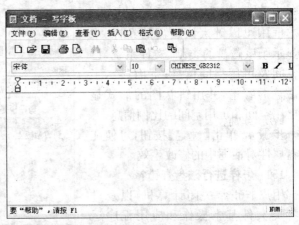

图 2-64　【写字板】窗口

方法一:复制当前整个屏幕的图像,具体操作步骤如下。

步骤 1. 按下【Print Screen】键捕获整个屏幕到剪贴板。

步骤 2. 在准备放屏幕图像的文档中单击鼠标右键,在弹出的快捷菜单中单击【粘贴】命令,即可将整个屏幕图像粘贴到文档中。

方法二:复制当前活动窗口的图像,具体操作步骤如下。

步骤 1. 单击要捕获窗口的标题栏,使之成为活动窗口。

步骤 2. 按下【Alt+Print Screen】键捕获屏幕上的活动窗口到剪贴板。

步骤 3. 在准备放该活动窗口图像的文档中单击鼠标右键,在弹出的快捷菜单中单击【粘贴】命令,即可将活动窗口图像粘贴到文档中。

149. 怎样利用剪贴板编辑文字?

利用剪贴板可以实现文字的剪切、复制和粘贴操作,下面以写字板为例介绍利用剪贴板编辑文字的具体操作步骤。

步骤 1. 依次单击【开始】→【所有程序】→【附件】→【写字板】,打开【写字板】窗口。

步骤 2. 在写字板中输入一段文字,选中要移动的文字,单击鼠标右键,在弹出的快捷菜单中选择【剪切】命令,如图 2-65 所示。选中的内容在原文档中被删除,放到了剪贴板中。

步骤 3. 将光标移动到插入点,单击鼠标右键,在弹出的快捷菜单中选择【粘贴】命令,剪贴板中的内容粘贴到该位置。

步骤 4. 选中要复制的文字,单击鼠标右键,在弹出的快捷菜单中选择【复制】命令,被选中的内容复制到剪贴板中,同时在原文档中还存在。

步骤 5. 将光标移动到插入点,单击鼠标右键,在弹出的快捷菜单中选择【粘贴】命令,剪贴板中的内容就会复制到该位置了。

150. 怎样查看磁盘的常规属性?

磁盘的常规属性主要包括磁盘的卷标信息、类型、文件系统、已用空间、可用空间和容量等信息。查看磁盘的常规属性的具体操作步骤如下。

步骤 1. 双击桌面上【我的电脑】图标,打开【我的电脑】窗口。

步骤 2. 右击要查看属性的磁盘图标,在弹出的快捷菜单中单击【属性】命令,打开磁盘属性对话框,如图 2-66 所示。

步骤 3. 在【常规】选项卡最上面的文本框中可以键入该磁盘的卷标；中部显示了该磁盘的类型、文件系统、已用空间及可用空间信息；下面显示了该磁盘的容量，并用饼状图的形式显示已用空间和可用空间的比例信息。

步骤 4. 单击【确定】按钮，可使在磁盘属性对话框中的修改生效。

151. 怎样进行磁盘查错？

用户非正常关闭计算机，以及进行各类文件基本操作和应用程序运行，都可能导致各类磁盘错误出现。执行磁盘查错程序，可以修复文件系统的错误和恢复逻辑损坏的磁盘扇区。执行磁盘查错程序的具体操作步骤如下。

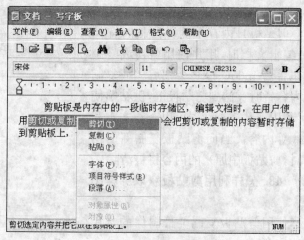

图 2-65　【剪切】命令

步骤 1. 在【我的电脑】窗口中右击要进行磁盘查错的磁盘图标，在弹出的快捷菜单中单击【属性】命令，弹出【磁盘属性】对话框。

步骤 2. 在【磁盘属性】对话框中切换到【工具】选项卡，如图 2-67 所示。

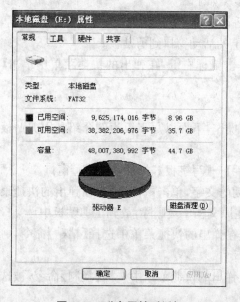

图 2-66　磁盘属性对话框

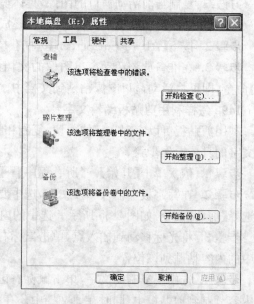

图 2-67　【工具】选项卡

步骤 3. 单击【查错】框中的【开始检查】按钮，弹出【检查磁盘】对话框。如果需要修复选定磁盘中的文件系统错误，可单击选中【自动修复文件系统错误】；如果要扫描磁盘并试图恢复盘上的坏扇区，可选中【扫描并试图恢复坏扇区】。

步骤 4. 关闭选定磁盘上已打开的文件或程序后，单击【开始】按钮，开始进行磁盘查错，此时在进度框中可看到磁盘查错的进度。

步骤 5. 完成磁盘检查工作后，【正在检查磁盘】对话框中会出现"已完成磁盘检查"信息。单击【确定】按钮即可。

152. 怎样进行磁盘清理?

计算机使用过一段时间后,由于系统对磁盘进行大量的读、写等操作,使得磁盘上留有许多临时文件和没用的应用程序。使用磁盘清理程序可以删除临时文件、回收站内容等,释放磁盘空间,以提高系统性能。进行磁盘清理的具体操作步骤如下。

步骤 1. 依次单击【开始】→【所有程序】→【附件】→【系统工具】→【磁盘清理】,打开【选择驱动器】对话框,如图 2-68 所示。

步骤 2. 在下拉列表中选择要进行清理的驱动器。

步骤 3. 单击【确定】按钮,弹出该驱动器的【磁盘清理】对话框。如图 2-69 所示,在【磁盘清理】选项卡中的【要删除的文件】列表框中列出了可删除的文件类型及其所占用的磁盘空间大小;在【获取的磁盘空间总数】中显示了若删除所有被选中文件后,可得到的磁盘空间;在【描述】框中显示了当前选择的文件类型的描述信息,单击【查看文件】按钮,可查看该文件类型中包含文件的具体信息。

步骤 4. 选择要删除的文件,单击【确定】按钮,弹出【磁盘清理】确认删除对话框,单击【是】按钮,开始磁盘清理,清理完毕后,该对话框将自动消失。

153. 怎样整理磁盘碎片?

磁盘在使用一段时间后,会出现磁盘碎片,如果磁盘碎片较多则会降低磁盘的访问速度,同时也会浪费磁盘空间。整理磁盘碎片的具体操作步骤如下。

步骤 1. 依次单击【开始】→【所有程序】→【附件】→【系统工具】→【磁盘碎片整理程序】,打开【磁盘碎片整理程序】窗口,如图 2-70 所示。

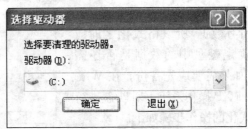

图 2-68 【选择驱动器】对话框

图 2-69 【磁盘清理】选项卡

步骤 2. 选择一个磁盘分区,单击【分析】按钮,系统开始分析该磁盘是否需要进行磁盘整理。分析结束后,弹出是否需要进行磁盘碎片整理的【磁盘碎片整理程序】对话框。若单击【查看报告】按钮,会弹出【分析报告】对话框,在【分析报告】对话框中给出了该卷信息及碎片分布情况。

步骤 3. 单击【碎片整理】按钮,系统开始进行碎片整理,并且在【进行碎片整理前预计磁盘使用量】和【进行碎片整理后预计磁盘使用量】信息框中以不同的颜色条显示磁盘碎片的信息以及整理前后的信息比较。

步骤 4. 整理完毕后,弹出对话框,提示用户磁盘整理程序已完成。

154. 怎样格式化磁盘?

　　格式化磁盘可以分为格式化硬盘和格式化软盘两种,格式化硬盘又分为高级格式化和低级格式化。格式化磁盘会删除磁盘上的所有数据,所以格式化之前应先确定磁盘中的数据是否还需要,如果需要应先备份。在Windows XP操作系统下对硬盘进行格式化的操作步骤如下。

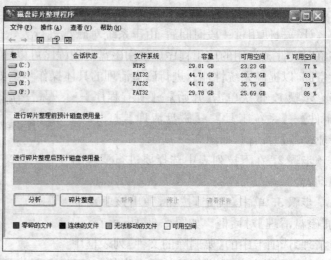

图 2-70　【磁盘碎片整理程序】窗口

　　步骤 1. 双击桌面上【我的电脑】图标,打开【我的电脑】窗口。

　　步骤 2. 选择要进行格式化操作的磁盘,在菜单栏中依次单击【文件】→【格式化】命令,或者右键单击要进行格式化操作的磁盘,在打开的快捷菜单中单击【格式化】命令,弹出【格式化】对话框,如图 2-71 所示。

　　步骤 3. 在【文件系统】下拉列表中可选择文件系统类型,若选中【快速格式化】复选框,则可以快速格式化。

　　步骤 4. 单击【开始】按钮,弹出【格式化警告】对话框。

　　步骤 5. 若确认要进行格式化,单击【确定】按钮即可开始进行格式化操作。

　　步骤 6. 格式化完毕后,将出现【格式化完毕】对话框。

155. 怎样使用语言栏?

　　语言栏是一个浮动的工具条,它位于所有窗口的最前面,以方便用户选择需要的输入法。语言栏默认状态为，表示处于英文输入状态,如图 2-72 所示。

　　(1)选择输入法,具体操作步骤如下。

　　步骤 1. 单击语言栏中的按钮,会打开输入法菜单。

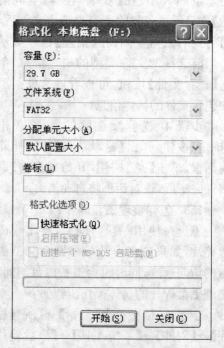

图 2-71　【格式化】对话框

　　步骤 2. 单击所需要的输入法即可。

　　(2)最小化和还原语言栏,具体操作步骤如下。

　　步骤 1. 单击语言栏中的最小化按钮，可以将语言栏最小化到任务栏。

　　步骤 2. 右键单击任务栏中的语言栏按钮,在弹出的菜单中单击【还原语言栏】即可还原语言栏。

　　(3)移动语言栏,具体操作步骤如下。

图 2-72　语言栏

步骤 1. 将鼠标移动到语言栏左边,光标变成十字光标形状✛。

步骤 2. 按下鼠标左键拖动语言栏到到合适位置,释放鼠标即可。

156. 键盘的结构是怎样的?

键盘上的按键很多,但排列较规则。按功能划分,键盘总体上可分为功能键区、主键盘区、编辑控制键区、小键盘区四个键位区和状态指示灯区,每个区都有不同的功能和特点,如图 2-73 所示。

(1)主键盘区:主键盘区也叫打字键区,是输入英文、符号和汉字的主要场所。根据主键盘区各个按键的功能不同,又可以将它们分为字母键、数字键、符号键和控制键几类。其中:

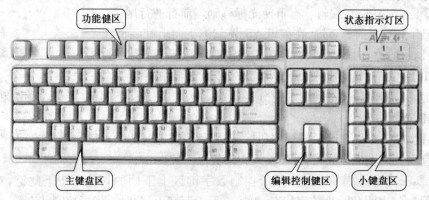

图 2-73　键盘的分区

字母键:共 26 个英文字母(A～Z),在主键盘区的中央区域。一般计算机开机后,默认的英文字母输入为小写字母。若需输入大写字母,可按大写字母锁定键【Caps Lock】,状态指示灯区对应的指示灯亮,表示键盘处于大写字母锁定状态。再次按下【Caps Lock】键,指示灯灭则回到小写字母输入状态。

数字键和符号键:10 个数字键(0～9),每个数字键和一个特殊字符共用一个键。符号键的键位上标有两种符号,呈上下排列。

空格键:位于键盘下方的一个长键,用于输入空格。

【Alt】键:切换键,通常与其他键一起配合使用,实现切换功能,很少单独使用。

【Ctrl】键:控制键,与其他键一起配合使用,很少单独使用。

【Shift】键:换挡键,用来输入双符号键的上半部分字符,操作方法为【Shift＋字符键】。

【Tab】键:制表键,向下向右移动一个制表位(默认为 8 个字符,就是 8 个空格),或者跳跃到下一个同类对象。

【Caps Lock】键:大写字母锁定键,用于大小写字母输入状态的切换。

【Back Space】键:退格键,使光标向左退回一个字符的位置。

【Enter】键:回车键,按下此键,表示确认执行命令。在录入文字时,按下此键可将光标移至下一行行首。

(2)功能键区:功能键区一般包括【Esc】键和 12 个功能键(F1～F12)。【Esc】键用于退出当前状态或进入另一状态或返回系统。功能键最大的一个特点是单击即可完成一定的功能,如【F1】往往被设置成所运行程序的帮助键。功能键的功能随操作系统或应用程序的不同而不同。

(3)编辑控制键区:编辑控制键区的键起编辑控制作用。

【Print Screen】键:屏幕打印键,按下该键可以将当前屏幕上显示的内容复制到剪贴板中,然后按【Ctrl＋V】组合键可以把屏幕拷贝到文档中。

【Scroll Lock】键：屏幕锁定键，当屏幕处于滚动显示状态时，按下该键，键盘上的【Scroll Lock】指示灯亮，屏幕停止滚动，再次按此键，屏幕再次滚动。

【Pause Break】键：强行中止键，同时按【Ctrl】键和【Pause Break】键，可以强行中止程序的执行。

【Insert】键：插入键，控制文字输入时的插入和改写状态。当按一下处于插入状态时，输入的字符插入在光标位置；再按一下变为改写状态时输入的字符将覆盖光标处的字符。

【Home】键：开始键，在编辑状态下使光标移到当前行的行首。

【End】键：结束键，在编辑状态下使光标移到当前行的行尾。

【PageUp】键：向前翻页键，在编辑或浏览状态下向上翻一页。

【PageDown】键：向后翻页键，在编辑或浏览状态下向下翻一页。

【Delete】键：删除键，用于在编辑状态下删除光标后的一个字符。

【↑】键、【↓】键、【←】键和【→】键分别是光标上移键、光标下移键、光标左移键和光标右移键，用来控制光标移动。

（4）小键盘区：小键盘区的键其实和打字键区、编辑键区的某些键是重复的，设置它主要是因为小键盘区数字键集中放置，方便输入大量数据。其中：

【Num Lock】键：数字锁定键，用于控制数字键区上下档的切换。按下此键，对应【Num Lock】指示灯亮，表明此时为数字状态，再按一下指示灯灭，此时为光标控制状态。

【0】～【9】数字键：当【Num Lock】指示灯亮时可以输入数字，当【Num Lock】指示灯灭时其作用为对应编辑键区的按键功能。

【/】、【＊】、【－】、【＋】键：符号键，按下可输入相应的符号。

【.】键：当【Num Lock】指示灯亮时按下可以输入"."，当【Num Lock】指示灯灭时该键相当于【Delete】键。

【Enter】键：回车键，功能与主键盘区的【Enter】键一样。

157. 什么是键盘的基本键？

在键盘的主键盘区的正中央第三排键中有 8 个基本键，即左边的【A】、【S】、【D】、【F】键，右边的【J】、【K】、【L】、【；】键，这 8 个键称为基本键（也叫基准键）。其中的【F】、【J】两个键上有一个凸起的小横杠，以便于盲打时手指能通过触觉定位。

158. 使用键盘时，手的基本位置在哪儿？

基本键是手指常驻的位置，其他键都是根据基本键的键位来定位的。开始打字前，左手小指、无名指、中指和食指应分别虚放在【A】、【S】、【D】、【F】键上，右手的食指、中指、无名指和小指应分别虚放在【J】、【K】、【L】、【；】键上，两个大拇指则虚放在空格键上。基本键是打字时手指所处的基准位置，击打其他任何键，手指都是从这里出发，而且打完后又应立即退回到对应基本键位。使用键盘时 8 个基准键位与手指对应关系必须掌握好，否则将直接影响其他键的输入。

159. 使用键盘打字时，手指是如何分工的？

使用键盘打字时，左手：食指负责的键位有【4】、【5】、【R】、【T】、【F】、【G】、【V】、【B】共 8 个键，中指负责【3】、【E】、【D】、【C】共 4 个键，无名指负责【2】、【W】、【S】、【X】键，小指负责【1】、【Q】、【A】、【Z】及其左边的所有键位。右手：食指负责【6】、【7】、【Y】、【U】、【H】、【J】、【N】、【M】

共 8 个键，中指负责【8】、【I】、【K】、【，】共 4 个键，无名指负责【9】、【O】、【L】、【.】共 4 个键，小指负责【0】、【P】、【；】、【/】及其右边的所有键位。空格键由两个大拇指负责，左手打完字符键后需要击空格时用右手拇指打空格，右手打完字符键后需要击空格时用左手拇指打空格。击打任何键，只需把手指从基本键位移到相应的键上，正确输入后，再返回基本键位即可。

160. 什么是正确的击键方法？

击键时，手指自然弯曲呈弧形，用指尖迅速向下击键，感觉“咔嚓”一下，便马上放开按键，若按键时间长，容易造成重复输入的情况。击键时，一定要依靠手指本身的灵活运动，不要靠手腕或者是整个手臂的运动来找到键位，击键是手指关节用力而不是手腕用力。另外应严格遵守手指分工，不要盲目敲击。每次完成击键动作后，只要时间允许，手指一定要习惯性地迅速回到各自的基本键位。击键时应凭手指的触摸确定键位，初学时尤其不要养成用眼确定键位的习惯。

161. 怎样选择汉字输入法？

汉字输入法有多种，在安装了 Windows XP 操作系统后，会自动安装多种中文输入方法。在进行汉字输入之前，可以选择适合自己使用的中文输入法。选择输入法常用方法有两种。

方法一：利用语言栏选择输入法，具体操作步骤如下。

步骤 1. 单击语言栏上的输入法图标，弹出输入法菜单，如图 2-74 所示。

步骤 2. 单击所需的输入法，会显示为不同的图标，如选择智能 ABC 输入法后，语言栏左侧显示为图标。

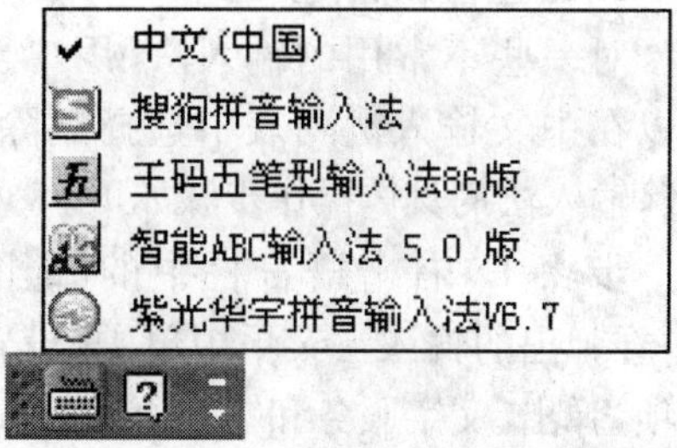

图 2-74　输入法菜单

方法二：利用组合键【Ctrl＋Shift】选择输入法，每按一次组合键【Ctrl＋Shift】即可切换一次输入法菜单中的输入法。

162. 怎样切换中英文输入法？

选择中文输入法后可以输入汉字，这时如果要输入英文符号，则需要切换到英文输入状态。切换中英文输入法的方法有两种。

方法一：利用输入法状态条中的【中英文切换】按钮。以智能 ABC 输入法为例，切换中英文输入法的具体操作步骤如下。

步骤 1. 单击输入法状态条中的【中英文切换】按钮，按钮图标将显示为 A，此时当前的输入状态已切换为英文。

步骤 2. 再次单击 A 按钮即可重新切换为中文输入状态。

方法二：利用组合键【Ctrl＋空格键】。按下【Ctrl＋空格键】可快速切换中英文输入法。

163. 怎样添加输入法？

用户可以根据自己的需要和输入汉字习惯，在中文输入法列表中选择添加或删除中文输入法。如果不是 Windows XP 操作系统自带的中文输入法，如紫光华宇拼音输入法、搜狗拼音输入法等，需要先下载或找到相应的中文输入法软件安装后才能使用。在输入法菜单中添加输入法的操作步骤如下。

步骤 1. 右击语言栏中的图标，在弹出的菜单中单击【设置】菜单项，打开【文字服务和输入语言】对话框,如图 2-75 所示。

步骤 2. 单击【添加】按钮,打开【添加输入语言】对话框,如图 2-76 所示。

步骤 3. 在【键盘布局/输入法】下拉列表中选择要添加的输入法,然后单击【确定】按钮,返回到【文字服务和输入语言】对话框,此时刚才选中的输入法已经添加到【已安装的服务】列表框中。

步骤 4. 单击【确定】按钮完成输入法的添加。此时若单击语言栏中的 🖮 图标,在弹出的输入法菜单中就可以看到刚刚添加的输入法。

164. 怎样删除输入法?

对一些不常用的输入法,用户也可以在中文输入法列表中选择删除。删除输入法的具体操作步骤如下。

步骤 1. 右击语言栏中的 🖮 图标,在弹出的输入法菜单中单击【设置】菜单项,弹出【文字服务和输入语言】对话框。

步骤 2. 在【已安装的服务】列表框中选择要删除的输入法,如删除【中文(简体)-全拼】输入法,如图 2-77 所示。

步骤 3. 单击【删除】按钮,删除后,在【已安装的服务】列表框中不再显示【中文(简体)-全拼】输入法。

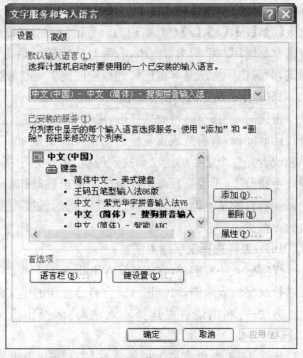

图 2-75 【文字服务和输入语言】对话框

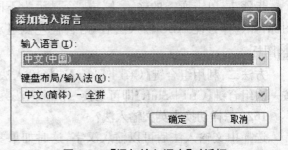

图 2-76 【添加输入语言】对话框

步骤 4. 单击【确定】按钮完成输入法的删除。

165. 怎样使用智能 ABC 输入法输入单字和词组?

智能 ABC 输入法是 Windows XP 操作系统自带的一种汉字输入方法。智能 ABC 输入法提供了智能全拼、简拼和双打等多种输入方式,简单易学、快速灵活,备受用户的青睐。下面介绍智能 ABC 输入法的使用。

(1)输入单字。输入单个汉字可以使用全拼输入方式,输入方法是在外码框中输入汉字的全部拼音字母,然后按下空格键。如果在外码框中显示的汉字即所需的汉字,则按下空格键即可输入该汉字。如果不是所需的汉字,按下相应的数字键即可输入该数字对应的汉字。

(2)输入词组。输入汉字词组可以使用全拼输入方式,也可以采用简拼或简拼与混拼相结合的输入方式。简拼的规则为取各个音节的第一个字母输入。对于包含 zh、ch、sh 的音节,也可以取前两个字母组成。混拼输入是两个音节以上的拼音码,有的音节全拼,有的音节简拼。如果词组中的汉字发音是 an、en、ao、ang、eng 等,在输入时应该使用隔音符号"'",如棉袄(mian'ao)。

166. 怎样下载和安装紫光华宇拼音输入法?

紫光华宇拼音输入法不是中文 Windows XP 中自带的汉字输入方法,因其使用方便、快捷、智能等特点而受欢迎。如果用户的电脑上还没有安装该输入法,则需在网上免费下载相应版本的软件安装后才能使用。下面以紫光华宇拼音输入法 V6.7 为例来介绍其下载安装方法。

步骤 1. 在紫光华宇拼音输入法官方网站 http://www.unispim.com/免费下载相应版本的紫光华宇拼音输入法软件到用户电脑。紫光华宇拼音输入法 V6.7 版为可执行安装文件 unispim6.7.0.24.exe。

步骤 2. 双击紫光华宇拼音输入法安装文件,打开安装向导。

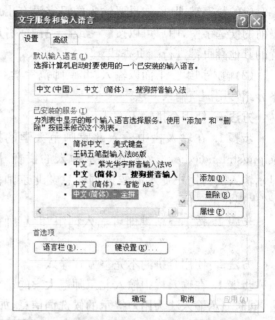

图 2-77　【文字服务和输入语言】对话框

步骤 3. 单击【下一步】按钮,在打开的安装界面中阅读该软件的用户许可协议并选中【我愿意接受本协议条款】,单击【下一步】按钮,弹出选择目标位置的界面。

步骤 4. 确定了目标位置后,单击【下一步】按钮,接下来继续一步一步按照安装界面提示选择默认项或按提示进行必要选择后单击【下一步】按钮,在随后打开的准备安装界面单击【安装】按钮即可。

步骤 5. 安装完成后,单击【完成】按钮,弹出紫光华宇拼音输入法设置向导界面。若不设置,则单击【取消】按钮即可,此时就可在【文字服务和输入语言】对话框中看到紫光华宇拼音输入法已经添加到【已安装的服务】列表框中,在输入法菜单中选中紫光华宇拼音输入法即可使用紫光华宇拼音输入法输入汉字。

如果单击【下一步】按钮,则可以根据设置向导的提示按照自己的习惯对输入法进行设置。设置完成,即可使用紫光华宇拼音输入法输入汉字。

167. 怎样使用紫光华宇拼音输入单字和词组?

紫光华宇拼音输入法提供全拼、双拼以及全拼和双拼的不完整方式输入。双拼输入时可以实时提示双拼编码信息,无须记忆。下面以在记事本中输入汉字为例介绍紫光华宇拼音输入法的使用。

(1)输入单字。

步骤 1. 打开记事本窗口,单击语言栏中的 ▦ 图标,在弹出的输入法菜单中单击【紫光华宇拼音输入法 V6.7】。

步骤 2. 输入汉字的拼音,在输入栏中显示输入的拼音,同时显示输入法为用户提示的候选汉字和词信息,输入栏中右边的数字表示此输入还有多少候选字,如输入拼音"hao",如图 2-78 所示。

步骤 3. 按下空格键即可输入汉字"好"。如果输入的汉字没有排在第一位,按下汉字前数字对应的数字键即可;如果要输入的汉字没有出现在当前的候选字中,用户可以按【+】或【-】键或者所设置的其他翻页键进行翻页查找。

(2)输入词组。下面以输入"北京师范大学"为例来介绍常用词组输入方法。

方法一:使用全拼输入方式。

步骤 1. 在输入栏中输入北京师范大学的拼音 beijingshifandaxue,输入栏中显示输入的拼音,同时显示输入法为用户提示的候选词信息,"北京师范大学"出现在第一位。

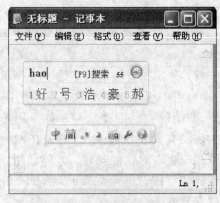

图 2-78　输入拼音

步骤 2. 按下空格键即可输入词组"北京师范大学"。

方法二:使用全拼的不完整方式输入。

步骤 1. 在输入栏中输入北京师范大学的每个汉字的生母 bjsfdx,输入栏中显示输入的拼音,同时显示输入法为用户提示的候选词信息,如图 2-79 所示。

步骤 2. 按下空格键即可输入词组"北京师范大学"。

168. 怎样使用紫光华宇拼音输入法快速输入长词?

使用紫光华宇拼音输入法在输入时使用通配符可以帮助用户迅速输入词库中包含的长词。下面以在记事本中输入长词为例介绍输入方法,具体操作步骤如下。

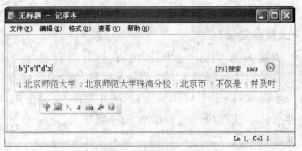

图 2-79　不完整输入

步骤 1. 打开记事本窗口,单击语言栏中的 图标,在弹出的输入法菜单中单击【紫光华宇拼音输入法 V6.7】。

步骤 2. 在输入栏中输入 bj * dx,在输入栏中会显示输入的带通配符的拼音,同时显示输入法为用户提示的候选词,如图 2-80 所示。

步骤 3. 按下空格键可输入"北京师范大学",按数字键即可输入该数字对应的词组。

169. 怎样下载和安装搜狗拼音输入法?

搜狗拼音输入法是搜狐公司推出的一款免费汉字拼音输入法,是目前国内主流的汉字拼音输入法之一。搜狗拼音输入法与传统输入法不同的是采用了搜索引擎技术,是新一代的输入法。

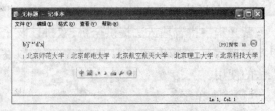

图 2-80　输入带通配符的拼音

由于搜狗拼音输入法不是中文 Windows XP 中自带的汉字输入方法,用户需要从网上下载相应版本的软件安装后才能使用。下面以搜狗拼音输入法 5.1 版为例来介绍其安装使用方法。

步骤 1. 在搜狗拼音输入法官方网站 http：//pinyin. sogou. com/免费下载相应的搜狗拼音输入法版本软件到用户电脑，搜狗拼音输入法 5.1 版为可执行安装文件 sogou＿pinyin＿51a. exe。

步骤 2. 双击搜狗拼音输入法安装文件进行安装，打开安装启动界面。

步骤 3. 单击【下一步】按钮，在打开的界面中阅读授权协议后单击【我同意】按钮，打开选择安装位置的界面。

步骤 4. 确定了安装位置后，单击【下一步】按钮，在接下来安装界面中继续单击【下一步】按钮，安装后会打开安装完毕界面。

步骤 5. 单击安装完毕时的界面上的【完成】按钮，弹出搜狗拼音输入法个性化设置向导界面。

步骤 6. 若单击【退出向导】按钮则会退出个性化设置向导。此时就可在【文字服务和输入语言】对话框中看到搜狗拼音输入法已经添加到【已安装的服务】列表框中，在输入法菜单中选中搜狗拼音输入法就可以使用搜狗拼音输入法输入汉字了。

如果单击【下一步】按钮，则可以根据个性化设置向导的提示一步步按照自己的习惯对输入法进行设置，设置完成即可使用搜狗拼音输入法输入汉字。

170. 怎样使用搜狗拼音输入法输入单字和词组？

搜狗拼音输入法支持全拼和双拼输入方式，也支持采用简拼的输入方式。由于搜狗拼音输入法利用搜索引擎技术，根据搜索词生成的词库覆盖类别和范围广。下面以在记事本中输入汉字为例介绍搜狗拼音输入法的使用。

（1）输入单字。

步骤 1. 打开记事本窗口，单击语言栏中的 ▦ 图标，在弹出的输入法菜单中单击【搜狗拼音输入法】。

步骤 2. 输入汉字的拼音，在输入框中显示输入的拼音，同时显示输入法为用户提示的候选汉字信息，如输入拼音"gao"，如图 2-81 所示。

步骤 3. 按下空格键即可输入汉字"高"。如果输入的汉字没有排在第一位，按下汉字前数字对应的数字键即可；如果要输入的汉字没有出现在当前的候选字中，用户可以按【＋】或【－】键或者所设置的其他翻页键进行翻页查找。

（2）输入词组。下面以输入"北京科技大学"为例来介绍其常用词组输入方法。

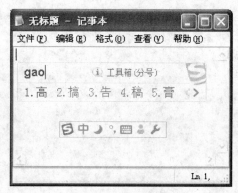

图 2-81　输入拼音

方法一：使用全拼输入方式。

步骤 1. 在输入框中输入北京科技大学的拼音 beijingkejidaxue，输入框中显示输入的拼音，同时显示输入法为用户提示的候选词信息，"北京科技大学"出现在第一位。

步骤 2. 按下空格键即可输入词组"北京科技大学"。

方法二：使用简拼输入方式。

步骤 1. 在记事本窗口，在输入框中输入北京科技大学的每个汉字的生母 bjkjdx，输入框中会显示输入的拼音，同时显示输入法为用户提示的候选词信息，如图 2-82 所示。

　　步骤 2. 按下空格键即可输入词组"北京科技大学"。

　　171. 怎样使用搜狗拼音输入法快速输入人名?

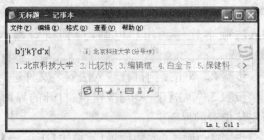

图 2-82　简拼输入方式

　　使用搜狗拼音输入法的人名智能组词可以方便的输入人名,下面以在记事本中输入人名为例介绍输入方法,具体操作步骤如下。

　　步骤 1. 打开记事本窗口,单击语言栏中的图标,在弹出的输入法菜单中单击【搜狗拼音输入法】。

　　步骤 2. 输入要输入的人名的拼音,如果搜狗拼音输入法识别是人名的可能性很大,会在候选项显示人名智能组词给出的人名,并且输入框显示"更多人名(分号＋R)",如图 2-83 所示。

　　步骤 3. 按下空格键可输入候选项提供的第一个人名。如果候选项提供的人名不是想输入的,那么此时可以按【分号＋R】键,进入人名模式显示更多人名,选择想输入的人名即可,如图 2-84 所示。

图 2-83　输入人名拼音

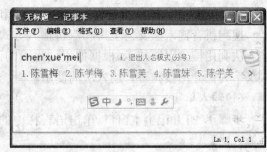

图 2-84　人名模式

第3章 电脑上网的基本应用

172. 什么是 Internet(因特网/国际互联网)?

Internet 是一个全球性的计算机互联网络,中文名为"互联网"或"国际互联网",现在统一称为"因特网"。Internet 可以连接各种各样的计算机系统和网络。计算机系统或网络不管处于什么地方,具有何种规模,只要遵守共同的网络通信协议 TCP/IP,都可以加入到 Internet 中。从另一个角度看,Internet 也是世界上不同的计算机能够交换数据的通信媒介。Internet 的功能类似于一个货运中心,它将"信息"这种货物进行发送和接收。对于 Internet 中各种各样的信息,所有人都可以通过网络的连接来共享和使用。通常我们所说的"上网",就是指连接到 Internet,享受它所提供的信息服务。

173. 上网可以做些什么?

Internet 使计算机用户不再被局限于分散的计算机和特定网络中,给我们的生活带来了巨大的影响。随着网络的普及和推广,可以在网上做很多事情。

(1)上网可以浏览新闻,了解时事动态。

(2)可以搜索与查看各种文献资料、阅读电子小说和电子杂志,还可以下载各种资料文件和软件,既省钱又节省时间。

(3)在网上可以打电话、发传真、传送文件、收发电子邮件、交友与聊天,还可以建立个人网站、博客等。

(4)上网可以进行各种娱乐活动,可以随时收听收看各种广播电视节目、听音乐、看电影、欣赏戏曲、玩各种网络游戏等。

(5)上网可以接受各种远程教育、参与问题的讨论。在网上学习,可以自由安排时间,根据自身的特点决定方式和进度。

(6)上网还可以参与各种金融活动,如炒股、买卖债券、银行存取款、网上购物、网上支付与理财。

(7)当我们准备出外旅游时,还可以利用网络预购各种车票、预定住宿、查阅地图和景点的情况、查询天气预报等。

(8)可以在网上求职和招聘,推广和销售自己的产品。

(9)遇到困难时,可以在网上求助和投诉。

另外,Internet 的出现还改变了传统的办公模式,可以通过网络将工作的结果传回单位。出差的时候也不用带很多的资料,随时都可以通过网络提取需要的信息,Internet 使全世界都可以成为办公的地点。

174. 家庭上网的方式有哪些?

要想上网,首先要把自己的电脑通过一定的方式和 Internet 连接起来。用户将电脑接入因特网的方式有多种,包括通过传统的 56K 调制解调器(Modem)拨号上网、ISDN 上网、ADSL 或 VDSL 宽带上网、DDN 上网、小区宽带上网、有线电视网上网、手机上网等。

175. 电话拨号上网方式有哪些特点?

电话拨号上网方式使用 56K 的 Modem,通过电话线路与 Internet 连接。拨号方式上网的优点是安装简单,可移动性好。特别是 USB 调制解调器可以随身携带,即插即用。其缺点是传输速率低,线路质量差。虽然普通 Modem 理论上最高速度可达到 56Kbps,文件下载速率最快时在 4～8Kbps 左右,但实际传输受网络情况影响,往往达不到这个速度。因为模拟信号在传输过程中容易受静电和噪声干扰,误码率较高,有时会导致下载的文件不能使用。基于上述原因,这种上网方式已经逐渐被淘汰。但是对于很多没有开通宽带的城市郊区或小乡镇用户而言,这种方式依然是其上网时的首选。另外,如果只是偶尔上网,也可以选用这种方式。

176. ISDN 上网方式有哪些特点?

ISDN(Integrated Services Digital Network,综合网)与 56K Modem 上网方式相比具有以下几个优点:①信号传输质量好,线路可靠性高。ISDN 实现了端到端的数字连接,而 Modem 在两个端点间传输数据时必须要经过 D/A 和 A/D 转换。②传输速度快。ISDN 可实现双向对称通信,并且最高速度可达到 64Kbps 或 128Kbps,56K Modem 属不对称传输,其下传(网到用户)速度为 56Kbps,而上传(用户到网)速度只有 33.6Kbps。③ISDN 可实现包括语音、数据、图像等综合性业务的传输,增加了数据通信能力。ISDN 可以允许用户同时使用多个终端,在一条普通的电话线上同时连接电话机、个人电脑、传真机、视频系统等各种数字通信设备,提高了网络资源的利用率。④建立连接非常快。ISDN 是数字化的,建立连接只需几秒钟即可,而 56K Modem 有较长的等待时间。

ISDN 的主要缺点是移动性能不佳。

177. DDN 上网方式有哪些特点?

DDN(Digital Data Network,数字数据网)是一种专线上网方式。它是利用光纤、数字微波或卫星等数字信道提供永久或半永久性电路,以传输数据信号为主的数字传输网络。DDN 的主要优点有:①由于采用数字线路,所以传输质量高、延时小,通信速率高并可根据需要在 2.4Kbps～2Mbps 之间选择。②电路的连接、测试、告警、路由迂回均由计算机自动完成,可靠性及可用率高。采用点对点或一点对多点的专用数据线路,特别适用于业务量大、实时性强、保密性强的用户。③一线可以多用,既可以通话、传真、传送数据,还可以组建会议电视系统,或组建自己的虚拟专网(VPN),设立网管中心和建立自己的 Web 站点、E-mail 服务器等信息应用系统。

DDN 的主要缺点是需要租用专用通信线路,费用昂贵,一般家庭难以承受。

178. 什么是 ADSL 宽带上网?

ADSL(Asymmetric Digital Subscriber Line,非对称数字用户线)宽带上网是目前家庭电脑最常用的上网方式。ADSL 是利用分频技术,把普通电话线路所传输的低频信号和高频信号分离。3400Hz 以下低频部分供电话使用,3400Hz 以上的高频部分供上网使用。在一条电话线上同时提供了电话和上网服务,电话与上网互不影响,真正做到打电话、上网两不误。ADSL 接入 Internet 有虚拟拨号和专线接入两种方式。采用虚拟拨号方式的用户类似 Modem 和 ISDN 的拨号程序,在使用习惯上与原来的方式没什么不同。采用专线接入的用户只要开机即可接入 Internet。通过 ADSL 上网并没有经过电话交换网接入 Internet,只占用 PSTN 线路资源和宽带网络资源,所以只需要缴纳 ADSL 月租费。

179. 如何实现 ADSL 宽带上网?

ADSL 宽带上网方式使用电话线实现网络连接。用 ADSL 宽带上网只需要去网络服务商

(如电信营业厅)处申请上网帐号和密码,对方就会派专人到用户家帮用户连接 ADSL 上网设备并配置好网络。ADSL 上网设备安装简单,在已有电话线路的情况下,首先将电话线连上分离器,分离器与 ADSL Modem 之间用一条两芯电话线连接起来,ADSL Modem 与计算机的网卡之间用一条网线连接起来即完成硬件安装。硬件安装完成后,还需要使用电信运营商提供的一个号码来创建拨号连接,以后就可以通过它来连接互联网了。

180. 什么是网址?

网址就是电脑在因特网上的地址。在因特网中,为了保证整个网络的正常运行,每个网络和主机都必须有唯一的一个地址。如果要从一台计算机访问网上另一台计算机,就必须知道对方的网址。网址的表示方法有 IP 地址、域名、URL 地址等。IP 地址通常用四个数字表示,中间用小数点隔开,如 202.126.28.100。

由于数字难于记忆,因特网规定了一套命名机制,称为域名系统。采用域名系统命名的网址,即为域名地址,如 www.hebust.edu.cn。域名包括四部分内容:www 表示这台计算机是一台 Web 服务器、子网域名(即机构名 hebust)、网络名(edu 表示教育部门网络)、国家名称(cn 表示中国)。

URL 称为统一资源定位符,用于完整地描述 Internet 上网页和其他资源的地址。这种地址可以是本地磁盘,也可以是局域网上的某一台计算机或是 Internet 上的站点。URL 由三部分组成:协议类型、主机名和路径及文件名,如 http://www.w3.org/Addressing/rfc1738.txt。通常访问一个网站时,网址使用"访问协议＋域名"的形式表达,如 http://www.abc.com,其中 http 是网站的访问协议,www.abc.com 是域名。

181. 顶级域的域名是如何规定的?

根据 Internet 国际特别委员会 IAHC 的最新报告,将顶级域定义为两类:机构域和地理域。在机构性域名中,最右端的末尾都是三个字母的最高域字段。由于 Internet 诞生于美国,当时只为美国的几类机构指定了顶级域,所以大多数的域名都为美国、北美或与美国有关的机构。目前共有 14 种:com(商业机构)、edu(教育机构或设施)、gov(非军事性的政府机构)、int(国际性机构)、mil(军事机构或设施)、net(网络组织或机构)、org(非营利性组织机构)、firm(商业或公司)、store(商场)、web(和 www 有关的实体)、arts(文化娱乐)、arc(消遣性娱乐)、in-fu(信息服务)、nom(个人)。

182. 中国的二级域名是如何规定的?

在许多国家的二级域名注册中,也遵守机构性域名和地理性域名注册办法。中国互联网络的二级域名分为机构性域名和地理性域名两大类。机构性域名表示各单位的机构,共 6 个:ac(科研院及科技管理部门)、gov(国家政府部门)、org(各社会团体及民间非盈利组织)、net(互联网络、接入网络的信息和运行中心)、com(工商和金融等企业)、edu(教育单位)。地理性域名使用 4 个直辖市和各省、自治区的名称缩写表示,共 34 个,如 bj(北京市)、sh(上海市)、tj(天津市)、cq(重庆市)、he(河北省)等。

183. 什么是 ISP? 怎样选择并确定 ISP?

ISP(Internet Service Provider,因特网服务提供商)指能够为用户提供 Internet 接入和 Internet 信息服务的公司和机构。ISP 是用户与 Internet 之间的桥梁,即用户的计算机先跟 ISP 连接,再通过 ISP 连接到 Internet 上。

众多的 ISP 规模有大有小,服务各有特点,选择一家合适的 ISP 可以考虑以下因素。

（1）通信质量，包括 ISP 是否具有对各种通信线路的连接能力，是否提供充足的中继线供用户使用，所用的调制解调器速率是否足够高，线路质量及维护能力等。

（2）出口带宽和接入速率。出口带宽是指 ISP 接入网络上级的线路出口带宽，是体现该 ISP 接入能力的一个关键参数，所以应是越大越好。ISP 的接入速率就是 ISP 提供的拨号联网端口速度，速率越高，用户的访问速度就越快。

（3）根据 ISP 的规模和信誉选择，应选择规模大、信誉高的 ISP。

（4）根据 ISP 与用户所在地的距离选择，应遵循就近原则。

另外还应该注意技术支持能力、提供信息量、是否具备升级扩容能力以及收费标准和服务等。

184. 什么是 TCP/IP 协议？

TCP/IP(Transmission Control Protocol / Internet Protocol，传输控制协议/因特网协议) 是用于计算机通信的一组协议，通常被称为 TCP/IP 协议族。Internet 就是由许多小的网络构成的国际性大网络，在各个小网络内部使用不同的协议，为使它们之间能进行信息交流，就要靠网络协议——TCP/IP 协议。TCP/IP 协议的开发工作始于 70 年代，是 Internet 的第一套通信协议，也是 Internet 最基本的协议。

185. 如何创建 ADSL 拨号连接？

同打电话一样，ADSL 宽带上网也需要拨号。由于上网拨的号是电信运营商给的一个固定号，所以需要为其在电脑上创建一个拨号连接。连接好 ADSL Modem 并重新启动电脑后，便可为其创建拨号连接，具体操作步骤如下。

步骤 1. 单击 Windows XP 桌面左下角的【开始】按钮，依次选择【程序】→【附件】→【通信】→【网络连接】菜单项，或右击 Windows XP 桌面上的【网上邻居】图标，在出现的快捷菜单中单击【属性】菜单项，弹出网络连接窗口，如图 3-1 所示。

步骤 2. 在窗口左侧的【网络任务】栏，单击【创建一个新的连接】，弹出新建连接向导对话框，单击【下一步】按钮。

步骤 3. 在出现的对话框中选择网络连接类型，由于是直接连接到 Internet，因此选中【连接到 Internet】单选按钮，单击【下一步】按钮。

步骤 4. 在出现的对话框中选择连接方法，选中【手动设置我的连接】单选按钮，单击【下一步】按钮。

步骤 5. 在出现的对话框中选择连接方式，选中【用要求用户名和密码的宽带连接来连接】单选按钮，单击【下一步】按钮。

步骤 6. 在出现的对话框的【ISP 名称】文本框中输入此拨号连接的名称，可随意输入，例如输入"宽带连接"，单击【下一步】按钮。

步骤 7. 在出现的对话框中输入电信运营商提供的拨号用的用户名和密码，单击【下一步】按钮，如图 3-2 所示。如果勾选【把它作为默认的 Internet 连接】复选框，则凡是需要连接网络时，都会使用该号码拨号。

步骤 8. 在出现的对话框中选中【在我的桌面上添加一个到此连接的快捷方式】复选框，方便以后进行拨号连接，单击【完成】按钮完成拨号连接的建立。

步骤 9. 单击 Windows XP 桌面左下角的【开始】按钮，选择【程序】→【附件】→【通信】→【网络连接】菜单项，弹出网络连接窗口，此时可看到添加的名为"宽带连接"的图标已经加到窗口中。同时"宽带连接"的快捷方式也出现在 Windows XP 桌面上。

图 3-1 【网络连接】窗口   图 3-2 【新建连接向导】对话框

186. 使用 ADSL 宽带上网方式,如何接入和断开因特网?

创建好拨号连接后,就可以通过它来连接因特网了。具体操作步骤如下。

步骤 1. 双击 Windows XP 桌面上的【宽带连接】快捷方式图标,打开【连接 宽带连接】对话框,如图 3-3 所示。

步骤 2. 单击【连接】按钮,会在 Windows XP 桌面的右下角出现"宽带连接 现在已连接"的提示。连接成功后该提示将自动关闭,并在任务栏的提示区中出现不断闪烁的  图标,此时即可通过 IE 浏览器访问因特网了。

当需要断开连接时,单击在任务栏的提示区中出现不断闪烁的 图标,弹出【宽带连接状态】对话框,单击【断开】按钮即可断开网络连接。

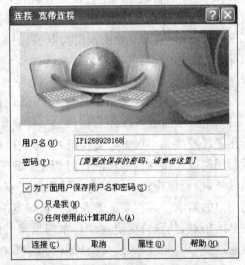

图 3-3 【连接-宽带连接】对话框

187. 什么是 VDSL?

VDSL 是在 ADSL 技术之上发展起来的更先进的数字用户线技术,称为甚高比特率数字用户线。VDSL 通常采用 DMT 调制方式,在一对铜双绞线上实现数字传输,其下行速率可达 13~52Mbps,上行速率可达 1.5~7Mbps,传输距离为 300m~1.3km。利用 VDSL 可以传输高清晰度电视(HDTV)信号。

188. 如何使用笔记本电脑无线上网?

方法一:使用 GPRS 方式上网。尽管 GPRS 方式无线上网速度比较慢,但由于覆盖很广和一直在线的优势,相当受欢迎。GPRS 方式无线上网必须有相应的 GPRS 终端或模块,目前主要有三种 GPRS 终端方式:①有一些笔记本生产商已在笔记本内置 GPRS 模块,只要点击相应 GPRS 上网的图标就可以建立 GPRS 连接。②采用 PCMCIA 卡或 CF 卡的 GPRS Modem。用户只需将 SIM 卡插入 GPRS Modem 的相应 SIM 插槽内,并安装驱动程序、拨号程序后,即可像普通 Modem 一样拨号上网。相关费用会在 SIM 卡中扣除。③采用 GPRS 手机与笔记本相连来上网，就是将 GPRS 手机作为一个外置 Modem 来建立相应 GPRS 拨号连接。但不是所有带有 GPRS 功能的手机都可以与笔记本相连，这主要是因为部分手机生产商没有提供相应连接接口，如数据线、红外或蓝牙功能等，以及驱动程序。这种方式移动性很好，但设置繁杂，而且传输速度受到接口影响。

　　方法二：使用 CDMA1X 方式上网。CDMA1X 是联通推出的一项以无线上网为主的业务，在上网的终端方面需要 CDMA1X 无线上网卡或采用 CDMA Modem＋笔记本、CDMA 手机＋笔记本方式。该技术的功能多、速度快，但网络质量和信号覆盖还存在一些欠缺。

　　方法三：使用小灵通方式上网。采用小灵通方式无线上网的最大优点是价格便宜。小灵通手机入网所需基本条件是：所在城市提供了小灵通 WiWi 业务（高速无线数据业务），而且小灵通手机必须是 PHS 或 PAS 便携式无线电话机，需要将小灵通手机与笔记本相连的中间设备。目前小灵通与笔记本相连接主要有以下三种方式：①使用 PAS 数据接口线。PAS 数据接口线是一种经济而方便的新型数据通信产品，用它连接小灵通无线电话的耳机孔接口和电脑的 Modem 口，通过拨号可实现上网浏览和收发电子邮件，网络侧无须增加任何设备。②使用 PAS USB 调制解调器。用它连接电脑的 USB 接口和小灵通的数据端口，网络侧需增加 RAS 设备。在完成驱动程序的安装后，即可拨号上网。③使用 PAS 掌上 e 卡。PAS 掌上 e 卡内置了 RF 收发端，能方便地插入便携电脑（另需转接槽）或 PDA（掌上电脑）中，无须再与 PAS 手机配合，不过在网络侧需增加 RAS 设备。

189. 什么是小区宽带上网？

　　小区宽带上网常采用 FTTx 光纤＋局域网（LAN）接入和 ADSL 局域网接入两种方案。FTTx 光纤＋局域网（LAN）接入是一种利用光纤加五类网线方式实现的宽带接入方案。它以千兆光纤连接到小区中心交换机，中心交换机和楼道交换机以百兆光纤或五类网络线相连，然后再用网线连接到各用户的计算机上。FTTx 光纤＋局域网接入用户上网速率高，网络可扩展性强，投资规模较小。另有光纤到办公室、光纤到户、光纤到桌面等多种接入方式可满足不同用户的需求。其主要运营商包括长城宽带、中国电信等。ADSL 局域网（LAN）接入是 ADSL业务的拓展，其资费更便宜。其原理是将带路由的 ADSL Modem 安装到小区或居民楼，然后再通过 HUB（集线器）或交换机以及 RJ45 网线连接到各用户家的电脑上，它不再需要用户配备 ADSL Modem，用户只需要电脑上有网卡就可随时上网了。

190. 怎样安装"TCP/IP"协议？

　　如果电脑中没有安装 TCP/IP 协议，是无法建立 Internet 连接的。安装 TCP/IP 协议的步骤如下。

　　步骤 1. 单击 Windows XP 桌面左下角的【开始】按钮，依次选择【程序】→【附件】→【通信】→【网络连接】菜单项，或右击 Windows XP 桌面上的【网上邻居】图标，在弹出的快捷菜单中单击【属性】菜单项，弹出网络连接窗口。

　　步骤 2. 右击窗口中的【本地连接】图标，在快捷菜单中选择【属性】，弹出选择安装组件类型窗口，在类型列表中选择"协议"，单击【添加】按钮，弹出【选择网络协议】窗口，如图 3-4 所示。

　　步骤 3. 在网络协议列表中选择 TCP/IP 协议，单击【确定】按钮，即开始安装该协议。

191. 家庭组网有什么作用？

　　如果家庭中拥有两台以上的计算机，就可以组成一个家庭网络，将这些计算机以及打印机

等连在一起,实现家庭网络化。这样做的好
处:①网络中所有计算机可以共用一个
Internet 连接,即所有计算机使用同一个帐
号上网。②网络上任意一台计算机都可以
随时操作保存其他计算机里的文件,包括复
制、添加、移动、删除等。③网络中所有计算
机可以共用外部设备,如打印机、扫描仪等。

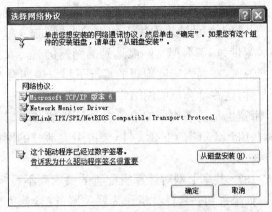

图 3-4　【选择网络协议】窗口

192. 组建家庭网络需要什么?

组建家庭网络需要至少两台计算机、网
络连接线(通常使用双绞线)、网线连接头、
网络适配器即网卡等。此外还需要网络操
作系统,如 Windows 2000、Windows XP
等;Internet 连接,包括上网所需的硬件设备和帐号等;网络集线器或交换机、路由器,用于将多
台计算机连接到网络上。如果没有 Internet 连接,也可以仅组建一个家庭使用的局域网。

193. 怎样组成一个家庭局域网?

组成一个家庭局域网需要的硬件有:网络适配器(网卡),可采用 PCI、PC 或 PCMCIA 接口
的卡(后两者多用在便携式机或笔记本机上),Windows XP 也支持用 USB 接口的网卡。网络
连接线,可以选择同轴电缆或双绞线,现在大多数人都选用双绞线。HUB 或路由器,用于连接
本网络内计算机。

方案一:网络中一台主机与 Internet 接连,用于整个网络的各个计算机共享上网之用。所
有分机都使用网卡通过 HUB 与主机连接到 Internet 上,并可以支持打印机共享。物理连接完
成后,还需要进行一些参数设置,网络才可真正投入使用。

方案二:ADSL Modem 接到路由器的 WAN 口,并对路由器进行必要的设置,所有电脑通
过网线接到路由器的 LAN 口上,就可以组成一个小型局域网了。如果要使两台电脑能互相访
问,可以打开电脑的共享,但要注意两台电脑必须在同一工作组中。宽带的用户名及密码是在
路由器中设置的。如果电脑数量较多,则需要增加一个 HUB 或交换机。

194. 什么是拨号连接资源共享?

利用调制解调器和一条电话线不仅可以上网,而且还能与另外一台计算机建立联络,两台
计算机通过电话线连在一起,可以彼此在自己的计算机中操作对方电脑中的文件,甚至可以操
纵对方的打印机打印文件。两台计算机每台既可以是拨号主机,也可以是拨号客机。谁都可
以首先拨号,连通以后利用对方机器中的资源,同时自己机器里的资源也被对方利用。这就是
拨号连接资源共享。这种共享方式的最大缺点是数据传输速度很慢,所以现在很少使用。

195. 多台计算机共享宽带上网是否会增加网费开支?

对于拥有多台计算机的家庭来说,如果能让多台电脑共享一个帐号同时上网,可以充分利
用网络带宽,还可以共享多媒体文件和打印机,以及实现多人联网游戏。目前常用的上网方
式,包括 ADSL Modem、Cable Modem 和小区宽带,一般都是采用计时收费或者包月上网的方
式,因此数据流量的多少并不会影响网费的高低。但是在使用宽带路由器共享上网时请特别
注意,因为宽带路由器具有自动拨号功能,只要开机就一直在线,如果是计时收费或者限时包
月,在没有上网的时候应关闭路由器,否则就会造成网费超支。

196. 多台计算机共享上网后，网络速度会变慢吗？

共享上网的速度取决于使用的上网方式，ADSL 的速度一般为 512kbps，Cable Modem 和小区宽带为 10M，但实际能达到的网速仍然要取决于供应商的服务质量。以 512kbps 的 ADSL 上网为例，在网络速度理想的情况下可以供四至八台计算机共享上网浏览网页、聊天和收发电子邮件，这些计算机的网络带宽总和为 512kbps，而不是每台计算机都有 512kbps 的带宽。而且，带宽也不是平均分配给各台计算机的，如果其中一台计算机使用多线程下载软件（如网络蚂蚁、FlashGet 等）下载文件，会占用大部分的网络带宽，造成其他计算机网络速度变慢，甚至无法浏览网页。

197. 共享上网对计算机配置的要求高不高？

如果采用一台计算机作为网关服务器，若负载的计算机过多，数据流量非常大，就容易造成主机瘫痪。但是对于家庭共享上网来说，计算机数量较少，不会要求该电脑有很高的配置。但是需要关注的是服务器的稳定性，因为服务器一旦出故障，其他计算机也就无法上网。如果使用宽带路由器或者带路由功能的 ADSL Modem，则与计算机配置没有什么关系，因为宽带路由器就是充当网关服务器的角色，其他计算机只要能满足宽带上网的要求就可以了。

198. 共享上网是否有被"黑"的危险？

现在的共享上网软件功能已经比较完善，一般都具有防火墙功能。当外界主动连接局域网，由于局域网对外只具有一个合法 IP 地址，外界连接的只是用于共享上网的那台服务器，内部其他的客户机是无法访问的，也就无法被入侵。因此，和各台计算机独立上网比较起来，共享上网大大提高了计算机的安全性。另外，许多宽带路由器也具有防火墙的功能，那么外界连接的也就是路由器本身，绝大多数的黑客攻击在遇到路由器后就无法再起作用了，而且路由器本身是不怕被攻击的，因此安全性更高。

199. 有哪些方法可以共享上网？

方法一：代理服务器共享上网。采用 56K Modem、ISDN、ADSL、CM，都可通过主机使用代理服务器类软件来实现多机共享上网。目前的这类软件主要有 Windows 内置的"Internet 连接共享"(Internet Connection Share，ICS)、Sygate、WinRoute、WinGate、Winproxy 等。但是它必须要有一台性能较好的计算机作为服务器，如果服务器故障，其他计算机都无法上网。

方法二：路由器共享上网。采用宽带路由器、带路由的 ADSL Modem 或 Cable Modem，都可以实现多机共享上网，不再需要像用代理服务器软件共享上网那样占用一台电脑专门做代理服务器。

方法三：无线网络共享上网。无线局域网(Wireless local-area network)是计算机 LAN 网络与无线通信技术相结合的产物。无线局域网在不采用传统缆线的同时，可提供以太网或者令牌网络的功能。与有线网络相比，无线局域网具有安装便捷、使用灵活、易于扩展的特点。

200. 计算机的共享资源有哪些？

共享资源是指系统中允许通过网络方式访问或使用的资源，包括文件夹、文件、打印机等。共享资源大致可以分为四类：①存储资源，如光驱，硬盘空间。②打印机资源，如打印机、扫描仪等外部设备。③软件资源，如可以远程使用对方计算机的软件。④数据资源，如电影、音乐、数据库等。

201. 怎样设置和取消文件夹共享？

系统中不恰当的资源共享是信息泄露的重要途径之一，所以设置共享资源应当十分谨慎。

如需在网络上与其他用户共享文件夹,可以依次执行以下操作步骤。

步骤 1. 双击桌面上【我的文档】图标,打开【我的文档】窗口。

步骤 2. 在窗口中找到要共享的文件夹,并选中这个文件夹。

步骤 3. 在窗口左侧的"文件与文件夹任务"栏中单击【共享此文件夹】,如图 3-5 所示。也可以右击该文件夹,在快捷菜单中选择【共享和安全】。

步骤 4. 弹出【属性】对话框,如图 3-6 所示。勾选"网络共享和安全"栏中的【在网络上共享这个文件夹】复选框。

步骤 5. 如需修改文件夹的网络共享名称,在复选框下侧【共享名】文本框中为文件夹输入一个新的名称。这个操作对本地计算机上的文件夹名称没有影响。

步骤 6. 此时的共享只有"只读"权限。也就是说,网络上的其他用户共享这个文件夹的内容时只能读,不能修改。这是 Windows XP 默认的安全性。如果允许其他用户修改,则需要勾选如图 3-6 所示的【属性】对话框中的【允许网络用户更改我的文件】复选框。

步骤 7. 单击【确定】按钮,关闭【属性】对话框。可以看到设置了共享的文件夹上增加了一个小手托着的图形,网络上的其他用户就可以通过【网上邻居】来共享这个文件夹了。

步骤 8. 如果要取消文件夹的共享,则执行步骤 1～步骤 3,在弹出的【属性】对话框中取消【在网络上共享这个文件夹】复选框的勾选即可。

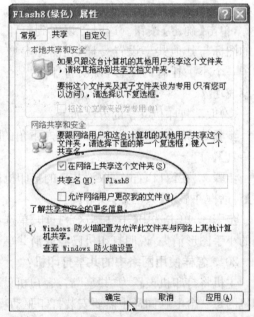

图 3-6　【属性】对话框

202. 如何将其他计算机上的共享文件夹映射成"网络盘符"?

利用局域网将另外一台计算机上的共享文件夹虚拟到自己的机器上,映射成为一个"网络盘符"。这样做的好处是使用这个文件夹时不必通过很多文件路径的选择,就像操作本地硬盘一样方便。方法是:首先双击"网上邻居"图标,找到可供共享的文件夹路径,然后右击该文件夹并选择【映射成网络驱动器】,再指定一个盘符(注意要跟本地硬盘的逻辑盘符区分开)。这时在【我的电脑】窗口中,除了原有的软驱、光驱和逻辑硬盘符号外,还会多出一个盘符。但需要注意,为了让每次启动后都能把对方的共享目录自动映射成自己电脑上的网络驱动器,还需要勾选【登录时恢复网络连接】复选框。

203. 怎样设置和取消打印机共享?

(1)在 Windows XP 操作系统中设置打印共享的方法如下。如果打印机已经安装好,则从步骤 4 开始。

步骤 1. 单击 Windows XP 桌面左下角的【开始】按钮,选择【打印机和传真】,打开【打印机和传真】窗口。

步骤 2. 在窗口左侧的"打印机任务"栏中单击【添加打印机】。

步骤 3. 弹出【添加打印机向导】对话框,选择"连接到此计算机的本地打印机",单击【下一步】按钮。按照提示操作,正确安装完打印机驱动程序即可。

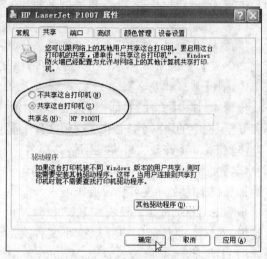

步骤 4. 安装好打印驱动程序后,在【打印机和传真】窗口会出现已正确安装的打印机图标。右击该图标,在弹出的快捷菜单中选择【共享】命令,弹出【打印机属性】对话框并显示【共享】选项卡,如图 3-7 所示。

图 3-7 【打印机属性】对话框

步骤 5. 单击选中【共享这台打印机】单选项,在【共享名】输入框中填上共享打印机名称,单击【确定】按钮。这时可以看到打印机的图标与其他共享设置一样,在图标上增加了一个小手托着的图形,说明打印机已经共享成功。

(2)取消打印机共享的方法如下。

步骤 1. 单击 Windows XP 桌面左下角的【开始】按钮,选择【打印机和传真】,打开【打印机和传真】窗口。

步骤 2. 在窗口右击要取消共享的打印机图标,在弹出的快捷菜单中选择【共享】,弹出【属性】对话框并显示【共享】选项卡。

步骤 3. 单击选中【不共享这台打印】单选项,单击【确定】按钮。这时可以看到打印机图标上的小手图形消失,说明打印机已经取消共享。

204. 怎样使用网络中的共享打印机?

主机将打印机设置为"共享"后,客户机就可以通过"网上邻居"找到它。在网络中使用打印机的每一台电脑同样也需要安装打印驱动程序。具体的步骤跟安装本地打印机类似。

步骤 1. 单击 Windows XP 桌面左下角的【开始】按钮,选择【打印机和传真】,打开【打印机和传真】窗口。

步骤 2. 在窗口左侧的"打印机任务"栏中单击【添加打印机】。

步骤 3. 弹出【添加打印机向导】对话框,选择"网络打印机或连接到其他计算机的打印机",单击【下一步】按钮。

步骤 4. 在对话框中可以选择【浏览】单选项,在工作组中查找共享打印机,也可以直接输入打印机的网络路径。

步骤 5. 选定好打印机的网络路径,单击【下一步】按钮。按照提示操作,正确安装完打印机驱动程序即可。

网络打印机安装完成后,与使用本地打印机是完全一样的。

205. 怎样使用 Windows XP 的发送和接收传真?

Windows XP 自带有收发传真的功能,使用这一功能的前提是:要有一个具有传真功能的 Modem 和一条与 Modem 连接的电话线。

(1)Windows XP 系统在默认安装时并没有安装传真功能,所以需要要为系统安装和配置传真组件,其操作步骤如下。

步骤 1. 单击 Windows XP 桌面左下角的【开始】按钮,选择【打印机和传真】,打开【打印机和传真】窗口。

步骤 2. 在窗口左侧的"打印机任务"栏中单击【设置传真】。

步骤 3. 系统开始配置组件,按提示插入 Windows XP 安装光盘,系统就开始自动安装传真组件。安装完成后,可以看到在【打印机和传真】窗口中多了一个"Fax"图标。表明传真系统已经安装完成。也可以在"添加和删除程序"中添加传真组件。

步骤 4. 双击"Fax"图标,打开【传真配置向导】对话框,单击【下一步】按钮,对发信人信息进行相应的设置,如姓名、传真号码、办公电话、地址等内容。发信人姓名和传真号码必须填写,传真号码就是与 Modem 连接的电话号码。

步骤 5. 填写好后单击【下一步】按钮,在对话框的"选择传真设备"栏中选择好发送或接收传真文件的 Modem,并勾选下面的【允许发送】、【允许接收】复选框。并根据需要选择应答方式,如果选择"自动应答",还需要设置好应答前的电话响铃次数。

步骤 6. 单击【下一步】按钮,在出现的"TSID"文本框中输入要使用的传输用户标识符,此信息通常包括发件人的传真号码和公司名称,这样便于对方传真机识别。在"CSID"文本框中输入接收用户标识符。

步骤 7. 单击【下一步】按钮,要对接收后的传真文件处理方式进行设置。如果想将收到的传真文件打印出来,在此勾选【打印到】复选框,并在后面的打印传真机列表中选择打印机名称。如果想在计算机中保存一份接收到的传真文件的副本,在此还需要勾选【将副本保存到文件夹】选项,并选择一个保存传真文件的文件夹。

步骤 8. 单击【下一步】按钮,在配置摘要列表中确认配置设置,单击【完成】按钮,完成传真组件的配置。此计算机就可以发送或接收传真了。

(2)使用"传真控制台"可以完成传真的发送,具体操作步骤如下。

步骤 1. 使用 Windows 系统下的文本编辑工具(如 Word)来撰写传真内容,写好传真内容后单击菜单栏中的【文件】→【打印】命令,随后弹出【打印】窗口。

步骤 2. 在【打印】窗口中的【名称】下拉列表中选择"Fax",单击【确定】按钮。

步骤 3. 弹出【传真发送向导】对话框,在此输入收件人姓名,在"位置"项中选择"中华人民共和国 86",在"传真号码"项中填入接收的传真机号码和长途区号。

步骤 4. 单击【下一步】按钮,选择首页模板,在主题行中键入传真文件的主题,根据需要填写备注信息。这些信息将被自动添加到传真文件的首页。

步骤 5. 单击【下一步】按钮。指定何时发送传真,并对传真文件设置优先值。

步骤 6. 单击【下一步】按钮,可以查阅刚才设置的传真信息,单击【预览传真文件】按钮,可以预览传真文件的内容。

步骤 7. 单击【完成】按钮,如果在前面设置的是立即发送,则传真文件会立刻被发送出去。

当有传真发来时，如果电脑处于在线状态，Windows XP 会自动启动传真工具接收文件。完成后会在系统任务栏中出现一个接收到新传真文件的图标，同时系统会将传真文件以图形文件的格式保存在设置好的文件夹中。文件内容可以在"传真控制台"中进行查看，也可以通过看图工具直接对传真文件进行浏览。

206. 什么是路由式 ADSL Modem？ 使用路由式 ADSL Modem 组网有哪些好处？

路由式 ADSL Modem 为外置式以太网卡接口，大都具有自动拨号、网络/端口地址翻译、域名服务转发存储等功能，相当于一台服务器。使用路由式 ADSL Modem 组网的好处如下。

（1）自动拨号功能可以让用户把自己的网络连接用户名和密码存储于 Modem 内，连好线路后，Modem 一接通电源，便自动拨号上网。

（2）网络地址转换功能，能够转换局域网内部的 IP 地址和公用 IP 地址，使局域网中的计算机共用一条 ADSL 线路接入因特网，同时兼具防火墙功能。

（3）域名服务转发功能不需要在局域网内为每台计算机配置 DNS。

（4）路由式 ADSL Modem 还可以提供 IP 地址过滤等功能。

（5）采用路由式 ADSL Modem 组网实现连接共享时，由于路由 ADSL Modem 自身集成了拨号功能，且具有单独的 IP 地址，相当于一台网关计算机。因此，所有计算机都可以通过 ADSL Modem网关来共享上网，而不再需要单独的代理服务器或网关计算机了。

相对来说，路由式 ADSL Modem 组网方式更为快捷简便，成本也较低。

207. 什么是宽带路由器？

宽带路由器也是一种共享上网设备，同路由式 ADSL Modem 相似，它也具有路由功能，可以取代代理服务器的位置而成为客户机的网关。多数宽带路由器还带有 4 口或者 5 口交换机，客户机只要把网线插在宽带路由器的交换机口中，再进行简单的配置就可以上网了。

208. 使用路由式 ADSL Modem 共享上网怎样连接和设置？

使用路由式 ADSL Modem 的路由功能，可以方便地进行组网和 Internet 共享。当然，事先需要开启其路由功能，并进行一定的配置。

步骤 1. 网络连接。使用路由式 ADSL Modem 共享上网，需要购买单独的集线设备（集线器或交换机），如果 ADSL Modem 自身集成了交换机，就不再需要购买集线设备了。另外，需要给每台计算机配置一块网卡，并需要若干条直通双绞线。连接方式如图 3-8 所示。

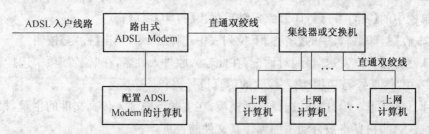

图 3-8 路由 ADSL Modem 的连接方式

路由式 ADSL Modem 后面板上有 DSL 接口，用于连接 ADSL 的入户线，LAN 接口用于连接集线器或交换机的 UPLINK 接口，Console 接口用于连接维护终端，即配置该 ADSL Modem 的计算机。共享上网计算机则通过网卡和双绞线与集线器或交换机的普通口相连。

步骤 2. 设置路由功能。在网络连接完成后,还需要修改 ADSL Modem 的一些设置。首先要开启路由模式,将 Route IP(路由 IP 协议)项设为 Yes,Route IPX(路由 IPX 协议)项设为 No,Bridge(桥接模式)设为 No。然后设置 ADSL Modem 的默认私有 IP 地址和子网掩码,可以采用 Modem 的缺省值,如 IP 地址为 192.168.1.1,子网掩码为 255.255.255.0。还需要依据 ISP 提供的参数设置 ISP 名称、封装模式、多路复用、虚拟路径鉴别、虚拟通道鉴别值、服务名称等。将 ADSL Modem 设置为单用户账户模式(表示只有一个账号)和动态分配公有 IP 地址模式(ADSL 拨号用户都使用这种模式)。输入 ISP 提供的登录用户名和密码,就可以自动拨号连接到 Internet 了。

步骤 3. 设置上网计算机。需要为每台共享上网的计算机设定局域网中的 IP 地址。设置的 IP 地址必须与 ADSL Modem 的 IP 地址同网段,如 ADSL Modem 的 IP 地址为192.168.1.1,则其余计算机的 IP 地址就必须设置为 192.168.1.X,X 可以是 2～254 的任何数字,互相不能重复。子网掩码则同样设置为 255.255.255.0;计算机的默认网关地址及 DNS 服务器地址应填写成 ADSL Modem 的 IP 地址。至此,就实现了通过 ADSL Modem 的路由功能进行 Internet 共享。

209. 集线器、HUB、交换机、路由器有什么区别?

HUB 也就是集线器,它的作用可以简单地理解为将一些机器连接起来组成一个局域网。而交换机的作用与集线器大体相同。但是两者在性能上有区别:集线器采用的是共享带宽的工作方式,而交换机是独享带宽。当网络中的计算机较多或数据量很大时,两者将会有比较明显的性能区别。另外,集线器只是对数据的传输起到同步、放大和整形的作用,对数据传输中的短帧、碎片等无法有效处理,不能保证数据传输的完整性和正确性,而交换机不但可以对数据的传输做到同步、放大和整形,而且可以过滤短帧、碎片等。

路由器与以上两者有明显区别,它的作用在于连接不同的网段并且找到网络中数据传输最合适的路径。路由器主要克服了交换机不能路由转发数据包的不足,还能提供防火墙的服务。交换机利用物理地址(MAC 地址)来确定转发数据的目的地址,而路由器则利用不同网络的 IP 地址来确定数据转发的地址。IP 地址是在软件中实现的,通常由网络管理员或系统自动分配。MAC 地址通常是硬件自带的,由网卡生产商来分配的,而且已经固化到了网卡中,一般来说是不可更改的。对于不同规模的网络,路由器作用的侧重点有所不同。在主干网上,路由器的主要作用是路由选择;在地区网中,路由器的主要作用是网络连接和路由选择,即连接下层各个基层网络单位,同时负责下层网络之间的数据转发;在园区网内部,路由器的主要作用是分隔子网。

210. 什么是对等网?

对等网可以说是当今最简单的网络,不仅投资少,连接也很容易。对等网不但方便连接两台以上的电脑,而且它们之间的关系是对等的,各台计算机有相同的功能,无主从之分,连接后双方可以互相访问。对等网采用分散管理的方式,其任意节点计算机既可以作为网络服务器,为其他计算机提供资源,也可以作为工作站,分享其他服务器的资源。基于局域网操作模式的对等网拥有丰富的应用,用户可以实现 Internet 共享、文件共享、打印机共享、局域网游戏等。对等网的组建方式比较多,在传输介质方面既可以采用双绞线,也可以使用同轴电缆,还可采用串、并行电缆。所需网络设备只需相应的网线或电缆和网卡。对于具有一定动手能力和电脑操作基础的用户而言,使用对等网是最为经济高效的方式,它非常适合家庭、校园和小型办公室。

211. 两台计算机怎样连接 Windows 对等网？

双机互联的对等网通常采用双绞线连接。首先为两台计算机分别安装网卡，并正确安装网卡驱动程序，然后将网线两端的 RJ45 接头（俗称水晶头）分别插入两台计算机网卡的 RJ45 插口中。通常在安装网卡后，基本的网络组件都已安装，只需进行一些必要的配置对等网就可以使用了。因为在对等网中没有专门的 DHCP 服务器来为各客户机自动分配 IP 地址，所以需要指定 IP 地址和子网掩码。另外，要为计算机配置网络中唯一的计算机名，并配置网络的工作组名，两台电脑的计算机名不能相同而工作组名必须相同才能成功地把它们组成对等网。所有选项设置好后，重新启动系统，在网络邻居里就可以看到对方的计算机了。

212. 什么是直接电缆连接？

直接电缆连接用一根电缆而不是用调制解调器或其他接口设备创建的两台计算机的输入/输出（I/O）端口间的连接。采用这种方式每次只能让一方访问另外一方，即只能客户机访问主机。要使主机能访问客户机，必须重新设置直接电缆连接，使主/客位置换过来才能达到目的。这是一种最廉价的对等网组建方式，但它的连接距离较短（并口电缆长度最好不要超过 3m 长，这样才能保证数据传输的稳定和完整），网络的传输速率非常低，并且连接电缆的制作也比较麻烦。

213. 怎样安装网卡和驱动程序？

1. 安装网卡

关掉电脑电源，打开主机箱，将网卡插入到空闲的 PCI 插槽中，并将网卡挡板固定在机箱上，用螺丝固定好。盖好机盖，将网线的接头插入网卡的插孔中。

2. 安装驱动程序

网卡安装完后，接通电源，启动电脑。一般情况下，操作系统会识别出新添加的硬件，并自动安装驱动程序。如果操作系统没有识别出或找不到正确的驱动程序，则需要手动安装。可以使用以下两种方法手动安装驱动程序。

方法一：

步骤 1. 在桌面上单击【开始】→【控制面板】→【添加硬件】，弹出【添加硬件向导】对话框，单击对话框中的【下一步】按钮，系统会自动检测新硬件。

步骤 2. 在弹出的对话框中选择"是，我已连接此设备"，单击【下一步】按钮，然后在"已安装的硬件"列表中的最后位置选择"添加新设备"，单击【下一步】按钮。

步骤 3. 选择"安装我从手动列表中选择的硬件"，单击【下一步】按钮，然后在下拉列表中选择"网络适配器"，单击【下一步】按钮。

步骤 4. 在列表中选择厂商和网卡型号，单击【下一步】按钮，或【从磁盘安装】按钮，开始安装。

方法二：

步骤 1. 在桌面上单击【开始】→【控制面板】→【系统】，弹出【系统属性】对话框。或在桌面上右键单击【我的电脑】图标，在快捷菜单中选择并单击【属性】，弹出【系统属性】对话框。

步骤 2. 切换到【硬件】选项卡，单击【设备管理器】按钮，弹出【设备管理器】对话框。在设备列表中展开"网络适配器"项，选择网卡名称。如果列表中没有要安装的网卡，可到"未知设备"列表中寻找。

步骤 3. 双击网卡名称，弹出该设备的【属性】对话框。切换到【驱动程序】选项卡，单击【更新驱动程序】按钮,弹出安装驱动程序向导对话框,按照向导的提示即可完成安装。

214. 什么是网站? 什么是网页(Page)?

因特网上用于提供信息服务和其他服务的站点,叫做网站。目前,我国有政府机关、新闻、科研、教育、金融、工商企业、信息服务、因特网服务提供商等各种网站,还有很多私人建立的网站。上网后就可去访问这些网站,以获取各种信息。网页是构成网站的基本元素,是承载各种网站应用的平台。通俗地说,网站就是由网页组成的,大家通过浏览器所看到的画面就是网页。通常我们看到的网页,都是以 htm 或 html 后缀结尾的文件,是用 HTML 语言写成的,俗称 HTML 文件,它存放在某一台计算机中,而这台计算机必须与因特网相连。不同的后缀分别代表不同类型的网页文件,如 CGI、ASP、PHP、JSP 等。

215. 什么是网站首页?

网站首页通常是访问某个网站时出现的第一个页面,其作用和地位类似于杂志的封面或报纸的第一版,用来对整个网站进行概括性介绍,描述其他各个页面的内容。它相当于该网站内容的目录和索引,当在首页中选定某目录或索引后,用鼠标指向它,光标就会变为手状,然后单击之,便会出现该目录或索引指向内容的页面。如该网页较长,可用鼠标拖动浏览器窗口右侧和下侧的滚动条来阅读。

216. 什么是网页浏览器?

网页浏览器是上网时最经常使用到的客户端程序。它是指可以显示网页或者文件系统的 HTML 文件内容,并让用户与这些文件交互的一种软件。网页浏览器主要通过 HTTP 协议与网页服务器交互并获取网页,这些网页由 URL 指定,文件格式通常为 HTML。大部分浏览器支持除了 HTML 之外的很多文档格式,如 JPEG、PNG、GIF 等图像格式,并且能够扩展支持众多的插件。另外,许多浏览器还支持其他的 URL 类型及其相应的协议,如 FTP、Gopher、HTTPS等。个人电脑上常见的网页浏览器有微软的 Internet Explorer(简称 IE 浏览器)、Mozilla 的 Firefox(火狐浏览器)、360 安全浏览器、世界之窗浏览器、搜狗浏览器、傲游浏览器等。

217. 怎样启动 IE 浏览器?

Internet Explorer 是微软公司在 Windows 系统中专门设计用于上网浏览的程序,简称 IE。IE 是 Windows 操作系统的一个组件,所以安装 Windows 操作系统时就会被安装到电脑上,不需要单独安装。启动 IE 浏览器的常用方法有以下三种。

方法一:双击桌面上的【Internet Explorer】图标,即可启动 IE。

方法二:单击任务栏上的【Internet Explorer】快捷按钮也可以启动 IE。

方法三:单击 Windows XP 桌面左下角的【开始】按钮,选择【开始】菜单中的【Internet Explorer】命令。

218. IE 浏览器窗口里有什么?

IE 是一个标准的 Windows 应用程序,启动后的窗口如图 3-9 所示,自上到下依次为标题栏、菜单栏、工具栏、地址栏、工作区、状态栏。标题栏中显示了 IE 的图形标记和当前打开的网页的名称。菜单栏中排列的菜单名称都代表了一组菜单项,单击其中的一个菜单名称就会弹出一个下拉菜单,单击其中一个菜单命令可执行相应的操作。工具栏位于菜单栏的下方,提供了 IE 常用的一些工具按钮,单击即可执行相应操作。在地址栏中可以输入网站地址,如果单击地址栏右边的下拉按钮会弹出一个下拉列表,列出了最近输入的若干地址,单击即可选择。

位于网页中部的工作区用于显示当前网页的内容。当网页的内容较多，窗口中不能全部显示时，可以用鼠标左键拖动工作区右方或下方的滚动条，页面即随之滚动以便于浏览。位于网页最下部的状态栏用来显示当前网页打开的状态。当用鼠标指向网页上的某一个超链接时状态栏内将显示链接的网址。

图 3-9　IE 浏览器的工作窗口

219. 如何使用 IE 浏览器浏览网页？

浏览网页时需要输入网址，常用输入网址的方法有以下三种。

方法一：启动 IE 浏览器，在窗口上方的地址输入框中输入网址，如"http://www.sohu.com/"，如图 3-10 所示。然后按回车键，或单击地址输入框右边的【转到】按钮，即可在工作区中浏览该网页。

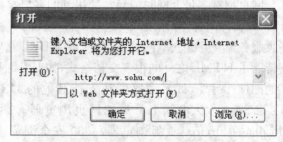

图 3-10　直接在地址栏中输入网址

方法二：启动 IE 浏览器，执行【文件】菜单中的【打开】命令，在弹出的【打开】对话框中输入网址，如图 3-11 所示。输入完成后单击【确定】按钮，浏览器的工作区中就刷新为该地址指向的页面。

方法三：启动 IE 浏览器，单击地址输入框右侧的三角形按钮 ，弹出最近输入过的网址列表，单击列表中的一个网址即可快速浏览该网页。

图 3-11　在【打开】对话框中输入网址

220. 怎样更改 IE 的主页？

主页是每次打开 IE 浏览器时最先显示的网页。通常将主页设置为需要频繁查看的网页。可以根据个人习惯及爱好设置 IE 主页，具体操作如下。

步骤 1. 启动 IE 浏览器，单击菜单栏中的【工具】，在下拉菜单中选择【Internet 选项】命令，弹出【Internet 选项】对话框，在对话框的【常规】选项卡中有【主页】栏，如图 3-12 所示。

步骤 2. 在【主页】栏的文本输入框中输入欲设为主页的网址，如"http://www.sohu.com/"，单击【确定】按钮。IE 浏览器的主页就修改为指定的网址了。

单击输入框下方的三个按钮之一，可以快速设置主页。如果单击【使用当前页】按钮，则浏览器当前显示的网页被设置为默认主页。如果单击【使用默认页】按钮，则默认主页设置为 IE 默认的主页。如果单击【使用空白页】按钮，则默认主页设置为空白页。

221. 怎样使用 IE 的【停止】和【刷新】按钮？

单击工具栏中的【停止】按钮 ，将终止当前正在进行的打开网页操作。当网络速度很慢或当前页面中内容很多时，可以单击此按钮以停止数据的传送，从而节省时间用以浏览其他的网页。有时候在传送过程中，可能会在网络的某些环节发生错误，使网页不能正确显示。还有可能是未完成下载过程，或操作不当，误按了【停止】按钮，使得显示在窗口中的网页残缺不全。此时可以单击工具栏中的【刷新】按钮 ，使浏览器重新载入并显示当前网页。

222. 怎样使用 IE 脱机浏览网页？

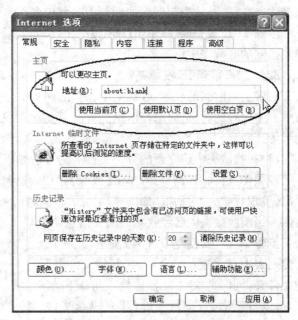

图 3-12　【Internet 选项】对话框

脱机是指断开本地计算机与网络的连接。脱机浏览则指在不与网络相连的情况下，查看联机时下载并保存在本地硬盘上的网页。启动 IE 浏览器后，单击菜单栏中的【文件】菜单，在弹出的下拉菜单中单击【脱机工作】菜单项。【脱机工作】菜单项是一个开关型命令，当【脱机工作】菜单项前面有"√"标识时，浏览器就进入脱机工作方式。再次单击【脱机工作】命令，可清除其"√"标识，使浏览器退出脱机工作方式。

223. 怎样使用 IE 查找最近浏览的网页？

每次上网浏览，IE 浏览器都会把浏览过的网页自动保存一段时间，翻看历史浏览记录的方法是：启动 IE 浏览器，打开 IE 浏览器窗口。单击工具栏里的【历史】按钮 ，在窗口左侧就会出现【历史记录】栏，记录了近来访问过的网站和网页。从中选定一项，可看到有关网页。在历史记录栏中有【查看】按钮，用于选择网页的排列方式。单击这个按钮就会出现一个下拉菜单，若选择【按日期】项，历史记录就会按接收日期先后来排列已看过的网站，其中同一天或同一周内则按网站排列；如选择【按站点】项，历史记录就按站点的顺序排列；选择【按今天的访问顺序】项，就只显示今天访问过的网站的记录。

224. 使用 IE 时怎样正确显示网页中的乱码？

IE 默认的编码是 UTF-8，网页出现乱码的原因是该网站使用的编码与 IE 不同，解决此问题的方法是正确设置浏览器使用的编码，使之与浏览的网页一致。启动 IE 浏览器，单击菜单栏中的【查看】，在下拉菜单中选择【编码】子菜单中的相应命令，即设置浏览器使用该编码。目前国内网站大多采用简体中文（GB2312）编码，当网页出现乱码时可以首先选择这种编码尝试。

225. 如何将网站加入 IE 收藏夹？

收藏夹是专门用于保存网站和网页地址信息的工具，使用收藏夹可以将当前网页地址保存下来，以方便再次访问。建立收藏夹的方法如下。

步骤 1. 启动 IE 浏览器，打开要收藏的网页。用鼠标单击菜单栏中的【收藏】，打开下拉菜单，执行【添加到收藏夹】命令，弹出【添加到收藏夹】对话框，如图 3-13 所示。在该对话框中的名称栏中可以输入收藏

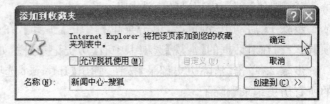

图 3-13　【添加到收藏夹】对话框

项名称,浏览器默认当前网页的标题为收藏项名称。

步骤 2. 设置完成后,单击【确定】按钮,浏览器就会把当前网页的网址作为一个收藏项添加到指定的收藏夹中。

226. 怎样整理 IE 收藏夹?

随着上网时间的积累,收藏夹中保存的网页信息会越来越多,我们可以根据自己的需要对收藏夹中保存的网页进行管理,例如建立新的分类文件夹、删除一个分类文件夹、删除收藏的网页等。

(1)在收藏夹中建立新的分类文件夹的方法如下。

步骤 1. 启动 IE 浏览器,单击【收藏】菜单,在弹出的下拉菜单中选择【整理收藏夹】命令,弹出【整理收藏夹】对话框,如图 3-14 所示。该对话框中左侧为对收藏夹进行整理的命令按钮,右侧为当前收藏夹中已经收藏的网页信息。

步骤 2. 单击【创建文件夹】按钮,此时右侧列表中自动建立一个名为"新建文件夹"的文件夹,同时此文件夹名称处于可编辑状态,可以重新命名,按回车键,即完成新文件夹的建立。

步骤 3. 单击【关闭】按钮,关闭【整理收藏夹】对话框。

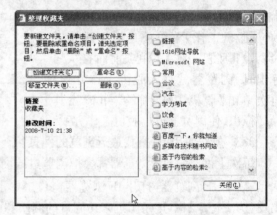

图 3-14 【整理收藏夹】对话框

(2)在收藏夹中删除一个分类文件夹或收藏项的方法是:在如图 3-14 所示的【整理收藏夹】对话框中,单击选中右侧列表中想要删除的一个分类文件夹或收藏项,然后单击左侧的【删除】按钮。

(3)将某一个收藏项转移至其他分类文件夹的方法是:在如图 3-14 所示的【整理收藏夹】对话框中,单击选中右侧列表中想要移动的收藏项,然后单击左侧的【移至文件夹】按钮,弹出【浏览文件夹】对话框,在对话框中选择一个文件夹,单击【确定】按钮。这个收藏项就转移到了指定的文件夹中。

227. 怎样删除 IE 中的历史记录?

(1)删除单条历史记录的方法如下。

步骤 1. 启动 IE 浏览器,如果 IE 窗口左侧的浏览器栏处于隐藏状态,则在菜单栏中依次单击【查看】→【浏览器栏】→【历史记录】,窗口左侧就会显示历史记录列表。

步骤 2. 在历史记录列表中右击需要删除的历史记录,在弹出的快捷菜单中选择【删除】命令即可。

(2)删除全部历史记录的方法如下。

步骤 1. 启动 IE 浏览器,单击菜单栏中的【工具】,在弹出的下拉菜单中选择【Internet 选项】命令。在对话框的【常规】选项卡中有【历史记录】栏,如图 3-15 所示。

步骤 2. 单击【清除历史记录】按钮,弹出【Internet 选项】对话框,单击【是】按钮,就把以前的所有历史记录删除了。

修改如图 3-15 所示的【历史记录】栏中"网页保存在历史记录中的天数"后面的数字,可以调整 IE 保存历史记录的天数。如果将网页保存在历史记录中的天数改成 0,IE 就不会保存任何历史记录了。

228. 怎样加快网页显示速度?

一般来说,图像、声音、动画等文件的数据量要比 HTML 文件大很多,所以在打开有这些内容的网页时,速度往往很慢。如果只是为了取得网页中的文字信息,可以关闭这些功能加快浏览速度。

步骤 1. 启动 IE 浏览器,单击菜单栏中的【工具】,在弹出的下拉菜单中选择【Internet 选项】命令。

步骤 2. 弹出【Internet 选项】对话框,单击【高级】标签,切换到【高级】选项卡,如图 3-16 所示。

步骤 3. 按照具体需要,从【多媒体】栏中取消【显示图片】、【播放网页中动画】等项目的勾选即可。

清除了【显示图片】、【播放网页中动画】、【播放网页中视频】等复选框的勾选后,在浏览网页时这些项目就会变成一个图标。若需要显示这些项目,在图标上单击鼠标右键,在弹出的快捷菜单中选择【显示图片】、【在 Web 页面上显示图像或动画】等命令即可。

229. 怎样保存网页上的内容?

我们经常需要从网上查找资料,若需要将网页上的内容保存下来,可以采用以下方法。

步骤 1. 在浏览器中打开需要保存的网页,然后单击菜单栏中的【文件】菜单,在弹出的下拉菜单中选择【另存为】命令。

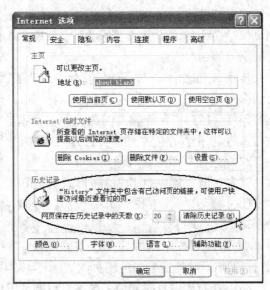

图 3-15　【Internet 选项】对话框

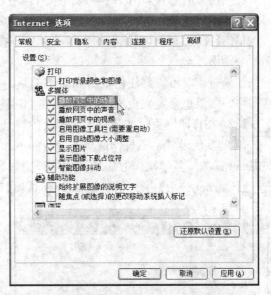

图 3-16　【Internet 选项】对话框

步骤 2. 弹出【保存网页】对话框,如图 3-17 所示。

在【文件名】输入框中可以输入欲保存的文件名,如果不输入,系统会将当前网页的标题作为文件名保存。

【保存类型】输入框提供了四个选项。如果选择"网页,全部",则保存的文件除了有一个网页文件外,还有一个文件夹用于存放网页上的图片。这个文件夹不能删除,否则打开保存的网页文件时就无法显示图片了。这种方法能将网页上的信息全部保存,包括文字、图片、Flash 等等。如果选择"Web 档案,单个文件",则将把网页中所有内容保存一个扩展名为"mht"的文件。如果选择"网页,仅 HTML",则将网页保存一个扩展名为"htm"的文件,其中只有当前网

页的文字部分。如果选择"文本文件",则将
网页保存一个纯文本文件,这种方式只能保
存网页上的文本信息。

步骤 3. 在如图 3-17 所示的【保存网页】
对话框中设置好选项后,单击【保存】按钮。
网页即可保存到指定位置。网页被保存在本
地磁盘后,双击保存的文件即可打开浏览。

230. 怎样打印网页内容?

首先在浏览器中打开需要打印的网页,
单击【文件】菜单,在下拉菜单中选择【打印】
命令,弹出【打印】对话框。设置好打印参数
后,单击【打印】按钮即可。在打印前可以先
用"打印预览"功能查看当前网页的实际打印效果。

图 3-17 【保存网页】对话框

231. 在打印网页时如何去掉网页标题、URL 地址、页码及打印日期等?

打印网页时,打印出的内容包括网页标题、网页的 URL 地址、页码及打印日期等,如果不
需要打印这些信息,或者需要将这些信息设置成其他格式,可以使用以下方法。

单击【文件】菜单,在弹出的下拉菜单中选择【页面设置】命令,打开【页面设置】对话框,如
图 3-18 所示。

如果打印时不想要任何页眉和页脚的话,直接删除【页眉】输入框和【页脚】输入框中的文
字即可。如果想自定义页眉和页脚,则在上述输入框中输入页眉和页脚的文字。

232. 在打印网页时如何打印出网页的背景颜色和图像?

IE 的默认设置是不打印网页的背景颜色和图像的。如果要打印这些内容,需要设置 IE 的
Internet 选项。具体操作方法是:单击 IE 浏览器窗口菜单栏中的【工具】,在弹出的下拉菜单中
选择【Internet 选项】命令,弹出【Internet 选项】对话框,如图 3-19 所示。

图 3-18 【页面设置】对话框

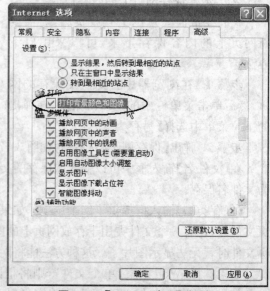

图 3-19 【Internet 选项】对话框

在对话框中单击【高级】,切换到【高级】选项卡。找到【打印背景颜色和图像】复选项,将其勾选。设置完成后单击【确定】按钮,关闭对话框。以后再打印网页时就包括背景颜色和图像了。

233. 什么是搜索引擎?

搜索引擎是指专门为大家提供信息搜索服务的网站,这些网站专门搜集互联网上的信息,对信息进行组织和处理,然后按照要求显示给用户。使用搜索引擎可以帮助我们快速地从浩如烟海的网上信息中获取我们所需要的信息。目前比较著名的搜索引擎有百度(http://www.baidu.com/)、Google(http://www.google.com/)、搜狐(http://www.sohu.com/)、雅虎(http://www.yahoo.cn/)、新浪爱问(http://www.iask.com/)、SOSO 搜搜(http://www.soso.com/)、搜狗(www.sogou.com)等。

234. 怎样在网上搜索需要的信息?

搜索引擎的使用方法都类似,首先在浏览器的地址栏中输入搜索引擎网站的网址,打开网站首页。在搜索栏中输入想要搜索的内容,就可以开始搜索了。搜索引擎一般采用的搜索方法是根据信息的“关键词(keyword)”搜索。关键词即用户在使用搜索引擎时输入的、能够最大程度概括用户所要查找信息内容的字或者词。关键词的内容没有限制,可以是人名、网站、新闻、小说、软件、游戏、星座、工作、购物、论文等,可以是任何中文、英文、数字或中文英文数字的混合体。关键词可以输入一个,也可以输入两个、三个或更多,甚至可以输入一句话。如果使用一个关键词不能搜索到想要的内容,或者搜索到的内容太多太繁杂,可以在原关键词后面输入空格后,再输入第二个关键词,以提高搜索的精确程度。

235. 如何利用百度搜索和试听音乐?

步骤 1. 首先在浏览器的地址栏中输入“http://www.baidu.com”,按回车键,进入百度首页,单击【MP3】链接,打开【百度 mp3】网页。

步骤 2. 在网页上部有搜索关键词输入框,在输入框中输入与查询音乐有关的关键词,例如想要搜索歌曲“稻香”,则输入“稻香”,单击【百度一下】按钮。如果想要搜索某一种特定格式的音乐文件,则在关键词输入框下面的单选项中选择相应的文件格式即可,如“mp3”、“rm”等。

步骤 3. 在搜索结果列表中,会看到每一个符合搜索要求的歌曲,单击【试听】链接,即可在弹出的试听窗口中欣赏此音乐。

试听采用的是在线播放的方式,如果网络速度较低,有可能影响收听的效果。当网络断开时,同样也不能采用这种收听方式,可以将其下载到本地硬盘上用播放软件进行播放。

236. 如何利用百度搜索歌词?

步骤 1. 在浏览器的地址栏中输入“http://www.baidu.com”,按回车键,进入百度首页,单击【MP3】链接,打开【百度 mp3】网页。

步骤 2. 在关键词输入框中输入查询关键词,在关键词输入框下面的单选项中选择“歌词”,单击【百度一下】按钮,弹出搜索结果页面。

步骤 3. 当搜索结果包含的歌词较多,不能在一页中显示时,页面的下方会出现分页的页码链接和【下一页】链接。用鼠标左键单击数字可进入相应的搜索结果页面。单击【下一页】可进入当前页面的下一个搜索结果页面。

237. 如何利用百度搜索和观看视频?

步骤 1. 进入百度首页,单击【视频】链接,打开【百度视频】网页。

步骤 2. 在搜索关键词输入框中输入查询关键词,单击【百度一下】按钮,弹出搜索结果页面。

步骤 3. 在搜索结果列表中,单击某一个视频截图,或图下方的链接文字,IE 就会弹出一个新窗口,连接到这个网页并播放视频。

238. 如何利用百度搜索图片?

步骤 1. 进入百度首页,单击【图片】链接,打开【百度图片】网页。

步骤 2. 在搜索关键词输入框中输入与查询图片有关的关键词,单击【百度一下】按钮,得到图片搜索的结果。如果想要搜索某一种特定类型的图片,则在单击【百度一下】按钮之前选择相应的单选项即可,如"新闻图片"、"壁纸"等。

步骤 3. 在搜索结果列表中,单击某一个图片缩略图,弹出查看图片详细信息的窗口,在窗口中显示了图片的来源、文件格式、分辨率、显示比例等信息。单击图片右下方的【查看原图】链接,IE 就会弹出一个新窗口,链接到这个图片的来源网站,查看原始图片。

239. 如何使用百度搜索地图?

地图搜索是百度提供的一项网络地图搜索服务,覆盖了国内近 400 个城市、数千个区县。在百度地图里,可以查询街道、商场、楼盘的地理位置,也可以查找最近的餐馆、学校、银行、公园等信息。使用百度搜索地图信息的方法如下。

首先进入百度首页,单击【地图】链接,打开【百度地图】网页,如图 3-20 所示。当没有任何搜索要求时,百度地图会根据用户的 IP 地址,自动显示用户所在的城市地图和相关信息。

图 3-20 【百度地图】网页

百度地图提供了普通搜索,周边搜索和视野内搜索三类搜索。普通搜索用于查找某个地方。例如,想要查找"北京动物园"的地址。在【百度地图】网页的上部的关键词输入框输入要查询地点的名称或地址,如输入"北京动物园",然后单击【百度一下】按钮,即可得到想要的结果。

240. 如何使用百度地图查询公交线路?

百度地图提供了公交方案查询和公交线路查询,满足生活中的公交出行需求。在【百度地图】网页上部的关键词输入框中直接输入"从××到××",或者单击输入框下方的【公交】标签,切换到"公交"查询状态,然后在输入框中输入起点和终点,单击【百度一下】按钮,即可得到想要的结果。查询结果右侧的文字区域会显示推荐的公交方案,包括公交和地铁,单击即可将其展开,查看详细描述。网页上方有"较快捷"、"不坐地铁"、"少换乘"和"少步行"四种策略可供选择,在选项上单击,搜索结果就会随之更新。左侧地图标明方案的具体路线,其中绿色的线条表示步行路线,蓝色为公交路线。在【百度地图】网页上部的关键词输入框中输入公交线路的名称,就能查询到对应的公交线路。右侧文字区域显示该条线路所有途经的车站。单击【详情】链接,可以查看运营时间、票价等信息。左侧地图中则显示该条线路,其中小圆圈表示沿途站点。

241. 如何使用百度地图查询驾车线路?

百度地图提供驾车方案查询,包含城市内的驾车方案和跨城市驾车方案。在【百度地图】

网页上部的关键词输入框下方单击【驾车】标签,切换到"驾车"查询状态,然后在输入框中输入起点和终点,例如输入"北京市"和"石家庄市",如图 3-21 所示。

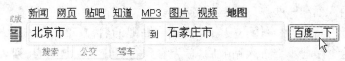

新闻　网页　贴吧　知道　MP3　图片　视频　**地图**

图 3-21　驾车方案查询

单击【百度一下】按钮,右侧文字区域显示推荐的驾车方案,上方有"最少时间"、"最短路程"和"不走高速"三种策略可供选择。左侧地图则标明该方案具体的行车路线。在跨城市驾车结果中,将城市内的方案合并为一条。可单击【详情】将市内的方案展开,查看详细的市内驾车方案。将鼠标移至地图上的驾车线路,会出现一个可供拖动的途经点,将鼠标拖动至想要经过的道路并松开,新的驾车方案就会经过选择的道路。

242. 什么是【百度知道】?

【百度知道】(http://zhidao.baidu.com)是一个基于搜索的互动式知识问答分享平台。它采用的搜索模式是用户自己根据具体需求有针对性地提出问题,通过积分奖励机制发动其他用户,来解决该问题。同时,这些问题的答案又会进一步作为搜索结果,提供给其他有类似疑问的用户,达到分享知识的效果。【百度知道】的最大特点在于和搜索引擎的完美结合,让用户所拥有的隐性知识转化成显性知识,通过对回答的沉淀和组织形成新的信息库,其中信息可被用户进一步检索和利用。用户既是【百度知道】内容的使用者,同时又是创造者。【百度知道】可以说是对过分依靠技术的搜索引擎的一种人性化完善。要使用【百度知道】的全部功能,必须要注册成为百度的用户并登录,否则只有搜索和浏览的权限。

243. 如何在【百度知道】中提问?

登录进入【百度知道】页面后,在页面上部的文本输入框输入提问的问题,单击【我要提问】按钮,系统会先搜索类似并且已经解决的问题。如果这些解答可以解决提问,则不必再提交这个问题,关闭窗口即可。如果没有找到合适的回答,则在页面的下部的【提问细节】处继续提问,在【补充说明】输入框中可以详细描述该问题。设置完成后,单击页面底端的【提交问题】按钮,问题就提交成功了。

244. 如何在【百度知道】中查看对自己问题的回答?

步骤 1. 登录进入【百度知道】页面后,单击页面右上角的【我的知道】。在弹出的下拉列表中单击【我的提问】,如图 3-22 所示。

步骤 2. 系统会弹出一个新窗口,显示自己的提问列表,单击列表中的某个问题标题,可以查看对这个问题的回答。查看回答的同时可以对该问题做出处理,如采纳某个答案、补充问题、提高悬赏等。

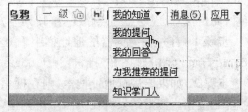

需要注意的是,提问的问题不会被永久保留。例如,如果提问者在 15 天内没有处理问题,

图 3-22　【我的知道】下拉列表

而该问题的回答少于等于三个且最长回答不超过 30 字,则问题会过期并被系统自动关闭。

245. 如何浏览【百度贴吧】中的帖子?

【百度贴吧】为用户提供了一个表达和交流思想的自由网络空间。浏览【百度贴吧】中帖子的方法如下。

方法一：进入百度首页，单击【贴吧】链接，打开【百度贴吧】首页，如图 3-23 所示。网页的上部是搜索关键词输入框和一些热门贴吧的链接。

如果知道贴吧的名称，可直接在搜索框内输入贴吧的名称，单击【百度一下】按钮，就可以直接找到并进入这个贴吧了。进入贴吧后，首先看到的是帖子主题列表，列表中显示了每个帖子被点击的次数、回复的次数、帖子的标题、作者、最后回复时间和回复人等。单击某一个帖子的标题，可以阅读帖子的内容。

方法二：拖动如图 3-23 所示的【百度贴吧】窗口右侧的滚动条，将窗口向下滚动，就可以看到贴吧的分类目录。用单击目录中列出的某一个分类，IE 浏览器就会弹出一个新的窗口，列出所有与此相关的贴吧列表。单击其中的一个，就可以进入这个贴吧，浏览其中的帖子。

图 3-23 　【百度贴吧】网页

246. 如何在【百度贴吧】中发表回复？

在每一个发言的下方都有【回复此发言】链接，单击该链接，则窗口自动滚动到页面底部，显示【发表回复】栏。分别输入回复的标题、内容，输入验证码，然后单击【发表】按钮，即可将自己回复的内容跟在原帖的后面。也可以直接向下拖动窗口右侧的滚动条，在窗口底部的【发表回复】栏，输入回复的内容，单击【发表】按钮，发表回复。

247. 如何在【百度贴吧】中发表新帖？

在帖子主题列表的右上角有【发表新帖】按钮，单击【发表新帖】按钮，则窗口自动滚动到页面底部，显示【发表新帖】栏。分别输入新帖的标题、内容，输入验证码，然后单击【发表】按钮，新帖就出现在帖子主题列表中了。

248. 如何使用 Google 首页中的【手气不错】？

与百度不同的是，Google 首页中有一个【手气不错】按钮。【手气不错】的取义来自于生活，意思是碰碰运气。输入搜索关键词之后，单击【手气不错】按钮，Google 会找到一个它所认为的最佳的相关网页并直接打开，用户不会看到其他的搜索结果。其结果与需求是否相符合不是由用户自己决定，而是由搜索引擎决定。

249. 如何使用 Google 搜索地图？

Google 地图是一项网络地图服务。通过使用 Google 地图，可以查询详细地址、寻找周边信息、商户信息、规划点到点路线等，其具体方法如下。

步骤 1. 首先在浏览器的地址栏中输入"http：//www.google.com.hk/"，按回车键，进入Google 首页，单击【地图】链接，打开【Google 地图】网页。

步骤 2. 如果要进行地址搜索，则在搜索框内输入地址，例如"北京动物园"，然后单击【搜索地图】按钮。搜索结果将在页面左边列出，同时，每个搜索结果还将在右面的地图上标记出来，如图 3-24 所示。

步骤 3. 单击地图上的"🎈"标记，然后在弹出的对话框中单击【获取路线】、【在附近搜索】等链接，都可以进行进一步的搜索，包括搜索到达该地址的公交线路、驾车线路，在附近搜索等。单击页面左上角的【分类搜索】栏中的某个分类，可以在当前地图中查找某一类的地址。

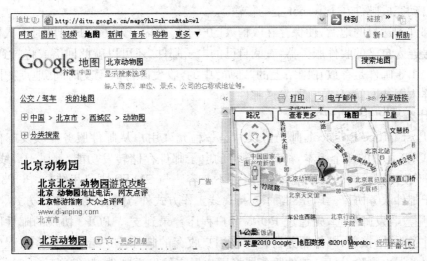

图 3-24　"北京动物园"的搜索结果

单击地图上部的【路况】按钮，可以显示该地址附近的实时路况信息。单击【卫星】按钮，可以显示搜索结果的卫星照片地图。卫星地图是 Google 的一个特色功能。单击【地图】按钮，则回到普通地图的模式。

250. 如何使用 Google 查询股票行情？

用 Google 查询股票价格和股市行情，只需输入想查询的股票证券名称或是其六位数代码，单击【Google 搜索】按钮即可。Google 会返回该股票证券的最新资料和其他有关链接，例如输入"深发展"，查询结果如图 3-25 所示。

251. 如何使用 Google 的计算器功能？

Google 搜索服务中提供一个算术计算器的功能。在搜索关键词输入框中输入一个算术表达式，如"5556×98"，单击【Google 搜索】按钮，就可以得到计算结果。如果查询的目的并不是算式的运算结果，而是以这个算式作为搜索关键词搜索相关的网站，则可以单击运算结果下方"寻找包含有下列字词的文件"字样后面的链接，完成相关网页的搜索。

图 3-25　股票行情查询

252. 如何使用 Google 进行单位换算或货币换算？

可以使用 Google 进行诸如高度、重量等众多计量单位间的换算。只需在搜索框中输入想要进行的换算，例如输入"1 英寸＝？厘米"，单击【Google 搜索】按钮，就可以得到结果。与单位换算类似，进行货币换算时只需在 Google 搜索框中输入所要完成的换算，如输入"1000 人民币等于多少美元"，单击【Google 搜索】按钮，就可以在结果页中得到换算结果。

253. 电子邮件的基本原理是什么？

电子邮件的英文名称为 Electronic Mail，简记为 E-mail，是指用电子手段传送信件、单据、资料等信息的通信方法。它是 Internet 上使用最频繁、应用范围最广的一种服务。它类似于邮局的信件，基本信息包括发送者和接收者的地址信息，以及发送的时间和主题。使用电子邮件系统发送邮件就像通过邮局发送信件一样，用户只需指定接收者的地址，邮件系统会按照所提供信息自动完成邮件在 Internet 上的传输。

电子邮件到达目的地后,便保存在收信人的电子信箱内。对方用户可随时连入因特网,用自己的帐号连入自己的收件服务器,查阅自己的电子邮件,还可以就此回信或将收到的邮件转发给他人。由于邮件是存放在网络上的"邮局"中的,收发邮件时不受时间、地点的限制,只需将计算机连入因特网就可以查看、发送邮件。

254. 什么是 POP3 协议?

POP(Post Office Protocol,邮局协议),是一种允许用户从邮件服务器收发邮件的协议。POP2 和 POP3 是它的两个版本,都具有简单的电子邮件存储转发功能,都属于离线式工作协议,但是由于使用了不同的协议端口,两者并不兼容。与 SMTP 协议相结合,POP3 是目前最常用的电子邮件服务协议。POP3 除了支持离线工作方式外,还支持在线工作方式。在离线工作方式下,用户收发邮件时,先通过 POP3 客户程序登录到支持 POP3 协议的邮件服务器,然后发送邮件及附件;接着,邮件服务器将为该用户收存的邮件传送给 POP3 客户程序,并将这些邮件从服务器上删除;最后,邮件服务器将用户提交的发送邮件,转发到运行 SMTP 协议的计算机中,通过它实现邮件的最终发送。在为用户从邮件服务器收取邮件时,POP3 是以该用户当前存储在服务器上全部邮件为对象进行操作的,并一次性将它们下载到用户端计算机中。一旦客户的邮件下载完毕,邮件服务器对这些邮件的暂存托管即告完成。使用 POP3,用户不能对他们储存在邮件服务器上的邮件进行部分传输。离线工作方式适合那些从固定计算机上收发邮件的用户使用。当使用 POP3 在线工作方式收发邮件时,用户在所用的计算机与邮件服务器保持连接的状态下读取邮件,用户的邮件保留在邮件服务器上。

255. 如何保障 E-mail 的安全?

保障 E-mail 的安全需要注意两点:一是要定期更改电子邮箱的密码。最好每个月修改一次密码,防止因密码泄露导致邮箱被破坏或信件内容被窃取。二是不要打开或运行来历不明的邮件及附件,以免遭受病毒邮件的侵害。互联网上有些病毒是通过电子邮件来传播的(如梅丽莎等),这些病毒邮件通常都会以带有噱头的标题来吸引用户打开其附件,所以一定要抵挡住它的诱惑。

256. 如何定时发送 E-mail 邮件?

由于工作繁忙,可能经常会忘掉一些重要的事情。网易等邮件提供商的 Web 邮箱一般都提供有定时发信功能,从而可以提前写好邮件,在时间到达后自动寄出。以 126 网易邮箱为例,登录进入邮箱后,单击【写信】按钮,在打开的邮件编辑窗口中写好邮件。单击上方的【定时发信】按钮,就会显示选择发信时间的选项。选择好发信的时间后,单击【发送】按钮。如果想对设置的定时信件进行修改,只需在页面左侧点击【草稿箱】进入草稿箱,然后打开相应信件进行修改即可。

257. 怎样申请免费电子邮箱?

下面以网易电子邮箱(www.126.com)为例介绍申请免费电子邮箱的方法,其他电子邮箱的操作方法与此类似。

步骤 1. 启动 IE 浏览器,在浏览器的地址栏中输入"www.126.com",按回车键进入 126网易免费邮箱的首页。单击邮箱首页右下方的【立即注册】按钮,进入到【注册新用户】页面。

步骤 2. 按照提示依次输入用户名、密码。用户名是一个字符串,一般只能由英文字母、数字、下划线组成,起始字符必须是英文字母。用户名的长度一般为 5~20 个字符,不区分大小写。用户名输入完成后，单击右侧的【检测】按钮，系统会检查该用户名是否与系统中其他用户的用户名冲突，如果有冲突，则需要重新输入一个用户名，如果没有冲突就可以设置密码了。

步骤 3. 为了避免用户的误输入，设定密码时需要重复输入两次，只有两次输入完全相同时，该项设置才能生效。需要注意的是，系统验证密码时是区分大小写的，所以设定密码和使用密码时一定要注意键盘的大小写状态。

步骤 4. 设置安全信息。【安全信息设置】栏中的信息用于用户忘记密码时找回自己的密码。在这个栏目中填入的信息需要记住，因为只有正确回答了栏中设置的问题才能取回密码。

按照要求依次填写好有关信息。填写完成后输入验证码，勾选【我已阅读并接受服务条款】，单击【创建帐号】按钮，完成注册过程。

步骤 5. 系统进入到【注册成功】页面，单击【进入邮箱】链接，就可以进入到新注册的邮箱进行收发邮件的操作了。

258. 怎样以 Web 方式使用免费 E-mail 邮箱？

以 Web 方式使用免费 E-mail 邮箱，就是采用在线的方式收、发、读、写电子邮件，这种方式的好处就是不论身在何地，只要电脑能上网，就可以通过浏览器收发电子邮件。以 126 网易邮箱为例，进行说明。

步骤 1. 启动 IE 浏览器，在地址栏输入"www.126.com/"进入到网易邮箱登录页面。

步骤 2. 在右侧的输入框中分别输入电子邮件的用户名和密码，单击【登录】按钮。

步骤 3. 进入邮箱主页面，就可以进行邮件的收发了。页面的上部为标题部分，主要就是关于信箱的一些标志、链接及网站广告等。页面的左下部分为功能区，列出了该电子邮箱的功能和所提供的服务，如收邮件、发邮件、文件夹、地址本等。页面的右下部分是正文部分，用于阅读和编辑邮件。

259. 怎样以 Web 方式接收和阅读邮件？

以 126 网易邮箱为例介绍以 Web 方式接收和阅读邮件的方法。

步骤 1. 登录到邮箱主页面后，可以在窗口左侧【收件箱】右边的括号里看到未读的邮件数。在右侧的"早上好"问候提示语的下方也可以看到未读的邮件数。

步骤 2. 单击窗口左侧的【收件箱】，在窗口右侧就会打开【收件箱】选项卡，可以看到收件箱中的邮件列表。列表中显示了收到邮件的基本信息，如发件人、主题、接收时间、大小等。其中加粗显示的邮件为没有阅读过的新邮件，前面会有一个小信封的图案。

如果邮件的信息列表中有一个回形针标志，说明该邮件带有附件。附件是邮件中附带的其他文件，如图片文件、计算机程序、各种类型的电子文档等。如果是陌生人发来的邮件附件，应该谨慎打开，因为该附件很可能是病毒。

步骤 3. 单击列表中的邮件，可以查看邮件详细内容。

步骤 4. 如果收到的邮件带有附件，则在【附件】栏中会列出附件文件名的列表。单击【附件】栏中的【下载附件】链接，弹出【文件下载】对话框。单击【打开】按钮，则系统会根据附件的文件类型选择合适的程序打开该文件，用户可以查看附件的具体内容，但附件不会在本地保存。单击【保存】按钮，则会弹出选择保存路径和文件名的对话框，可以将附件文件保存在本地磁盘。

260. 怎样以 Web 方式发送邮件？

以 126 网易邮箱为例介绍以 Web 方式发送邮件的方法。

步骤 1. 登录到邮箱主页面后，单击左侧上方的【写信】按钮，右侧就会打开【写信】选项卡，可以写新的电子邮件。

步骤 2. 在【发件人】栏中,系统自动填入本邮箱的地址,写信时不必修改。在【收件人】栏中填写收信人的电子邮箱地址,如 zxm@hebust. edu. cn。

步骤 3. 在【主题】栏填写邮件的主题,它将会出现在收件人邮箱的收件箱列表中,使收件人一目了然。

步骤 4. 如果需要随邮件发送附件,单击【附件】栏的【添加附件】链接,弹出【选择文件】对话框。选择好作为附件的文件后,单击【打开】按钮,附件即被添加到邮件中。在【添加附件】按钮下方会看到添加的附件文件的列表。

步骤 5. 填写完上述内容后,在下方的文本框中输入邮件的正文。在正文输入框的上侧有一排用于编辑正文的按钮,使用这些按钮可以设置文字的大小、风格、颜色等。

步骤 6. 确认填写的各项内容无误后,单击【发送】按钮就完成了邮件的发送。

261. 怎样以 Web 方式回复或转发邮件?

登录到邮箱主页面,在查看邮件详细内容时单击【回复】按钮,可以方便快捷地回复一封电子邮件。与单击【写信】按钮不同的是,【收件人】输入框、【主题】输入框和邮件正文中会自动填充内容。根据需要填写或修改好回复的内容后,单击【发送】按钮即完成了邮件的回复。

转发可以将收到的邮件内容和附件原样发送给其他的收信人。在查看邮件详细内容时单击【转发】按钮,可以进行邮件的转发。此时需要输入收信人地址,单击【发送】按钮即完成了邮件的转发。

262. 怎样以 POP3 方式使用免费 E-mail 邮箱?

POP3 方式就是通过 E-mail 客户端软件收发电子邮件的方式。采用这种方式不用使用浏览器,而且可以在离线时写好信件或阅读信件,而上网时只进行收发,这样不但可以有较快的收发信速度,而且可以节约上网时间。但是,不是所有的免费邮箱都具有 POP3 功能,申请时要注意有关网站的使用说明。常用的 E-mail 客户端软件有 Foxmail,Outlook 等。以 Outlook 为例,使用方法如下。

步骤 1. 单击 Windows XP 桌面左下角的【开始】按钮,选择【电子邮件】命令,启动 Outlook Express。如果不是第一次运行,并且已经正确设置了参数,启动 Outlook Express 时会自动发送和接收邮件,并打开【Outlook Express】窗口,跳转到步骤 6。

步骤 2. 如果是第一次启动 Outlook Express,会弹出【Internet 连接向导】对话框,要求用户进行参数设置。

步骤 3. 按照向导的提示,填入一个用户名称,单击【下一步】按钮;再填入电子邮件地址,单击【下一步】按钮。

步骤 4. 将"我的邮件接收服务器"设置为"POP3 服务器",然后在【接收邮件服务器】文本框中输入接收服务器的域名全称,如输入"pop. tom. com",在【发送邮件服务器】文本框中输入发送邮件服务器的域名全称,如输入"smtp. tom. com"(注:POP3、SMTP 服务器的地址一般可以通过查阅该邮件系统网站得到)。输入完成后,单击【下一步】按钮。

步骤 5. 输入邮箱的用户名和密码。需要注意的是,该用户名和密码要与步骤 3 中输入的邮箱地址对应,否则 Outlook 无法与邮箱建立链接。单击【完成】按钮,参数设置完成,进入到 Outlook Express 的主窗口。

步骤 6. 在 Outlook Express 的窗口中，单击菜单【工具】→【发送和接收】→【接收全部邮件】命令，或【发送和接收全部邮件】命令，可以接收邮箱中的新邮件。单击窗口左侧的【收件箱】，可以查看所有邮件的信息列表。单击收件箱列表中的邮件，就可以在下方的窗格中查看邮件详细内容。单击工具栏中的【创建邮件】按钮，或执行菜单【邮件】→【新邮件】命令，进入写邮件窗口，分别输入收件人的电子邮件地址、主题、正文等，单击工具栏中的【发送】按钮，就可以发送一个新邮件。

263. 怎样启动电子邮件程序 Outlook Express?

Microsoft Outlook Express 是一个被广泛使用的电子邮件处理程序，每台装有 Windows 操作系统的电脑都安装有 Outlook Express。Outlook Express 能帮助用户轻松快捷地浏览邮件，发送和接收安全邮件。单击 Windows XP 桌面左下角的【开始】按钮，选择【电子邮件】命令，就可以启动 Outlook Express。如果是第一次运行，则会弹出【Internet 连接向导】对话框，要求用户进行参数设置，内容包括使用的邮件服务器的类型（POP3、IMAP 或 HTTP）、帐户名和密码，以及接收邮件服务器的名称、POP3 和 IMAP 所用的传出邮件服务器的名称等。这些参数一般可以通过查阅邮箱所使用的邮件系统网站得到。设置完成后会自动启动 Outlook Express，进入到工作窗口。

264. 怎样使用 Outlook Express 创建多个 E-mail 帐户?

Outlook Express 能帮助用户管理多个 E-mail 帐户，还可以为同一个计算机创建多个用户或身份，每个身份设置有唯一的电子邮件文件夹和单独的"通讯簿"。这样就可以接收来自多个 E-mail 信箱中的邮件，用于订阅不同类型的电子刊物，或用于多个家庭成员等。创建 E-mail 帐户的步骤如下。

步骤 1. 启动 Outlook Express，在【工具】菜单中，选择【帐户】命令。打开【Internet 帐户】对话框，如图 3-26 所示。

步骤 2. 在【Internet 帐户】对话框中，单击【添加】→【邮件】按钮，弹出【Internet 连接向导】对话框。按照向导的提示，一步步地填入用户名称、电子邮件地址，接收邮件服务器的类型和名称、发送邮件服务器的类型和名称、邮箱的用户名和密码等。

步骤 3. 完成设置后，返回到【Internet 帐户】对话框的【全部】选项卡或【邮件】选项卡，就可以在列表中看到新创建的帐户。

图 3-26　【Internet 帐户】对话框

在【Internet 帐户】对话框中选中一个帐户，单击右侧的【属性】按钮，可以修改这个帐户的各种参数。单击右侧的【删除】按钮，则可以删除这个帐户。

Outlook Express 缺省设置自动记住所有帐户的密码并接收邮件。多人共用一台计算机时，如果不希望自己的邮件被别人接收，可以在【Internet 帐户】对话框中选中自己的账户，单击右侧的【属性】按钮，在【属性】对话框中的【服务器】选项卡中取消"记住密码"复选框的勾选。这样，必须正确输入密码才能接收邮件。

265. 怎样使用 Outlook Express 接收和阅读 E-mail？

启动 Outlook Express 时，会自动接收全部邮件。如果有未读过的新邮件，在工作窗口中会有提示。启动 Outlook Express 后如果想接收邮箱中的新邮件，可以执行菜单【工具】→【发送和接收】→【接收全部邮件】命令。也可以单击工具栏中的【发送/接收】按钮，完成邮件的接收。

邮件接收完毕后，单击窗口左侧的【收件箱】，查看所有邮件的信息列表。列表中包括邮件的发件人、主题、收件时间等。如果是没有查看过的新邮件，列表中以加粗字体显示信息。单击收件箱列表中的邮件，就可以在下方的窗格中查看邮件详细内容。如果邮件中带有附件，在邮件列表最前一列将显示一个回形针的符号。下方邮件内容窗格的右上角也会有一个回形针标志。单击窗格右上角的这个回形针标志，则弹出一个下拉菜单显示附件的文件列表和"保存附件"命令，用于查看和保存附件。如果双击收件箱列表中的邮件，则在一个新窗口中阅读邮件详细内容，阅读完毕后关闭此窗口即可。

266. 怎样在使用 Outlook Express 阅读邮件时消除乱码？

在使用 Outlook Express 时，可能会发现有时收到的邮件为乱码，其原因是发信人所使用的编码字符集与阅读时使用的字符集不同。解决方法是：在菜单栏单击【查看】→【编码】，在子菜单中有三个选项："西欧（Windows）"、"简体中文（GB2312）"和"其它"，当鼠标移至"其它"时会显示更多编码字符集的名称。一般阅读中文信件时编码设为"简体中文（GB2312）"，如果信件内容仍为乱码，可以再选择一种汉字编码标准，如"简体中文（HZ）"、"繁体中文（BIG5）"等。如果菜单上没有这些选项，可能是由于在安装 IE 的时候没有安装多语言支持包，就需要选择其他的编码尝试了。

267. 怎样使用 Outlook Express 在电脑上写信及发送？

启动 Outlook Express 后，单击工具栏中的【创建邮件】按钮，或执行菜单【邮件】→【新邮件】命令，进入写邮件窗口。在写邮件窗口中，分别输入收件人的电子邮件地址、主题、正文。如果要发送同一邮件给多个接收者，可在【收件人】栏内重复输入多个电子邮件地址，它们彼此之间只要用";"隔开即可。【抄送】栏中也可以输入一个或多个电子邮件地址，用于将信件邮寄给收件人的同时，将信的副本也寄给这些人。

如需发送附件，单击工具栏中的【附件】按钮，然后在弹出的【插入附件】对话框中选择文件作为附件。编辑完成后，单击工具栏中的【发送】按钮，该邮件就会被发送出去。如果是在离线的状态下编写邮件，并且想在上网后一次全部发送的话，那么可以选择【文件】菜单中的【以后发送】命令。这样写好的邮件将被放置在"发件箱"中，留待以后一起发送。任何时候，单击 Outlook Express 主窗口中工具栏上的【发送和接收】按钮即可将其发送出去。

268. 怎样使用 Outlook Express 答复 E-mail？

步骤 1. 启动 Outlook Express 后，在"收件箱"中找到要答复的邮件，打开阅读窗口阅读邮件详细内容。

步骤 2. 单击工具栏中的【答复】按钮或在菜单栏单击【邮件】→【答复发件人】，或在要回复的邮件上单击鼠标右键，在弹出的快捷菜单中选择【答复发件人】。

步骤 3. 弹出写信窗口。与"创建新邮件"的窗口不同的是收件人地址和主题栏已经自动填好，信件正文框中也会出现原邮件的内容。

步骤 4. 编辑好信件后,单击工具栏中的【发送】按钮,该邮件就会被发送出去。

如果不想在回信中包含原信内容,可以单击菜单栏【工具】→【选项】→【发送】,取消"回复时包含原邮件"的勾选即可。

269. 怎样使用 Outlook Express 全部答复 E-mail?

与"答复"功能的区别是,"全部答复"功能不仅能将回信发送给原邮件的发送人,还可以同时回复原发件人"抄送"和"密送"的那些人。

步骤 1. 启动 Outlook Express 后,单击窗口左侧的【收件箱】,可以在右侧看到所有邮件的信息列表。在列表中选择要答复的邮件。

步骤 2. 单击工具栏中的【全部答复】按钮或在菜单栏单击【邮件】→【全部答复】,或在要回复的邮件上单击鼠标右键,在弹出的快捷菜单中选择【全部答复】。

步骤 3. 弹出写信窗口。其余操作与"答复发件人"的操作相同。

270. 怎样使用 Outlook Express 转发 E-mail?

转发是指将收到的邮件照原样发送给其他人,具体操作步骤如下。

步骤 1. 启动 Outlook Express 后,单击窗口左侧的【收件箱】,可以在右侧看到所有邮件的信息列表。在列表中选择要转发的邮件。

步骤 2. 单击工具栏中的【转发】按钮或在菜单栏单击【邮件】→【转发】,或在要回复的邮件上单击鼠标右键,在弹出的快捷菜单中选择【转发】。

步骤 3. 弹出写信窗口。与"创建新邮件"的窗口不同的是,除了收件人地址和抄送地址外,其余各栏都已经自动填好,信件正文框中也会出现原邮件的内容。

步骤 4. 填入收件人地址和抄送地址后,单击工具栏中的【发送】按钮即可。

271. 怎样使用 Outlook Express 作为附件转发 E-mail?

作为附件转发是指将收到的邮件作为一封新邮件的附件转发给其他人,其具体操作步骤如下。

步骤 1. 启动 Outlook Express 后,单击窗口左侧的【收件箱】,可以在右侧看到所有邮件的信息列表。在列表中选择要转发的邮件。

步骤 2. 单击菜单栏中的【邮件】→【作为附件转发】或在要回复的邮件上单击鼠标右键,在弹出的快捷菜单中选择【作为附件转发】。

步骤 3. 弹出写信窗口。除了附件栏中已经自动填好内容外,其余各栏均为空。

步骤 4. 填入各项内容,编辑好邮件正文后,单击工具栏中的【发送】按钮即可。

272. 使用 Outlook Express 怎样设置信纸?

信纸一般都包含图片和特殊文字,会使邮件的数据量增大,发送的时间会较长并且容易出错,所以建议一般信件不要使用信纸。设置信纸有以下两种方法。

方法一:

步骤 1. 启动 Outlook Express 后,单击【创建邮件】右侧的小三角按钮,在弹出的下拉菜单中选择【选择信纸】,打开【选择信纸】对话框,如图 3-27 所示。

步骤 2. 在左侧列表中选择一个信纸文件,单击【确定】按钮。弹出写信的【新邮件】窗口,窗口中编辑正文的部分则以选择的信纸为底色。

在【选择信纸】对话框中单击【编辑】按钮,可以对选中的信纸文件进行编辑和修改。单击【创建信纸】按钮,可以创建一个新的信纸文件。

方法二：

步骤 1. 启动 Outlook Express 后,单击【创建邮件】,打开【新邮件】窗口。

步骤 2. 在【新邮件】窗口中,单击菜单【格式】→【应用信纸】→【其它信纸】,打开【选择信纸】对话框。

步骤 3. 在左侧列表中选择一个信纸文件,单击【确定】按钮。【新邮件】窗口中编辑正文的部分就会以选择的信纸为底色。

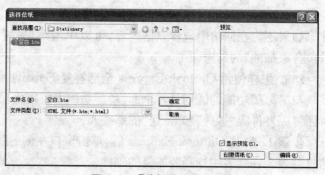

图 3-27 【选择信纸】对话框

设置好信纸后,按照常规的方法编辑邮件的内容,发送邮件即可。

273. 使用 Outlook Express 在 E-mail 中怎样添加签名?

步骤 1. 启动 Outlook Express 后,单击菜单栏中的【工具】→【选项】,打开【选项】对话框,单击【签名】,切换到【签名】选项卡,如图3-28所示。

步骤 2. 单击【新建】按钮,创建一个新的签名。

步骤 3. 在编辑签名栏中的文本输入框中输入签名的具体内容。

步骤 4. 如果想要在所有邮件中都自动添加签名,可以勾选选项卡上部的【在所有待发邮件中添加签名】复选框。当该复选框处于勾选状态时,其下侧的"不在回复和转发的邮件中添加签名"就会变为允许设置的状态,可以根据具体需要勾选。

步骤 5. 单击【高级】按钮,可以在打开

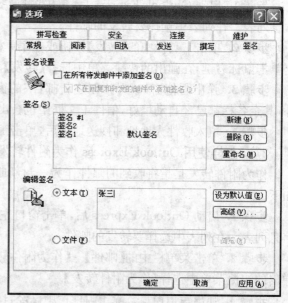

图 3-28 【签名】选项卡

的对话框中设定当前签名应用于哪些 E-mail 帐户。单击【设为默认值】按钮,可以将当前签名设定为默认签名。单击【重命名】按钮,可以修改当前签名的名称。单击【删除】按钮,可以将当前签名删除。

步骤 6. 单击【确定】按钮,完成签名的设置。以后每当编辑邮件的过程中需要添加签名时,在菜单栏单击【插入】→【签名】,在子菜单中选择一个签名,这个签名的内容就会自动添加到光标所在位置。

274. 怎样使用 Outlook Express 发送附件?

步骤 1. 启动 Outlook Express 后,单击工具栏中的【创建邮件】按钮,或执行菜单【邮件】→【新邮件】命令,进入写邮件窗口。

步骤 2. 在写邮件窗口中,单击工具栏中的【附件】按钮,或单击菜单栏中的【插入】→【文件附件】,弹出【插入附件】对话框。

步骤 3. 在【插入附件】对话框中选定文件,单击【附件】按钮。在【新邮件】窗口中就会出现【附件】栏,其中显示附件的文件名和文件的大小。

步骤 4. 编辑好邮件的其他内容后,单击工具栏中的【发送】按钮,附件就会随邮件被发送出去。

275. 使用 Outlook Express 怎样查看及保存附件?

查看邮件所带的附件,单击窗格右上角的回形针标志,弹出下拉菜单显示附件的文件名列表和【保存附件】命令。如果单击附件的文件名列表中的一项,则弹出【邮件附件】对话框,单击【打开】按钮,如果附件是 Windows 可以识别的文件,可以打开相应的程序进行显示、播放或执行。如果系统不能识别附件的文件类型,将要求用户将此文件与相关程序建立关联。

如果单击【保存附件】命令,则弹出【保存附件】对话框,对话框的左侧列出附件中的文件名和文件大小。在列表中选定要保存的附件文件,单击【保存】按钮,可以将附件文件保存到本地磁盘。单击【浏览】按钮,可以指定附件保存的位置。

276. 怎样使用 Outlook Express 删除与恢复 E-mail?

(1)删除 E-mail。

步骤 1. 启动 Outlook Express 后,单击窗口左侧的【收件箱】,可以在右侧看到所有邮件的信息列表。

步骤 2. 在列表中选定要删除的邮件,单击鼠标右键,在弹出的快捷菜单中选择【删除】或选择要删除的邮件后单击工具箱中的【删除】按钮,也可以选择要删除的邮件后单击菜单栏中的【编辑】→【删除】。

(2)恢复已删除的 E-mail。

上述删除操作只是把邮件放入"已删除邮件"文件夹中。此时邮件没有真正被删除,如果愿意的话还可以恢复,恢复的操作方法如下。

步骤 1. 单击窗口左侧的【已删除邮件】,可以在右侧看到已删除邮件的信息列表。选定要恢复的邮件,单击鼠标右键,在弹出的快捷菜单中选择【移动到文件夹】或【复制到文件夹】,弹出【移动】对话框,或【复制】对话框,如图 3-29 所示。

步骤 2. 选择要移动或复制到的

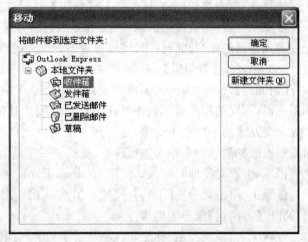

图 3-29　【移动】对话框

目的文件夹,如选择"收件箱",单击【确定】按钮,就把已经删除的邮件恢复到指定的文件夹中了。

277. 怎样使用 Outlook Express 彻底删除 E-mail?

方法一:启动 Outlook Express 后,单击菜单栏中的【工具】→【选项】→【维护】,勾选【退出时清空"已删除邮件"文件夹中的邮件】复选框。这样,以后每次退出 Outlook Express 都会自动清空"已删除邮件"文件夹,彻底删除其中的邮件。

方法二:启动 Outlook Express 后,单击窗口左侧的【已删除邮件】,可以在右侧看到已删除邮件的信息列表。选定要删除的邮件,单击鼠标右键,在弹出的快捷菜单中选择【删除】,或选定要删除的邮件后单击工具箱中的【删除】按钮,彻底删除该邮件。

方法三:启动 Outlook Express 后,在窗口左侧的【已删除邮件】上单击鼠标右键,在弹出的快捷菜单中选择【清空"已删除邮件"文件夹】,即可彻底删除"已删除邮件"文件夹中的邮件。

278. 怎样使用 Outlook Express 设置 SMTP 认证?

有的邮件服务器要求 SMTP 发信认证,此时需要在 Outlook Express 进行相应的设置,方法如下。

步骤 1. 启动 Outlook Express 后,在菜单栏选【工具】→【帐户】,打开【Internet 帐户】对话框。

步骤 2. 在【邮件】选项卡中选定要设置 SMTP 认证的帐户,单击右侧的【属性】按钮,打开【属性】对话框。

步骤 3. 点选【服务器】选项卡,在"发送邮件服务器"栏中勾选【我的服务器要求身份验证】复选框,单击【确定】按钮。

279. 两个以上家庭成员怎样共用 Outlook Express?

如果多个家庭成员共用一台电脑上网,每人都有自己的邮箱,又不想让别人看到自己用 Outlook Express 收取的信件,可以为每人设置一个不同的工作界面,互不干扰。

步骤 1. 启动 Outlook Express 后,单击菜单栏中的【文件】→【标识】→【添加新标识】。

步骤 2. 在弹出的【新标识】对话框中输入一个新用户的名称和密码,单击【确定】按钮。系统会提示是否切换到新标识。如果选择"是",系统会打开一个新的 Outlook Express 窗口,在这个新窗口下的所有参数设置和收发邮件与原有用户都互不干扰。

步骤 3. 单击菜单栏中的【文件】→【标识】→【管理标识】菜单项,可以对标识进行维护。

步骤 4. 当重新启动 Outlook Express 时,就可以选择以自己的标识登录,这样别人就无法轻易看到自己的帐户和邮件了,同样也看不到别人的这些信息。

280. 什么是【新闻组】?

【新闻组】(NewsGroup)简单地说就是一个基于网络的计算机组合,这些计算机被称为新闻服务器,不同的用户通过软件可连接到其上阅读其他人的消息并参与讨论。【新闻组】是一个完全交互式的超级电子论坛,是任何一个网络用户都能进行相互交流的工具。用户可以自由发布自己的消息和其他人进行讨论,提供了一个高效、快捷解决问题的途径。【新闻组】可以离线浏览,但不支持即时聊天。使用 Outlook Express 可以参与【新闻组】的讨论,方法如下。

步骤 1. 单击菜单栏【工具】→【帐户】,然后在弹出的对话框中单击【添加】→【新闻】,按照向导完成【新闻组】帐户的创建。

步骤 2. 当系统提示"你想联机并从所添加的新闻帐户下载新闻组吗?"时,选择"是"。

步骤 3. Outlook Express 连接到新闻服务器后,会显示出【新闻组】目录,选定感兴趣的组,单击右边的【订阅】按钮或直接单击【转到】进行详细查看。

281. 怎样使用 Outlook Express 新建联系人?

Outlook Express 提供了通讯簿功能,用户可以将经常联系的电子邮件地址存放在通讯簿中,发送邮件时可以直接取出并使用。有两种方法可以将电子邮件地址添加到通讯簿中。

方法一:

步骤 1. 启动 Outlook Express 后,执行菜单【工具】→【通讯簿】命令或单击工具栏中的【地址】按钮。

步骤 2. 弹出【通讯簿】窗口,如图 3-30 所示。

步骤 3. 单击工具栏中的【新建】按钮,在下拉菜单中选择【新建联系人】命令,弹出【属性】对话框,依次填入姓名、电子邮件地址等信息,单击【添加】按钮。在其他的选项卡中还可以为该联系人添加"住宅"、"业务"等信息,完成后单击【确定】按钮即可。

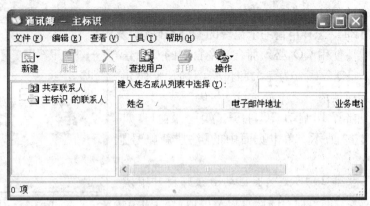

图 3-30　【通讯簿-主标识】窗口

用同样方法可以在通讯簿中创建多个联系人,在通讯簿中可以看到联系人列表。

方法二: 当阅读邮件时,可以直接将发件人的地址加入通讯簿。当采用窗格的方式阅读时,先选中收件箱列表中的邮件,然后执行菜单【工具】→【将发件人添加到通讯簿】命令。当采用新窗口的方式阅读时,先双击收件箱列表中的邮件,打开【阅读详细内容】窗口,然后执行菜单【工具】→【添加到通讯簿】→【发件人】命令,直接将发件人的地址加入通讯簿。执行菜单【工具】→【添加到通讯簿】→【收件人名单上的所有人】命令还可以将该邮件收件人名单上的所有人加入通讯簿。

282. 怎样使用 Outlook Express 拒收垃圾邮件?

如果收到了不想收到的邮件,可以先选中这封邮件,再选择菜单中的【邮件】→【阻止发件人】,系统会提示今后来自这个发件人的邮件将被禁止接收,并被自动加入到被阻止发件人名单中。同时提示是否希望立刻将当前文件夹中这个发件人的所有邮件都删除。阻止发件人只能应用于标准的 POP 邮件。它不能应用于 HTTP 邮件(如 Hotmail)或 IMAP 邮件。若要从"阻止发件人"名单中删除姓名,单击【工具】→【邮件规则】→【阻止发件人名单】。在弹出的【邮件规则】对话框中将其从"阻止发件人"列表中删除。

283. 怎样下载安装 QQ?

QQ 是腾讯公司提供的一个免费实时通讯软件,可以在腾讯网下载安装程序。

步骤 1. 首先启动 IE 浏览器,在浏览器的地址栏中输入 http://download.tech.qq.com/,按回车键,打开腾讯网的下载页面。

步骤 2. 在页面中的【腾讯软件】栏或【推荐软件下载】栏,可以找到 QQ 软件的下载链接。

步骤 3. 单击一个下载链接,进入到 QQ 软件的下载页面,单击【下载】按钮,如图 3-31 所示。

步骤 4. 单击【保存】按钮,则弹出【另存为】对话框。设置保存的路径和文件名后,单击【保存】按钮,就将 QQ 软件的安装文件下载到指定的文件夹中了。

步骤 5. 下载后需要将 QQ 软件安装到用户的本地计算机。打开下载存放 QQ 软件的文件夹,双击前述下载的 QQ 软件安装文件。

步骤 6. 运行 QQ 安装文件后,弹出 QQ 安装的向导窗口,然后进入到软件许可协议界面。勾选【我已阅读并同意软件许可协议和青少年上网安全指导】复选框,单击【下一步】按钮,进入环境与查杀木马设置界面。

步骤 7. 按照自己的实际情况和安全要求选择好选项后,按照向导的提示一步步安装。安装完成后，单击【完成】按钮。

284. 怎样申请一个免费的 QQ 号码？

要使用 QQ，必须拥有一个自己的 QQ 号码。QQ 号码分为免费和付费两种。下面介绍如何申请一个免费的 QQ 号码。

步骤 1. 启动 QQ，打开 QQ 登录窗口，如图 3-32 所示。单击页面中的【注册新帐号】链接。

步骤 2. IE 浏览器自动链接并打开申请 QQ 帐号的页面，在【网页免费申请】栏中单击【立即申请】按钮。

图 3-31　QQ 软件的下载页面

步骤 3. 弹出【申请 QQ 帐号】页面，单击页面中的【QQ 号码】。

步骤 4. 跳转到【网页免费申请】页面。该页面中填写注册信息，包括昵称、密码、生日、所在地等。昵称是将来使用 QQ 与他人联系时使用的名字，密码是将来登录 QQ 的安全屏障，应该尽量选用安全级别高的密码，由数字、大写字母、小写字母、特殊符号等混合。

步骤 5. 注册信息填写完成后，单击下方的【确定，并同意以下条款】按钮，就完成了 QQ 号码的申请，在接下来的页面中会显示申请到的一

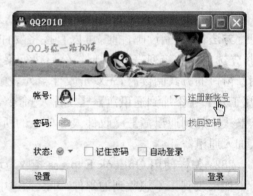

图 3-32　QQ 登录窗口

个号码。此时，这个号码处于未保护状态，很容易被盗取。单击【立即获取保护】按钮，可以为自己的 QQ 号码增加一些额外的保护措施。这个操作是可选的，如果此时跳过，以后还可以进行设置。

285. 怎样使用 QQ 查找和添加好友？

要和其他的 QQ 用户聊天，应该先将对方的 QQ 号码加入到自己的 QQ 好友列表中。

步骤 1. 首先用自己的号码登录 QQ，单击 QQ 工作窗口下方的【查找】按钮，打开【查找联系人/群】对话框，如图 3-33 所示。

步骤 2. 在【查找联系人】选项卡中，先选中【精确查找】单选项，然后在【帐号】输入框中输入对方的 QQ 号码，或在【昵称】输入框中输入对方的昵称，单击【查找】按钮。

步骤 3. 如果输入的帐号或昵称没有错误，QQ 会返回一个对话框，其中显示该帐号或昵称的用户信息。单击对话框中的【添加好友】按钮。

图 3-33　【查找联系人/群】对话框

步骤 4. 弹出【添加好友】对话框，输入验证信息和准备将其加入的分组，单击【确定】按钮。

这时添加好友的请求信息就发送给对方。

步骤 5. 当对方登录 QQ 后,就会收到一个请求添加好友的对话框。如果同意添加,则选择【同意】或【同意并添加对方为好友】单选项后单击【确定】按钮,会弹出一个选择分组的对话框,选择好分组后,单击【确定】按钮。

对方进行了上述同意添加的操作后,自己会收到一个接受好友请求的对话框,在该对话框中可以填写一个备注名称。单击【完成】按钮,好友就添加成功了。在 QQ 窗口中的【我的好友】列表中就可以看到该好友的头像、备注名称和昵称,当对方在线时,好友的头像会显示为彩色。

286. 怎样使用 QQ 与朋友聊天?

登录 QQ 后,在 QQ 窗口中双击好友的头像,就会弹出聊天窗口,如图 3-34 所示。在下半部的文本输入框中输入聊天信息,单击【发送】按钮,即可将聊天内容发送给指定的好友。对方的回应信息会出现在窗口上半部分。

287. 怎样使用 QQ 与朋友传送文件?

利用 QQ 传送文件方便又快捷,其传送文件的方式有在线传送和离线传送两种。

(1)在线传送文件。

步骤 1. 首先。登录自己的 QQ,然后在QQ 窗口中双击好友的头像,弹出聊天窗口。

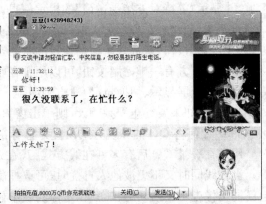

图 3-34　聊天窗口

步骤 2. 单击工具栏中的【传送文件】按钮 。弹出【打开】对话框,在对话框中选择好要传送的文件后,单击【打开】按钮。这时,在聊天窗口的右侧会出现发送文件请求的提示信息,而在对方的聊天窗口的右侧也会出现一个收到文件请求的提示信息。

步骤 3. 对方可以单击【接收】或【另存为】接收文件。如果单击的是【接收】,则文件会被存储到默认的存储路径中。如果单击的是【另存为】,则弹出【另存为】对话框,设置保存的路径和文件名后,单击【保存】按钮,就将传送来的文件保存到指定的文件夹中了。

步骤 4. 对方将文件接收完毕后,在传送双方的聊天窗口的上半部分都会有相应的提示。

(2)离线传送文件。

单击工具栏中的【传送文件】按钮,并选择好要传送的文件后,在聊天窗口的右侧会出现发送文件请求的提示信息,单击发送文件请求下侧的【发送离线文件】,该文件就会被传送到服务器。该文件会在服务器上保存 7 天,对方随时可以接收下载。当文件没有被接收时,在对方聊天窗口的右侧会出现一个收到离线文件请求的提示信息。如果要接收文件可以单击【接收】或【另存为】,如果不接收文件可以单击【下次接收】或【拒绝】。

288. 怎样使用 QQ 进行语音聊天?

QQ 支持语音聊天,要进行语音聊天需要双方的电脑都安装了麦克风和音箱(或耳机)。语音聊天的具体方法如下。

步骤 1. 登录 QQ,在 QQ 窗口中双击好友的头像,弹出聊天窗口。

步骤 2. 单击工具栏中的【开始语音会话】按钮 ,在聊天窗口的右侧就会出现"等待对方接受邀请"的提示信息。

步骤 3. 同时在对方聊天窗口的右侧也会出现一个"对方语音邀请中"的提示信息。对方单击【接受】按钮,就进入了通信连接的状态,这时就可以进行语音聊天了。窗口右侧有两个控制按钮,用于调节麦克风和音箱的音量。

步骤 4. 如果要终止语音聊天,则单击窗口右侧的【挂断】按钮即可。

289. 怎样使用 QQ 进行视频聊天?

QQ 支持视频聊天,要进行视频聊天需要双方的电脑都正确安装了摄像头、麦克风和音箱(或耳机)。视频聊天的具体方法如下。

步骤 1. 登录 QQ,在 QQ 窗口中双击好友的头像,弹出聊天窗口。

步骤 2. 单击工具栏中的【开始视频会话】按钮 ,在聊天窗口的右侧就会出现一个视频区域,并显示"等待对方接受邀请"的提示信息。

步骤 3. 同时在对方的聊天窗口的右侧也会出现一个"对方视频邀请中"的提示信息。对方单击【接受】按钮,就进入了通信连接的状态,在聊天窗口的右侧就会出现一个视频区域。在视频区域的下方有一排控制按钮,可以用于在聊天过程中控制麦克风的输入音量、声音的输出音量、拍照、全屏显示、切换自己/对方画面等。

步骤 4. 如果要终止视频聊天,则单击窗口右侧的【挂断】按钮即可。

290. 如何将 QQ 的在线方式设置为隐身?

用户在登录 QQ 后有多种在线方式:我在线上、Q 我吧、忙碌、离开、请勿打扰、隐身、离线等。当在线同时又不想被他人打扰时,可选择隐身方式。处于隐身状态时,好友的 QQ 窗口中自己的头像处于不活动的状态(在头像列表中显示为灰色,并且不会排列在前面),别人不会发现自己在线上,但不会影响自己发送和接收消息。设置隐身的方法是:单击 QQ 主窗口左上角头像右边的下拉按钮 ,在下拉菜单中选择隐身即可。

291. 使用 QQ 进行聊天时,如何在聊天内容中加入图片?

如果想在聊天内容中加入图片,可以单击文本输入框上侧工具栏中的【发送图片】 按钮,弹出【打开图片】对话框,选定图片文件后单击【打开】按钮,该图片就被插入到聊天内容中了。单击【发送】按钮,即可将包含图片的聊天内容发送给指定的好友。

292. 什么是 QQ 群?

QQ 群是腾讯公司推出的多人聊天交流服务,群主在创建群以后,可以邀请朋友或者有共同兴趣爱好的人到一个群里面聊天。在群内除了聊天,腾讯还提供了群空间服务,用户可以使用群 BBS、相册、共享文件等多种方式进行交流。群的创建者拥有群内的最高权限,还可以任命最多 5 名管理员来管理群。每个用户都可以设置一张全局的个人名片,这样在每个群里,所有成员都可以看到自己一致的个人资料。用户也可以在不同的群中设置不同的个人名片,这张名片只在当前的群中使用。

293. 怎样加入 QQ 群?

腾讯提供了两种群的查找方式,精确查找和按条件查找。精确查找通过群号码查找,如果不知道群号码,则可以通过关键字分类查找,可以查找到在群的名称或者群的简介当中有自己需要的关键字的群。加入 QQ 群的方法如下。

步骤 1. 登录 QQ,单击 QQ 窗口下方的【查找】按钮,打开【查找联系人/群】对话框,查找自己要加入的群。

步骤 2. 单击对话框中的【加入群】按钮。

步骤 3. 弹出【添加群】对话框,显示请求已发送。单击【确定】按钮,关闭这个对话框。群管理员收到这个加入群的请求并批准后，就加入这个群了。

294. 如何使用 QQ 创建一个"群"？

创建群有两种方法。

方法一：

步骤 1. 登录 QQ，然后在 QQ 窗口中的【群/讨论组】按钮，切换到群列表。单击【群/讨论组】按钮右侧的小三角按钮，在弹出的菜单中选择【创建一个群】命令，如图 3-35 所示。也可以单击【创建】按钮，在弹出的菜单中选择【创建群】。

步骤 2. 系统会链接到群空间网站，打开【创建新群】网页。然后选择需要创建的群类型，根据页面提示操作即可。

方法二：打开 IE 浏览器，在地址栏输入"http://qun.qq.com"，打开 QQ 群首页。用自己的 QQ 号和密码登录后，在群首页左上方选择"创建新群"，然后选择需要创建的群类型，根据页面提示操作即可。

295. 如何远程控制 QQ 好友的电脑？

远程协助是指远程控制对方的电脑，此功能可以用于帮助好友处理电脑问题。要想使用该功能，两个 QQ 号码必须相互加为好友。

步骤 1. 双方分别登录 QQ，保持在线状态。

步骤 2. 受控方在好友列表中双击好友的头像，打开与好友聊天窗口，在聊天窗口的上方单击【应用】按钮，然后单击下拉菜单中的【远程协助】命令，如图 3-36 所示。这样受控方就发出了协助申请的信号。

步骤 3. 同时在控制方的聊天窗口右侧会出现"××邀请您连接至其计算机使用远程协助，请选择接受或拒绝该邀请"的提示。控制方单击【接受】按钮后，受控方的聊天窗口右侧显示"××已经接受了您的邀请，并且准备好连接到您的计算机。您确定让××查看您的屏幕吗？"的提示。受控方单击【接受】按钮，远程协助申请正式完成。

步骤 4. 成功建立连接后，在控制方的聊天窗口的右侧就会出现对方实时刷新的桌面。

受控方点击【申请控制】按钮后，控制方会弹出【控制邀请】对话框，如图 3-37 所示。单击【是】按钮，接受邀请后，即可控制对方的电脑。

在控制方的聊天窗口中，可以点击【窗口浮动】按钮，这样就会把对方的桌面放到一个单独的窗口中。可以将浮动窗口最大化，能尽可能的看到对方的全部桌面，也可以拖动滚动条进行观看。

图 3-35　【群/讨论组】按钮和弹出的菜单

图 3-36　【应用】按钮的下拉菜单

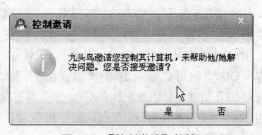

图 3-37　【控制邀请】对话框

在此期间双方都可以点击【开始语音会话】  按钮，进行同步的语音聊天。

步骤 5. 如果想停止受控，点击聊天窗口右上方的【停止受控】或【断开】按钮即可。

296. 什么是 BBS?

BBS 的原意是"电子公告板系统"。用户在 BBS 站点上可以获得各种信息服务，包括交换文件、发布信息、讨论、聊天等。BBS 系统最初是为了给计算机爱好者提供一个互相交流的地方。现在，很多虚拟社区也是建立在 BBS 系统之上的。虚拟社区与现实社区一样，也包含了一定的场所、一定的人群、相应的组织、社区成员参与和一些相同的兴趣、文化等特质。网上的论坛和虚拟社区非常多，国内比较著名的论坛和虚拟社区有新浪论坛（http://bbs.sina.com.cn/)、猫扑网（http://mop.com/)、搜狐社区（http://club.sohu.com/)、网易论坛（http://bbs.163.com/)、西祠胡同（http://www.xici.net/)、西陆论坛（http://club.xilu.com/)等。一般在 BBS 论坛中需要先注册成 BBS 站点的用户，才能够发表帖子，或对某篇文章进行回复。在论坛里除了置顶帖和公告帖外，有人新回复的帖子会放在第一位。如果一个帖子一直有人在回复，那这个帖子就会一直在前面。所以回复也叫"顶帖"，就是把帖子顶在上面不会被新帖淹没。

297. 什么是博客(Blog)?

博客的意思是指"网络日志"或"撰写网络日志的人"。网络日志是一个网页，通常由简短且经常更新的帖子构成，这些帖子一般是按照年份和日期的倒序排列的，也就是最新的放在最上面，最旧的在最下面。而作为博客的内容则十分丰富，它可以是纯粹个人的想法和心得，或对时事新闻、各种事件的个人看法，对其他网站的超级链接和评论，有关公司、个人、构想的新闻，可以是日记、照片、诗歌、散文、小说，也可以是由一群人集体创作的内容。目前，国内比较著名的博客网站有网易博客（http://blog.163.com/)、新浪博客（http://blog.sina.com.cn/)、搜狐博客（http://blog.sohu.com/)、百度空间（http://hi.baidu.com/)、博客网（http://www.bokee.com/)、博客大巴（http://www.blogbus.com/)、天涯博客（http://blog.tianya.cn/)等。要想使用博客发表自己的网络日志，一般需要先注册成博客网站的用户，也就是申请一个帐号。注册成功后网站就会分配给用户一定的空间，登录后就可以打开自己的博客首页，可以在此发表自己的日志、浏览或修改自己的日志、查看别人的留言或评论，还可以按照自己的喜好装饰自己的博客页面。

298. 如何浏览别人的博客?

方法一:如果知道对方的博客地址，浏览别人的博客只要在 IE 浏览器的地址栏输入该博客的地址即可。

方法二:很多博客网站都提供了浏览同网站博客的快捷方法。例如网易博客，可以通过点击好友列表中的用户名，快速访问对方的博客。QQ 空间可以通过好友列表直接访问，当鼠标悬停在好友的头像上时，左侧就会显示显示如图3-38所示的一个小窗口，单击其中的【××的空间】即可。

方法三:利用搜索引擎查找感兴趣的博客，然后通过搜索结果提供的链接访问别人的博客。

图 3-38　鼠标悬停窗口

299. 如何使用在线翻译？

在线翻译通常是指借助互联网的资源，利用内容动态更新的翻译语料库，提供即时网络响应的在线翻译或者人工翻译服务。在线翻译可以翻译出各类词汇、语句和篇章，支持的语言种类很多，是不可或缺的工具。很多网站提供免费的在线翻译服务，比较著名的有谷歌翻译（http://translate. google. cn）、有道翻译（http://fanyi. youdao. com/）、爱词霸翻译（http://fy. iciba. com/）等。使用在线翻译的方法是：首先启动 IE 浏览器，输入在线翻译网站的网址，打开在线翻译网页。一般翻译网页中都有一个原文的文本输入框，在输入框中输入原文，或直接将原文拷贝到输入框中。然后选择翻译的源语言和目标语言，单击【翻译】按钮即可。

第4章 电脑的家庭娱乐

300. 网上听音乐有哪些方式?

有以下三种方法可以在网上听音乐。

方法一： 使用音乐软件在线收听，如酷狗、酷我音乐盒、QQ 影音等。首先将这些音乐软件安装在自己的电脑中，然后启动软件。这一类的音乐软件会自动连接到自己的音乐服务器，为用户提供音乐服务。

方法二： 使用搜索引擎搜索音乐，然后试听或下载。常用的音乐搜索网站有百度 MP3（http://mp3. baidu. com/）、搜狗音乐（http://mp3. sogou. com/）、狗狗音乐（http://mp3. gougou. com/）等。搜索到的音乐可以使用在线播放和本地播放两种方式。例如，在百度 MP3 搜索结果页面中，点击【试听】链接，可以在弹出的窗口中听歌，这属于在线播放方式。如果将其下载到硬盘上用播放软件进行播放就属于本地播放方式。

方法三： 连接到在线听歌网站，在线听音乐。目前，国内优秀的音乐网站有很多，比较著名有一听音乐网（http://www. 1ting. com/）、好听音乐网（http://www. haoting. com/）、九酷音乐网（http://www. 9ku. com/）、音乐天空（http://yysky. com/）、音乐极限（http://www. chinamp3. com/）、搜刮音乐平台（http://www. sogua. com/）等。只要电脑里安装了所打开网页规定的播放软件就可以在线听音乐。

301. 如何使用酷我音乐盒听音乐?

酷我音乐盒是一款融歌曲和 MV 搜索、在线播放、同步歌词为一体的音乐聚合播放器。初次使用酷我音乐盒的时候，所有资源需要连接到网络去寻找。再次播放收集的歌曲时，即使没有联网，酷我音乐盒依然可以进行歌词展示，MV 播放，歌曲播放。

步骤 1. 从酷我音乐盒的官网（http://mbox. kuwo. cn）上下载该软件。下载后按照安装向导的提示安装软件。

步骤 2. 安装完成后双击桌面上的【酷我音乐盒】图标或单击桌面左下角的【开始】按钮选择【所有程序】→【酷我音乐盒】命令，都可以启动酷我音乐盒软件。

步骤 3. 酷我音乐盒的运行窗口如图 4-1 所示。初次运行酷我音乐盒时，首先显示的是【网络曲库】选项卡。以后再运行酷我音乐盒时，首先将显示【今日推荐】选项卡。

步骤 4. 在歌曲列表中选择一首歌曲，单击【试听】按钮即可播放该歌曲。单击【添加】按钮，则可以将这首歌添加到右侧的播放

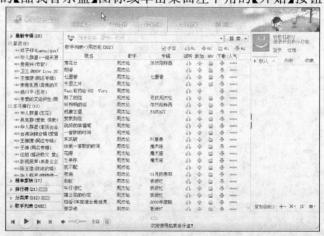

图 4-1 【酷我音乐盒】运行窗口

列表中。单击【MV】按钮📷，则切换到【正在播放】选项卡,播放这首歌的 MV 视频。

在搜索栏中输入歌名、歌手、专辑等信息,单击【搜索】按钮,则会显示出搜索结果的列表。

步骤 5. 单击窗口右上侧的【关闭】按钮⊠,关闭酷我音乐盒。再次启动时,酷我音乐盒会自动从上次关闭时停止的歌曲继续播放。

302. 如何使用酷我音乐盒下载音乐?

步骤 1. 启动酷我音乐盒软件,在歌曲列表中选择一首歌曲,单击【下载】按钮⬇,则弹出【下载提示】对话框,如图 4-2 所示。也可以右击窗口右侧的播放列表中的歌曲,在弹出的快捷菜单中选择【下载】命令开始下载。

步骤 2. 在对话框中可以选择文件保存的路径、文件格式、是否同时下载歌词等。单击【确定】按钮,指定的音乐文件就开始下载。在【本地曲库】选项卡中的"下载管理"列表中可

图 4-2 【下载提示】对话框

以查看文件下载的状态,还可以对已下载的歌曲进行分类,从而方便管理。在"已下载歌曲"文字上单击右键,选择【新建类别】命令,即可创建新分类。如果下载某个歌手的歌曲超过一定数目,系统会自动为该歌手创建分类。如果已经有了分类,可以拖动已下载歌曲进入相应分类。

步骤 3. 下载完成后的音乐就可以本地播放了。

303. 为什么要注册酷我音乐盒? 如何注册酷我音乐盒?

酷我音乐盒是一款免费的软件,不注册也可以正常使用,但是注册后就可以拥有酷我音乐盒帐户,能登录到酷我音乐盒。登录到音乐盒后可以使用许多额外的功能,如在"播放列表"栏目上方会显示用户名和用户级别、在线发布播放列表、收藏播放列表,如图 4-3 所示。加入酷我社区还可以结识有相同音乐品味的好友。

注册酷我音乐盒的方法如下。

步骤 1. 首先,必须要有网络链接才可以使用注册和登录功能。右击酷我音乐盒上方标题栏的空白处,在快捷菜单中选择

图 4-3 用户名和用户级别

【登录帐户】命令,在弹出的【用户登录】对话框中单击【注册】,如图 4-4 所示。

图 4-4 【用户登录】对话框

| 用户注册 |
| 注册帐号: 大大的黑乌鸦 |
| 可用字母,数字,汉字,2-20位 |
| 设定密码: ×××××× ✓ |
| 长度6-16位 |
| 重复密码: ×××××× ✓ |
| ☑我已阅读并接受 酷我网站协议 高级注册 |
| 注册加入酷我千万用户的音乐派对 |

图 4-5 【用户注册】对话框

步骤 2. 弹出【用户注册】对话框,如图 4-5 所示。填写注册信息并单击【注册】按钮,即可完成注册。

步骤 3. 注册后即拥有了酷我音乐盒帐户,可以在【用户登录】对话框中输入帐号和密码,单击【登录】按钮,登录到酷我音乐盒。还可以选择"自动登录",这样每次开启音乐盒后都会自动登录。

304. 如何使用酷我音乐盒播放 MV?

高清晰、流畅的在线 MV 播放是酷我音乐盒一大特色功能,大多数热门歌曲都有相应的 MV 资源,可以通过如下方式欣赏酷我音乐盒中丰富的 MV 资源。

方法一:在歌曲列表中选择一首歌曲,单击其名称后的【MV】按钮,或者单击右键,选择【播放 MV】。该歌曲将自动添加到默认播放列表中并播放相对应的 MV 视频。

方法二:正在播放列表中,如果一首歌曲有相应的 MV,其歌名前会显示 MV 图标,单击该图标即可播放该 MV。

方法三:在歌曲列表区域,点击上方的【播放全部 MV】按钮,或者单击右键,在快捷菜单中选择【播放全部 MV】命令。酷我音乐盒会自动切换到【正在播放】选项卡中,依次播放列表中所有的 MV 视频,并将相对应的歌曲自动添加到播放列表中。

方法四:切换到【正在播放】选项卡,如果一首歌曲有相应的 MV,正在播放页面下方将有【MV】按钮,单击该按钮将播放该歌曲相应的 MV。

305. 如何使用酷我音乐盒显示歌词?

歌词自动下载及管理是酷我音乐盒的另一特色功能。

正常情况下,音乐盒会自动地从服务器下载正在播放歌曲的歌词并且在【正在播放】选项卡中显示,如果服务器上暂时还没有正在播放歌曲的歌词,可以在【正在播放】选项卡上单击鼠标右键,选择【搜索并关联歌词】,将本地的歌词和当前歌曲关联起来。

单击【正在播放】选项卡右上方的【歌词设置】,则弹出如图 4-6 所示的【选项设置】对话框。在对话框中可以设置歌词的显示字体、颜色、行间据、背景图片等参数。

另外,单击【正在播放】选项卡右上方的【歌词背景】,可以快速变换歌词背景。在歌词窗口中滚动鼠标滚轮,可以调整歌词的同步播放时间。

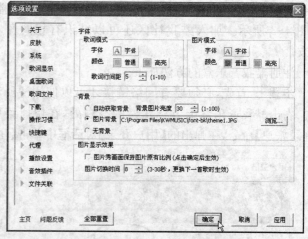

图 4-6 【选项设置】对话框

306. 如何使用一听音乐网听音乐?

一听音乐网是国内知名的音乐网站,提供在线收听音乐的服务。使用一听音乐网听音乐的优点是无须安装软件,只要连接到网站就可以欣赏自己喜欢的音乐了。

步骤 1. 打开 IE 浏览器,在地址栏输入一听音乐网的网址 http://www.1ting.com/,按回车键,进入网站首页。

步骤 2. 可以采用以下方法听音乐。

①在该网站首页右上角有一个【随便听几首】按钮，如图 4-7 所示。单击此按钮会弹出【随便听听】页面。页面左侧是播放器和歌曲列表，系统会随机选择 20 首歌曲列于其中，并从第一首开始顺序播放。页面右侧显示正在播放的歌曲信息和歌词。

图 4-7　【随便听几首】按钮

②在网站首页上侧有一个【搜索】输入框，如图 4-8 所示。在搜索框里输入用于搜索的关键词，单击【搜索】按钮，会弹出搜索结果页面。页面中会显示搜索到的歌曲列表，单击即可播放歌曲。

③在该网站首页，有很多分类列表，如新歌推荐、热门歌曲、经典老歌等。选择一个分类列表，在其中勾选要欣赏的歌曲，单击列表下方的【播放】按钮，即可播放。

步骤 3. 在音乐的播放过程中，可以通过单击播放器中的控制按钮控制播放过程，如暂停、播放、上一曲和下一曲的切换、调整音量等，如图 4-9 所示。

图 4-8　【搜索】输入框

307. 为什么在网上听音乐或看视频时需要缓冲?

在线听音乐或看视频时，采用的方式是边下载边观看。音乐或视频文件是一小段一小段地下载的，文件还没有完全下载完时播放器就开始播放了。如果网速不够快，下载的进度低于播放的进度，由于后面的内容还没有被播放器获得，播放器就会停止播放，只进行下载，这就是"缓冲"。只有播放器下载的进度再次超过播放的进度时，播放才会重新回归正常。缓冲是为解决网速慢而导致画面不流畅的问题，通过缓冲的方式先下载一部分数据可以保证用户能够流畅地收听或观看。

图 4-9　播放器中的控制按钮

308. 怎样用电脑播放 CD 音乐?

CD 的播放必须有播放软件才可以，如超级解霸、千千静听、Windows Media Player、RealPlayer 等。以 Windows 操作系统自带的播放器 Media Player 为例，可以使用以下方法播放 CD 唱片中的音乐。

方法一: 先将 CD 唱片放入光盘驱动器中，然后在弹出的自动播放对话框的列表中选择【播放音频 CD 使用 Windows Media Player】选项，单击【确定】按钮，如图 4-10 所示。

　　方法二:先将 CD 唱片放入光盘驱动器中,单击【开始】按钮,选择【所有程序】→【附件】→【娱乐】→【Windows Media Player】命令,启动 Windows Media Player,打开【Windows Media Player】窗口。

　　单击【播放】菜单→【DVD、VCD 或 CD 音频】→【CD 驱动器】命令,如图 4-11 所示,即可开始播放 CD 唱片。

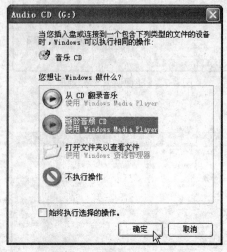
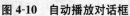

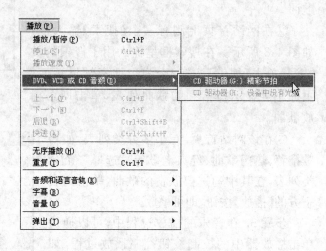

图 4-10　自动播放对话框　　　　　　　　图 4-11　【播放】菜单

309. 怎样在网上收听广播?

　　在网上也可以收听广播节目,这里以龙卷风网络收音机为例介绍网上收听广播的方法。龙卷风网络收音机可以收听全球 3000 多个电台,包括财经、娱乐、社会新闻,外语电台、流行歌曲、摇滚乐、爵士乐、民乐、交响乐等各类节目。

　　步骤 1. 启动 IE 浏览器,在地址栏输入龙卷风网络收音机的网址 http://www.cradio.cn/,按回车键进入其首页,如图 4-12 所示。

　　龙卷风网络收音机提供了两种收听方式,一种是直接收听,另一种是下载后收听。

　　步骤 2. 如果选择直接收听方式,可以单击首页中的【直接收听】按钮。浏览器会弹出一个新页面,其中有电台列表。在列表中选择一个电台后就开始缓冲并播放了。

　　步骤 3. 如果选择下载后收听方式,则单击首页中的【免费下载】按钮,下载安装包。下载后运行安装文件,按照向导的提示完成安装过程。启动龙卷风网络收音机软件,其窗口如图 4-13 所示。

图 4-12　龙卷风网络收音机的首页　　　　图 4-13　【龙卷风网络收音机】界面

步骤 4. 单击左侧的【播放】按钮即可开始收听广播节目。用户可以在右侧的列表中选择收听的广播电台并单击，即可切换到该电台。另外单击左侧的【录音】按钮，还可以将广播节目录制成 MP3 格式的音频文件，存储到自己的硬盘上。

310．如何通过网络收看电影和电视节目？

现在有很多视频网站提供视频服务，供用户通过网络收看电视节目及电影。可以使用以下方式在网上看电影和电视节目。

方法一：使用网络视频软件在线收看。流行网络视频软件有 PPTV、PPStream、QQlive、UUSee、TVUPlayer、沸点网络电视等。首先将视频软件安装在自己的电脑中，然后启动软件。这一类的软件都会自动连接到自己的视频服务器，为用户提供在线视频播放服务。

方法二：连接到某一视频网站，在线播放电影或电视。目前，国内著名视频网站有优酷网（http://www.youku.com/）、土豆网（http://www.tudou.com/）、搜狐视频（http://tv.sohu.com/）、酷 6 网（http://v.ku6.com/）等。

方法三：使用搜索引擎搜索视频，如百度视频搜索（http://video.baidu.com/），然后转到视频所在的网页播放。

311．如何使用 PPTV 收看电视节目？

步骤 1. 从 PPTV 官网 http://www.pptv.com 下载 PPLive 客户端的安装文件。

步骤 2. 下载完成后运行该文件，弹出【PPTV 网络电视安装向导】对话框，按照向导提示完成安装过程。

步骤 3. 双击桌面上的【PPTV 网络电视】图标，或单击【开始】按钮，选择【所有程序】→【PPlive】→【PPTV 网络电视】，启动 PPTV，如图 4-14 所示。

步骤 4. 在右侧窗格的【视频】栏中列出了所有可以收看的视频节目和直播频道的分类，单击列表中的"电视频道"，则会向下展开，显示出所有的电视台频道。双击某个频道，PPTV 会使用较短的时间完成数据缓冲并开始在左侧窗格中播放。

步骤 5. 单击【PPTV】窗口右上角的【关闭】按钮，即可退出 PPTV。

312．使用 PPTV 收看电视节目时，如何同时收看多路电视节目？

默认情况下，PPTV 只允许运行一个实例，只能收看一路电视节目。如果想要同时收看多路电视节目，则需要修改 PPTV 的设置。

单击【PPTV】窗口右上角的【菜单】按钮，或右击窗口的标题栏，在弹出的菜单中依次选择【工具】→【设置】。弹出如图 4-15 所示的【设置】对话框。找到【运行状态】栏，去掉【只允许运

图 4-14　【PPTV】窗口

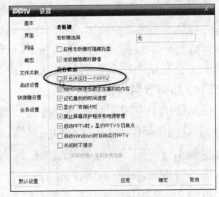

图 4-15　【设置】对话框

行一个 PPTV】前面的勾选。单击【应用】或【确定】按钮即可。

此时,系统就允许同时运行多个 PPTV 窗口。打开一个【PPTV】窗口后,仍然可以再运行 PPTV,打开第二个【PPTV】窗口。系统任务栏会出现多个 PPTV 的图标。每个【PPTV】窗口可以单独控制,选择和播放节目互不影响,但如果网络带宽不够的话,播放的节目会出现不流畅的现象。

313. 如何使用 PPTV 收看电影?

除了可以收看直播的电视节目外,PPTV 还提供了大量供点播的电影节目。

步骤 1. 启动 PPTV,打开【PPTV】窗口。在右侧窗格的【视频】栏中列出了所有视频节目分类的列表,如图 4-16 所示。其中有若干个电影节目的分类,如蓝光影院、高清影院、明星电影、热门动漫等。

步骤 2. 单击一个分类,频道列表就会逐级向下展开,显示该类所有的电影。例如,依次单击【蓝光影院】→【劲爆动作】,向下展开的电影列表如图 4-17 所示。电影列表一般按照"热度"排序。

步骤 3. 选择其中的一个电影,单击鼠标左键,右侧会弹出一个新的窗口,窗口中显示该电影的内容简介和网友的评论,如图 4-17 所示。

步骤 4. 双击列表中的电影名称或单击右侧"内容简介"窗格最下方的【播放】按钮,PPTV 会开始数据缓冲并在左侧窗格中播放该电影。

图 4-16　视频节目分类的列表

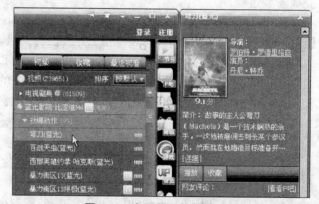

图 4-17　向下展开的频道列表

步骤 5. 节目播放的过程中,在播放区域单击鼠标右键,选择【全屏】命令,可进入全屏播放模式。再次在播放区域单击鼠标右键,选择【退出全屏】命令,可回到窗口播放模式。

播放过的节目都会被自动列于【最近观看】列表中,如果该节目没有播放到结尾,则在这个列表中会显示上次观看到的时间,双击节目名称,就可以从上次终止的时间继续观看。

314. 如何看网络视频?

在互联网上有很多网站提供搜索及观看网络视频的服务,目前比较流行的视频网站有优酷网、土豆网等,用户可以登录相关网站,观看视频。下面以优酷网为例介绍观看方法。

步骤 1. 打开 IE 浏览器在地址栏输入优酷网的网址 http://www.youku.com,按回车键,进入优酷网首页,如图 4-18 所示。

步骤 2. 首页中显示有各类热点视频的截图和简短说明,单击即可打开一个新窗口,播放视频。

单击页面左上方的分类按钮，如【电视剧】、【电影】、【综艺】等，可以切换到相关专题视频的页面。

在网页上方的搜索栏中输入搜索关键词，单击【搜索】按钮，可以搜索指定内容的视频节目。

315. 常见的视频文件格式有哪些？

AVI（Audio Video Interleaved，音频视频交错）是 Microsoft 公司开发的一种符合 RIFF 文件规范的数字音频与视频文件格式。AVI 格式允许视频和音频交错在一起同步播放。这种视频格式的优点是图像质量好，可以跨多个平台使用，其缺点是体积过于庞大，而且压缩标准不统一，常常会出现由于视频编码问题而造成视频不能播放或视频能播

图 4-18　优酷网首页

放，但不能调节播放进度和播放时只有声音没有图像等一些问题。如果用户播放 AVI 格式的视频时遇到了这些问题，可以下载相应的解码器来解决。

DV-AVI 格式是由索尼、松下、JVC 等多家厂商联合提出的一种家用数字视频格式。数码摄像机就是使用这种格式记录视频数据的。它可以通过电脑的 IEEE 1394 端口传输视频数据到电脑，也可以将电脑中编辑好的视频数据回录到数码摄像机中。这种视频格式的文件扩展名一般是 .avi。

MPEG（Moving Picture Expert Group，动态图像专家组格式）是动态图像压缩算法的国际标准，已被几乎所有的计算机平台共同支持。MPG 文件包括 MPEG1、MPEG2 和 MPEG4。例如，VCD 节目中的视频文件类型属于 MPEG1 编码格式，SVCD 和 DVD 视频文件属于 MPEG2 编码格式。网络上流行的 DIVX 文件和 XVID 文件属于 MPEG4 编码格式。

RealVideo 文件是 RealNetworks 公司开发的一种新型流式视频文件格式。它包含在 RealNetworks 公司所制定的音频视频压缩规范 RealMedia 中，主要用来在低速率的广域网上实时传输活动视频影像，可以根据网络数据传输速率的不同而采用不同的压缩比率，从而实现影像数据的实时传送和实时播放。RealVideo 格式在数据传输过程中边下载边播放视频影像，而不必像大多数视频文件那样，必须先下载然后才能播放。

QuickTime 文件是 Apple 计算机公司开发的一种音频、视频文件格式，用于保存音频和视频信息，具有先进的视频和音频功能，被包括 Apple Mac OS、Microsoft Windows 95/98/NT 在内的所有主流电脑平台支持。QuickTime 文件格式支持 25 位彩色，支持 RLE、JPEG 等领先的集成压缩技术，目前已成为数字媒体软件技术领域的事实上的工业标准。

Microsoft 流媒体文件是 Microsoft 公司推出的一个在 Internet 上实时传播多媒体的技术标准，主要优点包括本地或网络回放、可扩充的媒体类型、部件下载以及扩展性等。

316. 如何在优酷网上发布自己的视频？

在优酷网上不仅可以收看视频，也可以将自己摄制的视频节目发布到网上。发布视频需要注册成为优酷会员，并以会员身份登录。发布视频的步骤如下。

步骤 1. 启动 IE 浏览器,在地址栏输入优酷网的网址 http://www.youku.com,按回车键,进入优酷网首页。

步骤 2. 单击页面右上方的【上传视频】,如图 4-19 所示。

步骤 3. 如果还没有以会员身份登录,则进入到会员登录页面,要求用户输入会员昵称和密码登录。如果已经登录,则直接进入到上传视频页面,如图 4-20 所示。

步骤 4. 单击【浏览】按钮,可以在磁盘上选择一个视频文件。依次填写标题、简介、标签,选择所属分类和版权,单击【开始上传】按钮。弹出【上传视频】窗口,显示文件开始上传,同时显示文件上传速度和上传进度。在此过程中可以单击【取消上传】按钮,中止上传过程。

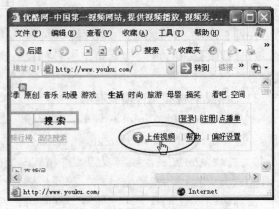

图 4-19　页面右上方的【上传视频】

步骤 5. 上传完毕后,页面会显示上传文件的标题、简介等信息。页面下方有【上传新视频】和【进入我的优盘】两个按钮。单击【上传新视频】按钮,可以再上传一个视频文件。单击【进入我的优盘】按钮,可以预览或修改已经上传的视频。

317. 在网上怎么玩趣味小游戏?

有一些网页小游戏,不需要下载安装,直接登录游戏网站后打开游戏就可以玩了,如 4399 小游戏(http://www.4399.com/),3366 小游戏(http://www.3366.com/)等。下面以 4399 小游戏网站为例介绍使用方法。

步骤 1. 启动 IE 浏览器,在地址栏输入 4399 小游戏的网址 http://www.4399.com,按回车键,打开网站首页,如图 4-21 所示。

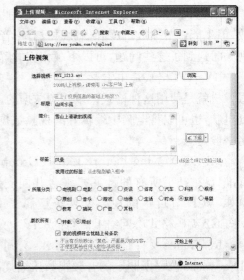

图 4-20　【上传视频】页面

步骤 2. 页面上有游戏的分类列表,在列表中选择一个类别,单击就进入到该类游戏列表页面。例如,选择益智类的"连连看",进入连连看游戏列表页面,页面中有各种连连看游戏。

步骤 3. 在游戏列表中选择一个游戏,单击就可以进入游戏页面。例如,在步骤 2 中的"连连看游戏列表",选择"开心水果连连看",进入游戏页面如图 4-22 所示。

318. 怎么样在网上玩棋牌游戏?

在网上可以与其他的玩家一块打牌,下棋或打麻将。很多游戏网站都提供这一类的服务,如联众,QQ 游戏等。下面以 QQ 游戏为例,说明游戏方法。联众游戏的操作步骤与之类似。

步骤 1. 启动 IE 浏览器,在地址栏输入 QQ 游戏的下载网址 http://qqgame.qq.com/,打开下载页面,单击【立即下载】。

步骤 2. 下载完成后运行安装文件,按照安装向导的提示完成安装过程。

步骤 3. 安装完成后,双击桌面的【QQ 游戏】图标,或单击【开始】按钮,选择【所有程序】→

【腾讯游戏】→【QQ 游戏】命令，启动 QQ 游戏。

图 4-21　【4933 小游戏】网站首页

图 4-22　游戏页面

步骤 4. 弹出如图 4-23 所示的登录对话框，输入自己的 QQ 帐号和密码，单击【登录】按钮，进入到游戏大厅。如果没有帐号，则单击窗口中的【申请帐号】，按照系统的提示申请一个帐号。

步骤 5. 游戏大厅窗口的左侧是分类排列的游戏列表。在游戏列表中选择一个想要玩的游戏。例如选择跳棋，依次单击列表中的【棋类游戏】→【跳棋】→【传统一子跳】，然后在列表中选择一个房间，如图 4-24 所示。如果是第一次运行，则需要按照系统提示下载并安装这个游戏。

图 4-23　登录对话框

步骤 6. 进入游戏室后，寻找一个有空闲座位的游戏桌，单击空位置，就可以加入。单击【快速加入游戏】，系统会帮助用户自动找到空桌并加入。

步骤 7. 等待足够的用户加入到同一张桌子并均已选择"开始"后，游戏即可启动。游戏开始后，每人有 20 秒的走棋时间。如果当倒计时为零时还没有走棋，就会自动跳过，由下一位走棋，这种情况称为"超时"。连续三次超时系统会自动判其负。

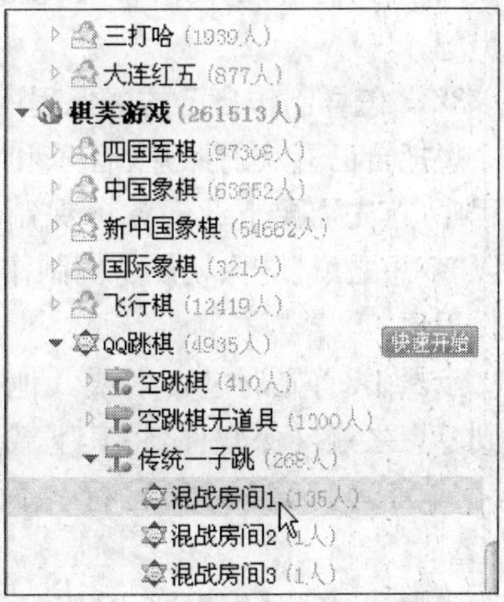

319. 什么是桌面软件？常用的桌面软件有哪些？

桌面软件是一类用于更改桌面视觉效果或者管理桌面的软件，如时间日历、桌面闹钟、可以自动更换的桌面墙纸等。常用的桌面软件有"八戒桌面"、"鱼鱼桌面"、

图 4-24　选择游戏和房间

"随想魔术桌面"、"google 桌面"、"yahoo 桌面"等,这些软件都可以从网上下载。这类软件大都可以设置特殊效果的桌面背景,如半透明的镶嵌效果、天气预报、日历、时钟、CPU/内存/网络流量/磁盘信息监视、便笺、股票等。

320. 怎样在桌面上添加活动日历?

活动桌面使用户可以在 Windows 系统上的桌面上显示活动的 HTML 内容,这些活动的内容包括频道、万维网页面、ActiveX 控件和 Java 小应用程序等。使用这项技术可以使自己的桌面活动起来,如桌面上挂着日历,可改变日历的呈现图案,也可于任一日加入记事或备忘录。在桌面上添加活动日历的步骤如下。

步骤 1. 在电脑桌面单击鼠标右键,在弹出的快捷菜单中选择【属性】,打开【属性】对话框。

步骤 2. 单击对话框上部的【桌面】,切换到【桌面】选项卡。然后单击选项卡中的【自定义桌面】按钮,打开【桌面项目】对话框,单击对话框上部的【web】,切换到【web】选项卡,如图 4-25 所示。

步骤 3. 单击选项卡中的【新建】按钮,弹出如图 4-26 所示的【新建桌面项目】对话框。在"位置"输入栏中输入 http://bjtime.cn/desk.htm,单击【确定】按钮。系统开始复制和同步页面。

步骤 4. 依次单击【确定】按钮,关闭所有的设置对话框,桌面上显示日历窗口。鼠标移动到日历最上方会浮现出一个窗口框,点住上方的横条拖动可移动日历窗口。拉动显示区域的四周到合适大小,滚动条就会消失。将光标移动到某日单击鼠标左键可以添加备忘。单击窗口下部【在线记事本】,可

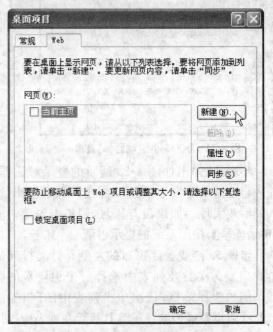

图 4-25 【桌面项目】对话框

以使用服务器提供的网络日历、备忘录、网址收藏、电话本、记账本等功能,其中记事以邮件方式提醒。

321. 怎样制作自己的屏保程序?

想把自己喜欢的照片、音乐和文本制作屏保程序,首先需要下载一款屏保制作工具。这里以"梦想之巅"屏保软件为例制作一个自己的屏保程序。

步骤 1. 首先通过百度或其他搜索引擎搜索到梦想之巅屏保软件,将其下载并安装。安装完成后运行该软件,运行界面如图 4-27 所示。

步骤 2. 单击【编辑图片】按钮,然后单击窗口右部的【+】按钮,进行添加图片的工作,也可

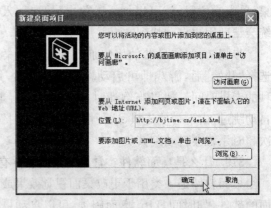

图 4-26 【新建桌面项目】对话框

以单击【＋】按钮，将图片目录加入，这样可以将目录中所有的图片添加进屏保程序。单击【－】按钮，可以将图片从屏保程序中去掉，使用【↓】按钮和【↑】按钮可以调整图片出现的顺序。分别单击【编辑音乐】和【设置文字】按钮，按照类似步骤编辑音乐和设置文字。

　　步骤 3. 单击【预览屏保】按钮，查看屏保制作的效果。效果如果满意，单击下面的【创建屏保】按钮，创建的屏保可以只在本机上使用，也可以做成标准的屏保程序，在其他计算机上使用。

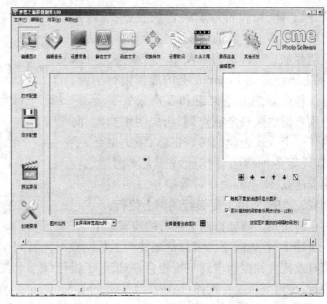

图 4-27　屏保制作软件的主界面

　　步骤 4. 在电脑桌面单击鼠标右键，在快捷菜单中选择【屏幕保护程序】命令，选择自己制作的屏保程序，屏保程序就可以运行了。

322. 怎样在网上求助？

　　如果需要发布求助信息，则先选择一个合适的论坛。论坛又名 BBS，全称为 Bulletin Board System（电子公告板）或者 Bulletin Board Service（公告板服务）。用户在 BBS 站点上可以获得各种信息服务，包括交换文件、发布信息、讨论、聊天等。论坛按照功能可分为教学型论坛、推广型论坛、地方性论坛、交流性论坛等，用户可以根据自己求助问题的类型选择一个合适的论坛发帖求助。在 BBS 论坛中一般需要先注册成 BBS 站点的用户才能够发表帖子。登录进入论坛后，在分类的列表中选择合适的分类，打开帖子列表页，然后点击【新贴】按钮，便可进入发帖页面发布求助信息了。发帖时需填好标题，填入帖子的正文内容，填写完后单击页面中的【发表主题】按钮。在论坛的帖子列表页中，单击前述帖子的标题就可以阅读帖子的回复内容，看到对求助信息的解答。

323. 怎样使用 163 网盘将文档保存在网上？

　　目前，很多提供电子邮件服务的网站都提供了在线存储服务，下面以 163 提供的网易网盘为例，介绍将文件存放在网上的操作步骤。

　　步骤 1. 登录 163 邮箱，点击【邮箱服务】，选择【网易网盘】，进入网易网盘操作界面，如图 4-28 所示。在这里可以完成文档的上传、删除等操作。

　　步骤 2. 选择文档存储的位置，可以按照文档的类别选择相应的文件夹，用户也可以单击【新建文件夹】按钮创建自己的文件夹。

　　步骤 3. 单击【上传】按钮，从本地磁盘选择要上传的文件，就可以将自己的文档保存在网上了。

324. 什么是网上银行？

　　网上银行是指银行通过 Internet 向客户提供开户、销户、查询、对账、行内转账、跨行转账、信贷、网上证券、投资理财等传统服务项目，使客户可以足不出户就能够安全便捷地管理活期和定期存款、支票、信用卡及个人投资等。可以说，网上银行是在 Internet 上的虚拟银行柜台。它是一种全新的业务渠道和客户服务平台，它可为用户提供账户余额查询、历史明细查询、向国内任何个人或企业的转账汇款、缴纳电话、手机、煤气等各种费用、网上炒汇、买卖国债/金、信用卡还款、网上购物支付等服务。

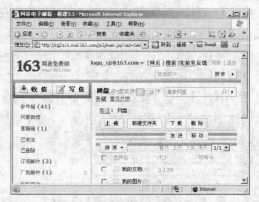

图 4-28 【网易网盘】操作界面

325. 怎样使用工商银行的网上银行？

申请使用工商银行网上银行的步骤如下。

步骤 1. 首先需要携带身份证件到工行网点开立牡丹灵通卡、信用卡或理财金账户，然后携带有效证件和银行卡到工行柜台，申请电子银行口令卡或 U 盾。如果不方便到柜台开通网上银行，也可登录工行网站（http://www.icbc.com.cn/），在线自助注册开通网上银行。但是为保护客户资金安全，自助注册的客户不能对外转账，如需对外转账服务仍需要到工行网点开通。以下步骤以使用 U 盾为例。

步骤 2. 如果是第一次在电脑上使用个人网上银行，需要先登录工商银行网上银行安装驱动。

启动 IE 浏览器，在地址栏输入 http://www.icbc.com.cn/，打开工商银行网站的首页。单击页面左上角的【个人网上银行登录】，弹出安装指南网页。按照指南的提示，首先调整计算机的分辨率设置，下载和安装"个人网上银行控件"，安装工行根证书，然后安装 U 盾驱动程序。不同品牌 U 盾的驱动程序是不能通用的，安装时应注意。驱动程序可以通过光盘安装，运行安装程序后单击【系统升级】，系统会自动检测并提示用户安装补丁。安装补丁后选择【驱动程序安装】，就可以完成 U 盾驱动程序的安装。

步骤 3. 登录工行个人网上银行，进入【客户服务 - 个人客户证书自助下载】，完成证书信息下载。下载前应确认 U 盾已连接到电脑 USB 接口上。如果下载不成功，可以到柜面委托网点柜员协助自己下载个人证书信息到 U 盾内。

步骤 4. 回到工商银行首页单击【个人网上银行登录】，进入登录页面，如图 4-29 所示。输入卡号（或用户名）、密码、验证码，单击【登录】按钮，登录工行个人网上银行，只要按系统提示将 U 盾插入电脑的 USB 接口，输入 U 盾密码，并经银行系统验证无误，即可完成各种支付业务。

326. 如何在网上看最新报刊？

很多报刊都有自己的网站，可以浏览其内容。如果想要看多家报刊，则可以使用一些专业网站提供的报刊浏览服务。以 6 点报为例，只要自己的电脑连接到网络上，就可以足不出户的免费浏览到多种国内报纸的最新消息、新闻。

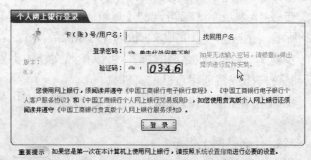

图 4-29　个人网上银行登录页面

步骤 1. 启动 IE 浏览器,在地址栏输入 http://www.15525.com,打开"6 点报"网站的首页,如图 4-30 所示。单击页面上的【安装阅读器】或【阅读器下载】,下载并安装阅读器。

步骤 2. 启动阅读器。第一次使用的用户在打开软件后会自动收到一个提示,设置用户所在的城市及位置,设置好后方可正常进行阅读。阅读器的界面为仿 QQ 界面,如图 4-31 所示。选择一个报纸单击,就可以开始阅读。默认状态下,用户无须注册即可阅读报纸,但软件的某些模块需要注册方可使用。

图 4-30　【6 点报】网站的首页

图 4-31　阅读器的界面

327. 如何在网上买卖基金?

目前基金销售主要有三个渠道,即基金公司直销中心、银行代销网点、证券公司代销网点。在网上购买基金有两种方式。

方式一:在基金公司直销中心网站购买。其优点是可以通过网上交易实现开户、认(申)购、赎回等手续办理,享受交易手续费优惠,不受时间地点的限制;缺点是客户需要购买多家基金公司产品时,需要在多家基金公司办理相关手续,投资管理比较复杂。

步骤 1. 到想购买基金的基金公司网站上进行开户。打开基金公司网站后,点击其网站页面上的【网上开户】。如果从来没有买过该公司的基金,就选择"新客户"一栏;买过该公司基金,就选择"代销银行"一栏;如果是该公司基金直销客户,就选择"直销"一栏。

步骤 2. 选择银行卡。按照提示填写自己的实名,卡号和卡支付密码。

步骤 3. 支付开户费 0.01 元,点击【证书支付】或【电子支付】。如果页面上显示成功,卡里将扣去了 0.01 元,点击【通知商户开户成功】。

步骤 4. 填写个人资料和网上交易密码(8 位)。

步骤 5. 回到基金公司网站的首页点击【登录】按钮。进入到自己的账户后就可以进行交易,如认购或申购、撤单、基金转换内容等。

方式二:在网上银行购买。其优点是在一家网上银行可以购买多个基金公司的基金产品,通过一个资金账户完成管理,但与在直销中心比较而言,手续费的折扣较低。

328. 网上炒股常用哪些软件?

炒股常用的软件有大智慧、同花顺、通信达等,用户可以登录开户的券商主页上下载这些软件。这一类软件大多提供市场行情和套利分析、实时财经资讯、研究报告、主力资金流向实时监控、显示各种技术指标、条件选股、定位分析、预测分析、交易系统评测和成功率测试、盘中预警、模拟 K 线、历史分时图等功能，并能完成网上股票交易。如果喜欢某种软件而网站上没有提供，可以使用百度等搜索引擎搜索免费的软件下载，但这类免费软件只能用于浏览行情、分析行情数据，不能用于交易。

329. 怎么下载安装"大智慧"软件，接收股市行情？

大智慧软件既可以在大智慧官方网站下载，也可以在开户的券商网站主页下载。运行大智慧后首先选择所要登录的行情主站用于接收行情数据，可以进行主站速度测试优选，也可以手动进行选择。一般选择本地主站速度较快。然后单击【登录】，进入行情接收浏览窗口。在行情接收窗口中直接输入股票代码或股票名称的第一个字母即可浏览行情，如输入"600000"或"pfyh"即可浏览浦发银行的行情，如图 4-32 所示。更多的操作方法可以查看联机帮助文档。

330. 怎么在网上买卖股票？

在决定炒股之前应该先学习一些基础知识，阅读一些入门的书籍，如《出入股市炒股大全》、《蜡烛图方法》、《南征北战》等。掌握一些基本的技术指标后可以开始实践。首先需要到就近的证券营业部开立深、沪证券账户卡，并办理网上交易买卖委托。之后需要到开户的证券公司的官方网站下载股票交易软件并在自己的电脑上安装这个软件。运行股票交易软件，用自己的股东卡或资金账号登录后就可以进行股

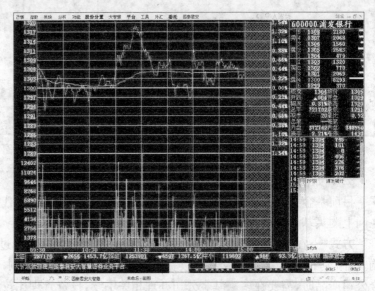

图 4-32　【大智慧】软件界面

票的买卖交易了。需要注意的是，为了提高系统的安全性，输入登录密码时要尽量使用软件提供的软键盘。

331. 如何在基金公司的网站上买卖基金？

首先需要到基金公司的网站上开户，输入账户交易模式、转账账户号、账户密码等信息，还需要设立在基金公司网站上交易的交易密码，确保交易的安全性。所有设置完成以后，就可以登录进行基金买卖了。基金公司的网上交易平台实行买基金 T＋0，卖基金 T＋5 的交易时间模式。若在每天的工作时间内(9 时至 15 时)提交交易单，则基金公司在此交易日的工作时间后确认交易，可以在第二天早上查询到自己的交易信息，如购买的基金份数、当日基金的盈亏等。若是在工作时间后(15 时至第二日 9 时)提交交易单，基金公司会在第二日的工作时间处理交易单，则在第三日早上才能查询到自己的交易信息。另外需要注意的是，每周五 15 时之后至第二周周一 15 时之前的交易单会在第二周周一的工作时间处理。在工作时间内，基金公司并没有处理客户当天的提单，所以在 15 时之前可以选择撤单，但下单时资金已转入基金公司账户，所以在撤单之前已经支付了转账费。一般来讲，撤单后资金到账需要 2 天，而赎回基金后资金到账则需要 5～7 天。所以要看准行情准确把握住转瞬即逝的行情，尤其是对偏股型

基金来说,就要选择好网上下单的时间。

332. 如何在各大银行的网上银行买卖基金?

各大银行的网上银行都对客户提供自助买卖基金的业务,其实质和银行柜台代销一样,但在网上银行进行基金交易不享受基金公司直销的优惠费率。

客户可以直接登录网上银行,选择其基金超市中的各种基金产品进行申购。其实,网上银行对基金买卖的处理也要转送到基金公司的交易平台进行处理,所以其本质与基金公司的网上交易平台类似。在选择这两种平台之前请先向基金公司咨询好各种优惠政策,以免错过电子交易给您带来的利益。

步骤 1. 办卡。需要携带身份证件到代销基金的银行,办理一张该行的普通储蓄卡。部分银行可能会要求客户办理另外的专门进行证券交易的关联卡,如建设银行就要求客户办理证券卡和储蓄卡进行关联,才可以买卖基金。需要说明的是,有些银行网点并不办理基金业务。

步骤 2. 开户。在银行柜台工作人员的协助下,只需确认购买的基金产品,就可以建立该基金公司的基金账户,进行买卖。

步骤 3. 确认。一般来说,可以到购买基金的银行网点进行份额及净值查询,以后也可以随时持储蓄卡到柜台进行查询。各个基金的申购确认时间和赎回到账时间都由各个基金公司所定。

333. 什么是网上购物?

随着互联网在中国的进一步普及应用,网上购物逐渐成为人们的网上行为之一。所谓网上购物,就是通过互联网检索商品信息,并通过电子订购单发出购物请求,然后填上私人支票账号或信用卡账号,厂商通过邮购的方式发货,或通过快递公司送货上门。国内的网上购物,一般付款方式是款到发货(直接银行转账,在线汇款)、担保交易(淘宝支付宝,百度百付宝,腾讯财付通等)、货到付款等。一般来说,网上购物分为注册、选购商品、联系卖家、选择付款、选择送货方式、验货几个大的步骤。

网上购物突破了传统商务的障碍,无论对企业、消费者还是市场都有着巨大的吸引力和影响力。对于商家来说,网上销售没有库存压力、经营成本低、经营规模不受场地限制,通过互联网对市场信息的及时反馈可以适时调整经营战略,有利于提高企业的经济效益和参与竞争的能力。对于消费者来说,订货不受时间、地点的限制,可以买到当地没有的商品;从订货、买货到货物上门无须亲临现场,既省时又省力;其价格较一般商场的同类商品更便宜。

334. 网上购物安全吗?

网上购物最好是在家里的电脑登录,选择支付宝、财付通、百付宝等第三方支付方式。网上购物一般都是比较安全的。网上购物的物品适合书本、音乐娱乐、化妆品、服装等物质一般性比较强的,对于像收藏品、珠宝等则不宜网上购物,因为这些商品的品质很难确定。另外安全网上购物还需要注意几点:要选择信誉好的网上商店,对于太便宜而且要预支付的话就最好不要轻信,以免被骗。购买前要查看店主的信用记录,看其他买家对此款或相关产品的评价,也可以咨询已买过该商品的人,还可以要求店主视频看货。购买商品时,付款人与收款人的资料都要填写准确,以免收发货时出现错误。

335. 如何注册成为淘宝用户?

在进入淘宝网购物之前,需要申请一个帐号。在淘宝网申请新帐号的步骤如下。

步骤 1. 首先启动 IE 浏览器,在浏览器的地址栏中输入 http://www.taobao.com/,按回车键,进入淘宝网首页。

步骤 2. 单击首页左上角的【免费注册】链接,或右上角的【免费注册】按钮,弹出【选择注册方式】页面。目前淘宝网有两种注册方式可供选择,分别是邮箱注册和手机号码注册,这两种注册的过程基本相同。

步骤 3. 按照向导的提示在页面中填写相关信息后,系统会发送激活邮件到申请用户的注册邮箱中,需要登录到邮箱激活帐号。

步骤 4. 登录到邮箱,找到淘宝网发送给自己的激活邮件,打开这个邮件。阅读后单击邮件中的【确认】按钮。

步骤 5. 激活成功后会显示一个提示"注册成功"的页面,注册就完成了。

336. 如何在淘宝网上购买商品?

在淘宝网上购买商品的步骤如下。

步骤 1. 首先启动 IE 浏览器,在浏览器的地址栏中输入 http://www.taobao.com/,按回车键,进入淘宝网首页。单击页面左上方的【请登录】,进入会员登录页面,输入帐户名和密码,单击【登录】按钮,进入系统。

步骤 2. 利用网页上方的搜索栏,或网页中的分类列表找到感兴趣的商品,单击商品图片或文字链接,可以查看商品的详细信息,如图 4-33 所示。

步骤 3. 如果对该商品满意,准备购买该商品,则在【我要买】后面的文本框中输入要买的数量,单击【立刻购买】按钮。购买操作必须登录后才能进行,所以如果用户还没有登录,会首先弹出会员登录对话框。

步骤 4. 弹出【确认购买信息】页面。按照提示填写好收货地址、运货方式等项目后,单击【确认无误,购买】按钮。

图 4-33 查看商品的详细信息

步骤 5. 弹出【付款】页面,选择一种付款方式,设置好选项后单击【确认无误,付款】按钮,按照网页的提示完成付款过程。

337. 如何在淘宝网上用购物车购买商品?

如果想购买商家的多个商品,可以利用购物车完成购买过程。

步骤 1. 首先启动 IE 浏览器,在浏览器的地址栏中输入 http://www.taobao.com/,按回车键,进入淘宝网首页。单击页面左上方的【请登录】,登录系统。

步骤 2. 找到感兴趣的商品,单击商品图片或文字链接,查看商品的详细信息。如果对该商品满意,准备购买该商品,则在【我要买】后面的文本框中输入要买的数量,单击【加入购物车】按钮。

步骤 3. 弹出如图 4-34 所示的对话框。如果单击【关闭宝贝页面】按钮,则返回到上一步骤,继续挑选商品放入购物车。

步骤 4. 如果不再挑选商品,单击如图 4-34 所示对话框中的【去购物车结算】按钮,则转到购物车页面,显示购物车中的商品和数量。单击页面上的【立刻购买】按钮。

步骤 5. 弹出【确认订单信息】页面。在该页面中首先确认收货地址,系统默认的选项是使用一个以前曾经填写过的地址。如果使用其他地址,则单击【使用其他地址】单选项后,按照提示填写好相关项目后,单击【使用地址】按钮。

图 4-34　【成功添加到购物车】提示框

步骤 6. 确认下面显示的订单信息后,输入校验码,单击【确认无误,购买】按钮。弹出【付款】页面,选择一种付款方式,设置好选项后单击【确认无误,付款】按钮,按照网页的提示完成付款过程。

338. 如何使用网上校友录联系老同学?

校友录也称为同学录,为在校或已毕业的广大校友们提供一份交流思想的场所,通过提供校友录服务和校友录管理,建立起校友间的沟通渠道,以达到增进校友之间、校友与母校之间的感情,方便校友联系。校友录其实就是一个论坛,区别在于论坛里的用户来自五湖四海,而校友录却是以一个个班级为单位,大家彼此相识。目前比较著名的校友录网站有 ChinaRen 校友录,网易同学录等。下面以 ChinaRen 校友录为例介绍使用方法。

步骤 1. 启动 IE 浏览器,在地址栏输入 http://class.chinaren.com/,打开 ChinaRen 校友录的首页。单击【立即注册】按钮,按照页面的提示完成用户注册。在输入的邮箱地址中,系统会发回一封确认信,点击信中链接,激活帐号。

步骤 2. 回到 ChinaRen 校友录的首页,输入帐号和密码,单击【登录】按钮,进入校友录。根据自己的学校所在地选择学校,根据入学日期查找班级,如果找到了,就可以申请加入了。如果没有找到自己的所在班级,可以创建学校、班级。然后等其他同学加入即可。

步骤 3. 加入到班级后,就可以自由地发表言论、上传图片、班级聊天等。如果被赋予管理员权限,还可以对用户进行分类,添加,删除,修改等。

339. 怎样利用电脑修饰照片?

拍摄中一旦出现失误,可利用电脑进行后期修补,还可以利用电脑对照片进行修饰或创意加工。如果没有什么图像处理基础的话,可以使用“光影魔术手”、“美图秀秀”等操作相对简单的软件。如果想要进行高水平的照片处理,则需要使用专业的图像处理工具,如 Photoshop。这些软件的处理功能很强大,但操作方法相对复杂。需要注意的是,虽然图像编辑软件能修饰照片缺陷,但不是所有的缺陷利用软件都可以处理。一般使用软件可以处理照片中的红眼、剪裁照片、调整颜色、调整亮度、调整对比度、增加滤镜效果、加文字和图案设计、给照片加水印、组合照片等。

340. 怎样使用 Photoshop 调整图片的大小?

步骤 1. 启动 Photoshop 图像处理软件。

步骤 2. 单击【文件】菜单,选择【打开】命令。在弹出的【打开】对话框中选择图片文件,单击【打开】按钮。图片被打开在 Photoshop 窗口中的工作区域。

步骤 3. 单击【图像】菜单,选择【图像大小】命令,弹出如图 4-35 所示的【图像大小】对话框。

步骤 4. 勾选【约束比例】复选框,这样图片会等比调整大小,不会变形。只需在宽度或高度数字输入框中输入一个合适的数值即可。如果取消勾选【约束比例】复选框,则需要分别输入宽度和高度的数值。

步骤 5. 单击【好】按钮,关闭对话框。

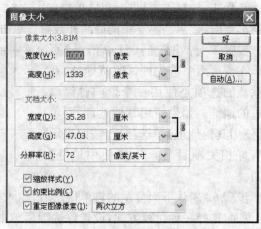

图 4-35 【图像大小】对话框

341. 图片调整大小后,为什么没有以前清晰了?

一般的图片只能缩小,如果放大可能会变模糊。因为图像就存储了原来那么多像素,如果调大了就会在原来的像素之间自动插入一些像素来弥补,但这些是由电脑根据周围的像素自动计算出来的,并不是原来图像的实际像素,所以就会出现不清楚的情况。如果图片缩到很小的话也会出现模糊的情况,原理也是一样。只不过缩小时,是在原来的像素中减去一部分。模糊时可以适当地进行锐化或者使用其他工具修复,但是效果很难与原来图像一样好。

342. 怎样使用 Photoshop 修改图片的文件格式?

步骤 1. 启动 Photoshop 图像处理软件。

步骤 2. 单击【文件】菜单,选择【打开】命令。在弹出的【打开】对话框中选择图片文件,单击【打开】按钮。图片被打开在 Photoshop 窗口中的工作区域。

步骤 3. 单击【图像】菜单,选择【存储为】命令,弹出【存储为】对话框。在对话框中最下方【格式】下拉列表中可以选择一个需要的格式,如图 4-36 所示。

步骤 4. 单击【保存】按钮。

图 4-36 【格式】下拉列表

343. 怎样使用 Photoshop 修复照片中脏点或划痕?

有时照片上会有一些脏点或划痕,可以使用 Photoshop 修复,方法如下。

步骤 1. 启动 Photoshop 图像处理软件。单击【文件】菜单,选择【打开】命令,将图片打开在 Photoshop 窗口中的工作区域。

步骤 2. 在左侧的工具箱中单击选择【画笔】工具,根据画面和脏点的大小调整画笔主直径、画笔硬度,使脏点得到清除的同时不至于破坏与之相连的周围的图像。

步骤 3. 在左侧的工具箱中单击选择【仿制图章】工具,如图 4-37 所示。然后按住【Alt】键,在脏点附近单击鼠标左键,设置好复制的源点。接着松开【Alt】键,用鼠标左键在脏点上来回涂抹就可以了。

步骤 4. 如果涂抹后颜色与底色有偏差,可以按住【Alt】键,在脏点附近单击鼠标左键,重新设置复制的源点。接着松开【Alt】键,在脏点上重新涂抹。

步骤 5. 涂抹完成后,保存图片文件即可。

344. 怎样使用 Photoshop 调整照片的亮度和对比度?

如果照片过暗、过亮或对比度不足,可以使用 Photoshop 调整,方法如下。

步骤 1. 启动 Photoshop 图像处理软件。单击【文件】菜单,选择【打开】命令,将图片打开在 Photoshop 窗口中的工作区域。

步骤 2. 单击【图像】菜单,选择【调整】→【亮度/对比度】命令,弹出【亮度/对比度】对话框,如图 4-38 所示。

步骤 3. 拖动"亮度"或"对比度"下方的滑块,就可以调整图像的整体亮度和对比度。调整时最好勾选对话框中的【预览】复选框,这样调整时可以同时观察图像中的效果,适可而止。

单击【图像】菜单,选择【调整】→【自动对比度】命令,可以让 Photoshop 根据图片内容自动选择一个最合适的对比度并调整图像。

图 4-37 【仿制图章】工具和画面中的脏点

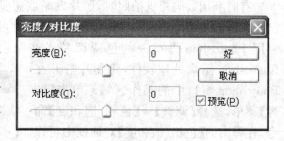

图 4-38 【亮度/对比度】对话框

345. 怎样使用 Photoshop 调整照片的暗调和高光?

在人像摄影中,常出现主题人物曝光不足,没有足够的亮度,或背景曝光过度的情况。这种情况在普通全自动数码相机上尤其突出,通常是由于取景方式不正确或闪光灯使用不当造成的。针对这两种情况,可以使用 Photoshop 的"暗调/高光"工具来处理。启动 Photoshop,打开照片文件后单击【图像】菜单,选择【调整】→【暗调/高光】命令,打开【暗调/高光】对话框,拖动对话框中的的滑块,可以调亮照片中的暗调或调暗照片中的高光,恢复因曝光不足或过度曝光所丢失的图像细节。调整时,需要反复调制对比以取得最佳效果。

346. 怎样使用 Photoshop 裁切照片?

适当剪裁可以让照片的主体更加突出。使用 Photoshop 裁切照片的方法如下。

步骤 1. 首先启动 Photoshop 图像处理软件。单击【文件】菜单,选择【打开】命令,将图片打开在 Photoshop 窗口中的工作区域。

步骤 2. 在左侧的工具箱中单击选择【裁切】工具 ,如图 4-39 所示。

步骤 3. 这时在图像中用鼠标拖动出一个矩形框。拖动四周的 8 个节点可以调整方框大小,将鼠标移至矩形框的外侧再拖动,可以旋转矩形框。调整好后在矩形框内双击,就完成了裁切。

步骤 4. 裁切完成后,保存图片文件即可。

347. 怎样使用 Photoshop 调整倾斜的照片?

有时候拍照的时候没有注意,导致拍摄的角度有点倾斜,或者在扫描传统照片时扫偏了,使用 Photoshop 可以对它进行适当的旋转。

步骤 1. 首先启动 Photoshop 图像处理软件。单击【文件】菜单，选择【打开】命令，将图片打开在 Photoshop 窗口中的工作区域。

步骤 2. 单击【图像】菜单，选择【旋转画布】→【任意角度】命令，弹出【旋转画布】对话框，如图4-40所示。

步骤 3. 在【旋转画布】对话框中输入旋转的角度，选择旋转的方向，单击【好】按钮，就完成了照片的旋转。

步骤 4. 旋转后的照片边角处可能会出现一些空白，可以使用裁切工具适当裁切。

348. 怎样使用 Photoshop 调整照片的色彩？

有时利用数码相机拍照时，照片发暗或感觉自己拍的照片有色偏的情况，如颜色过红，这时可以利用 Photoshop 进行一些色彩调整。首先启动 Photoshop 图像处理软件，将图片打开在 Photoshop 窗口中的工作区域。单击【图像】菜单，选择【调整】→【色相/饱和度】命令，在弹出的【色相/饱和度】对话框中可以调整照片的整体色调和颜色的鲜艳程度。单击【图像】菜单，选择【调整】→【色彩平

图 4-39 【裁切】工具

图 4-40 【旋转画布】对话框

衡】命令，在弹出的【色彩平衡】对话框中可以调整色偏。单击【图像】菜单，选择【调整】→【色阶】命令，在弹出的【色阶】对话框中可以调整亮度、对比度、色调和饱和度。单击【图像】菜单，选择【调整】→【曲线】命令，在弹出的【曲线】对话框中通过调整曲线可以得到一些特殊的颜色效果。

第5章 电脑的办公应用

349. Word 2003 具有哪些功能特点？

Microsoft Word 2003 是 Microsoft 公司出品的 Microsoft Office 系列办公软件之一，主要用在办公文件排版方面。Word 2003 能够用于创建和编辑各种文档文件，可以在文档中加入图片、表格、艺术字等，还具有自动更正错误、自动套用格式、自动创建样式、自动生成索引目录等多种功能。用 Word 2003 编辑的文档具有所见即所得的特点，即在计算机屏幕上看到的样子与打印机打印后的效果是一致的。

350. 怎样在 Word 2003 中安装公式编辑器？

步骤 1. 关闭所有 Office 应用程序。将 Office 2003 安装光盘插入光盘驱动器，在打开的【维护模式选项】对话框中选中【添加或删除功能】单选按钮。

步骤 2. 单击【下一步】按钮，打开【自定义安装】对话框，选中【选择应用程序的高级自定义】复选框。

步骤 3. 单击【下一步】按钮，打开【高级自定义】对话框，其中显示了 Office 应用程序的所有更新选项。

步骤 4. 单击【Office 工具】左侧的"＋"号，在展开的菜单列表中单击【公式编辑器】左侧的按钮，打开下拉菜单，如图 5-1 所示，单击【从本机运行】命令。

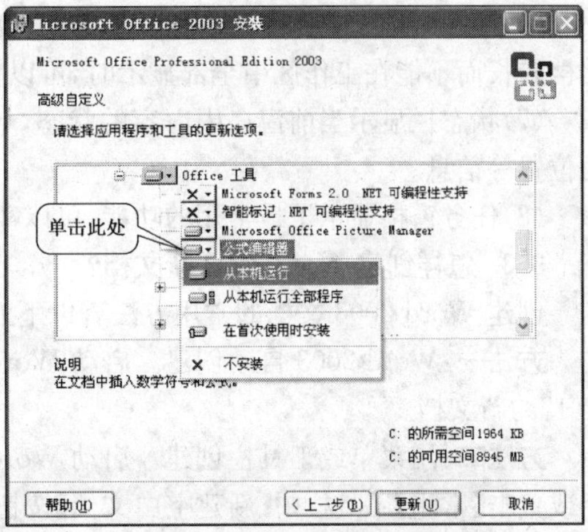

步骤 5. 单击【更新】按钮，打开【现在更新 Office】对话框，开始安装公式编辑器，并显示安装进度。

步骤 6. 安装完成后，自动打开【Microsoft Office 2003 已被成功地更新】对话框，单击【确定】按钮。

图 5-1 【高级自定义】对话框

351. 怎样启动 Word 2003？

启动 Word 2003 的常用方法有以下三种。

方法一:【开始】菜单方式。依次单击菜单栏中【开始】→【所有程序】→【Microsoft Office】→【Microsoft Office Word 2003】，即可启动 Word 2003 程序。

方法二:双击 Word 图标。双击桌面上的 Word 2003 快捷方式图标即可启动 Word 2003 程序。

方法三:文档启动方式。双击桌面上或文件夹中想要打开的 Word 2003 文档即可。

352. 中文 Word 2003 工作界面是什么样子？

典型的 Word 2003 工作界面通常是由标题栏、菜单栏、工具栏、工作区、标尺、滚动条和状态栏、任务窗格等构成的一个窗口，如图 5-2 所示。

（1）标题栏显示文档的名称和应用程序名；标题栏右边有【最小化】、【最大化】和【关闭】按钮。

（2）菜单栏显示功能菜单，包括文件、编辑、视图、插入、格式、工具、表格、窗口、帮助等9个菜单项，每个菜单都有下拉菜单，包含了Word 2003的所有命令。

（3）工具栏是把菜单栏一些常用的命令做成按钮的形式，使用更方便。通常，系统默认显示的是【常用】工具栏和【格式】工具栏。

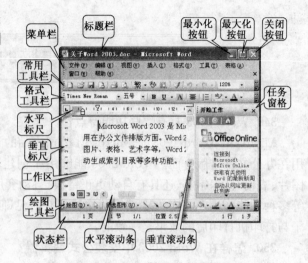

图5-2　Word 2003的工作界面

（4）工作区是文档的编辑区域，用户在这个区域中完成对文档的各种操作。

（5）标尺在工作区的左侧和上方，分别称为垂直标尺和水平标尺。标尺用来显示当前光标在文档中的位置、文档宽度以及当前段落的左、右缩进情况等。

（6）滚动条位于工作区的右侧和下方，分别称为垂直滚动条和水平滚动条。当用户编辑的文档较长而不能在工作区中全部显示时，可以拖动滚动条来显示隐藏的文档部分。

（7）状态栏显示当前窗口中内容的状态，包括当前文档的页码、当前光标定位符在文档中的位置等信息。

（8）任务窗格显示了最常用的功能，可以实现功能的快速切换。

353. 怎样创建Word 2003新文档？

创建Word 2003文档的常用方法有以下五种。

方法一：Word 2003自动创建。启动Word 2003后，应用程序会自动创建一个标题为"文档1"的新文档。

方法二：用菜单或工具栏创建。启动Word 2003后，依次单击菜单栏中【文件】→【新建】命令或单击【常用】工具栏中【新建空白文档】按钮，可以创建一个空白文档。

方法三：利用快捷菜单创建。在保存文档的文件夹，单击鼠标右键，打开一个快捷菜单，选择【新建】→【Microsoft Word 文档】即可创建一个新的Word文档。新文档的文件名是"新建Microsoft Word 文档.doc"，建议给文件重新命名。

方法四：以现有文档为模板创建新文档。单击菜单栏【文件】→【新建】命令，打开【新建文档】任务窗格，然后单击【根据现有文档】链接，打开【根据现有文档新建】对话框。在【查找范围】下拉列表框中选择模板文件的保存路径，然后在下面的列表框选中相应的Word文档。单击【创建】按钮即可创建一个以指定文档为模板的新文档。

方法五：使用本机上的模板创建新文档。单击菜单栏【文件】→【新建】命令，打开【新建文档】任务窗格，单击【本机上的模板】链接，打开【模板】对话框，如图5-3所示。然后切换到需要的选项卡中，选择合适的模板，并且选中【新建】组框中的【文档】按钮，最后单击【确定】按钮即可。

354. 怎样在Word 2003中创建自己的模板？

在实际工作中，有些文档有特定的书写格式，用户可以将常用的内容或版式创建成自己的模板,用这个模板创建的文档就自动具有了指定的格式,可以节省很多时间,常用的模板创建方法有如下三种。

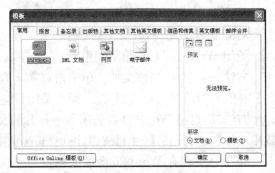

图 5-3　【模板】对话框

方法一: 直接创建模板。

步骤 1. 单击工具栏【新建空白文档】按钮,新建一个空白文档。

步骤 2. 根据需要,对页边距、页面大小和方向、样式以及其他格式进行更改。根据希望出现在基于该模板创建的所有新文档中的内容,添加相应的说明文字、内容控件和图形等。

步骤 3. 单击工具栏【保存】按钮,打开【另存为】对话框。在【保存位置】下拉列表框选择合适的保存路径;在【保存类型】下拉列表框中选择"文档模板(＊.dot)";在【文件名】文本框输入合适的文件名称,然后单击【保存】按钮即可。

方法二: 根据原有文档创建模板。

有时需要频繁建立与已有的某文档格式相同的文档,这时可以根据该文档创建一个模板,方法如下。

打开已有文档,根据需要修改后,单击菜单栏【文件】→【另存为】,打开【另存为】对话框,选择合适的保存路径;【保存类型】选择"文档模板(＊.dot)";在【文件名】文本框输入文件名称,然后单击【保存】按钮即可。

方法三: 根据原有模板创建模板。

单击菜单栏【文件】→【新建】命令,打开【新建文档】任务窗格,然后单击【本机上的模板】链接,打开【模板】对话框,选择与要创建的模板相似的模板,在【新建】组合框中选中【模板】单选按钮,然后单击【确定】按钮,打开原有模板,根据需要对其修改后,单击菜单栏【文件】→【保存】,打开【另存为】对话框,选择恰当的保存位置、输入文件名、保存类型选择"文档模板(＊.dot)",单击【保存】按钮即可。

355. 怎样打开 Word 2003 文档?

打开 Word 2003 文档的常用方法有以下两种。

方法一: 双击文件名。用鼠标双击要打开的 Word 2003 文档的文件名即可打开文档。

方法二: 在 Word 2003 中打开文档。操作步骤如下。

步骤 1. 启动 Word 2003 后,单击菜单栏中【文件】→【打开】命令或按【Ctrl＋O】组合键或单击工具栏中【打开】按钮,打开【打开】对话框,如图 5-4 所示。

步骤 2. 选择文件类型。在【文件类型】下拉列表框中选择"Word 文档(＊.doc)"。

步骤 3. 在【查找范围】下拉列表框中选择目标文件的存储路径,直到目标文件名显示在文件列表框中。

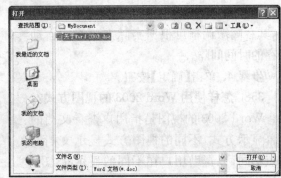

图 5-4　【打开】对话框

步骤 4. 双击目标文件名,或选中目标文件后单击【打开】按钮即可打开文档。

356. 怎样关闭 Word 2003 文档?

关闭 Word 2003 文档的常用方法有以下两种。

方法一:只关闭当前文档。单击窗口右上角的【关闭】按钮,或单击菜单栏中【文件】→【关闭】按钮,将当前的活动文档关闭,而不关闭其他打开的文档。

方法二:退出 Word 2003 关闭所有打开的文档。依次单击菜单栏中【文件】→【退出】按钮,或单击标题栏右侧的【关闭】按钮,可退出 Word 2003,关闭所有已打开的 Word 文档。

357. 怎样保存 Word 2003 的文档?

用户编辑 Word 文档后,要将其保存后才能再次使用,保存方法有如下三种。

方法一:如果文档是第一次保存,可按以下步骤操作。

步骤 1. 依次单击菜单栏【文件】→【保存】命令或单击工具栏的【保存】按钮,打开【另存为】对话框,如图 5-5 所示。

步骤 2. 单击【保存位置】列表框,选择文件的存储位置。

步骤 3. 单击【保存类型】列表框,选择"Word 文档(* . doc)"。

步骤 4. 在【文件名】文本框输入文件名称,单击【确定】按钮即可。

图 5-5 【另存为】对话框

方法二:如果用户对已存在的文档进行修改并保存时,Word 不再弹出【另存为】对话框,而是用新文档自动覆盖原文档。如果不想覆盖修改前的内容,可依次单击【文件】→【另存为】命令,把修改后的文档用另一个名字保存。

方法三:让文档自动保存。

为了防止在编辑 Word 2003 文档时遇到意外情况来不及保存而导致文档数据丢失,用户可以通过设置,使文档每隔一段时间就自动保存一次,设置步骤如下。

步骤 1. 单击菜单栏【工具】→【选项】命令,打开【选项】对话框。

步骤 2. 在【选项】对话框中切换到【保存】选项卡,如图 5-6 所示。

步骤 3. 选中【自动保存时间间隔】复选框,其右侧微调框可根据实际需要修改自动保存的时间间隔。

步骤 4. 单击【确定】按钮。

358. 怎样使用 Word 2003 的视图方式?

Word 2003 的视图是指用户查看文档的屏幕显示方式,不同的视图方式显示文档的重点不同,以帮助用户在不同的显示状态下方便地编辑或查阅文档。

(1)普通视图方式,Word 文档可显示完

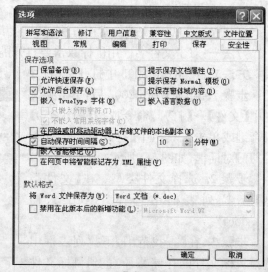

图 5-6 【选项】对话框

整的文字格式,但简化了文档的页面布局,用户只能看到正文的内容,页眉、页脚、页边距等都显示不出来。普通视图方式下,不显示页面,只用一条横贯屏幕的虚线表示文档的分页情况。

(2)Web 版式视图能够显示 Web 效果,即按照窗口大小而不是按照页面大小进行显示。因此,当 Word 窗口比文字宽度窄时,用户不必左右拖动水平滚动条也能看到整行文字。

(3)页面视图方式是在实际工作中使用最多的视图方式。该视图方式按照用户设置的页面大小进行显示,显示效果与打印效果完全一致,对文档排版非常方便。

(4)大纲视图方式按照文档中标题的层次来显示文档,用户可以折叠文档,只查看主标题,也可以扩展文档,查看整个文档的内容,从而方便地查看文档的结构。

(5)阅读版式视图隐藏了不必要的工具栏,最大可能地增大了窗口,将文档分为两栏,且按照窗口大小进行显示,有效地提高了文档的可阅读性。单击工具栏中的【文档结构图】按钮,显示文档的结构图,如图 5-7 所示。用户只需单击文档结构图的某个大纲主题,即可迅速跳转到文档的相应部分。单击工具栏中的【缩略图】按钮,可得到文档的缩略图情况。

图 5-7 阅读版式视图

切换视图时,可以单击窗口左下角的视图工具,也可以单击菜单栏【视图】菜单项,在其下拉菜单中选择不同的视图方式。

359. 怎样在 Word 2003 中输入文本?

打开新建文档后,便进入了文档编辑状态,在编辑区闪烁的光标被称为插入点。输入文字时,插入点会自动向右移动。Word 具有自动换行功能,当输入至行尾时,不必按回车键,Word会自动换行。当需要开始新一段时,按下回车键,插入点会移到下一行首,这时将建立一个新的段落。

360. 怎样在 Word 2003 中选定连续文本?

在 Word 2003 中选择连续文本的常用方法有如下六种。

方法一:将光标定位于待选文本的起始位置,按住鼠标左键并拖动至选定文本的结束位置,松开鼠标。或者将光标定位在要选定内容的起始位置,按住【Shift】键不放,在要选定内容末尾处点击鼠标左键。

方法二:用组合键【Ctrl+Shift+Home】,可选定光标之前的全部内容;用组合键【Ctrl+Shift+End】,可选定光标之后的全部内容。

方法三:选定整行或整段文本。鼠标移至文档工作区左侧空白处时,变为箭头形状,单击鼠标左键,选中鼠标箭头所指的一行;双击鼠标左键,则选中鼠标箭头所指的一个自然段;若按下鼠标左键不放并拖动鼠标则可选中连续的若干行。

方法四:单击菜单栏【编辑】→【全选】命令,或按下【Ctrl+A】组合键,可选中整篇文档。

方法五:选定不连续文本。如果要选定的文本在文档的不同位置,可先选定第一处文本,然后按住【Ctrl】键不放,用鼠标依次选中其他需要选定的内容,最后放开【Ctrl】键,如图 5-8所示。

方法六:选定矩形块。如果需要选定的文本在文档中恰好是个矩形块,可首先按住【Alt】

键不放,然后按下鼠标左键,将鼠标从要选定矩形块的一角拖动到对角,最后放开【Alt】键和鼠标即可,如图 5-9 所示。

图 5-8　选定不连续文本示例　　　　　　　　图 5-9　选定矩形块示例

361. 怎样在 Word 2003 中复制与移动文本?

编辑文本的过程中经常需要复制或移动文本,常用的方法如下。

1. 复制文本

步骤 1. 选定要复制的文本。

步骤 2. 单击菜单栏【编辑】→【复制】命令,或单击鼠标右键,在弹出的快捷菜单中单击【复制】命令,或按【Ctrl+C】组合键对文字进行复制。

步骤 3. 将光标移动到要插入文本的位置。

步骤 4. 单击菜单栏【编辑】→【粘贴】命令,或单击鼠标右键,在弹出的快捷菜单中单击【粘贴】命令,或按【Ctrl+V】组合键,选定文本即被复制到相应位置。

2. 移动文本

移动文本时,只需将上述步骤 2 中菜单栏【编辑】→【复制】命令改为【编辑】→【剪切】命令;其他步骤不变。

362. 怎样在 Word 2003 中使用 Office 剪贴板?

Office 2003 提供的 Office 剪贴板可以存储 24 项剪贴内容,并且这些内容在所有 Office 应用程序中都能共享,也就是说可以利用 Office 剪贴板在 Word 2003 文档或其他 Office 应用程序之间复制和移动文本、图像或其他内容,其操作步骤如下。

步骤 1. 单击菜单栏【编辑】→【Office 剪贴板】命令,打开【剪贴板】任务窗格,如图 5-10 所示。

步骤 2. 选定要移动或复制的文本。

步骤 3. 单击鼠标右键,弹出一个快捷菜单,如果要复制选定文本,则单击【复制】命令,如果要移动选定文本,则单击【剪切】命令,选定内容显示在【剪贴板】任务窗格的【单击要粘贴的项目】列表框中。

步骤 4. 将光标定位于要插入文本的位置。

步骤 5. 单击【剪贴板】中要粘贴的项目，或单击要粘贴项目右侧的向下箭头按钮，在弹出的下拉菜单中选择【粘贴】命令，即可将其粘贴到文档中光标所在位置上。

363. 怎样使用 Word 2003 的撤销和恢复功能？

编辑文本时，不可避免会出现错误操作，这时可以使用 Word 2003 提供的撤销和恢复功能。

1. 撤销

撤销是将编辑状态恢复到刚刚所作的操作之前的状态，常用的撤销方法有以下四种。

图 5-10 【剪贴板】任务窗格

方法一：使用组合键【Ctrl＋Z】撤销上一步操作。

方法二：单击菜单栏【编辑】→【清除××】命令撤销上一步操作。

方法三：单击【常用】工具栏【撤销××】按钮撤销上一步操作。

方法四：单击【常用】工具栏【撤销××】按钮右侧的向下箭头按钮，在弹出的下拉列表框中选择要撤销的最近的连续多个操作。

2. 恢复

恢复操作是撤销操作的逆过程，它会使前面进行的撤销操作失效，使编辑状态恢复到撤销操作之前的状态，常用的方法有如下四种。

方法一：使用组合键【Ctrl＋Y】恢复上一步撤销操作。

方法二：单击菜单栏【编辑】→【恢复××】命令恢复上一步撤销操作。

方法三：单击【常用】工具栏【恢复××】按钮恢复上一步撤销操作。

方法四：单击【常用】工具栏【恢复××】按钮右侧的向下箭头按钮，在弹出的下拉列表框中选择要恢复的最近的连续多个撤销操作。

364. 怎样在 Word 2003 文档中查找和替换？

用 Word 2003 编辑一个较长文档时，可能会需要查找或修改某些常用的文字、格式等。这时使用查找、替换、定位功能，可以提高效率。

1. 查找

单击菜单栏【编辑】→【查找】命令或使用【Ctrl＋F】组合键，打开【查找和替换】对话框，如图 5-11 所示。

在【查找内容】文本框中输入要查找的内容，然后单击【查找下一处】按钮，系统会自动从当前光标位置开始在文档中查找该内容出

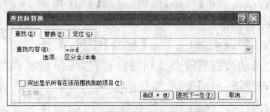

图 5-11 【查找和替换】对话框

现的下一个位置，并将找到的结果以选中的方式显示在文档中。多次单击【查找下一处】按钮可以逐个查找该内容。

如果选中【突出显示所有在该范围找到的项目】复选框，并在其下拉列表框中选择【主文档】，然后单击【查找全部】按钮，系统会将当前文档中所有与查找内容相同的文本用选中的方式显示出来。

2. 替换

打开【查找和替换】对话框,切换到【替换】选项卡。在【查找内容】文本框中输入要查找的内容,在【替换为】文本框中输入替换后的内容。如果单击【替换】按钮,系统会自动替换当前找到的查找内容;如果单击【查找下一处】按钮,系统会忽略当前找到的内容,跳转到下一处查找内容所在位置;如果单击【全部替换】按钮,系统自动替换文档中所有查找内容,并在替换完成后打开提示信息对话框。

3. 定位

打开【查找和替换】对话框,切换到【定位】选项卡,在【定位目标】列表框选择需要定位的目标类型,并在右侧文本框输入定位目标名称,最后单击【定位】按钮,系统自动将光标定位在相应页的左上角。

365. 怎样在 Word 2003 中对文本带格式替换?

用 Word 2003 编辑文档时,可能不仅要替换内容,而且对替换内容的格式有一定要求,带格式替换的操作步骤如下。

步骤 1. 单击菜单栏【编辑】→【替换】命令,打开【查找和替换】对话框,切换到【替换】选项卡,单击【高级】按钮,展开【查找和替换】对话框,如图 5-12 所示。

步骤 2. 将光标定位在【查找内容】文本框中,输入查找内容。依次单击【格式】→【字体】,打开【查找字体】对话框,如图 5-13 所示。

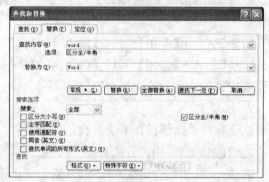

图 5-12 【查找和替换】对话框-【替换】选项卡

在该对话框内设置好查找内容的字体、字形、字号、颜色等格式后,单击【确定】按钮,返回【查找和替换】对话框。

步骤 3. 将光标定位在【替换为】文本框中,输入替换后的内容。依次单击【格式】→【字体】,打开【替换字体】对话框,设置好替换内容的字体、字形、字号、颜色等格式后,单击【确定】按钮,返回【查找和替换】对话框。

步骤 4. 如果单击【替换】按钮,系统会自动替换当前查找到的内容;如果单击【查找下一处】按钮,系统会忽略当前找到的内容,跳转到下一处查找位置;如果单击【全部替换】按钮,系统自动替换文档中所有查找内容,并在完成后打开提示信息对话框。

步骤 5. 关闭【查找和替换】对话框。

【提示】:如果在步骤 2 和步骤 3 的【查找内容】文本框和【替换为】文本框中

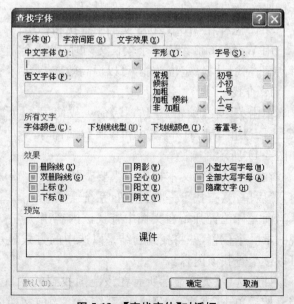

图 5-13 【查找字体】对话框

不输入任何内容,那么就是只替换格式,不替换内容。

366. 怎样在 Word 2003 文档中添加水印效果?

在打印一些重要文件时可能需要给文档加上水印,如将"绝密"、"保密"等字样显示在打印文档文字的后面,但不影响文字的显示效果。

1. 添加文字水印

步骤 1. 打开需要添加水印的文档,单击菜单栏【格式】→【背景】→【水印】,打开【水印】对话框。

步骤 2. 单击【文字水印】按钮,在【文字】下拉列表框中选择或输入作为水印的文字,在【字体】下拉列表框选择需要的字体,在【尺寸】下拉列表框选择或输入水印文字的字号,在【颜色】下拉列表框选择适当的颜色,并设置是否【半透明】,选择【版式】为【斜式】或【水平】。

步骤 3. 单击【应用】按钮预览水印效果,如果不需要修改,单击【关闭】按钮关闭对话框即可。

2. 添加图片水印

步骤 1. 打开【水印】对话框,单击【图片水印】按钮,然后单击【选择图片】按钮,打开【插入图片】对话框。

步骤 2. 选择需要作为水印的图片,单击【插入】按钮,返回【水印】对话框,在【缩放】下拉列表框中根据需要选择缩放比例,并设置是否有【冲蚀】效果。

步骤 3. 单击【应用】按钮预览水印效果,如不需修改,关闭对话框即可。

367. 怎样在 Word 2003 中让文字竖排或首字下沉?

在 Word 2003 中,可以让文档的内容如同古典书籍的排版一样纵向编排,也可以让段落第一个字占用多行位置,即支持文字竖排和首字下沉。

1. 文字竖排

将需要纵向排列的文本选定,然后单击菜单栏【格式】→【文字方向】命令,打开【文字方向】对话框,如图 5-14 所示。在【方向】组合框中选择纵向文字的方向,在【应用于】下拉列表框中选择竖排文字的应用范围,单击【确定】按钮即可。

2. 首字下沉

步骤 1. 将光标定位在需要设置首字下沉的段落的任意位置。

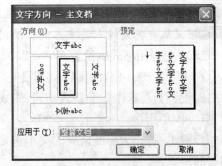

图 5-14　【文字方向】对话框

步骤 2. 单击【格式】→【首字下沉】命令,打开【首字下沉】对话框。

步骤 3. 在【首字下沉】对话框的【位置】组合框中选择合适的首字下沉位置;在【选项】组合框中的【字体】下拉列表框选择合适的字体;在【下沉行数】微调框输入一个合适的数字。

步骤 4. 单击【确定】按钮,首字下沉效果设置完成。

368. 怎样设置 Word 2003 文档的格式?

用 Word 2003 编辑文档时,经常需要设置文本的字体、字号、颜色等格式,常用的方法有如下两种。

方法一:使用【字体】对话框。

步骤 1. 选定要设置格式的文本,单击菜单栏【格式】→【字体】命令,打开【字体】对话框,切换到【字体】选项卡。

步骤 2. 单击【中文字体】和【西文字体】下拉列表框右侧按钮,可分别选择中文字体及西文字体;单击【字形】列表框中的选项,对选定文本设置加粗、倾斜等格式;单击【字号】列表框中的选项,选择文本的大小;单击【字体颜色】下拉列表框,自动弹出颜色列表,单击需要的颜色即可设定文本为指定的颜色。

若需要添加下划线,则单击【下划线线型】下拉列表框,选择需要的下划线线型。单击【下划线颜色】下拉列表框,弹出颜色列表,单击需要的颜色即可将下划线设定为指定颜色。若不需要为选定文本加下划线,只需将【下划线线型】选择为"无"即可。

若需要给指定文字添加着重号,则单击【着重号】下拉列表框,选中着重号符号即可。

单击【效果】组合框中每一项前面的复选框,可对文本设置相应的效果。

步骤 3. 单击【确定】按钮,选定的文本会以所设置的格式显示。

方法二:使用【格式】工具栏。

选定要设置格式的文本,单击【格式】工具栏中相应的格式按钮即可,【格式】工具栏及其按钮含义,如图 5-15 所示。

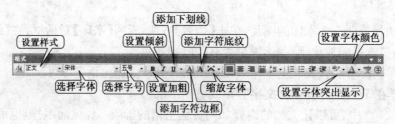

图 5-15 【格式】工具栏

【提示】:如果没有选定文本就设置了字体格式,那么设置的字体格式在光标当前位置生效,接下来从光标处输入的文本就会使用刚刚设置的字体格式。

369. 怎样用格式刷设置 Word 2003 文本的格式?

在 Word 2003 中,使用【格式刷】工具可以用一部分文本的格式作为标准格式,将其他文本的格式设置为与这个标准格式相同,格式刷有以下两种使用方法。

1. 单次引用

步骤 1. 将作为标准格式的文本选定,单击【常用】工具栏中的【格式刷】按钮,光标变为小刷子的形状。

步骤 2. 用滑动条或键盘方向键,使需要应用同样格式的文本显示在屏幕上,将鼠标指针移到目标文本处,按下左键并拖动将其选中,释放鼠标,则被选中文本与标准格式设置为相同,鼠标指针恢复原状。

2. 多次引用

当需要设置相同格式的文本位于不连续的段落时,采用一次引用方式较麻烦。这时可以在选定标准格式文本后,双击【格式刷】按钮,使光标变为小刷子形状。接下来依次在目标文本上拖动鼠标,逐个修改格式。修改完成后,再次单击【格式刷】按钮,鼠标指针恢复原状。

370. 怎样设置 Word 2003 的字符间距和动态效果?

1. 设置字符间距

步骤 1. 选定要改变间距的文本,单击菜单栏【格式】→【字体】命令,打开【字体】对话框,切换到【字符间距】选项卡。

步骤 2. 单击【缩放】下拉列表框，选择显示的缩放比例。单击【间距】下拉列表框，选择将字符间距加宽还是紧缩，并在其后的【磅值】微调框中输入加宽或紧缩的磅数。单击【位置】下拉列表框选择将字符位置提升还是降低，并在其后的【磅值】微调框中输入提升或降低的磅数。

步骤 3. 设置效果满意后，单击【确定】按钮即可。

2. 动态效果

步骤 1. 选定将要设置动态效果的文字。

步骤 2. 打开【字体】对话框，切换到【文字效果】选项卡。

步骤 3. 在【动态效果】列表框中选择一种效果，在【预览】区中能够看到其效果。

步骤 4. 单击【确定】按钮，返回文档即可看到选定文字出现指定的动态效果。

【提示】： 动态效果只能在文档中看到，而无法打印出来。

371. 在 Word 2003 文档中怎样给汉字加上拼音?

在 Word 2003 中给汉字加拼音的操作步骤如下。

步骤 1. 选定要加拼音的文本，单击菜单栏【格式】→【中文版式】→【拼音指南】命令，打开【拼音指南】对话框，如图 5-16 所示。

选定文本显示在【基准文字】文本框内，对应文字的汉语拼音出现在【拼音文字】文本框内，若需要修改，在对应文本框内修改即可，文档中相应的内容也会随着修改。

步骤 2. 单击【对齐方式】下拉列表框，设置汉字与其拼音的对齐方式。

步骤 3. 在【偏移量】微调框内设置拼音与对应汉字之间的纵向距离。

图 5-16 【拼音指南】对话框

步骤 4. 单击【字体】下拉列表框，设置拼音的字体;单击【字号】下拉列表框，设置拼音的字号大小。

步骤 5. 每设置一项，在【预览】区内都可以看到设置效果。设置效果符合要求后，单击【确定】按钮即可。

372. 怎样在 Word 2003 文档输入带圈的数字序号或文字?

在 Word 文档中输入带圈的数字序号或文字有如下三种方法。

方法一: 从软键盘输入带圈数字序号。

步骤 1. 将光标定位在需要插入带圈数字序号的位置。

步骤 2. 切换到中文输入法，单击语言栏的【功能菜单】→【软键盘】→【数字序号】打开软键盘，用软键盘可以输入带圈的数字序号。

方法二: 用插入特殊符号输入带圈的数字序号。

步骤 1. 将光标定位在需要插入带圈数字序号的位置。

步骤 2. 单击菜单栏【插入】→【特殊符号】命令，打开【插入特殊符号】对话框，切换到【数字序号】选项卡，选择带圈的数字序号，单击【确定】按钮即可。

方法三: 用菜单命令输入带圈的文字。

步骤 1. 选中需要带圈的文字,单击菜单栏【格式】→【中文版式】→【带圈字符】命令,打开【带圈字符】对话框,如图 5-17 所示。

步骤 2. 在【文字】文本框内输入需要带圈的字,在【圈号】列表框内选择圈的不同形式。【样式】组合框内的图标显示了每种样式效果。

步骤 3. 单击【确定】按钮,选定文字被加上了设定的圈。

373. 在 Word 2003 文档中怎样合并字符或双行合一?

在 Word 文档中,合并字符是指将多个字符以两行的形式显示在一行上,双行合一是将同一个文本行中的内容平均地分布在两行中,并将分开的两行文字组合成一个整体,效果图如图5-18所示。

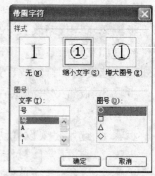

图 5-17 【带圈字符】对话框

1. 合并字符

选定要合并的字符,单击菜单栏【格式】→【中文版式】→【合并字符】命令,打开【合并字符】对话框,单击【字体】下拉列表框可以设置合并字符的字体,在【字号】文本框内可输入合并字符的字号,最后单击【确定】按钮即可。

2. 双行合一

首先选定文本,然后单击菜单栏【格式】→【中文版式】→【双行合一】命令,打开【双行合一】对话框。选择【带括号】复选框,然后在【括号样式】下拉列表框中选择

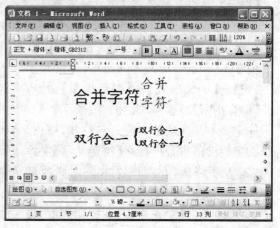

图 5-18 【合并字符】效果图

一个括号样式,最后单击【确定】按钮即可将选定的文本双行合一。

374. 怎样在 Word 2003 中设置段落的对齐方式?

Word 文档中段落的对齐方式主要包括左对齐、右对齐、居中、两端对齐和分散对齐五种方式。设置对齐方式的常用方法有以下两种。

方法一:【格式】工具栏命令按钮或快捷键方式。

选定要设置对齐方式的段落,单击【格式】工具栏中的命令按钮或相应快捷键即可。常用的命令按钮及相应快捷键见表 5-1。

方法二:菜单方式。

选定要设置对齐方式的段落,单击菜单栏【格式】→【段落】命令,打开【段落】对话框,如图 5-19所示。切换到【缩进和间距】选项卡中,在【常规】组合框中的【对齐方式】下拉列表框中选择需要的对齐方式,单击【确定】按钮即可。

375. 怎样在 Word 2003 中设置段落的缩进方式?

Word 文档中段落的缩进方式是段落两侧与页边距的距离,常用的缩进方式有左缩进、右缩进、首行缩进和悬挂缩进 4 种,具体设置方法如下。

选定需要设置缩进的段落,将鼠标移至其上并右击,在弹出的快捷菜单中单击【段落】命令,打开【段落】对话框。切换到【缩进和间距】选项卡中,在【缩进】组合框中的【左】和【右】微调

表 5-1　对齐方式命令按钮与快捷键

对齐方式	命令按钮	快捷键
左对齐		【Ctrl+L】
右对齐		【Ctrl+R】
居中		【Ctrl+E】
两端对齐		【Ctrl+J】
分散对齐		【Ctrl+Shift+J】

图 5-19　【段落】对话框

框中可以设置左边或右边缩进的字符数。【特殊格式】下拉列表框中的【首行缩进】是指每个段落的第一行缩进,【悬挂缩进】是指每个段落除了第一行之外的行的缩进,【特殊格式】的缩进量可在【度量值】微调框中输入。设置完成后,单击【确定】按钮即可。

376. 怎样在 Word 2003 中设置行间距和段间距?

在 Word 文档中行间距是指段落中行与行之间的距离,段间距指相邻两个段落之间的距离,设置步骤如下。

步骤 1. 选中需要设置行间距或段间距的段落,单击菜单栏【格式】→【段落】命令,打开【段落】对话框。

步骤 2. 切换到【缩进和间距】选项卡中,在【间距】组合框中的【段前】、【段后】微调框中可输入数字,分别表示该段与前一段和后一段之间的距离。在【行距】下拉列表框中可选择该段落中各行之间的距离,有【单倍行距】、【1.5 倍行距】、【2 倍行距】、【最小值】、【固定值】和【多倍行距】6 个选项。当用户选择了【最小值】、【固定值】或【多倍行距】时,才可以在后面的【设置值】微调框中设置具体的行距值,【预览】区中可以看到设置后的效果。

步骤 3. 设置完成后,单击【确定】按钮即可。

377. 怎样在 Word 2003 中为文本添加边框?

为文本加上边框可以突出其内容,操作步骤如下。

步骤 1. 选中需要加边框的文本,单击菜单栏【格式】→【边框和底纹】命令,打开【边框和底纹】对话框,如图 5-20 所示。

步骤 2. 切换到【边框】选项卡,在【设置】组合框内选择边框的样式,在【线型】下拉列

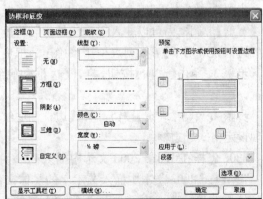

图 5-20　【边框和底纹】对话框

表框内选择边框线线型,在【颜色】下拉列表框内可选择边框线的颜色,在【宽度】下拉列表框内可选择边框线的粗细程度也可以利用【预览】区中四个边框线按钮设置边框。在【应用于】下拉列表框中选择将该设置应用的范围,包括【段落】和【文字】两个选项,【段落】选项指边框将应用于选定文字所在的整个段落,【文字】选项是将边框仅应用于选定文字。只有当用户选择应用于【段落】选项时,才可以用预览区四个按钮分别设置上、下、左、右四个边框的显示或隐藏状态,【选项】按钮才是可用状态。

步骤 3. 单击【选项】按钮,打开【边框和底纹选项】对话框,在【上】、【下】、【左】、【右】四个微调框内输入数值,用来设置边框与正文的距离。

步骤 4. 单击【确定】按钮返回【边框和底纹】对话框,单击【确定】按钮即可。

378. 怎样在 Word 2003 中为文本添加底纹?

底纹是由底色和图案叠加而成的,为文本添加上底纹能起到修饰作用,同时可以突出其内容,添加方法如下。

步骤 1. 选定要加底纹的文本,单击菜单栏【格式】→【边框和底纹】命令,打开【边框和底纹】对话框,切换到【底纹】选项卡,如图 5-21 所示。

步骤 2. 在【填充】组合框内选择一种颜色作为选定文本的底色。【图案】组合框用来设置叠加在底色上的图案的样式和颜色,分别在相应的下拉列表框中选择即可,每一次改变设置,在【预览】区中都可以看到效果。

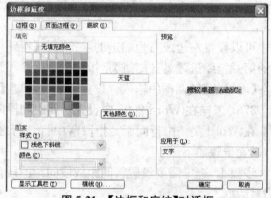

图 5-21 【边框和底纹】对话框

步骤 3. 单击【确定】按钮即完成。

379. 怎样在 Word 2003 中为页面添加边框?

为 Word 文档页面添加边框,就是在文档页面的周围加上边框,操作步骤如下。

步骤 1. 单击菜单栏【格式】→【边框和底纹】命令,打开【边框和底纹】对话框,切换到【页面边框】选项卡。

步骤 2. 在【设置】组合框中,可以选择边框的样式。【线型】列表框用来设置边框线的线型,【宽度】微调框内可以输入边框线的粗细程度,在【艺术型】下拉列表框内可以选择一些图形组成边框,【应用于】下拉列表框用来确定边框应用的范围。

步骤 3. 单击【选项】按钮,打开【边框和底纹选项】对话框,可以在其中设置页面边框的位置。

步骤 4. 单击【确定】按钮,返回【边框和底纹】对话框,单击【确定】按钮,在文档页面周围会出现设定格式的边框。

380. 怎样在 Word 2003 文本中插入艺术字?

在 Word 2003 文本中插入艺术字的具体操作步骤如下。

步骤 1. 将光标定位到文档需要插入艺术字的位置。

步骤 2. 依次单击菜单栏【插入】→【图片】→【艺术字】命令,打开【艺术字库】对话框。

步骤 3. 在【艺术字库】对话框中选中适合的样式,单击【确定】按钮,打开【编辑"艺术字"文字】对话框。在【文字】文本框内输入艺术字内容,在【字体】下拉列表框内可选择文字的字体,在【字号】下拉列表框内设置文字的字号,其右侧的【加粗】按钮和【倾斜】按钮可设置文字的格式。

步骤 4. 设置完成后,单击【确定】按钮即可。

381. 怎样在 Word 2003 文本中插入图片文件?

如果插入的图片是本地图片,可按如下步骤操作。

步骤 1. 将光标定位于文档中需要插入图片的位置处,依次单击菜单栏【插入】→【图片】→【来自文件】命令,打开【插入图片】对话框。

步骤 2. 单击【文件类型】下拉列表框,选择需要的图片文件类型,单击【查找范围】下拉列表框,或双击对话框左边的列表,找到目标文件所在的路径。

步骤 3. 选中所需文件,双击文件名或单击【确定】按钮,图片即插入文档中光标位置处。

步骤 4. 图片周围出现 8 个控制点,将鼠标移到控制点上,鼠标指针变为双向箭头,按下鼠标左键并拖动可调整图片大小。

382. 怎样使用 Word 2003 的图片工具栏?

在 Word 文档中选定一个图片时,会自动弹出【图片】工具栏,如图 5-22 所示。

(1)【插入图片】按钮:用于插入来自文件的图片,新插入的图片将替代当前选中的图片。

(2)【颜色】按钮:主要用于控制图像的色彩。单击该按钮会出现下拉菜单,包括【自动】、【灰度】、【黑白】和【冲蚀】四项。【自动】是指图片颜色和插入前图片的颜色一

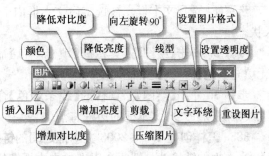

图 5-22　【图片】工具栏

致;【灰度】是指各种颜色按照灰度等级变成相应的黑白图片;【黑白】是指图片只有黑白两色;【冲蚀】可使指图片具有水印的效果。

(3)【增加对比度】和【降低对比度】按钮:用于增加和降低图片色彩的对比度。

(4)【增加亮度】和【降低亮度】按钮:用于增加和降低图片色彩的亮度。

(5)【裁剪】按钮:用于裁剪图片。单击【裁剪】按钮,鼠标指针就会变成两个十字交叉形状,将鼠标移至图片 8 个控制点中的任意一个上,按住鼠标左键并拖动,会出现一个虚线框,当松开鼠标左键时,图片将只剩下虚线框内的部分。

(6)【向左旋转 90°】按钮:将图片向左旋转 90°。

(7)【线型】按钮:用于设置图片边框的线型。

(8)【压缩图片】按钮:用于选中的图片或文档所有图片的压缩。

(9)【文字环绕】按钮:用于设置文字与图片的环绕形式。单击该按钮会弹出【文字环绕】菜单,各选项的图标显示出了相应的环绕效果。

(10)【设置图片格式】按钮:用于设置图片的格式。单击该按钮可打开【设置图片格式】对话框,该对话框有 6 个选项卡,切换到各选项卡可以设置图片的颜色与线条、大小、版式、图片的亮度、对比度等属性。

(11)【设置透明色】按钮:将图片的背景色设为透明色,前提是原始图片必须全部着色,不

能有无色的区域和点。

（12）【重设图片】按钮：将图片的颜色、尺寸等格式恢复到图片原始状态。

【提示】：若不能弹出【图片】工具栏，则选定一个图片后并右击，在弹出的快捷菜单中单击【显示"图片"工具栏】命令，也可打开【图片】工具栏。

383. 怎样在 Word 2003 文档中插入文本框？

文本框是 Word 文档中可以以图形对象方式使用的、主要存放文本的容器，可放置在页面上并可调整其大小，使用文本框可以非常灵活地在任意位置输入文字。

首先将光标定位于将要插入文本框的位置，然后单击【绘图】工具栏中的【文本框】按钮，或者选择菜单栏【插入】→【文本框】→【横排】命令，在光标处出现一个虚框，鼠标指针变为"十"字形状。此时将鼠标移至虚框内，按下鼠标左键并拖动鼠标会出现一个矩形框，放开鼠标即可将一个横向排列的文本框插入文档中，将光标定位到文本框中就可以输入文本了。

384. 怎样将 Word 2003 文本框设置成透明的？

在 Word 文档中使用文本框时，可能会遮住文档中的某些内容。这个问题可以通过将文本框设置为【无填充颜色】和【无线条颜色】来解决，操作步骤如下。

步骤 1. 选定文本框。被选定后文本框内不会有光标闪动，若光标在文本框内闪动则是输入状态。

步骤 2. 单击【绘图】工具栏的【填充颜色】命令按钮右边的小三角，在弹出的菜单中单击【无填充颜色】命令，文本框即变为透明的。

步骤 3. 单击【绘图】工具栏的【线条颜色】命令按钮右边的小三角，在弹出的菜单中单击【无线条颜色】命令，文本框的边框将消失。

385. 怎样创建 Word 2003 文本框之间的链接？

文本框的链接就是把两个以上的文本框链接在一起，不管它们的距离有多远，如果文字在上一个文本框中排满，则在链接的下一个文本框中继续排下去，创建文本链接的步骤如下。

步骤 1. 创建一个以上文本框，并选中第一个文本框，第一个文本框可以空也可以非空。

步骤 2. 选中文本框后单击菜单栏【视图】→【工具栏】→【文本框】命令，打开【文本框】工具栏，如图 5-23 所示。

步骤 3. 单击【文本框】工具栏中的【创建文本框链接】按钮，鼠标指针变为水杯形状。

步骤 4. 把鼠标移到空文本框上面，鼠标指针变为水杯倒水的形状，单击鼠标即可创建链接。

图 5-23 【文本框】工具栏

步骤 5. 如果要创建链接的文本框多于两个，则继续依次单击【下一文本框】和【创建文本框链接】命令按钮，再单击下一个空文本框继续创建链接。

【提示】：横排文本框和竖排文本框之间不能创建链接。

386. 怎样在 Word 2003 文本中创建/删除表格？

在编辑 Word 2003 文档时，经常需要创建或删除表格。

1. 插入表格

方法一：利用菜单命令创建表格。

步骤 1. 将光标定位于文档中需要创建表格的位置处。

步骤 2. 单击菜单栏【表格】→【插入】→【表格】命令,打开【插入表格】对话框。

步骤 3. 根据需要,在【表格尺寸】组合框的【行数】和【列数】微调框内输入表格的行数和列数,表格行数不限,但是列数介于 1～63。

步骤 4. 单击【确定】命令按钮,一个简单的表格就插入文档中了。

方法二: 手工绘制表格。使用手工绘制表格可以灵活绘制不同高度或每行包含不同列数的复杂表格,操作步骤如下。

步骤 1. 单击【常用】工具栏上的【表格和边框】按钮或单击菜单栏【视图】→【工具栏】→【表格和边框】命令,打开【表格和边框】工具栏,如图 5-24 所示。

图 5-24 【表格和边框】工具栏

步骤 2. 单击【表格和边框】工具栏上的【绘制表格】按钮,鼠标指针将变为笔形。将鼠标指针移到文本区中,按下左键,从要创建表格的区域一角拖动至对角,确定表格的外围边框。

步骤 3. 在创建的外边框或已有表格中,拖动鼠标绘制需要的横线、竖线、斜线、单元格等。

步骤 4. 如果要去掉某条表格线,单击【表格和边框】工具栏的【擦除】按钮,鼠标指针变为"橡皮"形状,将光标移到需要擦除的线上,按下鼠标左键,从线的一端拖动到另一端即可。

2. 删除表格

将鼠标移到表格上,表格左上角出现一个"田"字形状的控制点,单击该控制点,选定整个表格,然后单击菜单栏【表格】→【删除】→【表格】命令即可将表格删除。

387. 怎样在 Word 2003 中让表格自动调整?

Word 2003 文档表格的【自动调整】操作是系统根据用户对该操作的设置自动调整单元格的大小,可以在插入表格时设置,也可以重新设置已有表格的自动调整方式。对于已有的表格,将其选定后单击鼠标右键,从弹出菜单的【自动调整】下拉菜单中可重新设置【自动调整】操作。

【自动调整】操作有三种方式,分别是【固定列宽】、【根据内容调整表格】和【根据窗口调整表格】。

(1)设置为【固定列宽】的表格,插入文档时,表格宽度与文档窗口宽度相同。当某列输入的文本宽度大于列宽时自动换行,列宽不变。

(2)设置为【根据内容调整表格】的表格,空表时各列只有 1 个字符宽度。在某列输入文本时,其列宽随着内容增加而增加,同时压缩其他列的宽度,而表格的总体宽度不变,直至其他列宽度不能再缩小时本列文本才换行。这种表格调整列宽的原则是,在容纳表格所有内容的前提下,改变各列宽度时使本行的高度最小。

(3)设置为【根据窗口调整表格】的表格,插入文档时,表格宽度与文档窗口宽度相同。当某列输入的文本超过列宽时自动换行,列宽不变。

文档窗口的宽度增加时,设置为【固定列宽】的表格不发生变化,其他两种设置的表格宽度始终与文档窗口宽度相同。文档窗口的宽度减小时,此三种设置的表格宽度都减小至与窗口宽度相同。

388. 怎样选定 Word 2003 的表格及其行、列、单元格?

对 Word 文档的表格操作时经常需要选定单元格、选定行、选定列等,常用的方法有如下四种。

方法一：将鼠标移到表格上，表格左上角会出现一个"田"字形状的控制点，单击这个控制点可以选定整个表格。

方法二：将鼠标移到任一单元格的左边框时，光标变为黑色的箭头形状，单击鼠标可以选定该单元格。按下鼠标左键左右或上下拖动则可以选定同一行或同一列的若干单元格。

方法三：将鼠标移到表格最左侧边框线左边，鼠标变为箭头形状，单击左键，选中鼠标所指的整行，上下拖动鼠标可选定多行。将鼠标移到表格最上面边框线上，鼠标变为黑色向下的箭头形状，单击左键，选中鼠标所指的整列，左右拖动鼠标可选定多列。

方法四：将光标定位于要选定的行中，单击菜单栏【表格】→【选择】→【行】即可选中该行。用同样的方法，在【选择】菜单项的下拉菜单中选择相应的命令可以选定列和单元格。

389. 在 Word 2003 文档表格中怎样手动调整行高和列宽？

在 Word 文档表格中有时需要手动调整行高和列宽，方法如下。

方法一：平均分布各行或平均分布各列。

选定表格，单击【表格和边框】工具栏上的【平均分布各行】或【平均分布各列】命令按钮，或在选定区域上单击鼠标右键，在弹出的快捷菜单中单击【平均分布各行】或【平均分布各列】，可使表格中的各行或各列以相同的高度或宽度分布。

方法二：单独调整各行、各列的大小。

利用鼠标拖动边框线可以单独调整各行或各列不同的高度或宽度。将鼠标指针指向需要调整行高或列宽的单元格边线上，使鼠标指针变为"←┼┼→"形状。单击鼠标左键，出现一条虚线，这时按住鼠标左键并上下或左右拖动，即可改变表格的行高或列宽。

390. 怎样设置 Word 2003 文档表格单元格文本的对齐方式？

Word 文档表格单元格文本的对齐方式包括水平对齐方式和垂直对齐方式，设置方法如下。

方法一：设置水平对齐方式。

选定表格或单元格，单击【格式】工具栏的对齐方式按钮，或单击菜单栏【格式】→【段落】命令，打开【段落】对话框，并切换到【缩进和间距】选项卡，在【常规】组合框的【对齐方式】下拉列表框中选择对齐方式。

方法二：设置垂直对齐方式。

选定表格或单元格，在选定区域上单击鼠标右键，在弹出的快捷菜单中单击【表格属性】命令，或者单击菜单栏【表格】→【表格属性】命令，打开【表格属性】对话框。切换到【单元格】选项卡，在【垂直对齐方式】组合框内选择一种对齐方式，最后单击【确定】按钮即可。

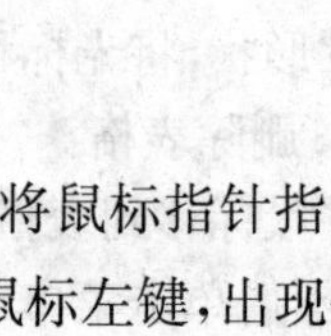

图 5-25　单元格对齐方式列表

方法三：一次设置水平和垂直两种对齐方式。

选定表格或单元格，在选定区域上单击鼠标右键，在弹出的快捷菜单中将鼠标指针指向【单元格对齐方式】，弹出如图 5-25 所示的对齐方式列表，根据需要单击一种对齐方式按钮即可。

391. 在 Word 2003 中怎样设置表格位置和文字环绕方式？

设置表格在 Word 文档中的位置就是设置表格的对齐方式；设置表格的文字环绕方式可以确定文档文本和表格的相对位置。

1. 设置表格对齐方式

设置表格对齐方式有如下两种方法。

方法一：选定表格，单击【格式】工具栏中的【对齐方式】命令按钮。

方法二：选定表格，单击菜单栏【表格】→【表格属性】命令，打开【表格属性】对话框。切换到【表格】对话框，在【对齐方式】组合框中选择一种方式。如果选择了【左对齐】方式，还可以在【左缩进】微调框内设置表格距左页边距的距离。最后单击【确定】按钮即可。

2. 设置表格的文字环绕方式

在【表格属性】对话框的【文字环绕】组合框中选择【环绕】方式，单击【定位】按钮，打开【表格定位】对话框，如图 5-26 所示。在该对话框内设置表格的相对位置后，单击【确定】按钮，返回【表格属性】对话框，单击【确定】按钮返回文档。

图 5-26　【表格定位】对话框

392. 怎样在 Word 2003 中将文本和表格互相转换？

1. 将文本转换成表格

在 Word 文档中，如果一段文本已用制表符、空格或逗号划分开，并且以回车符划分行，那么这段文本就可以转换成表格，操作步骤如下。

步骤 1. 选定需要转换的文本，单击菜单栏【表格】→【转换】→【文本转换成表格】命令，打开【将文字转换成表格】对话框，如图 5-27 所示。

步骤 2. 在【"自动调整"操作】组合框内根据需要选择表格宽度。

步骤 3. 在【文字分隔位置】组合框内根据实际情况选择相应分隔符，转换表格时，将以该分隔符为分界线划分各列。

步骤 4. 单击【确定】按钮，即将选定文本转换成表格。

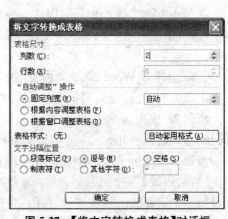

图 5-27　【将文字转换成表格】对话框

2. 将表格转换成文本

将表格转换成文本和将文本转换成表格是一个相反的过程，操作步骤如下。

步骤 1. 将光标定位到要转换成文本的表格中或选定表格。

步骤 2. 单击菜单栏【表格】→【转换】→【表格转换成文本】命令，打开【表格转换成文本】对话框并选择【文字分隔符】。

步骤 3. 单击【确定】按钮即可将表格转换成文本，表格中每一行仍在同一行上，每列内容之间用选定的分隔符隔开。

393. 怎样在 Word 2003 的表格中插入和删除行、列或单元格？

1. 插入行、列或单元格

选定插入位置后，单击菜单栏【表格】→【插入】菜单项，在弹出的下拉菜单中根据需要选择一项即可。选择【单元格】时,会打开【插入单元格】对话框,在该对话框中设置插入单元格后其他单元格的移动方式,单击【确定】按钮即可。

【提示】:插入行、列或单元格的数目与选定的行、列或单元格的数目相同。

2. 删除行、列或单元格

将光标定位于要删除的行、列或单元格内,单击菜单栏【表格】→【删除】菜单项,在下拉菜单中根据需要选择一项即可。选择【单元格】时,会打开【删除单元格】对话框,在该对话框中设置删除指定单元格后其他单元格的移动方式,单击【确定】按钮即可。

394. 怎样在 Word 2003 表格中合并和拆分单元格或表格?

1. 合并单元格

在 Word 文档中编辑表格时,只有相邻的多个单元格才能合并成一个。选中将要合并的多个相邻单元格,单击菜单栏【表格】→【合并单元格】命令,或将鼠标移到选定区域上单击右键,在弹出的快捷菜单中单击【合并单元格】命令,或单击【表格和边框】工具栏的【合并单元格】命令按钮即可。

2. 拆分单元格

选定要拆分的单元格或将光标定位于其中,单击菜单栏【表格】→【拆分单元格】命令,或将鼠标移到选定区域上单击右键,在弹出的快捷菜单中单击【拆分单元格】命令,或单击【表格和边框】工具栏的【拆分单元格】命令按钮,打开【拆分单元格】对话框,在其中设置好要拆分成的行数和列数,单击【确定】按钮即可。

3. 拆分表格

在 Word 2003 文档中还可以将一个表格按行拆分成两个表格,首先将光标定位于某单元格中,然后单击菜单栏【表格】→【拆分表格】命令即可将表格从光标所在行开始拆分成两个表格。

395. 怎样对 Word 2003 文档表格中的数据进行计算?

步骤 1. 将光标定位到希望存放计算结果的单元格中。

步骤 2. 单击菜单栏【表格】→【公式】命令,打开【公式】对话框,如图 5-28 所示。

步骤 3. 在【公式】文本框中输入一个公式,或单击【粘贴函数】下拉列表框,从中选择一个函数,函数前面一定要输入"="符号,在【数字格式】下拉列表框中选择或输入计算结果的格式,单击【确定】按钮即可。

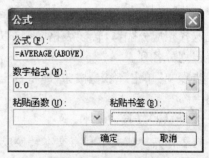

图 5-28 【公式】对话框

【提示】:(1)用公式计算的单元格,其内容不会随着数据源单元格内容变化。

(2)在 Word 表格中公式函数见表 5-2,书写时不区分大小写,单元格按列名+行号命名,列名从左到右按字母顺序命名为 A、B、C、……,行号用数字表示为 1、2、3、……,如第二列第三行单元格就用"B3"表示。函数中,表示连续的单元格可用"起始单元格、终止单元格"方式,如"B2:B6"表示从 B2 到 B6 这 5 个单元格。有些函数参数可以用"ABOVE"、"BELOW"、"LEFT"和"RIGHT"分别表示光标所在单元格的同一列上、下和同一行左、右的所有单元格。

表 5-2   Word 公式中的数学函数

函　数	功　能	格　式	举　例
ABS	求绝对值	ABS(单元格)	ABS(B1)
AND	两个值逻辑与运算	AND(单元格 1,单元格 2)	AND(A1,C1)
AVERAGE	求一组值的平均值	AVERAGE(单元格组)	AVERAGE(ABOVE)
COUNT	对一组值计数	COUNT(单元格组)	COUNT(LEFT)
DEFINED	判断表达式是否合法	DEFINED(表达式)	DEFINED(D1-C4)
FALSE	单元格值为假	FALSE	FALSE
IF	条件函数	IF(逻辑表达式,表达式 1,表达式 2)	IF(C1>C2,C1-1,C2+1)
INT	取整	INT(单元格)	INT(C2)
MAX	求一组值的最大值	MAX(单元格组)	MAX(A1:E1)
MIN	求一组值的最小值	MIN(单元格组)	MIN(A1:E1)
MOD	求余数	MOD(单元格,除数)	MOD(C1,10)
NOT	非运算	NOT(单元格)	NOT(B1)
OR	两个值逻辑或运算	OR(单元格 1,单元格 2)	OR(B1,C1)
PRODUCT	求一组值的乘积	PRODUCT(单元格组)	PRODUCT(A4:C4)
ROUND	四舍五入	ROUND(单元格,小数位数)	ROUND(C1,1)
SIGN	判断正负	SIGN(单元格)	SIGN(D1)
SUM	对一组值求和	SUM(单元格组)	SUM(A4,C4,D4)
TRUE	单元格值为真	TRUE	TRUETRUE

396. 怎样对 Word 2003 文档表格中的数据排序？

步骤 1. 将光标定位到任意单元格内,单击菜单栏【表格】→【排序】命令,打开【排序】对话框,如图 5-29 所示。

步骤 2. 在【主要关键字】下拉列表框内设置按哪一列排序,此项不能为空,在其右侧【类型】下拉列表框中设置【主要关键字】的类型,并选择按【升序】还是【降序】排列;在【次要关键字】下拉列表框中选择次要关键字,即当表格中的多行【主要关键字】相同时,它们之间将按次要关键字排序,也要设置其类型和排序方向;在【列表】组合框中根据实际情况选择【有标题行】或【无标题行】。

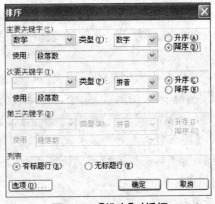

图 5-29 【排序】对话框

步骤 3. 单击【确定】按钮,完成排序。

397. 怎样设置 Word 2003 文档表格的边框和底纹？

1. 设置表格边框

步骤 1. 选定要设置格式的表格,鼠标右击选定区域,在弹出的快捷菜单中单击【边框和底纹】命令,打开【边框和底纹】对话框。

步骤 2. 切换到【边框】选项卡，在【设置】组合框中，选项【无】是将表格的所有边框线都隐藏起来；选项【方框】是只对表格周围的边框设置，而内部的边框线全部隐藏；选项【全部】是对表格中所有的边框线设置并显示；选项【网格】是只对表格周围的边框线设置，但是内部的边框线也不隐藏，仍保持原来的格式；选择【自定义】选项后，可以利用【线型】、【颜色】、【宽度】功能结合【预览】组合框中的 8 个按钮，单独设置表格各个部位的边框线，根据实际需要选择一种。

步骤 3. 如果在步骤 3 中选择了【方框】、【全部】或【网格】之一，则在【线型】列表框中选择边框线的线型；单击【颜色】下拉列表框，在弹出的颜色列表中，为边框线选择一种颜色；单击【宽度】下拉列表框，选择边框线的粗细程度。

如果在步骤 3 中选择了【自定义】选项，则设置了【线型】、【颜色】、【宽度】之后，单击【预览】组合框中的按钮，设置表格相应部位的边框线。

步骤 4. 以上操作效果都可以在【预览】区看到。设置完成后单击【确定】按钮即可。

2. 设置表格底纹

选定表格，打开【边框和底纹】对话框，切换到【底纹】选项卡。从【填充】区域中选定要填充的颜色；在【图案】组合框中设置好表格填充图案的【样式】和【颜色】后，单击【确定】按钮即可。

398. 怎样在 Word 2003 文档表格中绘制斜线表头？

步骤 1. 将光标定位于表头单元格。单击菜单栏【表格】→【绘制斜线表头】命令，打开【插入斜线表头】对话框，如图 5-30 所示。

步骤 2. 单击【表头样式】下拉列表框，根据【预览】框的示意图选择合适的表头样式；单击【字体大小】下拉列表框，选择表头字体的字号；在【行标题】、【数据标题】、【列标题】等文本框中输入表头各栏的文字。

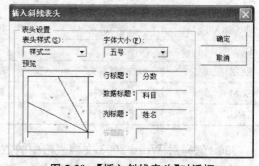

步骤 3. 设置完成后，单击【确定】按钮即可。

图 5-30 【插入斜线表头】对话框

399. 怎样使 Word 2003 表格的表头跨页和防止一行跨页？

1. 表头跨页

选定要作为表头的一行或多行文字，单击菜单栏【表格】→【标题行重复】命令或单击菜单栏【表格】→【表格属性】命令，打开【表格属性】对话框，切换到【行】选项卡，选中【在各页顶端以标题行形式重复出现】复选框，单击【确定】按钮。

【提示】：选定作为表头的一行或多行文字时，选定内容必须包括表格中的第一行；重复表头只有在【页面视图】和【阅读版式】状态下才能看到；如果在文档中插入了换页符，重复表头不会出现在下一页。

2. 防止一行跨页

在 Word 文档中允许表格跨页，有时候会导致同一行的内容出现在两页上，影响阅读效果，可以通过设置防止这种情况发生，设置方法如下。

选定要处理的表格，单击菜单栏【表格】→【表格属性】命令，打开【表格属性】对话框，切换到【行】选项卡，取消【允许跨页断行】复选框，单击【确定】按钮即可。

400. 怎样设置 Word 2003 文档的纸张、页面？

步骤 1. 单击菜单栏【文件】→【页面设置】命令，打开【页面设置】对话框。

步骤 2. 切换到【纸张】选项卡,单击【纸张大小】下拉列表框,根据需要选择纸张型号。

步骤 3. 切换到【页边距】选项卡,在【页边距】组合框中【上】、【下】、【左】、【右】四个微调框内输入页边距,设置文档正文与纸张各边界的距离。若打印后需要装订,则在【装订线】微调框和【装订位置】下拉列表框内设置装订线距纸张边界的距离和位置。在【方向】组合框内单击【横向】或【纵向】单选按钮选择纸张方向。

步骤 4. 设置完成后,单击【确定】按钮即可。

401. 怎样设置 Word 2003 文档中每页行数和每行字符数?

一般情况下,编辑 Word 文档时,每页字符行数和每行字符个数使用默认值就可以了,如有需要也可以自己设置,操作步骤如下。

步骤 1. 单击菜单栏【文件】→【页面设置】命令,打开【页面设置】对话框,切换到【文档网格】选项卡,如图 5-31 所示。

步骤 2. 在【网格】组合框中选中【文字对齐字符网格】选项;在【字符】组合框的【每行】微调框中输入每行最多允许的字符数,当每一行的字符数达到该设定值时就会自动换行;在【行】组合框的【每页】微调框中输入每页行数,当每一页的行数达到该设定值时就会自动换页。

图 5-31 【文档网格】选项卡

步骤 3. 设置完成后,单击【确定】按钮即可。

402. 怎样在 Word 2003 文档中设置分栏?

方法一:用菜单分栏。

步骤 1. 单击菜单栏【格式】→【分栏】命令,打开【分栏】对话框,如图 5-32 所示。

步骤 2. 在【预设】组合框中选择一种分栏方式,或在【栏数】微调框内输入分栏数。

步骤 3. 如果各栏宽度相等,则选择【栏宽相等】复选框,否则取消该复选框之后在【宽度和间距】组合框的【宽度】微调框内设置各栏的宽度,并在【间距】微调框内设置相邻两栏之间的栏间距。如果各栏之间需要加入分隔线,要选中【分隔线】复选框。

图 5-32 【分栏】对话框

步骤 4. 在【应用于】下拉列表框选择【整篇文档】或根据需要选择应用范围。

步骤 5. 在【预览】区内可以看到设置效果,满意后单击【确定】按钮即可。

方法二:使用工具栏命令按钮分栏。

选定文本或将光标定位于要分栏的节中，单击【常用】工具栏的【分栏】按钮，拖动鼠标设置栏数，可以将选定文本或光标所在节分栏。用这种方法分栏快，但各栏宽度相等，栏宽和栏间距是系统默认值。

【提示】：Word 文档分栏后，若要将文档标题设置在各栏最上方，那么在设置分栏时，就不要选取文档标题；如果标题已经被分栏，那么选中标题将其重新设置为一栏即可。

403. 怎样在 Word 2003 文档中插入/删除分节符？

1. 插入分节符

新建文档时，Word 将整篇文档默认为一节，若需要将文档的不同部分设置不同的格式，就需要将文档分成若干节，操作步骤如下。

步骤 1. 将光标定位于需要插入分节符的位置。

步骤 2. 单击菜单栏【插入】→【分隔符】命令，打开【分隔符】对话框。

步骤 3. 在【分节符】组合框中选择需要的分节符类型，有【下一页】、【连续】、【奇数页】和【偶数页】四种类型。【下一页】表示插入一个分节符并分页，下一节从下一页开始；【连续】表示插入一个分节符，下一节从同一页开始；【奇数页】表示插入一个分节符，下一节从下一个奇数页开始；【偶数页】表示插入一个分节符，下一节从下一个偶数页开始。

步骤 4. 单击【确定】按钮。

2. 删除分节符

分节符只有在普通视图方式下才能显示出来，若要删除分节符，先切换到普通视图方式下，再选定需要删除的分节符，按下【Delete】键即可。

404. 怎样改变 Word 2003 文档中的分节符位置？

Word 文档分节以后，改变分节符位置的操作步骤如下。

步骤 1. 选定需要修改的节，单击菜单栏【文件】→【页面设置】命令，打开【页面设置】对话框。

步骤 2. 切换到【版式】选项卡，在【节的起始位置】下拉列表框中，选择新的起始位置，包括【接续本页】、【新建栏】、【新建页】、【偶数页】、【奇数页】选项。【接续本页】表示不分页，分节符后的一节从同一页开始；【新建栏】表示分节符后的一节在下一栏开始；【新建页】表示在分节符处分页，分节符后的一节在下一页开始；【偶数页】表示分节符后的一节从下一个偶数页开始；【奇数页】表示分节符后的一节从下一个奇数页开始。

步骤 3. 单击【确定】按钮。

405. 怎样让 Word 2003 文档强制分页或分栏？

编辑 Word 文档时，系统默认一页或一栏满了之后才会到下一页或下一栏。如果需要让指定位置以后的内容从新的一页或新的一栏开始，那么就需要在文档中插入分页符或分栏符来强制分页或分栏，操作方法如下。

将光标定位于需要从新一页或从新一栏开始的文本的最前面，单击菜单栏【插入】→【分隔符】命令，打开【分隔符】对话框，选中【分页符】或【分栏符】单选按钮，单击【确定】按钮即可将文档强制分页或栏。

406. 在 Word 2003 中怎样设置文档背景？

为了使设计出来的 Word 文档更美观，可以为其添加背景填充整个页面。Word 2003 可以将渐变、图案、图片、纯色、纹理、水印等作为背景，设置方法如下。

单击菜单栏【格式】→【背景】命令,弹出菜单如图 5-33 所示。

(1)若背景色为单色,则在颜色列表中选择即可,若要其他颜色,则单击【其他颜色】命令,打开【颜色】对话框,可选择其他颜色作为背景色。

(2)若要让背景有一些特殊效果,则单击【填充效果】命令打开【填充效果】对话框,该对话框包括【渐变】、【纹理】、【图案】、【图片】四个选项卡。【渐变】选项卡可设置渐变背景的颜色、透明度、底纹样式;【纹理】选项卡可选择系统提供的纹理作为背景,也可以单击【其他纹理】

图 5-33　【背景】菜单

按钮选择自己的图片文件作为背景,这时的效果与【图片】选项卡设置的效果相同;【图案】选项卡可以选择各种图案作为背景,并且可以修改图案的前景色和背景色;【图片】选项卡中可以选择自己的图片文件作为背景。

(3)若希望背景出现水印效果,则单击【水印】命令,打开【水印】对话框,可以将文档背景设置为文字水印或图片水印。

407. 怎样在 Word 2003 中添加和管理目录?

1. 自动生成目录

Word 2003 可以将文档中的各级标题抽取出来自动生成目录,具体操作步骤如下。

步骤 1. 将需要出现在目录中的文档标题的【样式】设置为【标题 x……】。

步骤 2. 将光标定位在文档起始位置,目录将在光标所在位置生成。

步骤 3. 单击菜单栏【插入】→【引用】→【索引和目录】命令,打开【索引和目录】对话框,如图 5-34 所示。

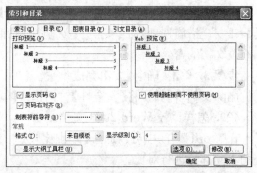

步骤 4. 切换到【目录】选项卡,选中【显示页码】和【页码右对齐】两个复选框,单击【制表符前导符】下拉列表框,选择目录中标题与页码之间的前导符,在【常规】组合框的【格式】下拉列表框中选择目录的显示格式,在【显示级别】微调框内输入显示目录的级数。如果显示目录

图 5-34　【索引和目录】对话框

级数不连续或不是从一级标题开始的,可以单击【选项】按钮,打开【目录选项】对话框,修改出现在目录中的标题级别。

步骤 5. 单击【确定】按钮,则在光标位置处自动生成目录。

2. 通过自动生成的目录定位文档

目录自动生成后就与正文的内容有了链接,只要将鼠标指针移至目录中,按住【Ctrl】键,单击目录中的标题,就会自动定位到文档正文中的相应位置。

3. 更新自动生成的目录

目录自动生成后,如果对文档进行了修改,可能会使目录与正文不一致,这时要更新目录,更新方法如下。

单击自动生成的目录,在目录上单击鼠标右键,在弹出的快捷菜单中选择【更新域】命令,打开【更新目录】对话框。如果只有页码发生了改变,而标题没有改变,选择【只更新页码】选项即可,否则选择【更新整个目录】选项,单击【确定】按钮即可。

408. 怎样为 Word 2003 文档设置/删除密码?

若不希望别人打开或修改自己的文档,可以给文档设置密码,只有输入正确的密码,才能打开和修改文档。设置密码有如下两种方法。

方法一:在【选项】对话框中设置/删除密码。

步骤 1. 在菜单栏中依次单击【工具】→【选项】命令,打开【选项】对话框,切换到【安全性】选项卡,如图 5-35 所示。

步骤 2. 在【打开文件时的密码】文本框中输入打开该文档时的密码,在【修改文件时的密码】文本框中输入修改该文档时的密码。

步骤 3. 单击【确定】按钮,打开【确认密码】对话框,再次输入密码,单击【确定】按钮完成设置。

删除密码时,只要将【打开文件时的密码】文本框和【修改文件时的密码】文本框清空后单击【确定】按钮即可。

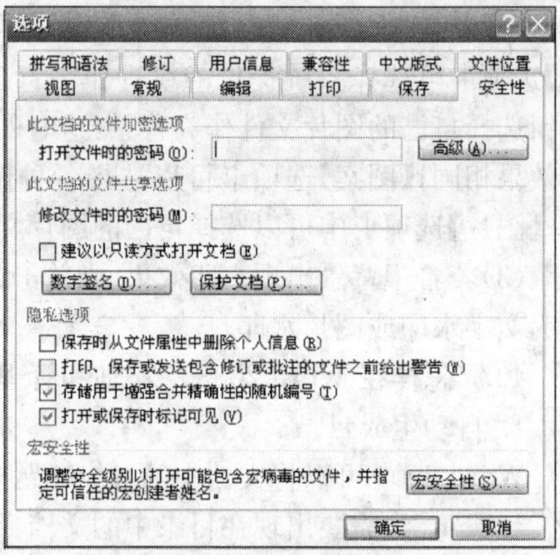

方法二:在【安全性】对话框中设置/删除密码。

步骤 1. 依次单击菜单栏【文件】→【另存为】命令,打开【另存为】对话框。

图 5-35 【安全性】选项卡

步骤 2. 在【另存为】对话框中依次单击【工具】→【安全措施选项】命令,打开【安全性】对话框,在【安全性】选项卡中设置打开文档的密码和修改文档的密码。

步骤 3. 单击【确定】按钮完成设置。

删除文档密码时,将【安全性】对话框中的密码文本框清空,单击【确定】按钮即可。

409. 怎样比较 Word 2003 文档?

在 Word 2003 中可以通过【并排比较】命令和【拆分窗口】命令将两个相似的文档或同一文档的不同部分进行对比。

1. 比较两个不同的文档

步骤 1. 打开要对比的两个文档。

步骤 2. 将其中一个作为活动文档,单击菜单栏【窗口】→【并排比较】命令,打开【并排比较】对话框,其中列出了已打开的所有 Word 文档,从中选择要与当前文档进行比较的文档,单击【确定】按钮,两个文档窗口并排显示,同时打开【并排比较】工具栏,如图 5-36 所示。

图 5-36 【并排比较】工具栏

如果同时打开的只有两个 Word 文档,则【并排比较】命令显示为【与 XXX. doc 并排比较】,XXX. doc 是另一个 Word 文档的文件名。

步骤 3. 滚动文档进行比较,默认文档滚动方式是【同步滚动】,即滚动一个文档,另一个一起滚动。可单击【并排比较】工具栏的【同步滚动】按钮(最左边按钮)取消或设置同步滚动方式。

步骤 4. 比较完毕,单击工具栏的【关闭并排比较】按钮即可。

2. 比较同一文档的不同部分

在 Word 2003 中若要比较同一文档的不同部分,可以用拆分窗口的方法,将一个窗口拆分成两个,分别显示文档的不同位置,操作步骤如下。

步骤 1. 打开文档,单击菜单栏【窗口】→【拆分】命令,文档上方显示拆分界限,即一条随着鼠标移动的横线。

步骤 2. 移动鼠标,将拆分界限在要拆分窗口的位置单击,原文档就被拆分成两个显示窗口,可以分别显示文档的不同部分。这种方法拆分成的两个窗口共用标题栏、菜单栏和各种工具栏,两个窗口中的文档可以分别滚动,而不能同步滚动。

步骤 3. 比较完毕,单击菜单栏【窗口】→【取消拆分】命令,窗口恢复为一个。

410. 怎样使用 Word 2003 文档的自动更正功能?

Word 2003 中的自动更正功能就是 Word 2003 自动监视用户的输入,根据设置情况自动修改用户输入的文字或符号,设置方法如下。

单击菜单栏【工具】→【自动更正选项】命令,打开【自动更正】对话框,切换到【自动更正】选项卡,如图 5-37 所示。根据需要设置完各选项后,单击【确定】按钮即可。各选项功能如下。

(1)【显示"自动更正选项"按钮】:输入时如果发现了需要更正的项目,会在项目下面显示【自动更正】按钮,用户可以决定是否执行【自动更正】。

(2)【更正前面两个字母连续大写】:如果最前面连续两个字母都是大写的,则将第二个大写字母自动更正为小写。

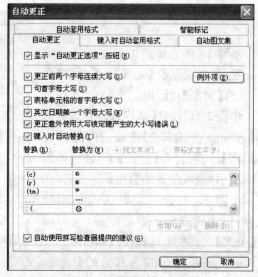

图 5-37　【自动更正】选项卡

(3)【句首字母大写】:自动将英文句子的第一个字母更正为大写。

(4)【英文日期第一个字母大写】:自动将英文日期的首字母更正为大写。

(5)【更正意外使用大写锁定键产生的大小写错误】:如果在【Caps Lock】键打开的情况下输入了单词,自动更正键入单词的大小写,同时关闭【Caps Lock】键。

(6)【键入时自动替换】:用户可以自己创建自动更正词条,将易输错的文本定义为自动更正词条,创建方法是在【替换】文本框中输入被替换内容,在【替换为】文本框输入替换后的内容,然后单击【添加】按钮。

411. 怎样在 Word 2003 文档中使用书签?

对于较长的 Word 文档,为了查找方便,常常需要在 Word 文档中添加书签,查找时用书签快速定位到文档中。

1. 插入书签

步骤 1. 将光标定位于要插入书签的位置,单击菜单栏【插入】→【书签】命令,打开【书签】对话框。

步骤 2. 在【书签名】文本框输入书签的名称,在【排序依据】组合框中根据需要选择书签的排序方式,单击【添加】按钮即可。

　　【提示】:书签名称由字母、数字、汉字、下划线组成,以字母或汉字开头。

　　2. 删除书签

　　单击菜单栏【插入】→【书签】命令,打开【书签】对话框,在【书签名】列表框中单击要删除的书签名称,单击【删除】按钮即可。

　　3. 用书签定位

　　利用书签在 Word 文档中定位,有如下两种方法。

　　方法一:单击菜单栏【插入】→【书签】命令,打开【书签】对话框,在【书签名】列表框中单击要定位位置的书签名称,单击【定位】按钮即可将光标定位到书签位置,单击【关闭】按钮关闭【书签】对话框。

　　方法二:单击菜单栏【编辑】→【定位】命令,打开【查找和替换】对话框,切换到【定位】选项卡,在【定位目标】列表框中单击【书签】选项,单击【请输入书签名称】下拉列表框选择要定位的书签名称,然后单击【定位】按钮即可,最后单击【关闭】按钮关闭【查找和替换】对话框。

412. 怎样在 Word 2003 文档中插入公式?

　　在 Word 文档中插入公式的步骤如下。

　　步骤 1. 将光标定位于要插入公式的位置,单击菜单栏【插入】→【对象】命令,打开【对象】对话框。

　　步骤 2. 切换到【新建】选项卡,双击【Microsoft 公式 3.0】选项,打开【公式编辑器】,同时打开【公式】工具栏,如图5-38 所示,进入公式编辑模式。

　　步骤 3. 在公式编辑区内编辑公式,可以由键盘输入普通字符,也可以从【公式】工具栏上选择模板和符号。

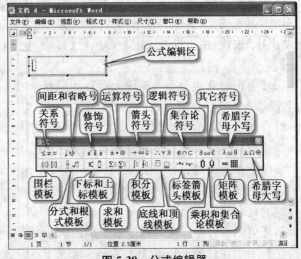

图 5-38　公式编辑器

　　公式模板对公式各部分的分布是采用占位符的方法,占位符就是用这个符号先占住一个固定的位置,使用时可以向里面添加内容。在【公式】工具栏模板中,用虚线框表示占位符。如果要在占位符内输入字符,只要将光标定位于所需的占位中,然后输入相应的内容就可以了。占位符中既可以输入中文字符、数字,也可以嵌套数学公式模板,如求和符号、根式符号等。在【公式】工具栏的数学公式模板中,除了包含有用虚线框表示的占位符外,还有一种灰色的矩形图标。如在下标和上标模板按钮下拉列表中的按钮,其灰色矩形表示当前光标左侧已有的内容,而虚线框的占位符表示要输入的内容。

　　步骤 4. 公式输入完毕,单击公式编辑区外的任意位置,退出公式编辑模式。

413. 怎样在 Word 2003 文档中绘制图形?

　　编辑 Word 文档时,经常需要绘制各种图形,Word 2003 的【绘图】工具栏,如图 5-39 所示,绘图方法如下。

　　将光标定位于要绘制图形的位置,单击【绘图】工具栏中【自选图形】按钮,打开【自选图形】

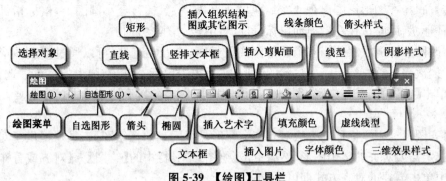

图 5-39 【绘图】工具栏

菜单,选择需要的集合,打开其图形列表,单击需要的图形按钮,会打开一个绘图画布,提示"在此处创建图形"。同时,鼠标指针变为"十"字形状,将鼠标移到画布中,按下左键,拖动鼠标,即可绘制出相应的图形。也可以直接单击【绘图】工具栏中的【直线】、【箭头】、【矩形】、【椭圆】等按钮绘制图形。

414. 怎样选定 Word 2003 文档中绘制的图形?

对 Word 文档中绘制的图形,可选定一个,也可选定多个。

(1)选定一个图形:单击【绘图】工具栏的【选择对象】按钮,使鼠标指针变为四个箭头尾端两两相对的形状,单击该图形即可。

(2)选定多个图形:按住【Shift】键不放,用鼠标依次单击需要选定的图形,或将鼠标移至画布中,按下左键,从需要选定的图形所在区域的一角拖至其对角,虚线框内的图形将全部被选定。

处于选定状态的图形,其周围出现 8 个顶点(即 8 个小圆圈),图形内部或外部出现一个控制点(即一个黄色的小菱形)。

415. 怎样编辑 Word 2003 文档中绘制的图形?

在 Word 文档中绘制的图形,还可以根据需要进行编辑,编辑图形之前首先选定图形,然后根据需要按如下方法操作。

(1)为图形添加文字。选定图形后,单击鼠标右键,在弹出的下拉菜单中单击【添加文字】命令,光标即在图形中闪动,此时输入需要的文字,输入完毕,单击图形外任意位置即可。

(2)修饰图形。首先选定图形,然后根据需要进行修饰。

①单击【绘图】工具栏中的【填充颜色】按钮,在打开的颜色列表中选择一种颜色,可对图形着色。②单击【线条颜色】按钮,可修改图形边缘线的颜色。③单击【字体颜色】按钮可修改图形内文字的颜色。④单击【线型】按钮,可修改图形边缘线的形状、粗细。⑤单击【虚线线型】按钮,可将边缘线设置为各种形式的虚线。⑥单击【箭头样式】按钮,可设置各种直线和曲线的箭头样式。⑦单击【阴影样式】按钮,可对图形设置阴影。⑧单击【三维效果样式】按钮,可设置图形的立体效果。

(3)调节大小和改变形状。若要改变图形的大小,则选定图形后,将鼠标指针移到顶点上,当鼠标指针变为双向箭头形状时,按住左键,拖动鼠标;若要改变图形的形状,则将鼠标指针移到控制点处,按下左键拖动鼠标。

(4)旋转或翻转图形。若要修改图形的方向,首先选中图形,然后单击【绘图】工具栏中的【绘图】→【旋转或反转】命令,在弹出的菜单中,选择需要旋转或翻转的方式即可。如果选择了

【自由旋转】命令,在图形周围出现 4 个绿色的小圆圈,将鼠标移至小圆圈上,鼠标指针变为带箭头的圆环形状,此时按住左键拖动鼠标,可以自由转动图形方向。

(5)修改图形叠放次序。当多个图形距离较近时,会互相遮挡,可以通过修改图形叠放次序,改变遮挡次序。首先选定需要显示的图形,然后单击鼠标右键,在弹出的菜单中选择【叠放次序】,或单击【绘图】工具栏中【绘图】→【叠放次序】命令,在其下拉菜单中单击需要的叠放次序即可。

(6)对齐图形。用鼠标移动方法对齐多个图形是很困难的,【绘图】工具栏提供了对齐的方法。首先选定需要对齐的多个图形,然后单击【绘图】工具栏中的【绘图】→【对齐或分布】,在其下拉菜单中单击需要的对齐方式即可。

(7)组合自选图形。为了使一组图形的相对位置保持不变,可以将它们组合在一起。首先选定需要组合的多个图形,将鼠标移至选定的图形上,然后单击鼠标右键,在弹出的菜单中单击【组合】→【组合】命令即可;选定组合在一起的图形,在图形上单击鼠标右键,在弹出的菜单中单击【组合】→【取消组合】命令,可将组合图形分解。

416. 怎样在 Word 2003 文档中添加行号?

在 Word 文档中为每一行加上行号的操作步骤如下。

步骤 1. 选定要加行号的文本,若为整篇文档加行号,则不用选定。

步骤 2. 单击菜单栏【文件】→【页面设置】命令,打开【页面设置】对话框,切换到【版式】选项卡,单击【行号】按钮,打开【行号】对话框。

步骤 3. 选定【添加行号】复选框,在【起始编号】微调框内输入起始编号,在【距正文】微调框输入行号与正文的距离,在【行号间隔】微调框输入显示行号的间隔,在【编号方式】组合框中选择编号的方式。

步骤 4. 单击【确定】按钮,返回【页面设置】对话框,在【应用于】下拉列表框中选择相应的选项,单击【确定】按钮。

417. 怎样在 Word 2003 文档中插入组织结构图?

组织结构图常常用来描述一个组织的结构、内部各部门的划分等,在 Word 文档中插入组织结构图的操作步骤如下。

步骤 1. 将光标定位于需要插入组织结构图的位置,单击【绘图】工具栏的【插入组织结构图或其它图示】按钮,或单击菜单栏【插入】→【图示】命令,打开【图示库】对话框。

步骤 2. 在【选择图示类型】列表框中选择【组织结构图】选项,单击【确定】按钮,则一个组织结构图出现在文档中,同时出现【组织结构图】工具栏,如图 5-40 所示。

步骤 3. 用鼠标拖动图示周围的小圆圈,改变图示的大小。

步骤 4. 单击各形状,将光标定位于其中,输入文字。以后增加的每个形状都可以按相同方式添加文字。

步骤 5. 编辑组织结构图。用鼠标单击

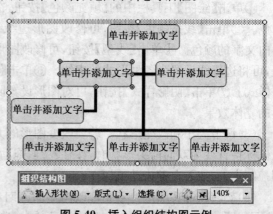

图 5-40　插入组织结构图示例

某个形状即可将其选定,被选定的形状周围出现 8 个控制点,该形状的大小和位置不可独立改变,但可以按下【Delete】键将其删除。

步骤 6. 编辑完毕,单击组织结构图外任意位置,返回文档。

418. 怎样在 Word 2003 文档中插入图表?

在使用 Word 文档制作报告时,为了使报告更有说服力,有时需要插入图表,在 Word 2003 文档中插入图表的步骤如下。

步骤 1. 将光标定位于需要插入图表的位置处。

步骤 2. 单击菜单栏【插入】→【对象】命令,打开【对象】对话框,切换到【新建】选项卡中,在【对象类型】列表框中选择【Microsoft Excel 图表】项,单击【确定】按钮即可在文档中出现一个 Excel 图表,如图 5-41 所示,双击该图表,以工作表方式显示。工作表【Sheet1】中是一个数据表,【Chart1】中的图表是根据【Sheet1】的数据制作的。

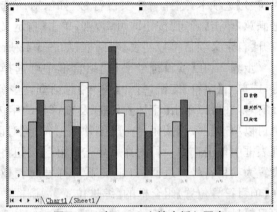

图 5-41 在 Word 文档中插入图表

步骤 3. 将鼠标箭头移到工作表标签上,单击右键,在弹出的快捷菜单中选择各命令可以对工作表进行插入、删除、移动和复制、更名等操作。选中图表中各对象,单击鼠标右键,在弹出的快捷菜单中可以对图表各部分进行编辑和修改,如更改数据源、改变图表类型、修改图例格式等。

419. 怎样在 Word 2003 文档中使用项目符号和编号?

编辑 Word 文档时,经常需要对一些内容加上项目符号或编号。可以在输入文本之后再加上项目符号或编号,这时需要先选定文本,然后按如下方法操作。也可以在输入时自动产生项目符号或编号,这时要先将光标定位于需要添加项目符号或编号的位置,然后按如下方法操作,每次回车换行,产生一个新的编号。

1. 为文本添加编号

步骤 1. 单击菜单栏【格式】→【项目符号和编号】命令,或在选定文本上单击鼠标右键,在弹出的快捷菜单中单击【项目符号和编码】命令,打开【项目符号和编号】对话框,切换到【编号】选项卡。

步骤 2. 在编号列表中选择一种编号方式,如果所选编号方式与上一组编号列表相同,则可在【列表编号】组合框内选择要【重新开始编号】还是【继续前一列表】接着上一个列表继续编号。如果对所选编号方式满意,单击【确定】按钮即可完成编号;否则可单击【自定义】按钮,打开【自定义编号列表】对话框,如图 5-42 所示。

步骤 3. 在【编号格式】文本框中,可以设置编号的具体格式,如在编号后面加")"或":"等符号;单击【字体】按钮,

图 5-42 【自定义编号列表】对话框

打开【字体】对话框,可设置编号的字体、字号、颜色等格式;在【编号样式】下拉列表框中选择编号的样式;在【起始编号】微调框中输入编号的起始值;在【编号位置】组合框中可选择编号的对齐方式、对齐的具体位置;在【文字位置】组合框中可以设置编号列表文字的【制表位位置】和【缩进位置】。

步骤 4. 设置完成后,单击【确定】按钮即可。

2. 为文本加项目符号

步骤 1. 打开【项目符号和编号】对话框,切换到【项目符号】选项卡,选择一种项目符号,如果对所选项目符号满意,单击【确定】按钮即可;否则,单击【自定义】按钮,打开【自定义项目符号列表】对话框,如图 5-43 所示。

步骤 2. 在【项目符号字符】组合框中可选择一种符号,或单击【字符】按钮,打开【符号】对话框,选择一种项目符号,并可以单击【字体】按钮,设置符号的字体格式;也可以单击【图片】按钮,打开【图片项目符号】对话框,从列表框中单击选中一种图片后单击【确定】按钮将该图片设置为项目符号并返回【自定义项目符号列表】对话框。

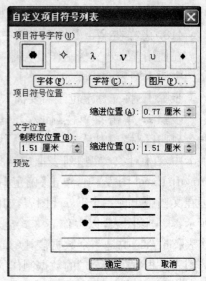

图 5-43　【自定义项目符号列表】对话框

在【项目符号位置】组合框的【缩进位置】微调框中可设置项目符号相对于页边距的缩进位置,在【文字位置】组合框的【制表位位置】微调框中设置文字距项目符号的距离,在【缩进位置】微调框中设置换行后文字相对于页边距的缩进位置。

步骤 3. 在预览框中看到设置结果满意后,单击【确定】按钮即可。

420. 怎样在 Word 2003 文档中使用批注?

步骤 1. 在 Word 文档中要添加批注的地方单击鼠标,或是选中某些要加批注的文字。

步骤 2. 单击【插入】→【批注】命令,或单击菜单栏【视图】→【工具栏】→【审阅】命令,打开【审阅】工具栏,单击【插入批注】按钮,在文档的右面就会出现红色批注框和线,在批注框中输入要加的批注即可。

步骤 3. 修改文档后,在有批注的文字上单击鼠标右键,在弹出的快捷菜单中选择【删除批注】命令或将光标定位于批注框内单击【审阅】工具栏的【拒绝所选修订】按钮即可将批注删除。

421. 怎样在 Word 2003 文档中使用修订功能修改文档?

步骤 1. 单击菜单栏【工具】→【修订】命令,打开【审阅】工具栏。

步骤 2. 单击【审阅】工具栏的【显示以审阅】下拉列表框,选中【显示标记的原始状态】命令。

步骤 3. 在要修改的文章上删除、增加或修改内容,此时文中会显示原始内容及修改后的内容。修改完毕保存后,再次打开文档时,这些修改标记仍然存在。

步骤 4. 对于加了修订的文档,可在修订内容上单击鼠标右键,在弹出的快捷菜单中选择是否接受修订,或依次将光标定位于修订位置后,单击【审阅】工具栏的【接受所选修订】按钮或【拒绝所选修订】按钮来接受或拒绝修订。如果单击【接受所选修订】按钮右侧的小三角按钮,在下拉列表中选择【接受对文档所做的所有修订】命令,则是对所有的修订都无条件接受。对修订接受或拒绝后再次打开文档时,就不会有修订标记了。

422. 怎样在 Word 2003 文档中使用宏?

在编辑文档的过程中,如果某项工作需要重复进行多次,用户就可以创建一个宏,使其自动执行以减轻用户的工作量和提高效率。

1. 创建宏

在 Word 2003 中创建宏的方法有两种，一种是录制宏，一种是 Visual Basic 编辑器。前者可以将用户的操作录制下来，快速创建宏；后者用来打开已录制的宏，修改其中的指令，这种方式要求用户对 Visual Basic 非常熟悉。

方法一：录制宏。

步骤 1. 单击菜单栏【工具】→【宏】→【录制新宏】命令，打开【录制宏】对话框。

步骤 2. 在【宏名】文本框中输入要录制的宏的名称。

步骤 3. 在【将宏保存在】下拉列表框中，选择要保存宏的模板或文档。默认是 Normal 模板，这样以后所有文档都可以使用这个宏。

步骤 4. 在【说明】文本框中，输入对宏的说明，便于以后使用时知道该宏的功能。

步骤 5. 根据不同需要可以有如下不同操作。

如果需要将宏指定到快捷键上，则单击【键盘】按钮，打开【自定义键盘】对话框，如图 5-44 所示。在这里可以为将要录制的宏设置快捷键，将光标定位于【请按新快捷键】文本框内，然后在键盘上按下要设置的快捷键，单击【指定】按钮将快捷键指定为【当前快捷键】，最后单击【关闭】按钮，进入宏的录制状态。

如果需要将宏指定到工具栏、菜单栏上，则单击【工具栏】按钮，打开【自定义】对话框，切换到【工具栏】选项卡，从中可以指定工具栏和菜单或自定义工具栏。切换到【命令】选项卡，单击【命令】列表框中正在录制的宏，将其拖动到指定的工具栏或菜单中，单击【关闭】按钮进入宏的录制状态。

如果不需要将宏指定到快捷键、工具栏或菜单栏上则单击【确定】按钮，进入宏的录制状态。

图 5-44　【自定义键盘】对话框

步骤 6. 进入宏的录制状态后，开始录制宏，此时在文档中执行要录制在宏中的操作，所有执行的操作会被录制。屏幕上会出现【停止录制】工具栏。该工具栏有两个按钮，左边是【停止录制】按钮，右边是【暂停录制】按钮。录制宏时不能录制鼠标的运动，所以如果需要移动光标、选定文本、滚动文档，必须用键盘操作。

步骤 7. 录制过程中，如果一些操作不想包含到宏中，单击【停止录制】工具栏上的【暂停录制】按钮，恢复录制时，再次单击这个按钮即可。

步骤 8. 录制完毕，单击【停止录制】工具栏上的【停止录制】按钮，或单击菜单栏【工具】→【宏】→【停止录制】命令。

方法二：用 Visual Basic 编辑器修改宏。单击菜单栏【工具】→【宏】→【宏】命令，打开【宏】对话框，从中选择要编辑的宏的名称，单击【编辑】按钮，启动 Visual Basic 编辑器，可以看到所选宏的 Visual Basic 代码，可以根据需要进行修改。修改完毕，关闭编辑器，该宏就修改好了。

2. 运行宏

在 Word 文档中运行宏的方法如下。将光标定位于将要利用宏进行操作的位置上，单击菜单栏【工具】→【宏】→【宏】命令,打开【宏】对话框,从中选择要运行的宏的名称,单击【运行】按钮,即可在光标所在位置执行该宏。

如果定义了快捷键或指定到了工具栏或菜单栏,则按下快捷键或单击工具栏按钮或菜单栏命令即可。

423. 怎样给 Word 2003 文档添加页眉/页脚?

一般情况下,页眉和页脚分别位于文档的顶部和底部,在其中可以插入页码、文件名、章节名、日期、公司徽标等内容。一篇文档创建了页眉和页脚后,就会感到其版面更加新颖,版式更具风格。

步骤 1. 单击菜单栏【文件】→【页面设置】命令,打开【页面设置】对话框,切换到【版式】选项卡,如图 5-45 所示。

如果需要奇数页和偶数页有不同的页眉/页脚,则在【页眉和页脚】组合框中,选中【奇偶页不同】复选框,如果需要第一页和其他页有不同的页眉/页脚,则选中【首页不同】复选框。在【距边界】组合框中的【页眉】、【页脚】微调框内输入页眉、页脚与纸张边界的距离,如无特殊要求,采用默认值即可。设置完毕,单击【确定】按钮。

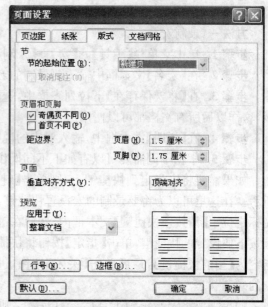

图 5-45 【页面设置】对话框

步骤 2. 单击菜单栏【视图】→【页眉和页脚】命令,打开【页眉和页脚】工具栏,如图 5-46 所示,同时在页面上方和下方分别出现页眉和页脚虚线框。

步骤 3. 单击页眉/页脚虚线框区域,激活页眉/页脚编辑区,如图 5-47 所示。

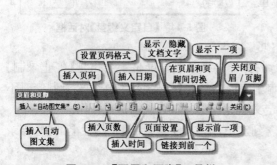

图 5-46 【页眉和页脚】工具栏

图 5-47 页眉编辑区

步骤 4. 在页眉/页脚编辑区输入页眉/页脚的内容,或利用【页眉和页脚】工具栏输入常用的页眉或页脚。如果需要对页眉/页脚的文本格式进行修改,只需将其选中,使用【格式】菜单的命令或【格式】工具栏命令修改即可。

424. 怎样修改 Word 2003 文档中页眉/页脚下的直线?

在 Word 文档中添加页眉/页脚时,在页眉/页脚编辑区中会自动出现一条直线,可按如下步骤将其删除或修改直线格式。

选中页眉/页脚文字，单击【格式】→【边框和底纹】命令，打开【边框和底纹】对话框。切换到【边框】选项卡中，在【应用于】下拉列表框中选择【段落】；如果要删除页眉或页脚下的直线则在【设置】组合框选择【无】；如果要改变直线的格式，则可在【设置】组合框中选择【自定义】选项，在【线形】列表框中选择一种直线，在【颜色】和【宽度】下拉列表框中设置直线的颜色和宽度，然后单击【预览】组合框中的各边框线按钮，设置页眉或页脚的边框；最后单击【确定】按钮。

425. 怎样在 Word 2003 文档中添加页码？

在 Word 2003 文档中添加页码的常用方法有如下两种。

方法一：用菜单插入页码。单击菜单栏【插入】→【页码】命令，打开【页码】对话框。在【位置】下拉列表框选择页码将要显示的位置，在【对齐方式】中选择页码的对齐方式。如果文档第一页不需要显示页码，可以清除【首页显示页码】复选框。单击【格式】按钮，打开【页码格式】对话框，对页码数字格式、页码编排进行设置，单击【确定】按钮，返回【页码】对话框，单击【确定】按钮即可完成页码的插入。

方法二：在页眉/页脚中添加页码。单击菜单栏【视图】→【页眉和页脚】命令，打开【页眉和页脚】工具栏，激活页眉/页脚编辑区。单击【页眉和页脚】工具栏中的【插入页码】按钮，页码即出现在页眉/页脚区域。单击【页眉和页脚】工具栏中的【设置页码格式】按钮，打开【页码格式】对话框，设置页码格式。单击【确定】按钮，页码以设定格式显示在指定位置。

426. 怎样在 Word 2003 文档打印前预览文档？

打印 Word 文档之前，可以先用【打印预览】功能预览打印效果，方法如下。

单击【常用】工具栏上的【打印预览】命令按钮，或单击菜单栏【文件】→【打印预览】命令，进入打印预览模式。

在打印预览模式下，可以用【打印预览】工具栏调整预览方式，【打印预览】工具栏，如图 5-48 所示。单击【关闭预览】按钮，即可退出打印预览模式。

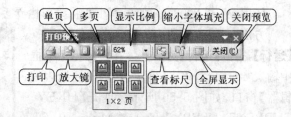

图 5-48　【打印预览】工具栏

427. 怎样打印 Word 2003 文档？

打印 Word 文档之前首先要保证机器已经安装了打印机驱动程序，打开打印机电源，然后按如下步骤操作。

步骤 1. 打开要打印的文档，单击菜单栏【文件】→【打印】命令，或按下【Ctrl＋P】组合键，打开【打印】对话框，如图 5-49 所示。

步骤 2. 在【打印机】组合框的【名称】下拉列表框中选定合适的打印机，选择的打印机将作为【打印】对话框的默认打印机。

步骤 3. 在【页面范围】组合框中选择打印范围。选择【全部】指打印整篇文档；选择【当前页】指打印光标所在的页；选择【页码范围】要在其后的文本框内输入将要打印的页码范围。页码范围可以指定为若干页、一个或多个节。P 代表页码，S 代表节号。输入页码或节号，并以逗号相隔。对于某范围的连续页码，可以输入该范围的起始页码和终止页码，并以连字符相连。如要打印 3、5、6、19、20、21、22、23 页，可输入 3,5,6,19-23，输入时只能用半角符号。

如打印第 2 节和第 4 节，输入 S2,S4。如打印范围为某节某页至某节某页连续的若干页，应输入起始页码和终止页码并包含该页码的节号,并以连字符相连。如要打印第2节的第8页到第5节的第4页,输入格式为:P8S2-P4S5。

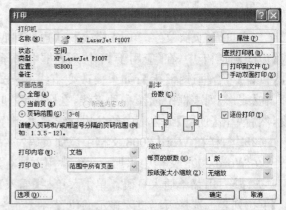

　　步骤4. 在【打印内容】下拉列表框中选择打印的内容,默认打印内容为【文档】,一般不需要修改。

　　步骤5. 在【打印】下拉列表框中选择打印所设置范围内的哪些页,包括【范围中所有页面】、【奇数页】和【偶数页】三个选项。

图 5-49 【打印】对话框

　　步骤6. 在【副本】组合框的【份数】微调框内可设置每页打印多少份,若要在一份副本打印完毕后再开始打印下一份副本,则选中【逐份打印】复选框,否则不选。

　　步骤7. 在【缩放】组合框中单击【每页版数】下拉列表框,可以选择每张纸上要打印的文档页面数,这个功能能够很容易地将多个页面打印到一张纸上。如果实际纸张和文档中设置的纸张型号不一致,可以单击【按纸张大小缩放】下拉列表框,选择用于打印文档的实际纸张的型号,如果纸张型号一致,则默认为【无缩放】。

　　步骤8. 如果使用的不是双面打印机,又需要在纸张的双面打印,则选择【手动双面打印】复选框,打印完一面后,会提示用户将纸张按背面方向重新装回进纸盒。

　　步骤9. 单击【确定】按钮,打印机开始打印。

428. Word 2003 的菜单栏不见了怎么办?

　　使用 Word 2003 时,如果不小心将菜单栏弄丢了,可按如下方法将其找出来。

　　方法一:修改注册表方法。单击【开始】→【运行】,打开【运行】对话框。在【打开】文本框中输入"regedit",单击【确定】,打开【注册表编辑器】窗口,如图 5-50 所示。展开【HKEY_CURRENT_USER\Software\Microsoft\Office\11.0/Word】将【Word】注册项删除,然后重新打开 Word 2003 即可。

图 5-50 【注册表编辑器】窗口

　　方法二:删除"Normal. dot"文件方法。

　　步骤1. 在 Windows 桌面上双击【我的电脑】,打开【我的电脑】窗口。单击菜单栏【工具】→【文件夹选项】,打开【文件夹选项】对话框,单击【查看】选项卡,双击【隐藏文件和文件夹】,选中【显示所有文件和文件夹】选项,单击【确定】按钮。

　　步骤2. 打开【C:Documents and Settings\Administrator\Application Data\Microsoft\Templates】文件夹,将"Normal. dot"文件删除。

　　步骤3. 重新打开 Word 2003 即可。

429. 怎样在 Word 2003 中统计文档字数?

　　步骤1. 若要统计某一部分文档的字数,则先将该部分文档选中,否则统计的是整篇文档字数。

步骤 2. 在 Word 2003 的菜单栏中依次单击【工具】→【字数统计】命令,打开【字数统计】对话框,该对话框会显示统计的结果。

430. 怎样启动 Excel 2003?

启动 Excel 2003 的常用方法有如下三种。

方法一:【开始】菜单方式。依次单击菜单栏中【开始】→【所有程序】→【Microsoft Office】→【Microsoft Office Excel 2003】,即可启动 Excel 2003 程序。

方法二:双击 Excel 图标。双击桌面上的 Excel 2003 快捷方式图标即可启动 Excel 2003 程序。

方法三:文档启动方式。双击桌面上或文件夹中的想要打开的 Excel 2003 工作簿即可。

431. 中文 Excel 2003 工作界面是什么样子?

Excel 2003 工作界面如图 5-51 所示。

(1)标题栏:位于工作界面顶端,用来显示应用程序名和当前工作簿的名称。

(2)菜单栏:包括【文件】、【编辑】、【视图】、【插入】、【格式】、【工具】、【数据】、【窗口】、【帮助】9 个菜单,这些菜单包含了 Excel 所有的功能。

(3)工具栏:包括【常用工具栏】和【格式工具栏】,Excel 2003 将一些常用的功能用命令按钮放到工具栏中,使用更便捷。

(4)活动单元格:当前正在使用的单元格。

(5)名称框:用来显示当前活动单元格的名称。

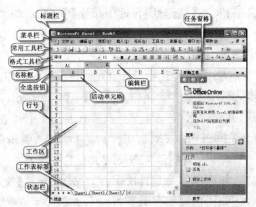

图 5-51　Excel 2003 工作界面

(6)编辑栏:用来显示活动单元格中的常数、公式或文本内容等。

(7)全选按钮:单击该按钮,选中工作表中所有的单元格。

(8)行号:Excel 2003 自动为每一行提供的编号。

(9)工作区:用户输入、编辑、处理数据或文本的区域。

(10)工作表标签:每张工作表都有一个名称,工作表标签用来显示工作表的名称。

(11)状态栏:用来显示工作过程中的操作或信息。

(12)任务窗格:向用户展示了应用程序最常用的功能,同时简化了实现这些功能的操作步骤,使用起来更方便。单击【任务窗格】右上角的【×】按钮,可关闭任务窗格。

432. 什么是 Excel 2003 的工作簿、工作表和单元格?

Excel 2003 是以工作簿的形式管理数据的,工作簿是 Excel 2003 用来存储并处理数据的文件,工作簿的名称就是文件的名称,扩展名是 .xls。创建一个新的空白工作簿时,Excel 为其赋予一个临时名称,保存时建议修改工作簿名称。

工作表是工作簿的重要组成部分,它是 Excel 组织和管理数据的地方,对数据的各种操作都是在工作表中完成的。创建一个空白工作簿时,会自动包含 3 张工作表,它们的名称分别为 Sheet1、Sheet2、Sheet3,实际工作中可以根据需要增加或删除工作表,或为工作表重新命名。虽然一个工作簿中可包含多张工作表,但只有一张工作表处于活动状态,这张工作表称为活动工作表或当前工作表。活动工作表的标签以白底显示,名称下有单下划线,其他工作表标签以灰底显示。

每个工作表由 65536 行和 256 列组成,列和行交叉形成的每个网格称为单元格。列的标号以 A、B、C、…、Z、AA、AB、AC、…、AZ、BA、BB、BC、…表示,行号用 1、2、3、…表示;单元格则以其所处位置的列号和行号来表示,如 B7、AC37 等。每张工作表某一时刻只有一个单元格为活动单元格,在屏幕上以粗黑框显示,此时可以在该活动单元格中输入或编辑数据。

433. 怎样创建 Excel 2003 的工作簿?

创建 Excel 2003 工作簿的常用方法有如下四种。

方法一:启动 Excel 2003 自动创建。启动 Excel 2003 后,一般会自动创建一个工作簿,其临时名称为 Book1,保存时可修改。

方法二:用菜单创建。单击 Excel 2003 菜单栏【文件】→【新建】命令,打开【新建工作簿】任务窗格,在【新建】组合框中单击【空白工作簿】命令即可。

方法三:利用工具栏创建。单击 Excel 2003【常用】工具栏的【新建】命令按钮,即可创建一个新的空白工作簿。

方法四:用快捷菜单创建。打开将要存放工作簿的文件夹,在文件夹空白处单击鼠标右键,弹出快捷菜单,单击【新建】→【Microsoft Excel 工作表】即可在文件夹中创建一个空白工作簿,其文件名为"新建 Microsoft Excel 工作表 . xsl",建议将其重新命名。双击该文件名,即可启动 Excel 2003 对该工作簿进行输入、编辑等操作。

434. 怎样保存 Excel 2003 工作簿?

如果工作簿是首次保存,单击菜单栏【文件】→【保存】命令,或单击【常用】工具栏【保存】命令按钮,打开【另存为】对话框,在【保存位置】下拉列表框中选择工作簿的保存路径,在【文件名】文本框中输入文件的名称,在【保存类型】下拉列表框中选择【Microsoft Office Excel 工作簿(* . xls)】,最后单击【保存】按钮即可。

如果工作簿是修改后重新保存,那么单击菜单栏【文件】→【保存】命令或单击【常用】工具栏的【保存】按钮即可。

435. 怎样关闭 Excel 2003 工作簿?

Excel 2003 工作簿保存后,将其关闭的常用方法有如下两种。

方法一:关闭当前工作簿。单击菜单栏【文件】→【关闭】命令,或单击菜单栏右侧【×】按钮,只关闭当前工作簿。如果工作簿修改后尚未保存,则会自动打开一个对话框,询问是否保存,单击【是】按钮即可。

方法二:退出 Excel 2003,关闭所有工作簿。单击菜单栏【文件】→【退出】命令,或单击标题栏右侧的【×】按钮,关闭所有已打开的工作簿,并退出 Excel 2003。

如果有修改后尚未保存的工作簿,则会依次自动打开【是否保存对"文件名 . xls"的更改】对话框,单击【是】按钮,保存对话框中提示的文件;单击【全是】按钮,则保存所有修改后尚未保存的工作簿,不再继续询问;单击【否】按钮,则是不保存对话框中提示的文件的修改,直接将其关闭;单击【取消】按钮,则取消退出 Excel 2003,不继续关闭尚未关闭的工作簿。

436. 怎样共享 Excel 2003 工作簿?

当 Excel 工作簿信息量较大时,可以通过共享实现信息的同步录入或使多人同时查看工作簿,设置工作簿共享的操作步骤如下。

步骤 1. 打开希望共享的工作簿,单击菜单栏【工具】→【共享工作簿】命令,打开【共享工作簿】对话框。切换到【编辑】选项卡中,选中【允许多用户同时编辑,同时允许工作簿合并】复选框。

步骤 2. 单击【确定】按钮,自动打开对话框,询问"此操作将导致保存文档,是否继续?"

步骤 3. 单击【确定】按钮,Excel 窗口标题栏上会出现"共享"两个字,表示该工作簿为共享工作簿。

437. 怎样显示对 Excel 共享工作簿的修订?

工作簿被共享后,允许多人对工作簿修改,可以通过设置使这些修改部位在工作簿中显示出来,设置步骤如下。

步骤 1. 打开工作簿,单击菜单栏【工具】→【修订】→【突出显示修订】命令,打开【突出显示修订】对话框,如图 5-52 所示。

步骤 2. 选中【编辑时跟踪修订信息,同时共享工作簿】复选框。

步骤 3. 在【突出显示的修订选项】组合框中设置突出显示修订的哪些属性。选中【时间】

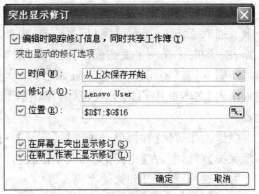

图 5-52 【突出显示修订】对话框

复选框,并单击其右侧的下拉列表框,从中选择时间范围。选中【修订人】复选框,并单击其右侧的下拉列表框,选择修订用户。选中【位置】复选框,并单击其右侧的【折叠】按钮,将对话框折叠起来,用鼠标选定对哪些位置的修改会突出显示,然后再次单击【折叠】按钮,展开对话框。如果不选择【位置】复选框,则显示对所有位置的修订。

步骤 4. 如果选中【在屏幕上突出显示修订】复选框,会将修改过的单元格标示出来,如果选中【在新工作表上显示修订】复选框,则会在该工作簿中自动插入一个【历史记录】工作表用来记录修订情况。

步骤 5. 单击【确定】按钮,返回工作表中,如果对工作表中指定位置单元格做了修改,则被修改单元格的边框会变为蓝色,同时左上角出现蓝色小三角,如果将鼠标指针移到被修改单元格上,会显示该单元格的修改时间、修改人名称、进行了怎样的修改。

438. 如何接受或拒绝对共享的 Excel 工作簿的修订?

由于共享的 Excel 工作簿允许多人对其修订,可能会出现多人对同一单元格进行了不同的修订,对这些修订要进行取舍,有些可以接受,有些需要拒绝,操作步骤如下。

步骤 1. 打开共享的工作簿,单击菜单栏【工具】→【修订】→【接受或拒绝修订】命令,打开【接受或拒绝修订】对话框。在【修订选项】组合框中对【时间】、【修订人】、【位置】进行设置,将对这些设置范围内进行的修订进行接受或拒绝的操作。

步骤 2. 单击【确定】按钮,打开【接受或拒绝修订】对话框,如图 5-53 所示。该对话框中逐个显示出设定范围内进行的修订,根据

图 5-53 【接受或拒绝修订】对话框

需要单击对话框中各按钮来接受或拒绝相应修订。

439. 怎样保护 Excel 2003 工作簿？

为了防止误操作或其他人对 Excel 工作簿进行删除、移动、隐藏、重命名工作表或插入工作表操作，或为了保护工作表中的数据，需要对工作簿采取一些保护措施。保护工作簿一般有如下三种方法。

方法一：保护工作簿的结构和窗口。

步骤 1. 单击菜单栏【工具】→【保护】→【保护工作簿】命令，打开【保护工作簿】对话框。

步骤 2. 选择【结构】复选框，可以防止他人对工作表删除、移动、隐藏、取消隐藏、重命名工作表或插入工作表。选择【窗口】复选框，可防止他人移动、缩放工作表窗口或隐藏、取消隐藏工作表。同时选择两个复选框，同时保护结构和窗口。

步骤 3. 在【密码】文本框中输入密码，单击【确定】按钮，打开【确认密码】对话框，在【重新输入密码】文本框中再次输入密码，单击【确定】按钮即可完成对工作簿结构和窗口的保护设置。

撤销工作簿保护时，单击菜单栏【工具】→【保护】→【撤销工作簿保护】命令，打开【撤销工作簿保护】对话框，在【密码】文本框中输入前面设置的密码，单击【确定】按钮即可。

方法二：设置打开和修改密码。

步骤 1. 单击菜单栏【工具】→【选项】命令，打开【选项】对话框，切换到【安全性】选项卡。

步骤 2. 在【打开权限密码】文本框和【修改权限密码】文本框中分别输入打开和修改工作簿时的密码。

步骤 3. 单击【确定】按钮，打开【确认密码】对话框，在【重新输入密码】文本框中再次输入打开权限密码，单击【确定】按钮。随后打开另一个【确认密码】对话框，在【重新输入修改权限密码】文本框中再次输入修改权限密码，单击【确定】按钮即可。

再次打开该工作簿时，系统会打开【密码】对话框，在【密码】文本框中输入打开权限密码，单击【确定】按钮。接着会打开另一个【密码】对话框，在【密码】文本框中输入修改权限密码，单击【确定】按钮。只有输入正确的修改密码才能正常进入工作簿进行操作，否则只能以只读方式进入工作簿。

方法三：保护工作表，该方法可以限制使用工作表的用户的操作。

步骤 1. 激活需要保护的工作表，单击菜单栏【工具】→【保护】→【保护工作表】命令，打开【保护工作表】对话框。

步骤 2. 在【取消工作表保护时使用的密码】文本框中输入密码，在【允许此工作表的所有用户进行】列表框中选择允许用户进行的操作，单击【确定】按钮，打开【确认密码】对话框。

步骤 3. 在【重新输入密码】文本框中重新输入前面设置的密码，单击【确认】按钮即可。

440. 怎样在 Excel 2003 工作簿中插入、删除工作表？

在实际工作中，可能要增加新的工作表或删除多余的工作表，插入或删除工作表的方法如下。

单击某工作表标签，使其成为活动工作表，将鼠标指针移到该工作表标签上，单击鼠标右键，弹出快捷菜单。在快捷菜单中单击【插入】命令，打开【插入】对话框，切换到【常用】选项卡，单击【工作表】选项，然后单击【确定】按钮，即可在该工作表左侧插入一个新的工作表；在快捷菜单中单击【删除】命令，打开一个对话框，提示是否确认删除工作表，单击【删除】按钮则将该工作表删除。

441. 怎样在 Excel 2003 工作簿中切换工作表及重新命名?

在 Excel 2003 工作簿中,单击工作表标签即可切换工作表,需要哪个工作表作为活动工作表,单击其标签即可。

为了更易于表明工作表的性质,经常需要为工作表重新命名。右击需要重新命名的工作表标签,在弹出的快捷菜单中单击【重命名】命令,或双击需要重命名的工作表的标签,光标就会定位于工作表标签上,输入新的名称即可。

右击某工作表标签,在弹出的快捷菜单中单击【工作表标签颜色】命令,打开【设置工作表标签颜色】对话框,选择一种颜色,单击【确定】按钮,该工作表标签即以所选择颜色作为背景色。

442. 怎样在 Excel 2003 工作簿中移动/复制工作表?

在 Excel 2003 工作簿中移动/复制工作表的方法如下。

方法一:直接拖动工作表在本工作簿中移动。将鼠标指针移到要移动的工作表标签处,按住鼠标左键不放,鼠标指针变为"□"形状,同时在标签左上角出现黑色小三角,拖动鼠标,黑色小三角移到的位置就是放开鼠标后工作表移到的位置。

方法二:在任意工作簿中移动/复制工作表。右击需要移动/复制的工作表标签,在弹出的快捷菜单中单击【移动或复制工作表】命令,将单击工作表标签后单击菜单栏【编辑】→【移动或复制工作表】命令,打开【移动或复制工作表】对话框,如图 5-54 所示。

如果要复制工作簿,选中【建立副本】复选框,如果是移动工作表,则清除该复选框。在【工作簿】下拉列表框中选择指定工作表移动/复制到哪个工作簿中,默认为当前工作簿;在【下列选定工作表之前】列表框中选择需要移动/复制的位置,最后单击【确定】按钮即可。

图 5-54　【移动或复制工作表】对话框

443. 怎样选定 Excel 2003 工作表中的单元格?

在 Excel 工作表中被选定单元格周围出现粗边框,表明它是活动单元格。

(1)选定全体单元格。单击工作区左上角的【全选】按钮,可将工作表中全部单元格都选定。

(2)选定一个单元格。将鼠标指针移到工作区中,单击某单元格,该单元格周围出现黑色粗线框,成为活动单元格,用方向键或【Tab】键可以改变活动单元格。

(3)选定多个单元格。若选定连续的多个单元格,则在选定区域的一角按下鼠标左键,并拖动至对角;或单击欲选定区域一角的单元格后按下【Shift】键并单击区域对角的单元格。若选定不连续的多个单元格,则选定一个单元格后,按下【Ctrl】键,依次单击要选定的单元格即可。

(4)选定整行或整列单元格。将鼠标移到要选定行的行号处或要选定列的列号处,单击鼠标左键即可选定该行或该列,拖动鼠标则可选中连续多行或多列。如果要选定的多行或多列不连续,则先选定一行(或一列),然后按下【Ctrl】键,依次单击要选定的其他行或列,最后放开【Ctrl】键即可。

444. 怎样在 Excel 2003 工作表单元格中输入数据?

选定要输入数据的单元格,将光标定位于单元格或编辑栏内,用键盘输入内容即可。输入完毕,按【Enter】键确认。

　　输入过程中需要修改,则可用【Backspace】键或【Delete】键逐个删除输入的字符,或按下编辑栏左侧【×】键,清除编辑栏的内容。

　　在 Excel 单元格中输入负数时,如输入负 13,可以以"－13"或"(13)"格式输入;输入日期时,如输入 2010 年 6 月 5 日,可以输入"10/6/5"、"2010/6/5"、"2010/6/5"或"2010 年 6 月 5日"。无论以哪种格式输入,都会以设定的格式显示。

445. 在 Excel 2003 工作簿中怎样设置数据的有效性?

　　在 Excel 工作表中输入数据时,有些单元格的数据可能会有自己的格式,为了防止数据输入格式的错误,可以设置单元格的数据有效性,操作步骤如下。

　　步骤 1. 选定要设置数据有效性的单元格,单击菜单栏【数据】→【有效性】命令,打开【数据有效性】对话框,切换到【设置】选项卡,如图 5-55 所示。

　　步骤 2. 在【允许】下拉列表框中选择允许的数据类型,有【任何值】、【整数】、【小数】、【序列】、【日期】、【时间】、【文本长度】和【自定义】8 个选项,根据需要选择一个选项,然后设置其他有效性条件。

　　步骤 3. 切换到【输入信息】选项卡,选中【选定单元格时显示输入信息】复选框,并在【标题】和【输入信息】文本框中输入信息的标题和内容。在选定单元格时,

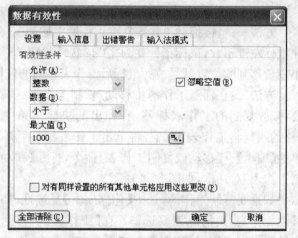

图 5-55　【数据有效性】对话框

会自动显示这些信息,如果选定单元格时不需要提示信息,则可以清除该复选框。

　　步骤 4. 切换到【出错警告】选项卡,选中【输入无效数据时显示出错警告】复选框,在【样式】下拉列表框中选择警告图标样式,在【标题】和【错误信息】文本框中输入单元格中出现无效数据时的提示或警告信息。

　　步骤 5. 单击【确定】按钮即可。

446. 怎样设置 Excel 2003 单元格的小数位数和负数显示格式?

　　在 Excel 单元格中对数据计算后,可能会出现小数或负数,Excel 默认小数点后保留 8 位小数,实际应用中,有时不需要这样高的精度,所以要对小数位数重新设置,也要规定负数的显示格式,操作步骤如下。

　　步骤 1. 选定需设置小数位数或负数格式的单元格,单击菜单栏【格式】→【单元格】命令,或将鼠标指针移到选定单元格上,单击右键,在弹出的快捷菜单中单击【设置单元格格式】命令,打开【单元格格式】对话框,如图 5-56 所示。

　　步骤 2. 切换到【数字】选项卡,在【分类】列表框中选择【数值】,在【小数位数】微调框中输入小数的位数。

　　步骤 3. 在【负数】列表框内可以选择负数在单元格内的显示格式。

　　步骤 4. 单击【确定】按钮,选定单元格内的小数就会按设定的位数四舍五入,负数会按照设定的格式显示。

447. 怎样在 Excel 2003 工作表中用相同数据填充相邻单元格?

在 Excel 工作表中有时需要将多个连续单元格内输入相同的内容,常用的方法有如下两种。

方法一:利用填充控制点控制。

步骤 1. 将需要重复填充的内容输入填充区域第一个单元格中。

步骤 2. 选定第一个单元格,其周围出现黑色粗线框,在黑色粗线框右下角有一个黑色的小方块,叫做填充控制点。

步骤 3. 将鼠标指针移到填充控制点上,鼠标指针变为黑色粗"十"字形状时,按下左键,并拖动鼠标,会有一个虚线框跟随鼠标移动,该虚线框就是放开鼠标后的填充区域。

图 5-56 【单元格格式】对话框

【提示】:如果第一个单元格输入的是"星期一"、"三月"、或"非数字+数字"、"数字+非数字"等格式的内容,则拖动鼠标时要按下【Ctrl】键,才能将其他单元格填充为相同内容,否则会自动产生"星期一"到"星期日"或"一月"到"十二月"的循环序列,或根据单元格中的数字产生等差序列。

方法二:用菜单方法填充。

步骤 1. 将需要重复填充的数字输入填充区域第一个单元格中。

步骤 2. 选定包括第一个单元格在内的填充区域。

步骤 3. 单击菜单栏【编辑】→【填充】命令,在其下拉菜单中根据选定情况选择填充方向即可。

448. 怎样在 Excel 2003 工作表相邻单元格中自动填充数据序列?

在 Excel 表格处理中,常会遇到等差数列、等比数列和日期序列等序列数据的输入问题,使用序列数据输入功能可快速输入这些数据。

方法一:利用菜单方法产生等差或等比序列。

步骤 1. 在填充区域第一个单元格输入序列中第一个数据,并选定该单元格。

步骤 2. 单击菜单栏【编辑】→【填充】→【序列】,打开【序列】对话框,如图 5-57 所示。

步骤 3. 在【序列产生在】组合框中选择序列产生的位置,在【类型】组合选择序列的类型,在【步长值】文本框输入

图 5-57 【序列】对话框

序列的步长,即等差序列中相邻两个数据之差或等比序列中相邻两个数据之比。

步骤 4. 在【终止值】文本框内输入序列的最后一个数值。如果执行步骤 1 时,选定了填充区域,【终止值】可以为空。

步骤 5. 设置完成后,单击【确定】按钮即可。

方法二:利用填充控制点产生等差序列。如果等差序列的步长是 1,在填充区域第一个单元格输入序列中第一个数据,并选定该单元格;然后按下【Ctrl】键,同时将鼠标移到填充控制点上,鼠标指针变为黑色"十"字形状时,按下左键,拖动鼠标即可。如果等差序列的步长不是 1,则要输入序列最前面两个或多个相邻数据并将它们选中,然后拖动填充控制点,即可得到步长不是 1 的等差序列。

方法三:自动填充日期。

步骤 1. 在填充区域第一个单元格输入序列中第一个日期,并选定填充区域。

步骤 2. 单击菜单栏【编辑】→【填充】→【序列】,打开【序列】对话框。

步骤 3. 在【序列产生在】组合框中选择序列产生的位置,在【类型】组合选择【日期】单选按钮,则【日期单位】组合框可用。在【日期单位】组合框中,如果选中【日】单选按钮,序列将以"日"为单位按【步长值】产生;如果选中【工作日】单选按钮,序列以"工作日"为单位按【步长值】产生,也就是序列中只有星期一至星期五的日期,没有星期六和星期日的日期;选中【月】单选按钮,序列按月份产生;选中【年】单选按钮,序列将按年份产生。

步骤 4. 在【步长值】文本框输入序列的步长,设定序列中相邻两个日期相差几个【日期单位】。

步骤 5. 设置完成后,单击【确定】按钮。

449. 怎样在 Excel 2003 工作表单元格中自动填充公式?

方法一:自动填充函数。Excel 2003 提供了很多函数,除了常用函数外,还有很多专业函数,如财务函数、数学与三角函数、统计函数等。如在单元格中用函数求每位同学的平均成绩,操作步骤如下。

步骤 1. 选定或将光标定位于将要存放计算结果的单元格中。

步骤 2. 单击菜单栏【插入】→【函数】命令,或单击编辑栏左边的【fx】插入函数按钮,打开【插入函数】对话框。

步骤 3. 单击【或选择类别】下拉列表框,选择需要的函数所属的类别,同时会在【选择函数】列表框中显示出该类别的所有函数,根据需要选定一个函数。

步骤 4. 单击【确定】按钮,打开【函数参数】对话框,如图 5-58 所示,在该对话框中会提供输入参数的文本框,文本框右侧有一个【折叠】按钮。

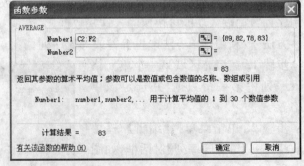

图 5-58 【函数参数】对话框

步骤 5. 单击【Number1】文本框右侧的【折叠】按钮,【函数参数】对话框折叠起来。拖动鼠标选择参与运算并且相邻的单元格,被选定单元格周围会出现虚线框,再次单击【折叠】按钮,对话框展开。如果参与运算的单元格不在同一个连续区域内,则继续单击【Number2】右侧的【折叠】按钮,选择下一个区域,依次类推,直至选完所有参与运算的单元格。

步骤 6. 单击【确定】按钮。选定用函数填充的单元格,拖动其填充控制点即可将函数填充到相邻的其他单元格中。

方法二：自动填充自定义公式。在 Excel 2003 单元格中也可以输入自定义的公式进行计算，公式计算的一般形式为"单元格＝表达式"，即单元格的值是等号右边表达式的计算结果，填充公式的操作步骤如下。

步骤 1. 选定存放运算结果的单元格或将光标定位于其中，在编辑框或单元格中输入运算符"＝"，然后输入自定义公式的表达式，如"(C2＋D2 ＋E2)/3"，单击【Enter】键确认，单元格内可显示出计算结果，同时在编辑栏内显示公式的表达式。

步骤 2. 选定用公式填充的单元格，将鼠标移到其右下角的填充控制点，待鼠标箭头变为黑色"十"字形状时，按下左键拖动鼠标，即可将公式填充到相邻的其他单元格中。

【提示】：自动填充函数或自动填充自定义的公式，其参数单元格与结果单元格的相对位置都是相同的，如：F2＝(C2＋D2 ＋E2)/3，自动填充后 F3＝(C3＋D3 ＋E3)/3，依次类推。

450. 在 Excel 2003 中怎样通过帮助学习函数的应用?

在 Excel 工作表中应用复杂函数的时候，如果用户只知道函数名称而不会具体应用，可以通过函数帮助来学习函数的应用，具体的操作步骤如下。

步骤 1. 单击菜单栏【插入】→【函数】命令，打开【插入函数】对话框。

步骤 2. 在【或选择类别】下拉列表中选择想要查找的公式所属的类别，在【选择函数】列表框中选择所要查找的函数。

步骤 3. 单击【插入函数】对话框左下角的【有关该函数的帮助】链接，打开【Microsoft Excel 帮助】窗口，即可查看对该函数的介绍和具体应用方法。

451. 怎样在 Excel 2003 工作表中快速输入小数?

实际应用 Excel 时，输入小数的方法一般都是按照习惯的方法由左向右输入，如果需要一次性输入大量的具有相同小数位数的数值，可以通过设置来实现快速输入，操作步骤如下。

步骤 1. 单击菜单栏【工具】→【选项】命令，打开【选项】对话框，切换到【编辑】选项卡中，如图 5-59 所示。

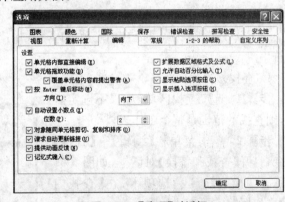

图 5-59　【选项】对话框

步骤 2. 选中【自动设置小数点位数】复选框，并在其后的微调框内输入需要的小数位数。

步骤 3. 单击【确定】按钮，关闭对话框，返回工作表。

步骤 4. 如果数据小于 1 则在工作表单元格中输入小数点后面的数字即可，由左到右输入所有数字而不必输入小数点。

步骤 5. 输入完毕，再次打开【选项】对话框，切换到【编辑】选项卡，将【自动设置小数点位数】复选框取消，单击【确定】按钮，以便正常输入其他数值。

452. 怎样在 Excel 2003 工作表中插入行、列或单元格?

1. 插入行或列

选定插入位置下面的行或右面的列，单击鼠标右键，弹出快捷菜单，单击【插入】命令，或单击菜单栏【插入】→【行】或【列】命令即可在选定行前面插入一行或在选定列左面插入一列。

2. 插入单元格

选定要插入位置的单元格,单击鼠标右键,弹出快捷菜单,单击【插入】命令,或单击菜单栏【插入】→【单元格】命令,打开【插入】对话框,包括如下四个单选按钮。

【活动单元格右移】选项是指选定的单元格及其右边的单元格依次向右移动,新的单元格将插入在其左侧;【活动单元格下移】选项是指选定的单元格及其下面的单元格依次向下移动,新的单元格将插入在其上方;【整行】、【整列】则是分别在选定单元格所在行的上面插入一行和在选定单元格所在列的左侧插入一列;根据需要选择一项,单击【确定】按钮即可。

453. 怎样在 Excel 2003 工作表中删除单元格?

1. 删除整行或整列

选定要删除的行或列,单击鼠标右键,弹出快捷菜单,单击【删除】命令,或单击菜单栏【编辑】→【删除】命令即可。

2. 删除若干单元格

选定要删除的单元格,单击鼠标右键,在弹出的快捷菜单中单击【删除】命令,或单击菜单栏【编辑】→【删除】命令,打开【删除】对话框,包括如下四个单选按钮。

【右侧单元格左移】选项是指删除选定单元格后其右侧的单元格依次向左移;【下方单元格上移】选项是指删除选定单元格后其下方的单元格依次向上移;【整行】和【整列】选项是指删除选定单元格所在的一行或一列;根据需要选择一项后单击【确定】按钮即可。

【提示】:删除单元格不同于清除内容,对选定的单元格清除内容后,单元格仍然存在,只是其内容为空,而删除则是将选定单元格彻底删除,由其他单元格取代其位置。

454. 怎样在 Excel 2003 工作表中查找、替换?

在 Excel 工作表中,可以在指定范围内查找用户指定的字符串,并可以将其替换成另一个字符串。

1. 查找

步骤 1. 选定查找区域,如果不选定区域,则查找的范围是整个工作表。

步骤 2. 单击菜单栏【编辑】→【查找】命令,打开【查找和替换】对话框,如图 5-60 所示。切换到【查找】选项卡,在【查找内容】文本框输入要查找的内容。

步骤 3. 重复单击【查找下一处】按钮,每找到一个与查找内容相符的字符串,在工作表中会以选定状态显示。如果单击【查找全部】按钮,则在对话框下方以表格形式列出所有查找结果。

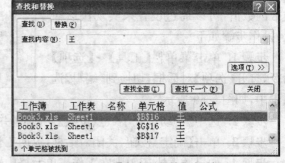

图 5-60 【查找和替换】对话框

步骤 4. 单击【关闭】按钮,关闭对话框。

2. 替换

步骤 1. 选定查找区域后,打开【查找和替换】对话框,切换到【替换】选项卡中。

步骤 2. 在【查找内容】文本框输入被替换的内容,在【替换为】文本框中输入替换成的内容。

步骤 3. 单击【查找下一个】按钮，找到第一个查找内容，然后重复单击【替换】按钮，逐个替换找到的内容。若不替换其中某一个，则单击【查找下一个】按钮，将其跳过；单击【全部替换】替换所有查找到的内容。单击【查找全部】按钮，使全部查找结果显示在对话框下方的表格中，从中选择某行，单击【替换】按钮将其替换。

步骤 4. 替换完毕，单击【关闭】按钮，关闭对话框。

455. 怎样在 Excel 2003 工作簿中撤消和恢复操作?

单击菜单栏【编辑】→【撤消×××】命令或单击工具栏【撤消】按钮，可将最近一次操作撤消。若要撤消多次操作，则单击工具栏【撤消】按钮右侧的小三角，选择要撤销的多次操作即可。

对于撤消掉的操作，可以通过如下方法恢复。

单击菜单栏【编辑】→【恢复×××】命令或单击工具栏【恢复】按钮，可恢复最近一次被撤消的操作。若要恢复被撤消的多次操作，则单击工具栏【恢复】按钮右侧的小三角，选择要恢复的多次操作即可。

【提示】:【恢复】功能只有在出现了【撤消】动作之后才可用，也就是说这个功能恢复的是被撤消掉的操作。【撤消】、【恢复】操作不只针对当前工作表，而是针对所有打开的工作簿，也就是说，在某工作表中执行【撤消】操作，不一定是撤消了本工作表的操作，而是撤消了所有打开的工作簿中最近的操作。

456. 怎样在 Excel 2003 工作表中移动、复制单元格?

步骤 1. 选定需要移动(或复制)的单元格，单击菜单栏【编辑】→【剪切】(或【复制】)命令，或在选定区域上单击鼠标右键，在弹出的快捷菜单中单击【剪切】(或【复制】)命令，或单击工具栏中【剪切】(或【复制】)命令按钮。

步骤 2. 单击目标区域左上角，使其成为活动单元格。

步骤 3. 单击菜单栏【编辑】→【粘贴】命令，或在选定区域上单击鼠标右键，在弹出的快捷菜单中单击【粘贴】命令，或单击工具栏中【粘贴】命令按钮即可实现选定单元格的移动或复制。

457. 怎样设置 Excel 2003 工作表单元格的边框和底纹?

在 Excel 工作表中为了美化或强调单元格，可以为其设置边框和底纹，操作步骤如下。

步骤 1. 选定要设置边框和底纹的单元格。

步骤 2. 单击菜单栏【格式】→【单元格】命令或将鼠标指针移到选定区域后单击右键，在弹出的快捷菜单中单击【设置单元格格式】命令，打开【单元格格式】对话框，切换到【边框】选项卡，如图 5-61 所示。

步骤 3. 在【线条】组合框的【样式】列表框中选择单元格边框的线条样式，在【颜色】下拉列表框中，选择边框线条的颜色。

步骤 4. 单击【预置】或【边框】组合框中的按钮，或直接单击预览草图中边框的位置，可以将相应边框设置为选定的线条。

步骤 5. 若不需要设置底纹，单击【确定】按

图 5-61　【单元格格式】对话框

钮即可。否则,切换到【图案】选项卡,继续执行以下操作。

步骤 6. 在【颜色】列表框中,选择单元格的背景色,单击【图案】列表框,在下拉列表中选择单元格底纹的图案和颜色。

步骤 7. 单击【确定】按钮,选定单元格即可设置为指定的边框和底纹。

458. 怎样调整 Excel 2003 工作表单元格的行高和列宽?

在 Excel 工作表中,不能单独调整某一个单元格的行高和列宽,只能调整单元格所在行的高度或所在列的宽度,主要有如下两种设置方法。

方法一:用鼠标调整行高或列宽。若要调整某一行的高度,将鼠标指针移到需要调整高度的行号下方,当鼠标指针变为带纵向箭头的黑色"十"字形状时,按下左键,上下拖动鼠标即可改变该行的高度。如果选定多行,然后按上述方法拖动鼠标,则可以将多行设置为相同的高度。若要调整某一列的宽度,将鼠标指针移到需要调整宽度的列号右侧,当鼠标指针变为带横向箭头的黑色"十"字形状时,按下左键,左右拖动鼠标即可改变该列的宽度。如果选定多列,然后按上述方法拖动鼠标,则可以将多列设置为相同的宽度。

方法二:菜单方法。首先选定需要调整高度的单元格或行,然后单击菜单栏【格式】→【行】→【行高】或【最适合的行高】命令。若单击【行高】命令,会打开【行高】对话框,在【行高】文本框输入数字,单击【确定】按钮即可将该行高度设置为输入值。若单击【最适合的行高】,则会自动将每一行调整为与其内容相适应的高度。同样单击菜单栏【格式】→【列】→【列宽】或【最适合的列宽】,可以调整单元格的列宽。

459. 怎样设置 Excel 2003 工作表单元格的对齐方式?

步骤 1. 选定需要设置对齐方式的单元格,单击菜单栏【格式】→【单元格】命令,打开【单元格格式】对话框,切换到【对齐】选项卡。

步骤 2. 在【文本对齐方式】组合框中,单击【水平对齐】下拉列表框,选择水平对齐方式。如果选择【缩进】方式,可以在【缩进】微调框内输入缩进距离。单击【垂直对齐】下拉列表框,选择垂直对齐方式。在【文本控制】组合框中根据需要选择复选框;在【文字方向】下拉列表框中选择文字的方向;在【方向】微调框内输入文本倾斜的角度。

步骤 3. 设置完成后,单击【确定】按钮即可。

460. 怎样在 Excel 2003 工作簿中创建图表?

用 Excel 管理数据时,为了直观,常将数据用图表的形式表示出来,可以更容易地分析数据的走向和差异,便于预测趋势。在 Excel 工作簿中插入图表的操作步骤如下。

步骤 1. 打开工作簿,激活需要以图表显示数据的工作表,选定需要创建图表的单元格。

步骤 2. 单击菜单栏【插入】→【图表】命令,打开【图表向导-4 步骤之 1-图表类型】对话框,切换到【标准类型】选项卡中,如图 5-62 所示。在【图表类型】列表框中选择需要的图表类型,在【子图表类型】组合框中选择需要的子表类型。可以按下【按下不放可查看示例】按钮,预览图表效果。

步骤 3. 单击【下一步】按钮,打开【图表向导-4 步骤之 2-图表源数据】对话框,切换到【数据区域】选项卡中,如图 5-63 所示。因为已经选定了源数据单元格,所以在【数据区域】栏已自动填好了图表数据源,如果需要修改,单击【数据区域】右侧的【折叠】按钮,用鼠标在工作表中重新选择源数据即可,然后在【系列产生在】组合框中选择系列产生的位置。

为了使图表更易读,可以切换到【系列】选项卡中修改系列的名称。选中【系列】列表框中一个系列名称,在【名称】文本框中输入该系列的名称,或单击其右侧的【折叠】按钮,在工作表中选择系列名称。选择了某个系列,还可以单击【值】文本框右侧的【折叠】按钮,到工作表中重新选择该系列的源数据范围。单击【删除】按钮,则可将选定系列删除;单击【添加】按钮,可以增加新的系列,在【值】文本框内可以为其设置源数据。

步骤 4. 单击【下一步】按钮,打开【图表向导-4 步骤之 3-图表选项】对话框。在该对话框各选项卡中切换,可以设置图表的外观。

步骤 5. 单击【下一步】按钮,打开【图表位置】对话框。

图 5-62　【图表类型】对话框

若要将图表插入到工作簿已有的工作表中,则选中【作为其中的对象插入】单选按钮,并在其右侧的下拉列表框中选择工作表。

若希望产生新的工作表存放图表,则选中【作为新的工作表插入】单选按钮,并在其右侧的文本框中为新工作表输入名称。

步骤 6. 单击【完成】按钮。

461. 怎样编辑 Excel 2003 工作簿中的图表?

在 Excel 工作簿中插入的图表的结构,如图 5-64 所示。

图表主要由绘图区(整个灰色区域)、图表区(整个空白区域)、数据系列、网格线、图例、分类轴和数值轴等组成。绘图区和图表区是最基本的,通过单击图表区可选中整个图表。当鼠标指针移至图表各部分时,会自动显示该部分的名称,此时单击鼠标会选中该部分。编辑或修改插入的图表主要有如下两种方法。

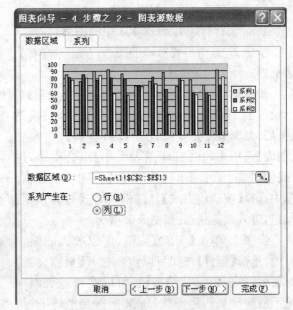

图 5-63　【图表源数据】对话框

方法一:用【图表】工具栏编辑图表。

单击图表任意位置,打开【图表】工具栏,如图 5-65 所示。如不能打开,单击菜单栏【视图】→【工具栏】→【图表】命令即可。鼠标移到该工具栏的各部位时,会自动显示其名称。

①单击【图表对象】下拉列表框中的名称,或单击图表中的各部分,可以选中图表中的对象。②单击工具栏的【格式】按钮,打开对象的【格式】对话框,设置该对象的格式。③单击【图表类型】按钮右侧的小三角,在下拉列表框中可以改变图表的类型。④单击【图例】按钮,可以

显示或隐藏图表中的图例区。⑤单击【数据表】按钮,可以显示或隐藏图表中的数据表。⑥单击【按行】按钮,使图表中的系列产生在行。⑦单击【按列】按钮,使图表中的系列产生在列。⑧选中数值轴或分类轴后,【顺时针斜排】和【逆时针斜排】按钮可用,单击这两个按钮可以改变数轴标签的排列方向。⑨选定图表某部分后,其周围出现控制点,可用鼠标拖动控制点来调节其大小。选定图表区和绘图区后,不仅可以拖动控制点调节图表大小,还可以拖动鼠标改变图表位置。

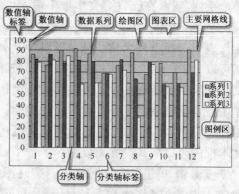

图 5-64 图表的结构

方法二:用菜单编辑图表。

用快捷菜单可以修改数据源、图例、标题、网格线等内容。选定图表任意部分后,将鼠标移到选定部位上,单击右键,弹出对应部位的快捷菜单,选择各菜单命令,可以对图表各部分进行编辑。选定图表后,单击菜单栏【图表】菜单项,在其下拉菜单中选择需要的命令也可以编辑图表。

图 5-65 【图表】工具栏

462. 怎样打印 Excel 2003 中的图表?

步骤 1. 选中需要打印的图表,单击菜单栏【文件】→【页面设置】命令,打开【页面设置】对话框。

步骤 2. 分别切换到【页面】选项卡中设置好页面方向、纸张大小等,切换到【页边距】、选项卡设置上、下、左、右 4 个方向的页边距,切换到【页眉/页脚】选项卡中设置页眉页脚。切换到【图表】选项卡,在【打印图表大小】组合框中,选择【使用整个页面】单选按钮,在【打印质量】组合框中选择【按草稿方式】复选框,单击【打印预览】按钮,进入预览状态,如图 5-66 所示。

步骤 3. 单击【缩放】按钮,可以放大或缩小页面;单击【设置】按钮可以重新打开【页面设置】对话框;单击【页边距】按钮,可以在预览页面中显示或隐藏页边距虚线,将鼠标移到虚线上,待

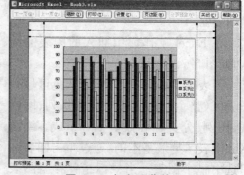

图 5-66 打印预览效果

指针变为带箭头的"十"字形状后,按住左键不放,拖动鼠标可以调整打印页面的页边距。

步骤 4. 设置完成后,单击【打印】按钮,打开【打印内容】对话框。在【打印范围】组合框中选中【全部】单选按钮;在【打印内容】组合框中已自动选中了【选定图表】单选按钮。在【打印份数】微调框中输入打印数量。

步骤 5. 设置完成后,单击【确定】按钮即可。

463. 怎样在 Excel 2003 工作表中排序?

方法一:用工具栏命令按钮排序。

如果在 Excel 工作表中排序时只有一个关键字,则可以用工具栏的【升序排序】或【降序排

序】按钮快速排序。首先选定关键字所在列中的单元格,然后单击工具栏【升序排序】或【降序排序】按钮即可。

方法二:用菜单进行复杂排序。

步骤 1. 选定数据区域内任意单元格,单击菜单栏【数据】→【排序】命令,打开【排序】对话框,如图 5-67 所示。

步骤 2. 如果第一行是标题行或不需要参加排序,则在【我的数据区域】组合框中选择【有标题行】单选按钮,否则选择【无标题行】单选按钮。

步骤 3. 在【主要关键字】下拉列表框中,选择排序主关键字,并选择【升序】或【降序】单选按钮,设置排序方式。如有必要,还可以设置【次要关键字】和【第三关键字】及其排序方式。在 Excel 中默认排序方向是按列排序,如果需要按行排序,则单击【选项】按钮,打开【排序选项】对话框,如图 5-68 所示,在【方向】组合框中选择【按行排序】单选按钮。

图 5-67 【排序】对话框

如果排序关键字是汉字,在【方法】组合框中可以选择【字母排序】和【笔划排序】单选按钮分别将汉字按字母和笔划顺序排序。然后单击【确定】按钮,返回【排序】对话框,此时【排序】对话框中的【关键字】下拉列表框中显示各行的标题或行号,重新设置关键字即可。

步骤 4. 单击【确定】按钮,数据即可按设定的关键字排序。

464. 怎样在 Excel 2003 工作表中筛选数据?

方法一:自动筛选。选定数据区域任意单元格,或选定筛选区域,单击菜单栏【数据】→【筛选】→【自动筛选】命令,即可看到在选定区域各列第一行单元格中出现一个下三角按钮,单击该按钮,弹

图 5-68 【排序选项】对话框

出下拉列表框,其中有若干选项,包括【升序排列】、【降序排列】、【全部】、【前 10 个】、【自定义】、【空白】、【非空白】以及该列内的所有数据值,各选项意义如下。

单击【空白】、【非空白】及各数据值,会将与选项相等的记录选出来;单击【全部】则显示出全部数据;单击【升序排列】或【降序排列】会将该列的数据按顺序排列;单击【前 10 个】,打开【自动筛选前 10 个】对话框,在【显示】组合框中输入筛选条件;单击【自定义】,打开【自定义自动筛选方式】对话框,在该对话框内可以设置筛选条件,之后单击【确定】按钮,可以将符合条件的记录选出来;再次单击【数据】→【筛选】→【自动筛选】命令,可以取消自动筛选,所有下三角按钮消失。

方法二:高级筛选。高级筛选功能不但能完成自定义筛选的功能,还可以完成一些条件复杂的筛选,并将筛选结果放到指定位置,操作步骤如下。

步骤 1. 选取空白单元格,在其中输入筛选条件。输入筛选条件时,要将列标题与条件写到同一列的相邻两个单元格中。例如,一个成绩表的筛选条件是"数学＞＝80",要将"数学"和"＞＝80"分别输入同一列相邻两个空白单元格中。

步骤 2. 单击菜单栏【数据】→【筛选】→【高级筛选】命令,打开【高级筛选】对话框,如图5-69所示。

步骤 3. 在【方式】组合框中根据需要选择一个单选按钮。单击【列表区域】文本框右侧的

【折叠】按钮,对话框被折叠,在工作表中选定被筛选区域后,再次单击【折叠】按钮,展开对话框。单击【条件区域】文本框右侧的【折叠】按钮,在工作表中选择存放筛选条件的单元格,再次单击【折叠】按钮展开对话框。如果选择了【方式】组合框中的【将筛选结果复制到其他位置】单选按钮,还要单击【复制到】文本框右侧的【折叠】按钮,在工作表中指定将筛选结果复制到的目标区域,只要单击该区域的左上角单元格即可。

图 5-69　【高级筛选】对话框

步骤 4. 设置完成后,单击【确定】按钮。

【提示】:如果在【方式】组合框选择了【在原有区域显示筛选结果】单选按钮,符合筛选条件的数据将会在原数据区域显示,其他数据则隐藏起来。这种情况通常还要将数据全部显示出来,单击菜单栏【数据】→【筛选】→【全部显示】命令即可。

465. Excel 2003 中高级筛选的条件是什么格式?

在 Excel 中使用高级筛选功能时,需要在工作表空白单元格中输入筛选条件,其输入格式总结如下。

(1)只有一个条件。字段名和条件输入同一列相邻的两个单元格中,字段名在上,条件值在下。

(2)关于同一列的多个条件,条件之间为逻辑“或”关系。字段名和条件输入同一列相邻单元格中,字段名在上面单元格中,多个条件值依次在下面相邻单元格内。

(3)关于同一列的多个条件,条件之间为逻辑“与”关系。字段名相同且在同一行上,条件值在字段名下方相邻单元格中,列间可相邻也可不相邻。

(4)关于多列的多个条件,条件之间为逻辑“与”关系。多个字段名在同一行中,与字段名相应的条件值和字段名在同一列的相邻单元格中,字段名在上,条件值在下,列之间可以相邻也可以不相邻。

(5)关于多列的多个条件,条件之间为逻辑“或”关系。多个字段名在同一行上,与字段名相应的条件和字段名在同一列中,字段名在上,条件值在下,各条件要写在不同行上,列之间可以相邻也可以不相邻。

(6)由上述情况组成的复杂条件集,要在单独的行中键入每个条件集。

(7)在条件中可使用通配符,常用的有“?”、“＊”、“～”。“?”代表任意一个字符;“＊”代表任意多个字符;当字符串中出现“?”、“＊”和“～”时,以“～”来引导,如筛选条件是“ab～?”,表示只有搜到字符串“ab?”时,才是与源字符串匹配的。

466. 怎样使用 Excel 2003 的分类汇总功能?

创建分类汇总之前,要保证数据表中第一行的每一列都有列标题,并且同一列中应包含相似的数据,不应有空行或空列,具体操作步骤如下。

步骤 1. 单击要分类的列中的单元格(如列标题为“性别”的列)。

步骤 2. 单击【常用】工具栏中的【降序排序】或【升序排序】按钮,对数据按选定列(如“性别”)排序,使在该列上具有相同值的记录存放于相邻的单元格中,以便于分类。

步骤 3. 单击菜单栏【数据】→【分类汇总】命令,打开【分类汇总】对话框,如图 5-70 所示。

在【分类字段】下拉列表框中选择要按其分类的字段,一般选择在步骤 2 中按其排序的列(如“性别”);在【汇总方式】下拉列表框中,选择用于计算分类汇总的汇总函数(如“平均值”);

在【选定汇总项】列表框中选择要进行分类汇总的每一列的复选框（如选择"语文"和"英语"复选框）。

通过以上设置，可以按【分类字段】对数据分组（如分成男、女两组），并对每一组数据的【选定汇总项】按【汇总方式】汇总（即可以分别统计出男生的语文和英语的单科平均成绩以及女生的语文和英语的单科平均成绩）。如果希望每个分类汇总后有一个自动分页符，就要选择【每组数据分页】复选框；如果希望分类汇总结果出现在分类汇总的行的上方，则可清除【汇总结果显示在数据下方】复选框。

图 5-70　【分类汇总】对话框

步骤 4. 单击【确定】按钮即可按照设置的方式进行汇总，并显示汇总结果。

步骤 5. 如果取消所有的汇总结果，重新打开【分类汇总】对话框，单击【全部删除】按钮即可。

【提示】：多次使用【分类汇总】命令可以添加多个具有不同汇总函数的分类汇总，若要防止覆盖已存在的分类汇总，可以在【分类汇总】对话框中清除【替换当前分类汇总】复选框。

467. 怎样在 Excel 2003 工作簿中创建数据透视表？

Excel 中的数据透视表是交互式报表，可以快速合并和比较大量数据，可以转换行、列来查看源数据不同的汇总结果。使用数据透视表还可以显示不同页面、显示需要的数据细节、设置报告格式等，创建数据透视表的操作步骤如下。

步骤 1. 单击菜单栏【数据】→【数据透视表和数据透视图】命令，打开【数据透视表和数据透视图向导—3 步骤之 1】对话框。在【请指定待分析数据的数据源类型】组合框中选择【Microsoft Office Excel 数据列表或数据库】单选按钮；在【所需创建的报表类型】组合框中选择【数据透视表】单选按钮。

步骤 2. 单击【下一步】按钮，打开【数据透视表和数据透视图向导—3 步骤之 2】对话框，单击【选定区域】右侧的【折叠】按钮，选定数据源区域。

步骤 3. 单击【下一步】按钮，打开【数据透视表和数据透视图向导—3 步骤之 3】对话框，在【数据透视表显示位置】组合框中选择【新建工作表】单选按钮。

步骤 4. 单击【完成】按钮，工作簿中增加了一个工作表，如图 5-71 所示。

图 5-71　创建数据透视表

从【数据透视表字段列表】对话框中，将【班级】字段拖至【页字段所在位置】，将【小组】字段拖至【列字段所在位置】，将【学号】字段拖至【行字段所在位置】，将【数学】字段拖至【数据项所在位置】，得到数据透视表如图 5-72所示。

步骤 5. 在数据透视表中单击【数据透视表】工具栏中的【字段设置】按钮，打开【数据透视表字段】对话框，在其【汇总方式】列表框中选择【平均值】，单击【确定】按钮。

步骤 6. 在【班级】下拉列表中选择【1】班,该数据透视表的结果是列出了每个小组学生的数学成绩并统计了每个小组的数学平均成绩。如一组由学号为 1 号、5 号和 9 号的学生组成,他们的数学成绩分别是 91.0 分、90.0 分和 87.0 分,他们的平均成绩是 89.3 分。

步骤 7. 当工作表中的数据发生改变时,单击【数据透视表】工具栏中的【刷新数据】按钮,数据透视表中相应的数据也会改变。

步骤 8. 用户可以通过单击下三角按钮从列表框中选择不同的项来实现对信息的筛选和查看。

468. 中文 PowerPoint 2003 工作界面什么样子?

PowerPoint 2003 主要工作视图是普通视图方式,也是打开 PowerPoint 演示文稿时默认的视图方式,其工作界面如图 5-73 所示,包括标题栏、菜单栏、常用工具栏、格式工具栏、任务窗格、视图切换按钮、工作区、绘图工具栏、状态栏、模式窗格、备注窗格。

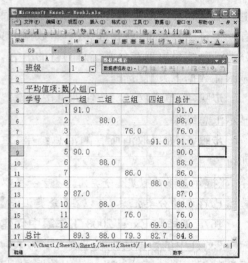

图 5-72 数据透视表

①标题栏用于显示当前正在编辑的演示文稿的名称等信息,其右侧有三个按钮,分别是【最小化】、【最大化】和【关闭】按钮。②菜单栏中包括【文件】、【编辑】、【视图】等菜单项,通过使用这些菜单中的命令及其选项,用户可以完成各种操作。③工具栏主要分为【常用】工具栏、【格式】工具栏和【绘图】工具栏等,每一种工具栏中包含许多命令按钮,单击这些按钮可实现相应的操作。④视图切换按钮包括【普通】、【幻灯片浏览】、【幻灯片放映】3 个视图切换按钮,单击这些按钮,可以切换到相应的视图中。⑤状态栏用来显示当前演示文稿的状态信息。⑥任务窗格包含打开和创建演示文稿的快捷方式。⑦工作区是用来编辑幻灯片的区域。⑧模式窗格提供了【幻灯片】和【大纲】两种模式选项卡,可通过单击各自的选项卡来切换。

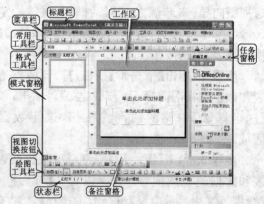

图 5-73 PowerPoint 2003 工作界面

469. 在 PowerPoint 2003 中有哪些视图方式?

PowerPoint 演示文稿有普通、幻灯片浏览和幻灯片放映三种视图方式。

(1)普通视图方式是幻灯片的主要编辑视图,包括幻灯片和大纲两种模式,通过单击窗口左侧窗格的选项卡即可在两种模式间切换。在幻灯片模式下,左侧的模式窗格内以缩略图的形式显示各幻灯片;在大纲模式下,左侧模式窗格中以列表的形式显示各幻灯片。在这两种模式下,都可以在工作区窗格中直接设计和编辑幻灯片。

(2)在幻灯片浏览视图方式下可以从整体上浏览所有幻灯片的效果,并能方便地进行幻灯片的复制、移动和删除等操作,但是不能直接对幻灯片的内容进行编辑和修改。双击某个幻灯片缩略图后，PowerPoint 自动切换到普通视图方式下，用户即可对幻灯片编辑和修改。

（3）在幻灯片放映视图方式下，幻灯片会占据整个屏幕，就像是一个实际幻灯片的放映演示文稿，在该视图方式下用户看到的就是将来观众会看到的。

470. 在 PowerPoint 2003 演示文稿中怎样切换视图方式？

在 PowerPoint 演示文稿中，可以通过单击视图切换区的按钮来切换视图方式，也可以通过单击菜单栏【视图】菜单项，在其下拉菜单中选择需要的视图方式。

在切换到幻灯片放映视图时，单击视图切换区的【从当前幻灯片开始幻灯片放映】按钮，或按【Shift＋F5】组合键，可以从当前幻灯片开始放映。单击菜单栏【视图】→【幻灯片放映】命令，或按下【F5】键，则从第一个幻灯片开始放映。

471. 怎样选定 PowerPoint 2003 演示文稿的幻灯片？

用 PowerPoint 制作演示文稿时，进行复制、移动幻灯片等操作时，都要选定幻灯片，选定幻灯片的主要方法如下。

（1）切换到普通视图方式下，单击【模式窗格】中的【幻灯片】或【大纲】选项卡，切换到【幻灯片】或【大纲】模式下，用鼠标单击需要选定的幻灯片的缩略图或图标即可。

（2）单击幻灯片缩略图时，同时按下【Ctrl】键，可以同时选定多个连续或不连续的幻灯片，但是这种方法不能在【大纲】模式下使用。

（3）选定一个幻灯片后，按下【Shift】键，再单击另一个幻灯片，可以将两个幻灯片之间的所有幻灯片都选定。

（4）选定任意幻灯片后，按下【Ctrl＋A】组合键可选定所有幻灯片。

（5）在幻灯片浏览视图方式下同样可以用鼠标单击幻灯片或结合【Ctrl】键和【Shift】键选定幻灯片。

472. 怎样在 PowerPoint 2003 演示文稿中插入/删除幻灯片？

1. 插入空白幻灯片

方法一：在普通视图方式下插入新幻灯片。单击菜单栏【插入】→【新幻灯片】命令可以在当前幻灯片后面插入一个新的幻灯片；切换到【幻灯片】模式下，用鼠标单击【幻灯片】选项卡中需要插入幻灯片的位置，将光标定位于此，单击菜单栏【插入】→【新幻灯片】命令，或在光标处单击鼠标右键，在弹出的快捷菜单中单击【新幻灯片】命令，也可以在光标位置插入一个新的幻灯片。

方法二：在幻灯片浏览视图方式下插入新幻灯片。在幻灯片浏览视图方式下，单击某幻灯片或单击两个幻灯片之间的空白位置将光标定位于此，单击菜单栏【插入】→【新幻灯片】命令，或单击鼠标右键，在弹出的快捷菜单中单击【新幻灯片】命令，可以在选定幻灯片后面或光标位置处插入一个新的幻灯片。

方法三：在普通视图的【幻灯片】或【大纲】选项卡中选定幻灯片后，单击【Enter】键即可在选定幻灯片后面插入一个新的幻灯片。

2. 删除幻灯片

删除 PowerPoint 演示文稿中的幻灯片时，可以在普通视图方式下，也可以在幻灯片浏览视图方式下。首先要将要删除的幻灯片选定，然后单击【Delete】键或单击菜单栏【编辑】→【删除幻灯片】命令，或在选定幻灯片上单击鼠标右键，在弹出的快捷菜单中单击【删除幻灯片】命令即可将其删除。

473. 怎样在 PowerPoint 2003 演示文稿中插入其他演示文稿中的幻灯片？

制作 PowerPoint 演示文稿时，可能会需要借用其他演示文稿中的幻灯片，这时可以将指定演示文稿中的幻灯片插入当前文稿中，操作步骤如下。

步骤 1. 在普通视图方式的【幻灯片】模式下，单击插入位置之前的幻灯片使其成为当前幻灯片，或在【幻灯片】选项卡中将光标定位于插入位置处。

步骤 2. 单击菜单栏【插入】→【幻灯片（从文件）】命令，打开【幻灯片搜索器】对话框，切换到【搜索演示文稿】选项卡，如图 5-74 所示。

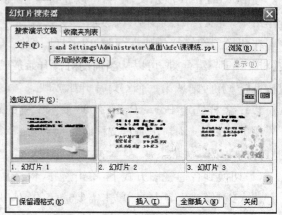

步骤 3. 单击【浏览】按钮，打开【浏览】对话框，单击【文件类型】下拉列表框，选择【所有 PowerPoint 演示文稿（ * . ppt；* . pps；* . pot；* . htm；* . html；* . mht；* . mhtml）】选项；单击【查找范围】下拉列表框，选择源演示文稿所在位置，并双击其文件名称，或单击其文件名称后单击【打开】按钮，返回【幻灯片搜索器】对话框，这时在

图 5-74 【幻灯片搜索器】对话框

对话框的【选定幻灯片】列表框中显示出指定演示文稿包含的所有幻灯片。

步骤 4. 如果需要保留源幻灯片的背景、文字格式等，则选中【保留原格式】复选框；若不选中该复选框则表示幻灯片插入到当前演示文稿，应用当前的格式。

步骤 5. 在【选定幻灯片】列表框中双击要插入当前演示文稿中的幻灯片，或单击幻灯片后单击【插入】按钮，将选定幻灯片插入当前幻灯片的后面或光标处。如果需要全部插入，则单击【全部插入】按钮，一次将该文稿的所有幻灯片都插入当前幻灯片后面或光标处。

步骤 6. 插入完毕后，单击【关闭】按钮。

474. 怎样将 Word 文档转换为 PowerPoint 演示文稿？

Word 文档可以转换为 PowerPoint 幻灯片，常用方法有如下三种，其中方法一和方法二只有在 Word 文档的样式被设置为【标题 1】、【标题 2】的文本时，才可以被转换为 PowerPoint 幻灯片中的内容。转换时以样式为【标题 1】的文本分页，即设置为【标题 1】的文本作为每一个幻灯片的标题，【标题 2】开始的文本作为该幻灯片的内容。

方法一: 转换成幻灯片插入当前演示文稿中。

步骤 1. 将要转换成幻灯片的 Word 文档关闭。打开 PowerPoint 演示文稿，选定插入位置前的幻灯片。

步骤 2. 单击菜单栏【插入】→【幻灯片（从大纲）】命令，打开【插入大纲】对话框。单击【文件类型】下拉列表框，选择【所有大纲（ * . txt；* . trf；* . doc；* . wpd；* . wps)】选项；单击【查找范围】下拉列表框，选择要转换的 Word 文档的路径，双击其文件名，或单击文件名后单击【插入】按钮即可。

方法二: 转换成新的演示文稿。

步骤 1. 打开要转换成幻灯片的 Word 文档。

步骤 2. 单击 Word 菜单栏的【文件】→【发送】→【Microsoft PowerPoint】命令即可将 Word 文档转换成新的 PowerPoint 演示文稿，同时启动 PowerPoint，打开该演示文稿。

方法三：利用复制的方法转换。

步骤 1. 复制 Word 文档的内容。打开 PowerPoint 演示文稿,在普通视图的【大纲】选项卡中,将光标定位在第一张幻灯片标题处,单击【粘贴】按钮,Word 文档中的全部内容复制到第一张幻灯片中。

步骤 2. 根据需要对文本格式进行设置。

475. 怎样利用任务窗格设计 PowerPoint 2003 幻灯片?

PowerPoint 2003 为用户提供了一些幻灯片的设计方案,使用户可以快速地设计幻灯片,通过任务窗格即可使用这些方案,操作方法如下。

新建一个演示文稿,单击任务窗格上方的任务切换按钮,在下拉菜单中单击【幻灯片版式】命令,切换到【幻灯片版式】任务窗格,在列表框中可以选择幻灯片的版式,单击所选版式右侧的按钮,根据需要选择应用范围;切换到【幻灯片设计】任务窗格,可以在列表框中选择一种模板应用于幻灯片,同样可以单击所选模板右侧的按钮,选择应用范围;切换到【幻灯片设计——配色方案】任务窗格,在列标框中为幻灯片选择一种定义好的配色方案,即幻灯片的背景色、各部分内容的颜色等;切换到【幻灯片设计——动画方案】任务窗格则可以从已经定义好的幻灯片动画和切换效果中选择一种应用于幻灯片。

【提示】：动画方案只能用于按照 PowerPoint 提供的设计版式制作的幻灯片中。

476. 怎样为 PowerPoint 2003 幻灯片设置背景?

为了使幻灯片效果更好,通常可以给幻灯片设置背景,设置步骤如下。

步骤 1. 选定需设置背景的幻灯片,单击菜单栏【格式】→【背景】命令或在选定幻灯片上单击鼠标右键,在弹出的快捷菜单中单击【背景】命令,打开【背景】对话框。

步骤 2. 单击【背景填充】组合框中的下拉列表框,如果只需为幻灯片设置一种背景颜色,可在颜色列表中选择一种或单击【其他颜色】命令,打开【颜色】对话框,从中选择一种即可;如果需要将幻灯片背景设置为一定的效果,则单击【填充效果】命令,打开【填充效果】对话框,可以切换到【渐变】、【纹理】、【图案】或【图片】选项卡中将幻灯片背景设置成相应的效果。

步骤 3. 在【背景】对话框中单击【应用】按钮即可将所设置背景应用于所选幻灯片。如果希望将该背景应用于所有幻灯片,则单击【全部应用】按钮。

477. 怎样在 PowerPoint 2003 演示文稿中移动、复制幻灯片?

在 PowerPoint 2003 演示文稿中移动、复制幻灯片的常用方法有如下两种。

方法一：用菜单方式移动/复制幻灯片。

步骤 1. 切换到普通视图方式,单击【幻灯片】选项卡。

步骤 2. 选定要移动或复制的幻灯片。

步骤 3. 需要移动幻灯片时,在选定的幻灯片上单击鼠标右键,在弹出的快捷菜单中单击【剪切】命令,或单击菜单栏【编辑】下拉菜单中的【剪切】命令,将幻灯片放入剪贴板中。如果需要复制幻灯片,则单击【复制】命令。

步骤 4. 将光标定位于要插入幻灯片的位置处,单击菜单栏【编辑】→【粘贴】命令或在光标处单击鼠标右键,在弹出的快捷菜单中单击【粘贴】命令即可将幻灯片移动或复制到光标处。

方法二：用鼠标拖动方式移动/复制幻灯片。选定要移动的幻灯片,将鼠标指针移到选定幻灯片上,按住鼠标左键不放,拖动鼠标,当光标移到插入位置时,放开鼠标左键,即可将选定幻灯片移动到光标位置。如果拖动鼠标的过程中同时按下【Ctrl】键,放开鼠标后再放开【Ctrl】

键,则可将选定幻灯片复制到指定位置。

478. 怎样在 PowerPoint 2003 演示文稿中隐藏幻灯片?

在演示文稿中,有的幻灯片可能不需要播放,这时可以将不需要播放的幻灯片隐藏,既可以在放映时将其跳过,又不必将其从演示文稿中删除,方法如下。

在普通视图方式的【幻灯片】模式下,或在幻灯片浏览视图方式下,选定要隐藏的幻灯片,在选定的幻灯片上单击鼠标右键,在弹出的快捷菜单中选择【隐藏幻灯片】命令即可。在幻灯片缩略图上会出现隐藏标记,即幻灯片左上角的编号出现方框标记。

【提示】:显示隐藏的幻灯片的方法是,将其选定后,单击鼠标右键,在快捷菜单中单击【隐藏幻灯片】命令。

479. 怎样为 PowerPoint 2003 演示文稿设置不同的模板?

在新建的演示文稿中幻灯片没有任何修饰,运用 PowerPoint 2003 自带的模板可以快速地修饰幻灯片,具体的操作步骤如下。

步骤 1. 单击【格式】→【幻灯片设计】命令,打开【幻灯片设计】任务窗格。

步骤 2. 选定需要应用相同模板的一个或多个幻灯片。

步骤 3. 从【应用设计模板】列表中选择需要套用的模板,单击其右侧的下箭头按钮,然后在弹出的下拉菜单中选择【应用于选定幻灯片】命令。如果整篇演示文稿都使用这种幻灯片模板,则选择【应用于所有幻灯片】命令。

480. 怎样在 PowerPoint 2003 演示文稿中嵌入字体?

将制作好的演示文稿复制到其他电脑中放映时,可能会因为其他电脑没有相应的字体,而影响文稿的演示效果,这时可以将字体嵌入到演示文稿中达到带走字体的目的,设置的方法如下。

步骤 1. 单击【工具】→【选项】命令,打开【选项】对话框,切换到【保存】选项卡。

步骤 2. 在【只用于当前文档的字体选项】组合框中选中【嵌入 TrueType 字体】复选框,然后选中【只嵌入所用字符】单选按钮。

步骤 3. 单击【确定】按钮,返回到演示文稿中,并保存文稿即可。

481. 怎样为 PowerPoint 2003 幻灯片快速添加重复内容?

在制作幻灯片时,有些内容需要重复使用,利用"母版"功能添加这些内容,可避免重复操作,操作步骤如下。

步骤 1. 单击菜单栏【视图】→【母版】→【幻灯片母版】命令,切换到母版视图状态,将需重复的内容放置在母版的合适位置上。

步骤 2. 单击视图切换区的【普通视图】按钮,或单击菜单栏【视图】→【普通】命令,切换到普通视图方式。这时在所有已存在和新插入的幻灯片中都会自动插入母版中的内容。

482. 怎样选定 PowerPoint 2003 幻灯片中的对象?

在设计 PowerPoint 幻灯片时,要对幻灯片上的图形、文本框、表格等对象进行编辑和设置,就要先选定这些对象,选定方法如下。

方法一:选定一个对象。单击【绘图】工具栏的【选择对象】按钮,单击需要选定对象的边缘即可将其选定。被选定的对象周围会出现 8 个小圆圈,叫做控制点。

方法二:选定多个对象。按下【Ctrl】键,逐个单击需要选定的对象即可。

选定多个对象也可以选择【绘图】工具栏右侧的带三角箭头的【工具栏选项】→【添加或删除按钮】→【绘图】→【选中多个对象】命令,将【选中多个对象】命令按钮添加到【绘图】工具栏中。单击【选中多个对象】按钮,打开【选择多个对象】对话框,根据需要在【对象】组合框中选中需要的对象前面的复选框,单击【确定】按钮即可。

483. 怎样在 PowerPoint 2003 幻灯片中插入表格?

步骤 1. 选定需要插入表格的幻灯片,单击菜单栏【插入】→【表格】命令,打开【插入表格】对话框。在对话框的【列数】和【行数】微调框中输入表格的列数和行数,单击【确定】按钮,一个表格出现在幻灯片中。

步骤 2. 单击表格中的单元格将光标定位于其中,向表格中输入内容。

步骤 3. 单击表格边框将其选定,单击菜单栏【格式】→【设置表格格式】命令,打开【设置表格格式】对话框。

步骤 4. 切换到【边框】选项卡,在【样式】列表框中选择边框的线型;单击【颜色】下拉列表框,选择边框线的颜色;单击【宽度】下拉列表框,选择边框线的粗细程度;在右侧预览区中单击各按钮,将设置应用于各条边框线上,单击【预览】按钮,可在幻灯片中看到表格的变化。

步骤 5. 切换到【填充】选项卡,选中【填充颜色】复选框并单击其下拉列表框,可为表格设置填充颜色,如果不需要填充颜色,取消该复选框即可。

步骤 6. 切换到【文本框】选项卡,单击【文本对齐】下拉列表框,可选择表格中文本的对齐方式;在【内边距】组合框的【左】、【右】、【上】、【下】微调框中可输入数字来设置表格内的文本与边框的距离。

步骤 7. 单击【确定】按钮。

484. 怎样在 PowerPoint 2003 幻灯片中引用 Excel 单元格中的数据?

用演示文稿做报告时,有时需要用数据说话,如果这些数据存在于 Excel 工作簿中,直接引用即可,操作步骤如下。

步骤 1. 在 Excel 工作表中选择要复制的单元格区域,将其复制到剪贴板中。

步骤 2. 切换到 PowerPoint 普通视图中,选定要插入数据的幻灯片。单击菜单栏【编辑】→【选择性粘贴】命令,打开【选择性粘贴】对话框,如图 5-75 所示。

步骤 3. 在【选择性粘贴】对话框的【源文件 xxx 作为】列表框中选择【Microsoft Office Excel 工作表对象】,选择【粘贴】单选按钮,则将表格粘贴到幻灯片中,表格内容不会随着 Excel 工作表中数据的变化而变化;选择【粘贴链接】单选按钮使表格和 Excel 工作簿之间建立链接,每次使用该幻灯片时只要用鼠标右键单击该表格,在弹出的快捷菜单中单击【更新链接】命令,其内容就会与对应的 Excel 工作表内容保持一致。

图 5-75　【选择性粘贴】对话框

步骤 4. 单击【确定】按钮,表格显示在当前幻灯片中。

485. 怎样将 Word 文档的表格导入幻灯片中?

如果制作演示文稿之前,在 Word 中已经制作了表格,可直接将其导入幻灯片中,从 Word 文档中导入表格的方法如下。

步骤 1. 打开含有表格的 Word 文档,选中此表格后,将其复制。

步骤 2. 新建一个空白演示文稿,在工作窗口右侧的【任务窗格】中单击【幻灯片版式】,选择【只有标题】的幻灯片版式。

步骤 3. 单击【编辑】→【选择性粘贴】命令,打开【选择性粘贴】对话框。

步骤 4. 在【选择性粘贴】对话框中,选中【粘贴链接】单选按钮,使被粘贴的对象与源程序文件还存在超链接,每次使用该幻灯片之前,用鼠标右键单击该表格,在弹出菜单中单击【更新链接】命令即可使该表格与 Word 文档中的表格保持一致。在【源文件 xxx 作为】列表框中选择【Microsoft Word 文档对象】。

步骤 5. 单击【确定】按钮。

486. 怎样在 PowerPoint 2003 幻灯片中插入文本框?

步骤 1. 切换到普通视图方式下,选定需要插入文本框的幻灯片。

步骤 2. 单击菜单栏【插入】→【文本框】→【水平】命令,或单击【绘图】工具栏的【文本框】按钮,鼠标指针变为"十"字形状。

步骤 3. 将鼠标移到幻灯片合适位置单击鼠标左键,或按下左键拖动鼠标,可在幻灯片中插入一个水平文本框。

步骤 4. 单击文本框内部,或用鼠标右击文本框,在弹出的快捷菜单中单击【编辑文本】命令,将光标定位于文本框内,向文本框中输入文本。

步骤 5. 选定文本框,按下鼠标左键拖动鼠标调整位置;将鼠标指针移到控制点上,按下左键拖动鼠标,调整文本框大小。

487. 怎样编辑 PowerPoint 2003 幻灯片中的文本框?

在幻灯片中插入文本框后,为了使演示效果更好,需要编辑文本框的格式,操作步骤如下。

步骤 1. 选定文本框或其中的文字,单击菜单栏【格式】→【字体】命令,打开【字体】对话框,可以设置文本的字体、字号及颜色等。

步骤 2. 选定文本框,单击菜单栏【格式】→【文本框】命令,或将鼠标移到文本框上单击右键,在弹出的快捷菜单中选择【设置文本框格式】命令,打开【设置文本框格式】对话框,切换到【颜色和线条】选项卡,如图 5-76 所示。

在【填充】组合框的【颜色】下拉列表中可为文本框选择填充颜色,拖动【透明度】滚动条,可将填充颜色设置为透明;在【线条】组合框的【颜色】、【样式】、【虚线】下拉列表框和【粗细】微调框中可设置文本框边框线的格式。

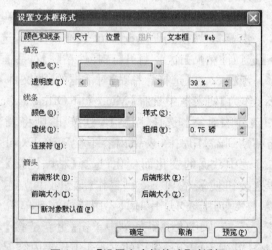

图 5-76 【设置文本框格式】对话框

步骤 3. 切换到【尺寸】和【位置】选项卡可分别设置选定文本框的大小和位置,切换到【文本框】选项卡,可以设置文本框的内部边距即文本距文本框边框的距离。

步骤 4. 设置完成后,单击【确定】按钮。

488. 怎样在 PowerPoint 2003 幻灯片上绘制图形?

1. 绘制直线

步骤 1. 单击【绘图】工具栏的【绘图】→【自选图形】→【线条】→【直线】选项,也可单击【绘图】工具栏上的【直线】按钮,鼠标指针变成"十"字形状。

步骤 2. 在需要绘制图形的幻灯片上单击并按住鼠标左键拖动,即可拖出一条直线。在绘制的过程中,如果按下【Shift】键,可绘制出成 15°倍数的一些规则角度的直线,画完直线释放鼠标即可。

2. 绘制折线和多边形

步骤 1. 单击【绘图】工具栏的【绘图】→【自选图形】→【线条】→【任意多边形】按钮,鼠标指针变成"十"字形状。

步骤 2. 在需要绘制图形的幻灯片上单击,确定一个顶点,然后拖动鼠标,确定下一个顶点,依次类推,最后的顶点需和第一个顶点汇合,释放鼠标,则图形绘制完成。在绘图过程中,按下【Shift】键可以画出 15°倍数的任意角度;按退格键,可以按画图的反方向删除图形中的顶点。

3. 绘制自由曲线

这种方法绘制的曲线与鼠标指针滑过的轨迹一致,可以绘制任何曲线。

步骤 1. 单击【绘图】工具栏的【绘图】→【自选图形】→【线条】→【自由曲线】按钮,鼠标指针变成一支铅笔的形状。

步骤 2. 在起始点按下鼠标左键,拖动鼠标画出图形或曲线,绘制完成后释放鼠标。如果不是封闭的图形,双击左键结束。

4. 绘制曲线

这种方法绘制的曲线是用鼠标确定顶点,相邻两个顶点之间用圆滑的弧线连接而成的。

步骤 1. 单击【绘图】工具栏的【绘图】→【自选图形】→【线条】→【曲线】按钮,鼠标指针变成"十"字形状。

步骤 2. 在幻灯片上单击一次鼠标左键,确定一个定点,拖动鼠标画出一条线段,直到绘制完成释放鼠标。如果不是封闭的图形,双击左键结束。

5. 绘制固定格式的图形

步骤 1. 在【绘图】工具栏的【绘图】→【自选图形】下拉菜单中可选择【基本形状】、【箭头总汇】等菜单项,在这些菜单项各自的列表框中可单击选择相应图形,鼠标指针变成"十"字形状。

步骤 2. 在需要绘制图形的幻灯片上恰当的位置单击鼠标左键,或按下鼠标左键并拖动鼠标至恰当位置释放鼠标,可绘制一个固定格式的图形,此时图形是选定状态。

步骤 3. 用鼠标拖动图形一角的小菱形,可以改变图形的形状。

489. 怎样在 PowerPoint 幻灯片中插入幻灯片编号和页脚?

步骤 1. 选中需要插入页脚的幻灯片,单击菜单栏【视图】→【页眉和页脚】命令,或单击菜单栏【插入】→【幻灯片编号】命令,打开【页眉和页脚】对话框,如图 5-77 所示。

步骤 2. 切换到【幻灯片】选项卡,在【幻灯片包含内容】组合框中选中【幻灯片编号】和【页脚】复选框,并在【页脚】文本框中输入作为页脚的内容。如果第一张幻灯片是标题,一般不需要显示编号和页脚,选中【标题幻灯片中不显示】复选框即可。

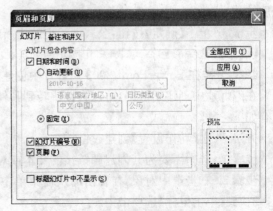

图 5-77　幻灯片【页眉和页脚】对话框

步骤 3. 单击【应用】按钮,即可在选中的幻灯片中插入幻灯片编号和页脚。如果需要所有幻灯片设置相同的页脚,则单击【全部应用】按钮。

490. 怎样在 PowerPoint 幻灯片中插入日期和时间?

在 PowerPoint 幻灯片中插入日期和时间的常用方法有如下两种。

方法一: 在页脚中插入日期和时间。

步骤 1. 选中需要插入页脚的幻灯片,单击菜单栏【插入】→【时间和日期】命令,打开【页眉和页脚】对话框。

步骤 2. 切换到【幻灯片】选项卡,在【幻灯片包含内容】组合框中选中【日期和时间】复选框。

步骤 3. 如果需要输入固定日期则选中【固定】单选按钮,并在其文本框中输入日期或时间。如果需要日期和时间随着系统时间自动更新,则选中【自动更新】单选按钮,并单击其下拉列表框选择日期或时间格式。

步骤 4. 单击【应用】按钮,即可在选中的幻灯片中插入日期和时间。如果需要所有幻灯片设置相同的页脚,则单击【全部应用】按钮。

方法二: 在幻灯片任意位置插入日期和时间。

步骤 1. 选定幻灯片,在幻灯片中合适的位置插入一个文本框并将光标定位于文本框中。

步骤 2. 单击【插入】→【日期和时间】命令,打开【日期和时间】对话框,在【可用格式】列表框中选择需要的日期和时间格式。若希望每次打开幻灯片的时候,日期和时间都自动更新为当前机器的系统日期和时间,则选中【自动更新】复选框即可。

步骤 3. 单击【确定】按钮即可。

491. 怎样在 PowerPoint 2003 幻灯片中插入彩色公式?

在 PowerPoint 幻灯片中插入公式,选定要插入公式的幻灯片,单击菜单栏【插入】→【对象】命令打开【插入对象】对话框,在【对象类型】列表框中选择【Microsoft 公式 3.0】,单击【确定】按钮,打开公式编辑器编辑公式,公式编辑完毕后关闭公式编辑器即可。在幻灯片中插入的公式默认都是黑色的,为了使公式与幻灯片风格一致,加强演示效果,可以将公式设置为彩色的,操作步骤如下。

步骤 1. 单击【视图】→【工具栏】→【图片】命令,打开【图片】工具栏。

步骤 2. 选中插入的公式,单击【图片重新着色】按钮,打开【图片重新着色】对话框。选中【原始】复选框,单击其后的【更改为】下拉列表框,选择一种颜色,在右侧预览区中可以看到改变后的效果。

步骤 3. 单击【确定】按钮,公式即被更改为新的颜色。

【提示】:这种彩色公式,如果直接复制到其他应用程序文件中,会恢复为黑色。

492. 怎样在 PowerPoint 2003 幻灯片中创建超链接?

在幻灯片中创建超链接,可以直接跳转到其他幻灯片中,节省时间。创建超链接的常用方法有如下三种。

方法一: 用【动作设置】创建超链接。

步骤 1. 选中需要为其创建超链接的文本或对象。

步骤 2. 右击选中对象,在弹出的快捷菜单中单击【动作设置】命令,打开【动作设置】对话框,切换到【单击鼠标】选项卡中。

步骤 3. 在【单击鼠标时的动作】组合框中选中【超链接到】单选按钮,在其下拉列表中选择需要超链接的幻灯片、文档或 Internet 网页等。

步骤 4. 单击【确定】按钮。

【提示】：放映幻灯片时将鼠标放到创建超链接的对象上，鼠标指针变成小手形状，单击即可链接到指定的位置。

方法二：用工具栏创建超链接。

步骤 1. 选择需要为其设置超链接的文本或对象，单击菜单栏【插入】→【超链接】命令，打开【插入超链接】对话框，如图 5-78 所示。

步骤 2. 在【链接到】组合框中选择【本文档中的位置】选项，从【请选择文档中的位置】列表框中选择被链接对象，如果需要设置当指针停留在超链接的内容上时显示的文字，单击【屏幕提示】按钮，打开【设置超链接屏幕提示】对话框，输入要显示文字后单击【确定】按钮返回【插入超链接】对话框。

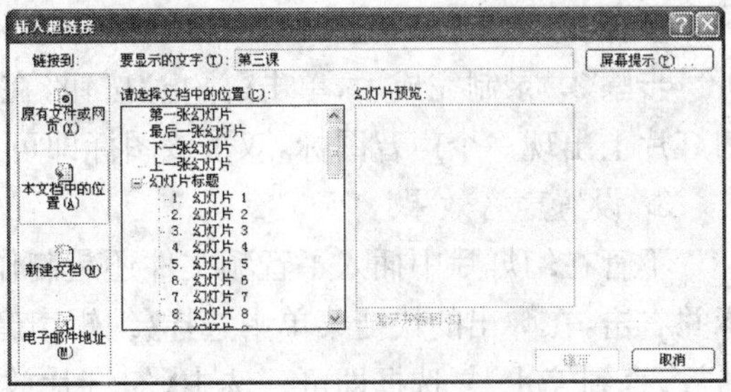

图 5-78　【插入超链接】对话框

步骤 3. 设置完成后，单击【确定】按钮。

方法三：用【动作按钮】创建超链接。

步骤 1. 单击菜单栏【幻灯片放映】→【动作按钮】菜单项，在其下拉菜单中选择创建超链接时的动作按钮。

步骤 2. 将鼠标指针移动到幻灯片上，此时指针变成"十"字形状，在需创建超链接的对象的位置处，按住鼠标左键，拖出一方形区域，释放鼠标，相应的动作按钮出现在所选的位置上，同时打开【动作设置】对话框，切换到【单击鼠标】选项卡中为动作按钮设置链接。

步骤 3. 为了在放映幻灯片时隐藏动作按钮而显示创建超链接的对象，在动作按钮上单击鼠标右键，在弹出的快捷菜单中选择【叠放次序】→【置于顶层】命令。然后双击动作按钮，打开【设置自选图形格式】对话框，切换到【颜色和线条】选项卡中，在【填充】组合框的【颜色】和【线条】组合框的【颜色】下拉列表框中分别选择【无填充色】和【无线条颜色】，使动作按钮不可见。设置完毕后，单击【确定】按钮即可。

493. 怎样去掉 PowerPoint 2003 幻灯片中超链接文本的下划线？

PowerPoint 幻灯片中为文本设置超链接后都有一条下划线，在放映时显得不太美观，去掉下划线具体的操作步骤如下。

步骤 1. 先自己插入一个文本框（不用幻灯片自带的文本框）。

步骤 2. 将需要设置成超链接的对象先放入插入的文本框中，并调整文本框使其大小和位置恰好与对象的基本一致。

步骤 3. 选中文本框，单击菜单栏【插入】→【超链接】命令打开【插入超链接】对话框，插入超链接。这是为文本框对象而不是其中的文本设置超链接，所以放映幻灯片时看不到下划线。

494. 怎样在 PowerPoint 2003 幻灯片中插入声音？

制作演示文稿时，可能需要向幻灯片中插入声音，一般可以插入音频文件，也可以在制作时录制声音。

1. 插入音频文件

步骤 1. 选定幻灯片，单击菜单栏【插入】→【影片和声音】→【文件中的声音】命令，打开【插入声音】对话框。

步骤 2. 在【查找范围】下拉列表框中选择要插入幻灯片中的音频文件,双击其文件名,会弹出对话框,询问何时开始播放声音,如果需要在切换到该幻灯片时就自动播放则单击【自动】按钮,否则单击【在单击时】按钮,之后在当前幻灯片中出现一个声音图标(小喇叭),双击该图标可以播放声音,删除该图标即可从幻灯片中删除音频文件。

2. 为幻灯片录制声音

步骤 1. 选中幻灯片,单击【插入】→【影片和声音】→【录制声音】命令,打开【录音】对话框。

步骤 2. 单击【录制】按钮,对准话筒开始录音。

步骤 3. 录制完成后,单击【停止】按钮,在【名称】框中输入此录音名称,单击【确定】按钮,幻灯片上出现一个声音图标,双击该图标即可播放声音,删除该图标就可以删除录音。

3. 设置声音效果

不管在幻灯片中插入了音频文件还是制作时录音,如果希望声音循环播放,则选中声音图标并右击,在弹出的快捷菜单中选择【编辑声音对象】命令,打开【声音选项】对话框,选中【循环播放,直到停止】复选框即可。选中【幻灯片放映时隐藏声音图标】复选框,在幻灯片放映时看不到声音图标。最后单击【确定】按钮,设置生效。

4. 控制声音播放、暂停和停止

在幻灯片中插入声音之后,有时会希望能控制其播放、暂停和停止,操作步骤如下。

步骤 1. 在幻灯片中插入三个文本框,分别输入文本"播放"、"暂停"、"停止"。

步骤 2. 选中声音图标,单击菜单栏【幻灯片放映】→【自定义动画】命令,打开【自定义动画】任务窗格。单击【添加效果】→【声音操作】→【播放】命令,为声音图标添加动画效果。

步骤 3. 在动画列表中选中声音图标项,单击其右侧向下箭头按钮,在弹出的下拉菜单中单击【效果选项】命令,打开【播放声音】对话框。

步骤 4. 切换到【计时】选项卡,单击【触发器】按钮展开其选项,选中【单击下列对象时启动效果】单选按钮,然后单击其右侧的下拉列表框,选择【形状:播放】项。

步骤 5. 单击【确定】按钮,幻灯片放映时,单击【播放】文本框即可播放该声音。

步骤 6. 用同样的方法,将【暂停】和【停止】文本框设置为相应效果触发器即可。

495. 怎样为 PowerPoint 2003 幻灯片录制旁白?

在幻灯片中插入旁白,尤其对于有动画效果的幻灯片,可以在放映过程中对相应内容进行同步补充说明,操作步骤如下。

步骤 1. 选定需要录制旁白的幻灯片。

步骤 2. 单击菜单栏【幻灯片放映】→【录制旁白】命令,打开【录制旁白】对话框,单击【确定】按钮,打开【录制旁白】对话框,单击【当前幻灯片】按钮,从当前幻灯片开始放映,进入录制旁白的过程。

步骤 3. 用户自己操纵动画播放,配合播放速度读旁白即可。

步骤 4. 旁白结束,单击【Esc】键,弹出对话框询问是否保存排练时间。如果希望放映时该幻灯片与旁白同步自动播放,不需用户干预,单击【保存】按钮即可,否则单击【不保存】按钮,放映幻灯片时,自动播放旁白,但不能自动与动画效果同步。

【提示】:录制的旁白和幻灯片是一一对应的,不会延续到下一张幻灯片。在普通视图方式下,录制有旁白的幻灯片右下角会出现一个声音图标。

496. 怎样从 PowerPoint 中提取图片？

在 PowerPoint 中，可以将幻灯片中的对象和背景图片提取出来保存为图片文件，方法如下。

1. 将幻灯片上的对象保存为图片文件

步骤 1. 选中幻灯片上要保存为图片的对象并右击，在弹出的快捷菜单中单击【另存为图片】命令，打开【另存为图片】对话框。

步骤 2. 在【保存位置】和【文件名】下拉列表框中分别设置图片的保存路径和文件名，在【保存类型】下拉列表中选择想要保存的图片类型，单击【保存】按钮即可。

2. 提取背景图片

当幻灯片的背景是图片背景时，可以将其提取出来以图片的格式存放到本机上，操作步骤如下。

步骤 1. 选中要提取其背景图片的幻灯片，在幻灯片空白处单击鼠标右键，在弹出快捷菜单中单击【保存背景】命令，打开【保存背景】对话框。

步骤 2. 在【保存位置】和【文件名】下拉列表框中分别设置图片的保存路径和文件名，在【保存类型】下拉列表中选择想要保存的图片类型，单击【保存】按钮即可。

497. 怎样在 PowerPoint 中创建自己的配色方案？

PowerPoint 中的配色方案由幻灯片设计中使用的八种颜色（背景、文本和线条、阴影、标题文本、填充、强调和超链接等）组成。如果在预设的配色方案中没找到合适的配色方案，可创建自己的配色方案，具体的操作步骤如下。

步骤 1. 单击【格式】→【幻灯片设计】命令，在【幻灯片设计】任务窗格中单击【配色方案】命令，单击底部的【编辑配色方案】命令，打开【编辑配色方案】对话框，切换到【自定义】选项卡中，如图 5-79 所示。

步骤 2. 在【配色方案颜色】组合框中选中所需选项前面的颜色方块，单击【更改颜色】按钮，打开【××颜色】对话框。

步骤 3. 在【××颜色】对话框中，选择所需的颜色，单击【确定】按钮返回【编辑配色方案】对话框。

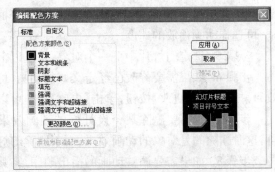

图 5-79 【编辑配色方案】对话框

步骤 4. 单击【应用】按钮即可。

498. 如何自动压缩 PowerPoint 2003 幻灯片中的图片？

若在演示文稿中插入许多图片，会使演示文稿很大，可采用下面的方法来自动压缩图片，具体的操作步骤如下。

步骤 1. 单击【视图】→【工具栏】→【图片】命令，打开【图片】工具栏。

步骤 2. 选中需要压缩的图片，单击【图片】工具栏的【压缩图片】按钮，打开【压缩图片】对话框。

步骤 3. 在【应用于】组合框中选中【选中的图片】单选按钮，如果想对所有图片都压缩则选中【文档中的所有图片】单选按钮。在【选项】组合框中选中【压缩图片】和【删除图片的剪裁区域】复选框。根据需要在【更改分辨率】组合框中选择图片分辨率。

步骤 4. 单击【确定】按钮,打开【提示】对话框,单击【应用】按钮即可。

499. 怎样为 PowerPoint 2003 演示文稿幻灯片自定义动画?

为了使幻灯片效果更好,通常会设置动画效果,动画效果只有在放映幻灯片或预览幻灯片效果时才会看到。为幻灯片设置自定义动画的操作步骤如下。

步骤 1. 选定当前幻灯片中需要设置动画的对象。

步骤 2. 单击菜单栏【幻灯片放映】→【自定义动画】命令,或在选定对象上单击鼠标右键,在弹出的快捷菜单中选择【自定义动画】命令,打开【自定义动画】任务窗格,如图 5-80 所示。

步骤 3. 单击【添加效果】按钮,在其下拉菜单中有【进入】、【强调】、【退出】和【动作路径】菜单项,如果选中的对象是声音图标还会有【声音操作】菜单项。

图 5-80 【自定义动画】
任务窗格

【进入】菜单用来设置选定对象进入页面时的效果;【强调】用来设置对象进入页面后需要引起注意时的动画效果;【退出】菜单用来设置对象退出页面时的效果;【动作路径】可以为对象设置移动时经过的路径;【声音操作】可以为声音图标加入控制声音的播放、暂停、停止效果。根据需要单击命令,打开其下拉菜单为选定对象选择动画效果后,选定对象的左上角出现一个数字,同时该动画效果设置会出现在【自定义动画】任务窗格的列表框中,并且处于选定状态。

步骤 4. 单击【开始】下拉列表框,选择该动画开始播放的条件,如选择【单击时】表示单击鼠标时,该动画开始播放;单击【方向】下拉列表框,选择动画的运动方向;单击【速度】下拉列表框,可选择动画播放的速度。

步骤 5. 选定幻灯片中下一个对象,重复以上操作,继续定义动画效果。

步骤 6. 如果需要修改已经定义好的动画,可在列表框中单击将其选中,此时原来的【添加效果】按钮变为【更改】按钮,单击【更改】按钮可以修改其动画效果。

步骤 7. 若需要删除某个设计好的动画效果,在列表框中将其选定后单击【删除】按钮即可,这时删除的是对象的动画效果,而不删除幻灯片中的对象。

步骤 8. 如果需要调整动画的播出顺序,将其选定后单击列表框下面的两个【重新排序】按钮,可以向前或向后移动其播出的顺序。

500. 怎样在 PowerPoint 2003 演示文稿中设置幻灯片切换效果?

为了使幻灯片的放映更具有吸引力,通常会设置幻灯片的切换效果。在普通视图方式下或幻灯片浏览方式下都可以设置幻灯片的切换效果,其设置步骤如下。

步骤 1. 选定要设置切换效果的幻灯片。

步骤 2. 单击菜单栏【幻灯片放映】→【幻灯片切换】命令,或将鼠标指针移到选定幻灯片上单击右键,在弹出的快捷菜单中单击【幻灯片切换】命令,打开【幻灯片切换】任务窗格,如图 5-81 所示。

步骤 3. 选定【自动预览】复选框以便每一步设置都可以随时预览到效果。

步骤 4. 在【应用于所选幻灯片】列表框中选择当前幻灯片出现时的效果;在【速度】下拉列表框中选择幻灯片切换的速度;在【声音】下拉列表框中根据需要选择幻灯片切换时伴随的声音;在【换片方式】组合框中,选中【单击鼠标时】复选框表示单击鼠标时才切换到下一个幻灯片,选中【每隔】复选框,并在其后的微调框中调节间隔时间,表示当前幻灯片切换到下一个幻灯片的时间间隔,如果两个复选框都选中,则两种条件之一出现了都会切换到下一个幻灯片;如果对当前幻灯片设置的切换效果希望应用于该演示文稿中所有的幻灯片,则单击【应用于所有幻灯片】按钮即可。

步骤 5. 单击【播放】按钮可以预览切换效果。

501. 怎样放映 PowerPoint 2003 演示文稿?

设置好放映方式,可以根据实际需要选择下述方法之一来放映幻灯片。

方法一:从第一张幻灯片开始放映。单击【F5】或单击菜单栏【幻灯片放映】→【观看放映】命令,则不论当前幻灯片是哪一张,都会从所设置的放映方式的第一张幻灯片开始放映。

方法二:从当前幻灯片开始放映。单击【Shift＋F5】组合键或单击视图切换区的【从当前幻灯片开始幻灯片放映】按钮,如果当前幻灯片是设置的放映方式中的幻灯片之一,则从当前幻灯片开始放映,否则从放映方式的第一张幻灯片开始放映。

图 5-81 【幻灯片切换】
任务窗格

502. 在 PowerPoint 2003 中怎样自定义放映?

实际应用中,同一个演示文稿由于观众不同可能需要放映的幻灯片也不同,设置自定义放映就可以按照需要设置在放映中幻灯片的范围和顺序,操作步骤如下。

步骤 1. 单击菜单栏【幻灯片放映】→【自定义放映】命令,打开【自定义放映】对话框,单击【新建】按钮,打开【定义自定义放映】对话框,如图 5-82 所示。

步骤 2. 在【幻灯片放映名称】文本框中为该放映方式输入名称;在【在演示文稿中的幻灯片】列表框中选择需放映的第一张幻灯片,单击【添加】按钮,将其添加到【在自定义放映中的幻灯

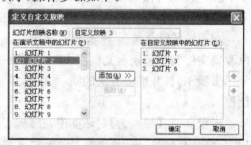

图 5-82 【定义自定义放映】对话框

片】列表框中,用同样的方法将需要放映的幻灯片都添加到【在自定义放映中的幻灯片】列表框中,放映时将按照该列表框中的顺序播放幻灯片。

若需要修改放映方式,选中【在自定义放映中的幻灯片】列表框中的幻灯片,单击【删除】按钮,可将选定幻灯片删除;单击列表框右侧的上、下箭头按钮可以调整选定幻灯片在播放序列中的次序。

步骤 3. 单击【确定】按钮,返回【自定义放映】对话框,自定义放映的名称显示在【自定义放映】列表框中,从中选择自定义放映的名称之后单击【放映】按钮可以按照自定义的序列放映幻灯片,单击【关闭】按钮可返回普通视图方式。

503. 在 PowerPoint 2003 中怎样设置放映方式?

步骤 1. 单击菜单栏【幻灯片放映】→【设置放映方式】命令,打开【设置放映方式】对话框,如图 5-83 所示。

步骤 2. 在【放映类型】组合框中设置放映类型,确定由谁来操纵放映过程。

步骤 3. 在【放映幻灯片】组合框中设置放映幻灯片的范围。如果放映全部幻灯片则单击【全部】单选按钮；如果放映幻灯片中某一部分连续的幻灯片，单击【从（起始幻灯片）到（终止幻灯片）】单选按钮，并在左右两个微调框内输入起始幻灯片号和终止幻灯片号；单击【自定义放映】单选按钮，并单击其下拉列表框，选择一种自定义放映，将按照所选的自定义放映顺序放映幻灯片。

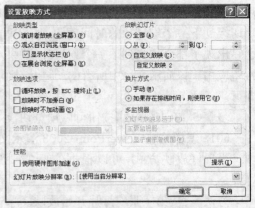

图 5-83　【设置放映方式】对话框

步骤 4. 在【放映选项】组合框中，选中各复选框可以分别设置是否循环放映、如果录制了旁白在放映时是否播放、如果设置了动画效果是否执行等。

步骤 5. 在【换片方式】中，选择幻灯片切换的方式。选择【如果存在排练时间，则使用它】单选按钮，如果保存了排练时间，可以按照排练时间自动切换幻灯片，否则单击鼠标或键盘来切换。选择【手动】单选按钮，则不管是否有排练时间，在放映时都只能单击鼠标或键盘来切换幻灯片。

步骤 6. 在【性能】组合框的【幻灯片放映分辨率】下拉列表框中可以设置幻灯片分辨率，一般选择默认的【使用当前分辨率】即可。

步骤 7. 单击【确定】按钮。在该对话框中设置放映方式，单击【确定】按钮返回演示文稿。按下【F5】键即可按照设定的方式放映幻灯片。

504. 怎样使 PowerPoint 演示文稿双击即可放映？

在系统的默认情况下，幻灯片放映必须通过执行放映命令才能执行，操作起来不方便，可以改变文件类型使演示文稿双击时即可放映，操作步骤如下。

步骤 1. 打开准备放映的演示文稿，单击菜单栏【文件】→【另存为】命令，打开【另存为】对话框。

步骤 2. 在【另存为】对话框中，在【保存类型】下拉列表选中【PowerPoint 放映（＊.pps）】选项，文件名自定义，单击【保存】按钮，将文件保存为演示文稿放映文件。

步骤 3. 在保存位置找到该演示文稿放映文件，双击该文件名，幻灯片即可放映。

【提示】：演示文稿放映文件仍然可以在 PowerPoint 中编辑，要在 PowerPoint 应用程序中通过【打开】命令才能打开该文件。

505. 没有安装 PowerPoint 怎样播放演示文稿？

在没有安装 PowerPoint 应用程序的计算机上播放演示文稿，需要先将演示文稿打包，然后将整个文件包复制到该计算机上就可以播放了。

1. 将 PowerPoint 演示文稿打包

步骤 1. 打开需要打包的演示文稿，单击菜单栏【文件】→【打包成 CD】命令，打开【打包成 CD】对话框，如图 5-84 所示。

步骤 2. 在【将 CD 命名为】文本框中输入 CD 的名称；如果需要将多个演示文稿一起打包，则单击【添加文件】按钮，打开【添加文件】对话框，选择需要同时打包的文件后单击【添加】按钮，返回【打包成 CD】对话框。

步骤 3. 单击【选项】按钮，打开【选项】对话框，如图 5-85 所示。

【PowerPoint 播放器】复选框默认为选中状态,对于没有安装 PowerPoint 的计算机,这一项是必选的;如果该演示文稿与其他文件有链接,如由超链接链接的文件等,则要选中【链接的文件】复选框,将其一起打包;选中【嵌入的 TrueType 字体】复选框可以将幻灯片中使用的 TrueType 字体文件一起打包以防其他计算机上没有的字体不能使用;还可以在【帮助保护 PowerPoint 文件】组合框的【打开文件的密码】和【修改文件的密码】文本框中为演示文稿设置打开密码和修改密码。

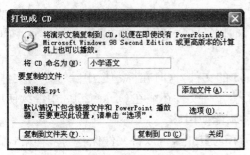

图 5-84　【打包成 CD】对话框

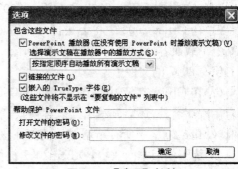

图 5-85　【选项】对话框

步骤 4. 单击【确定】按钮,返回【打包成 CD】对话框。

步骤 5. 单击【复制到文件夹】按钮,打开【复制到文件夹】对话框,在该对话框中设置文件夹的名称及位置,单击【确定】按钮则开始复制。如果单击【复制到 CD】按钮,打包文件将复制到 CD 光盘上,要求计算机必须配置有光盘刻录机。

步骤 6. 复制完成后,返回【打包成 CD】对话框,单击【关闭】按钮,返回演示文稿,此时在指定路径下得到了文件包。

2. 播放演示文稿

打开演示文稿文件包,会看到有一个 pptview. exe 文件,双击该文件,打开【Microsoft Office PowerPoint Viewer】对话框,其中列出了该文件包中的所有演示文稿的名称,双击需要播放的演示文稿名称即可播放。

506. 怎样打印 PowerPoint 2003 幻灯片?

(1)打印幻灯片之前先要进行页面设置,操作步骤如下。

步骤 1. 单击菜单栏【文件】→【页面设置】命令,打开【页面设置】对话框。

步骤 2. 在【幻灯片大小】下拉列表框中,选择打印页面的大小,在【幻灯片编号起始值】微调框中可设置幻灯片中编号的起始值。

步骤 3. 在【方向】组合框中,选择幻灯片的页面方向,演示文稿中所有页面方向必须一致,备注、讲义和大纲可以有不同的方向。

步骤 4. 单击【确定】按钮。

(2)设置完页面,就可以打印了,打印步骤如下。

步骤 1. 单击菜单栏【文件】→【打印】命令,打开【打印】对话框。

步骤 2. 在【打印范围】对话框中选择打印范围。

步骤 3. 单击【打印内容】下拉列表框,选择打印内容。选择【幻灯片】表示直接打印演示文稿中幻灯片的内容,不对幻灯片进行缩放;选择【讲义】是在一张打印纸上打印多张缩小的幻灯片以节约纸张;选择【备注】是指将幻灯片和相应备注页内容打印在同一张打印纸上,方便演讲者了解演示文稿的背景内容；选择【大纲】就是将演示文稿中的大纲内容打印出来。

步骤 4. 在【颜色/灰度】下拉列表框中选择【灰度】即可，在【份数】组合框的【打印份数】微调框中输入打印的数量。

步骤 5. 单击【预览】按钮，进入预览视图，利用该视图的工具按钮，仍然可以修改打印内容、打印颜色等。

步骤 6. 在【预览】视图中单击【打印】按钮即可按照设置打印幻灯片。

507. 怎样在 Office 2003 和 Office 2007 中互相打开文件？

（1）在 Office 2003 中将无法打开 Office 2007 的文件。解决这个问题的方法是到微软官方网站上下载兼容性插件，安装到装有 Office 2003 的计算机上，之后就可以在 Office 2003 中打开 Office 2007 的文件了。

（2）在 Office 2007 中可以直接打开 Office 2003 的文件，这时在标题栏中除了显示文件名和应用程序名外，还会显示出"［兼容模式］"字样。为了使文件还能在 Office 2003 中继续使用，此时，Office 2007 中所有新增加的功能在该文件中不能使用。

（3）为了使版本间兼容，Office 2007 提供了【另存为】功能，可以将文件保存为多种格式，单击【Office 按钮】→【另存为】菜单项，在其下拉菜单中可以选择将当前文件保存为 Office 97-2003 文件，则该文件就可以在 Office 2003 中打开。

508. Word 2007 的工作界面是什么样的？

启动 Word 2007 后，其工作界面如图 5-86 所示。

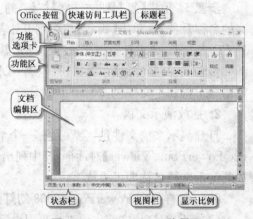

图 5-86　Word 2007 工作界面

（1）Office 按钮是指在 Word 2007 程序窗口左上角的带 MicrosoftOffice 标志的圆形按钮。该按钮是 Office 2007 程序中新增的基本功能集成工具，单击可选择【新建】、【打开】、【保存】、【打印】等命令。该菜单右侧显示了最近使用过的文档，可以方便快速打开需要继续编辑的文档。

（2）快速访问工具栏位于【Office 按钮】右侧，为用户提供了常用的一些工具按钮，在默认情况下包括【保存】、【撤消】和【恢复】按钮，用户还可以根据需要自定义快速访问工具栏中的按钮。

（3）标题栏位于 Word 2007 程序窗口的顶部，在其中显示文档名称和程序名称，右边依次有【最小化】、【还原】和【关闭】按钮。

（4）功能选项卡和功能区取代了传统的菜单栏和工具栏。功能选项卡包括【开始】、【插入】、【页面布局】、【引用】、【邮件】、【审阅】和【视图】，单击某个选项卡即可打开相应的功能区，在功能区中有自动适应窗口大小的工具栏，为用户提供了常用的命令按钮或列表框。

（5）文档编辑区是 Word 中最重要的部分，所有关于文档编辑的操作都将在该区域中完成。

（6）状态栏和视图栏在窗口最下方，状态栏主要用于显示与当前工作有关的信息；在视图栏中可以利用视图切换按钮切换视图方式，也可以设置文档的显示比例。

509. 怎样在 Word 2007 中插入 SmartArt 图形？

使用 Word 2007，可以在文档中插入丰富多彩的 SmartArt 图形，主要有如下类型：列表、流程图、循环图、层次结构图、关系图、矩阵图形、棱锥图等,操作步骤如下。

步骤 1. 打开要插入图形的 Word 2007 文档,将光标定位于需要插入图形的位置。

步骤 2. 单击【插入】选项卡标签,在【插图】功能区中单击【SmartArt】按钮,打开【选择 SmartArt 图形】对话框,如图 5-87 所示。

步骤 3. 在左侧列表框内根据需要选择 SmartArt 图形类型,则会在【列表】列表框中列出所选类型的各种图形格式。单击需要的图形

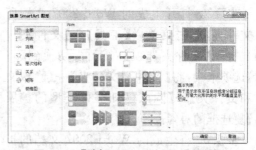

图 5-87 【选择 SmartArt 图形】对话框

后,右侧预览框中可看到其效果,并有文字说明该图形的用途。

步骤 4. 单击【确定】按钮,或双击该图形,在文档中即可插入一个 SmartArt 图形,同时系统自动打开【SmartArt 工具】,包含【设计】和【格式】两个选项卡。

步骤 5. 单击 SmartArt 图形左侧文本窗格中的"[文本]"字样,或直接单击其中 SmartArt 图形中的"[文本]"字样,可将光标定位于该位置,输入需要显示的文字即可。有的 SmartArt 图形中会出现一个图片图标,单击该图标,可打开【插入图片】对话框,选择合适的图片后,单击【插入】按钮,即可将所选图片插入图标位置处。

步骤 6. 单击【设计】选项卡标签,打开其功能区。在【创建图形】功能区中单击【添加形状】按钮,可以在 SmartArt 图形中添加一个形状。在【布局】功能区中,单击各按钮,可改变 Smart-Art 图形中各形状的排列方式。在【SmartArt 样式】功能区中,单击【更改颜色】按钮,在弹出的列表中选择一种恰当的配色方案,单击其他按钮,可以改变图形的样式。

步骤 7. 单击【格式】选项卡标签,打开其功能区。选中某个形状,在【形状】功能区中可修改该形状的大小及其形状;在【形状样式】功能区中可修改该形状的样式,包括填充颜色、轮廓颜色及形状的三维效果;在【艺术字样式】功能区中可设置形状中文本的填充颜色、轮廓颜色以及文本三维效果;在【排列】功能区中可以设置 SmartArt 图形在文档中的相对位置、文字的环绕方式等;在【大小】功能区中可以设置各图形的高度和宽度。

510. 怎样在 Word 2007 中将页面设置为稿纸?

在 Word 2007 中可以将页面直接设置为稿纸,设置步骤如下。

步骤 1. 打开需要设置稿纸的 Word 2007 文档。

步骤 2. 单击【页面布局】选项卡,在【稿纸】功能区中,单击【稿纸设置】按钮,打开【稿纸设置】对话框,如图 5-88 所示。

步骤 3. 在【网格】组合框内,单击【格式】下拉列表框,选择一种稿纸格式;单击【行数×列数】下拉列表框,选择稿纸的行和列的数量;单击【网格颜色】下拉列表框,选择网格的颜色。

步骤 4. 在【页面】和【页眉/页脚】及【换行】组合框中设置好相应的内容后,单击【确认】按钮即可。输入文本时,文本按照稿纸的格式显示。

511. 怎样提取 Word 文档中的图片?

用户在编写了 Word 文档后,可能希望将其中的图片提取出来,如果图片数量较大,则可以利用 Word 2007 来完成该工作,操作步骤如下。

步骤 1. 在 Word 2007 中打开要提取图片的 Word 文档,单击【Office 按钮】→【另存为】→【Word 文档】,打开【另存为】对话框,将文件【保存类型】设置为" * .docx"格式,文件名可自定

义,然后单击【保存】按钮。

步骤 2. 打开生成的 Word 2007 文档所在文件夹,单击菜单栏【工具】→【文件夹选项】,打开【文件夹选项】对话框,切换到【查看】选项卡中,将【文件和文件夹】→【隐藏文件和文件夹】→【隐藏已知文件类型的扩展名】复选框的对勾去掉。

步骤 3. 将生成的 Word 2007 文档的扩展名改为". zip"。弹出提示对话框,单击【是】按钮,确认更改。

步骤 4. 将生成的 .zip 文件解压缩,在解压缩目录下打开【word】文件夹,会看到一个【media】文件夹,文档中所有的图片都在该文件夹中按顺序排列。

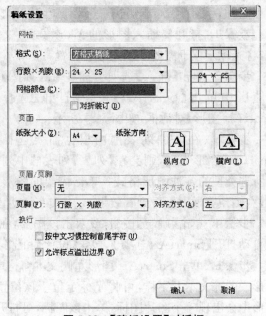

图 5-88 【稿纸设置】对话框

第6章 电脑常见故障排除

512. 排除故障的一般原则是什么?

(1)先软件后硬件。电脑出现故障时,先从操作系统和软件上来分析原因,后考虑硬件的原因,否则很容易走弯路。

(2)先外设后主机。根据系统报错信息进行检查。先检查键盘、鼠标、显示器、打印机等外设,查看电源的连接,各种连线是否连接得当,排除这些方面的原因后,再来检查主机。

(3)先电源后部件。电源是电脑是否正常工作的关键,电源功率不足,输出电压电流都不正常等,会导致各种故障的发生。

(4)先简单后复杂。在排除故障时,先排除简单易修的故障,再排除困难的故障,有时在排除简单易修的故障后,困难故障也变得容易了。

513. 常见的系统故障有哪些?

(1)显示器刷新率设置太高导致黑屏无法显示。解决方法:开机按【F8】进入安全模式,删除显卡驱动,重启计算机后,重装显卡驱动即可。或者在 DOS 下删除 C:\WINDOWS\SYSTEM32\CONFIG\SYSTEM,重启计算机后,重装系统驱动即可。

(2)硬盘上有两个主分区无法启动。解决方法:删除另一个主分区,把它转换为逻辑分区。

(3)提示"SYSTEM 丢失或无法读取请修复或安装该文件的拷贝"后就无法启动了。解决方法:用 WINXP 安装盘修复。在 DOS 下用命令:COPY C:\WINDOWS\REPAIR\SYSTEM C:\WINDOWS\SYSTEM32\CONFIG 修复。需要说明的是,这样修复后,需要重装系统驱动。

(4)IE 新链接打不开。解决方法:在 DOS 下输入 regsvr32 actxprxy. dll,regsvr32 shdocvw. dll,注销即可。

(5)显示"显示屏工作中请检查电脑及信号线",主机嘀嘀地响。解决方法:主机嘀嘀地响,可能是内存报警。内存接触不良,检查内存,建议取下内存,用橡皮或纸把金手指擦干净后再装上。显卡松动,取下显卡用橡皮或纸把金手指擦干净后再装上。CPU 松动导致点不亮,取下再插上。若还未解决问题,则更换主板。

(6)电脑总是出现蓝屏。解决方法:先杀毒,看是否中病毒了。检查显卡驱动,建议重装驱动。检查内存,内存松动或不兼容都容易引起蓝屏。丢失了重要的系统文件,建议重装。

(7)文件和程序的图标错乱。解决方法:最大的可能是中病毒了,建议先杀毒。若未排除故障,则打开 MSCONFIG,选择"诊断启动",重启计算机。若仍未排除故障,可偿试系统还原。若还未解决问题,只有重装系统了。

(8)新装的系统,只剩下任务栏和桌面背景,桌面上的东西全丢了。解决方法:在空白处右击鼠标,选择【排列图标】→【显示桌面图标】。

(9)重新装系统,但只能过第一个过程,"等待 15 秒您计算机将重新启动",重新启动以后,又开始从头开始装了。解决方法:在第一次要求重启的时候,不要管。重启之后不要动任何键,否则它就会从头安装。

（10）最近关机的时候显示"正在关机"，屏幕就不动了，正在工作的显示灯也不亮了，就一直开着关不了。解决方法：首先看是否是系统的问题，若系统运行得特别慢就会出现此问题。打开设备管理器，看计算机下面是否是"ACPPI Uniprocessor"，2000 年以后的电脑电源模式多是这样的。若电源模式不是这个，则将它删除，再重新安装驱动，安装时选择"ACPPI Uniprocessor PC"。若问题仍然存在，则重装系统。

514. 怎么从主板的报警声判断电脑是什么故障？

主板常见的报警声音和故障见表 6-1。

表 6-1　常见的报警声音和故障对照表

报警声音		故　障
AMIBIOS 鸣笛	1 声短鸣	内存刷新失败
	2 声短鸣	内存 ECC 校验错误
	3 声短鸣	系统基本内存（第 1 个 64KB 容量）自检失败
	4 声短鸣	系统时钟出错
	5 声短鸣	CPU 出错
	6 声短鸣	键盘控制器错误
	7 声短鸣	系统实模式错误，不能进入保护模式
	8 声短鸣	显示内存错误（如显示内存损坏）
	9 声短鸣	主板 FlashROM 或 EPROM 检验错误（例如 BIOS 被 CIH 病毒破坏）
	1 长 3 声短鸣	内存错误（例如内存芯片损坏）
	1 长 8 声短鸣	显示系统测试错误（如显示器数据线或显示卡接触不良）
Award BIOS 鸣笛	1 声短鸣	系统正常启动
	2 声短鸣	常规错误。应进入 CMOSSETUP，重新设置不正确的选项
	1 声长鸣 1 短声鸣	内存或主板出错
	1 声长鸣 2 短声鸣	显示器或显示卡错误
	1 声长鸣 3 声短鸣	键盘控制器错误
	1 声长鸣 9 声短鸣	主板 FlashRAM 或 EPROM 错误（例如 BIOS 被 CIH 破坏）。不间断长"嘟"声：内存未插好或有芯片损坏
	不停响声	显示器未与显示卡连接。重复短"嘟"声：电源有故障

515. 如何处理开机无显示的主板常见故障？

出现此类故障一般是因为主板 BIOS 被 CIH 病毒破坏（当然也不排除主板本身故障导致系统无法运行）。一般 BIOS 被病毒破坏后硬盘里的数据将全部丢失，所以可以通过检测硬盘数据是否完好来判断。若主板 BIOS 被破坏，可插上 ISA 显卡看有无显示（如有提示，可按提示步骤操作即可），倘若没有开机画面，可以自己做一张自动更新 BIOS 的软盘，重新刷新 BIOS。但有的主板 BIOS 被破坏后，软驱根本不工作，此时，可尝试用热插拔法加以解决。但采用热插拔除需要相同的 BIOS 外还可能会导致主板部分元件损坏，所以可靠的方法是用写码器将 BIOS 更新文件写入 BIOS 里面（可找有此服务的电脑商解决比较安全）。

如果硬盘数据完好无损，那么还有以下三种原因会造成开机无显示的现象。

（1）主板扩展槽或扩展卡有问题，导致插上声卡等扩展卡后主板没有响应而无显示。

(2)免跳线主板在 CMOS 里设置的 CPU 频率不对,也可能会引发不显示故障。对此,只要清除 CMOS 即可予以解决。清除 CMOS 的跳线一般在主板的锂电池附近,其默认位置一般为 1、2 短路,只要将其改跳为 2、3 短路即可解决问题。如果是老主板,找不到该跳线,只要将电池取下,待开机显示进入 CMOS 设置后再关机,将电池装好亦达到 CMOS 放电之目的。

(3)主板无法识别内存、内存损坏或者内存不匹配也会导致开机无显示的故障。某些老主板比较挑剔内存,一旦插上主板无法识别的内存,主板就无法启动,甚至某些主板不给任何故障提示(鸣叫)。当然也有的时候为了扩充内存以提高系统性能,结果插上不同品牌、类型的内存同样会导致此类故障的出现,因此在检修时,应多加注意。

516. 如何处理 CMOS 设置不能保存的主板常见故障?

此类故障一般是由于主板电池电压不足造成的,更换电池即可。如果主板电池更换后,还不能解决问题,则检查主板 CMOS 跳线是否有问题,有时由于把主板上的 CMOS 跳线错设为清除选项或设置成外接电池,也会使 CMOS 数据无法保存。若不是以上原因,则是主板电路有问题,建议找专业人员维修。

517. 安装主板驱动程序后出现死机或光驱读盘速度变慢怎么处理?

在 Windows 系统下,安装主板驱动程序后出现死机或光驱读盘速度变慢,此类现象在一些杂牌主板上有时会出现。将主板驱动程序装完后,重新启动计算机不能以正常模式进入 Windows 桌面,且该驱动程序在 Windows 下不能被卸载。如果出现这种情况,建议找到最新的驱动重新安装,问题一般都能够解决,若不行,则只能重新安装系统。

518. 安装 Windows 或启动 Windows 时鼠标不可用怎么处理?

USB 口鼠标:查看鼠标有无红色亮光,若无红色亮光,可拔插 USB 接口。如果问题没解决,则可能是主板或 USB 鼠标损坏。PS2 口鼠标:可能是鼠标键盘的接口电路损坏。如果不是上述原因,此类故障一般是由于 CMOS 设置错误引起的。在 CMOS 设置的电源管理栏有一项 modem use IRQ 项目,他的选项分别为 3、4、5、…NA,一般默认选项为 3,将其设置为 3 以外的中断项即可。

519. 电脑频繁死机,在进行 CMOS 设置时也会出现死机现象怎么处理?

此类故障一般是主板 Cache 有问题或主板设计散热不良引起的。如果因主板散热不良而导致该故障,可在死机后触摸 CPU 周围主板元件,若非常烫手,更换大功率风扇后,死机故障即可解决。如果是 Cache 有问题造成的,可进入 CMOS 设置找到"CPU Internal Cache(CPU Level 1 Cache)"项,将该项功能禁用即可。当然,Cache 禁用后,速度肯定会受到影响。如果按上述方法仍不能解决故障,则是主板或 CPU 有问题,只有更换主板或 CPU 了。

520. 主板不启动,开机无显示,有内存报警是什么原因?

导致此类故障出现有以下几个原因:①内存条生产工艺不合标准,厚度不够造成内存条与插槽始终有一些缝隙,稍有震动,就可能导致内存条接触不良。处理方法:更换新内存。②内存条上的金手指表面镀金质量差,在长时间的使用中,镀金表面出现了很厚的氧化层,从而导致内存条接触不良。处理方法:用橡皮把内存条金手指部分灰尘和氧化物擦干净,将主板内存插槽吹干净,然后把内存条牢固插入槽内。

521. 开机 BIOS 找到硬盘显示错误信息无法启动怎么办?

如果硬盘能够通过 BIOS 自检,但是不能启动到操作系统。一般来说都会在出现"Verify-ingDMIPoolData"过后出现一些英文短句,简单方法是还原设置。下面为常见几种错误信息的例子,如图 6-1 所示。

(1)屏幕显示:"DISKBOOT FAILURE, INSERT SYSTEM DISK AND PRESS EN-TER",其含义是:磁盘引导区失败,插入系统磁盘并按回车键。处理方法:先查看硬盘的电源线和 IDE 数据线是否已正确连接,硬盘和光驱是否接在同一条数据线上,跳线是否都设成主盘或从盘。如果是的话,应将硬盘跳线设成主盘、光驱跳线设为从盘,然后用下一步重新设置硬盘参数。

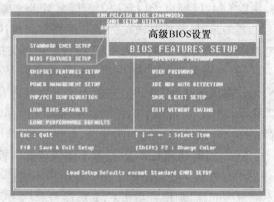

图 6-1　还原 BIOS 设置

(2)屏幕显示:"Missing operation sys-tem"或"Error loading operating system",其含义是:没有操作系统;读取操作系统出错。处理方法:造成该故障的原因一般是 DOS 引导记录出现错误。出现此错误提示最简单的方法是用 Windows XP 启动盘启动计算机,执行命令"Format c:/s"重写 DOS 引导记录。也可尝试用 KV3000 杀毒盘启动,用重写硬盘分区表功能进行修复,该方法不会影响硬盘存储的程序、文件。

522. 双硬盘无法启动如何解决?

IDE 硬盘挂双硬盘实现原理:一般电脑主板上都有两个大小一样的长方形插槽,一个插着硬盘,另一个插着光驱。可用一根有三个插槽,用来连接硬盘和主板的数据线,一头插在主硬盘上,另一头插在从盘上,还有一个插在主板上。如果把两块硬盘接在一根线上,则把装有 Windows XP 的硬盘设为主盘,另一个设为从盘;如果接在两根数据线上,两块硬盘都要设为主盘。

Windows XP 系统下,若挂双硬盘失败,则右击【我的电脑】→【管理】,在左栏选择【设备管理器】→【IDE 控制器】→分别双击【主要 IDE 控制通道】和【次要 IDE 控制通道】→选择【高级属性】选项卡→把设备 0 和设备 1 的【设备类型】都改为自动检测,把传输模式都改为 DMA。若可用,则单击【确定】按钮,重新启动电脑进行尝试,如图 6-2 所示。

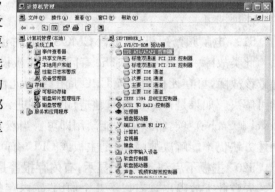

图 6-2　IDE 控制器

523. USB 设备无法识别怎么办?

排除该故障可采用以下方法:

(1)插 USB Cable 至电脑 USB 端口,检查【我的电脑】→【属性】→【设备管理器】→【端口】项中是否多出一个 COM 口。若无或不正常,须卸载驱动程序并重装。

(2)关闭主机电源重新开机或重启电脑。

(3)部分应用软件可能对部分操作系统支持不好。可查看软件安装说明,或换操作系统试验。

(4)极少电脑可能对 USB Cable 驱动程序不兼容,更换电脑测试。

524. 为什么无法使用磁盘碎片整理程序？

（1）在整理前要清理磁盘。打开【我的电脑】→右击要整理磁盘碎片的驱动器→单击【属性】→切换到【常规】选项卡→单击【磁盘清理】→打开【磁盘清理】对话框→勾选要删除的文件→单击【确定】→单击【是】→系统即自动清理选中的文件。磁盘碎片整理程序如图 6-3 所示。

（2）在整理前要对磁盘进行扫描。在【我的电脑】窗口→右击要整理磁盘碎片的驱动器→单击【属性】→单击【工具】→单击【开始检查】→勾选【自动修复文件系统错误】和【扫描并试图恢复坏扇区】→单击【开始】→单击【检查】后确定退出。接着逐一扫描修复其他分区。

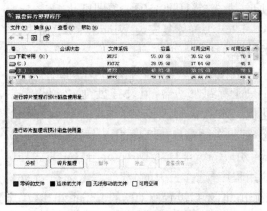

图 6-3　磁盘碎片整理程序

（3）关闭所有运行程序，尤其是病毒实时监控程序和屏幕保护程序。

（4）关闭杀毒软件。

（5）整理碎片期间不要进行任何数据读写，此时进行读写很可能导致电脑死机。

（6）在安全模式下进行整理。

（7）将这个分区的文件移出一部分，再整理。

（8）使用系统自带的磁盘碎片整理工具，不能整理的情况下，可借助优化大师等软件整理。

525. 硬盘引导故障如何处理？

BIOS 检测硬件结束，系统启动控制权将由 BIOS 交给操作系统，并开始引导操作系统的启动。不过，通常在系统控制权交接时，在 BIOS 中设置的启动盘盘符需正确，硬盘能够正常运行，硬盘的分区和格式化正常，并且操作系统的引导文件能够正常执行。在这一过程中，常见的故障及解决方法如下。

（1）没有加载硬盘启动。该提示信息是请用户在光驱上放入系统启动光盘。出现这一信息说明在光驱上没有启动光盘，或者放置的光盘没有启动功能。如果想让 BIOS 自检完成后，进入硬盘和操作系统的启动，应该在 BIOS 中将加载硬盘的项目打开。例如，将【First Boot Device】（第一个启动项目）一项设置为硬盘【HDD－0】，如图 6-4 所示。

此外，如果使用软盘（Floppy）、光盘（CD-ROM）或闪盘（USB-HDD）作为启动盘，那么只要在 BIOS 中选择这些驱动器作为启动盘。BIOS 在自检完成后，就会将系统启动控制权交给指定的驱动器启动盘。

（2）自动进入 BIOS 设置程序。出现这种现象，说明 BIOS 设置存在问题，如错误地修改了 BIOS 程序的某些项目。这时应该对照主板说明书仔细检查，必要时可以选择 BIOS 设置程序的【Load Fail→Safe Defaults】项目，然后从弹出的对话框中按下【Y】键，恢复 BIOS 出厂默认设置，当系统启动成功后再逐步优化。

（3）磁盘引导失败。出现【磁盘引导失败，请插入系统盘并回车继续】提示，从提示信息中可知，系统检测不到硬盘、其他有效驱动器的存在或没有引导文件可以执行。具体的解决方法，可以在 BIOS 中检查是否开启了有效的驱动器启动项，如果开启的项目是光驱、软驱，则应该检查是否在对应驱动器中放入了有效的启动盘。如果开启的是硬盘，则检查硬盘的次序是否正确。如果正确，则在 BIOS 中检查是否检测到硬盘的存在。需要注意的是硬盘的引导有针对安装多硬盘而设的 HDD→0、HDD→1 项，在选择时要注意分辨，若只有一个硬盘，则选择【HDD→0】一项即可。

526. 怎样修复安装 Windows XP 后失去的分区？

重装系统后，D 盘看不到，在磁盘管理器中只能看到驱动器，但没有盘符。尝试格式化但提示磁盘管理控制台视图不是最新状态，建议关闭重启，重启后仍未解决。

用 Acronis Disk Director 分区工具，打开应用程序，选择丢失的分区，右击选择 create

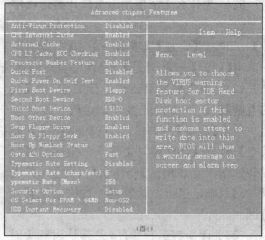

图 6-4　BIOS 设置

partition，然后设置驱动器的 Label，单击【确定】按钮即可在视图中看到新创建的分区。之后可以根据个人需要选择是否格式化此分区，格式化之后选择 proceed 提交该操作，就能在计算机下看见此分区。

527. 开机无显示，显卡故障怎么处理？

此类故障一般是因显卡与主板接触不良或主板插槽有问题造成。对于一些集成显卡的主板，如果显存共用主内存，则需注意内存条的位置，一般在第一个插槽上应插有内存条。由于显卡原因造成的开机无显示故障，开机后一般会发出一长两短的蜂鸣声（对于 AWARD BIOS 显卡而言）。

528. 显示花屏，看不清字迹怎么处理？

此类故障一般是由于显示器或显卡不支持高分辨率而造成的。花屏时可切换到安全模式，然后在 Windows 下进入显示设置，在 16 色状态下点选【应用】、【确定】按钮。重新启动，在 Windows 系统正常模式下删掉显卡驱动程序，重新启动计算机即可。也可不进入安全模式，在纯 DOS 环境下，编辑 SYSTEM. INI 文件，将 display. drv＝pnpdrver 改为 display. drv＝vga. drv 后，存盘退出，再在 Windows 里更新驱动程序即可排除故障。

529. 显示器颜色显示不正常是什么原因？

此类故障一般由以下原因引起：①显示卡与显示器信号线接触不良。②显示器自身故障。③在某些软件里运行时颜色不正常，一般常见于老式机，在 BIOS 里有一项校验颜色的选项，将其开启即可。④显卡损坏。⑤显示器被磁化，此类现象一般是由于与有磁性的物体过分接近所致，磁化后还可能会使显示画面出现偏转的现象。

530. 显卡与主板不兼容问题怎么解决？

显卡制作工艺不规则，造成插入插槽后，有短路情况出现，这时表现为加不上电。如果显卡工作有时正常，能够点亮显示器，有时却无规则地点不亮显示器，但把显卡插在别的主板上时却完全正常，这种情况下只能更换显卡。计算机主机工作正常，显示器的图像显示也正常，但是会偶尔无规律地出现图像花屏情况，这也是显卡与主板不兼容的原因造成的，更换显卡或者主板即可。如果使用显卡出现频繁死机，也有可能是显卡驱动的设计有缺陷。

531. 显示显卡驱动程序丢失，怎么处理？

此类故障一般是由于显卡质量不佳或显卡与主板不兼容，使得显卡温度太高，从而导致系统运行不稳定或出现死机,此时只有更换显卡。此外,还有一类特殊情况,以前能载入显卡驱动程序,但在显卡驱动程序载入后,进入 Windows 时出现死机。可更换其他型号的显卡。在载入其驱动程序后,插入旧显卡予以解决。如若还不能排除,则说明注册表存在故障,对注册表进行恢复或重新安装操作系统即可。

532. 电脑装有声卡却没有声音怎么处理?

(1)系统默认声音输出为"静音"。单击屏幕右下角的声音小图标(小喇叭),出现音量调节滑块,下方有"静音"选项,单击前面的复选框,清除框内的对勾,即可正常发音。

(2)声卡与其他插卡有冲突。调整 PnP 卡所使用的系统资源,使各卡互不干扰。

(3)安装了 Direct X 后声卡不能发声。说明此声卡与 Direct X 兼容性不好,需要更新驱动程序。

(4)一个声道无声。检查声卡到音箱的音频线是否有断线。

533. 声卡发出的噪声过大是什么原因?

此类故障一般由以下原因引起:

(1)插卡不正。声卡没有同主板扩展槽紧密结合,通过目视可见声卡上"金手指"与扩展槽簧片有错位。这种现象在 ISA 卡或 PCI 卡上都有,属于常见故障,将声卡插正就可以解决问题。

(2)有源音箱输入端接在了声卡的 Speaker 输出端。有源音箱应接在声卡的 Line out 端,它输出的信号没有经过声卡的放大,噪声要小得多。有的声卡只有一个输出端,是 Line out 还是 Speaker 要靠卡上的跳线决定,默认方式常是 Speaker,若需要的话,还要拔下声卡调整跳线。

(3)安装的声卡驱动程序的版本不好,可能用的是系统自带的驱动程序,最好安装专门的声卡驱动程序。如果已经安装了 Windows 自带的驱动程序,可选【控制面板】→【系统】→【设备管理器】→【声音、视频和游戏控制器】,点中各分设备,选【属性】→【驱动程序】→【更改驱动程序】→【从磁盘安装】。这时插入声卡附带的磁盘或光盘,安装厂家提供的驱动程序。

534. 声卡无法"即插即用"怎么处理?

解决此类故障常见的方法有如下几种。

方法一:用新驱动程序或替代程序。例如,某声卡在 Windows 98 下用原驱动盘安装驱动程序无法安装,用 Creative SB16 驱动程序代替,故障排除。升级到 Windows Me 系统后,又出现故障,换用 Windows 2000(完整版)自带的声卡驱动程序,故障排除。

方法二:Windows 9X 下检测到即插即用设备默认安装驱动程序,但无法使用。之后,每次当删掉重装都会重复这个问题,并且不能用"添加新硬件"的方法解决。处理方法:进入 Win9xinfother 目录,把关于声卡的 *.inf 文件删掉,重新启动后用手动安装,修改注册表也能达到同样的目的。

方法三:不支持 PnP 声卡的安装(也适用于不能用上述 PnP 方式安装的 PnP 声卡)。进入【控制面板】→【添加新硬件】→【下一步】,当提示"需要 Windows 搜索新硬件吗?"时,选择【否】,从列表中选取"声音、视频和游戏控制器"用驱动盘或直接选择声卡类型进行安装。

535. 安装声卡却无法正常录音是什么原因?

首先检查插孔是否为【麦克风输入】,然后双击"小喇叭"图标,选择选单上的【属性】→【录音】,查看各项设置是否正确。接下来在【控制面板】→【多媒体】→【设备】中调整【混合器设备】

和【线路输入设备】,将其设为"使用"状态。如果【多媒体】→【音频】中【录音】选项是灰色,可尝试【添加新硬件】→【系统设备】中的添加"ISA Plug and Play bus",把声卡随卡工具软件安装后重新启动。

536. 无法播放 Wav 音乐、Midi 音乐,声卡是什么故障?

不能播放 Wav 音乐现象常常是由于【多媒体】→【设备】→【音频设备】不止一个,此时禁用一个即可。MIDI 的问题是 16 位模式与 32 位模式不兼容造成的,通过安装软件波表的方式可解决。

537. PCI 声卡在 Windows 98 下使用不正常是什么原因?

声卡驱动程序安装过程一切正常,没有出现设备冲突,但在 Windows 98 下无法出声或出现其他故障。这种现象通常出现在 PCI 声卡上,检查 PCI 声卡插在哪条 PCI 插槽上。有时出于散热的考虑,把声卡插在远离 AGP 插槽,靠近 ISA 插槽的 PCI 插槽中。Windows 98 有一个 Bug:有时只能正确识别插在 PCI-1 和 PCI-2 两个槽的声卡。而在 ATX 主板上紧靠 AGP 的两条 PCI 才是 PCI-1 和 PCI-2(在一些 ATX 主板上恰恰相反,紧靠 ISA 的是 PCI→1),把声卡插回正确位置,故障排除。

538. Windows 7 下找不到声卡如何解决?

先下载并解压 Windows 7 声卡驱动修复压缩包。打开系统所在盘进【Windows】→【system32】→【Driverstore】→【FileRepository】在里面找到【wdmaudio. inf _ x86 _ neutral _ aed2a4456700dfde】文件夹。如图 6-5 所示。

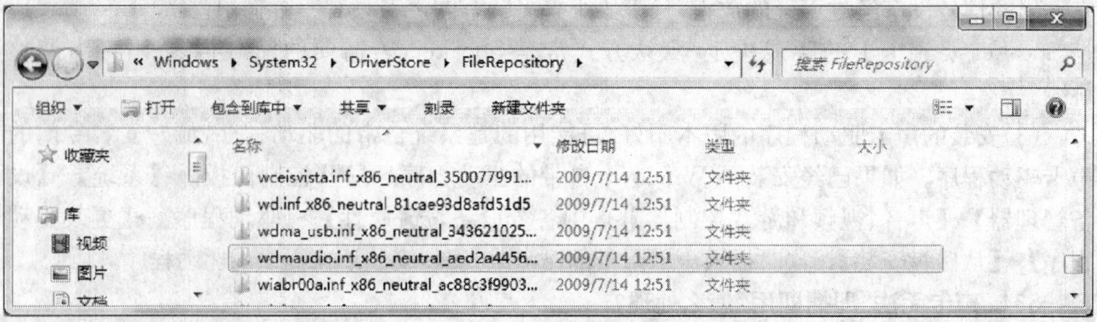

图 6-5　声卡驱动文件

进入【wdmaudio. inf_x86_neutral_aed2a4456700dfde】文件夹并删除该文件夹里全部内容。返回刚解压的文件夹,把该文件夹内容全部复制粘贴到【wdmaudio. inf _ x86 _ neutral _ aed2a4456700dfde】文件夹里,重新安装声卡驱动。

539. 清理内存条后开机无显示是什么原因?

出现此类故障一般是由内存条与主板内存插槽接触不良造成,只要用橡皮擦擦拭其"金手指"部位即可解决问题(不要用酒精等清洗),内存损坏或主板内存槽有问题也会造成此类故障。内存条原因造成开机无显示,主机扬声器一般都会长时间蜂鸣(针对 Award Bios 而言)。

540. Windows 经常自动进入安全模式是什么原因?

此类故障一般是由主板与内存条不兼容或内存条质量不佳引起的,常见于 PC133 内存用于某些不支持 PC133 内存条的主板上,可以尝试在 CMOS 设置中降低内存读取速度解决问题,若未能解决,则更换内存条。

541. 更换内存后随机性死机怎么处理?

此类故障一般是由于采用了几种不同芯片的内存条,各内存条速度不同产生一个时间差从而导致死机。可以在 CMOS 设置中降低内存速度予以解决。否则，唯有使用同型号内存。还有一种可能就是内存条与主板不兼容，也有可能是内存条与主板接触不良引起电脑随机性死机。

542. 内存加大后系统资源反而降低是什么原因？

此类现象一般由主板与内存不兼容引起，常见于 PC133 内存条用于某些不支持 PC133 内存条的主板上，即使重装系统也不能解决问题，只能更换内存条。

543. 为什么总是提示内存不足？

Windows 本身占用大量的系统资源，如果物理内存不多，经常会因为占用物理内存过多导致提示内存不足。但 Windows 中的内存不足提示并不一定能准确反映出导致问题的原因。一般来说，Windows 系统会在以下几种情况下提示"内存不足"。

（1）用 Windows 附带的记事本程序拷贝网络上的信息，准备汇总后编辑。但是粘贴了几次后，会提示"内存不足，＊＊＊ 文件无法被保存"。这是因为记事本程序本身的功能限制和设计的问题，超过 64KB 的内容就不能再编辑了。

（2）在浏览网页的时候跳出"内存不足"的提示。这是由于 IE 属性设置中分配给 Internet 临时文件的磁盘空间的大小不够，从而导致脱机浏览的内容无法被保存。在 IE 的右键菜单中选择属性，单击【设置】按钮，将 Internet 临时文件夹中的"使用的磁盘空间"调大一些即可。

（3）P4 机器上安装了主板驱动和其他驱动程序后再安装 Office 2000，在使用 Office 2000时有可能会提示内存不足。这是由于 P4 主板驱动和 Office 2000 存在兼容性问题，可尝试备份数据后重新安装操作系统，然后先安装 Office 2000，再安装主板驱动等驱动程序。

（4）感染病毒也会导致提示"内存不足"。病毒在内存中大量复制，造成报错提示。一般杀毒后即可解决该问题。

544. 电脑的内存读取错误是怎么回事？

此类故障出现的原因如下：①内存条损坏或内存条质量不佳，更换内存条即可。②双内存不兼容，换用同品牌的内存，或只用一条内存。③机箱散热不好，加强机箱内部的散热。④内存和主板没插好或与其他硬件不兼容，重插内存或换个插槽。⑤硬盘损坏，更换硬盘。⑥软件有 BUG 或软件和系统不兼容，给软件打上补丁，或尝试系统兼容模式。⑦电脑中病毒，用杀毒软件杀毒。

545. Windows 下 CD-ROM 操作显示"32 磁盘访问失败"并死机是什么原因？

Windows 的 32 位磁盘存取对 CD-ROM 有一定的影响。CD-ROM 大部分接在硬盘的 IDE 接口上，不支持 Windows 的 32 位磁盘存取功能，使 Windows 产生了内部错误而死机。可以进入 Windows，在【主群组】中双击【控制面板】，进入【386 增强模式】设置，单击【虚拟内存】按钮，然后单击【更改】，把左下角的【32 位磁盘访问】核实框关闭，确认后，重启 Windows。

546. 光驱无法正常读盘是什么原因？

光驱无法正常读盘，屏幕上显示："驱动器 X 上没有磁盘，插入磁盘再试"，或"CDR101：NOT READY READING DRIVE X ABORT . RETRY. FALL？"有时进出盒几次也都读盘，但不久又不读盘。

在此情况下，应先检测病毒，用杀毒软件进行对整机进行查杀毒。如果没有发现病毒可用文件编辑软件打开 C 盘根目录下的"CONFIG. SYS"文件，查看其中是否又挂上光驱动程序及驱动程序是否被破坏，并进行处理，还可用文本编辑软件查看"AUIOEXEC. BAT"文件中是否有"MSCDEX. EXE/D:MSCDOOO /M:20/V",若以上两步未发现问题,可拆卸光驱维修。

547. 光驱使用时出现读写错误或无盘提示是什么原因?

这种故障大部分是在换盘时还没有就位就对光驱进行操作所引起的。对光驱的所有的操作都必须要等光盘指示灯显示为就位时才可进行。在播放影碟时也应将时间调到零时再换盘,这样就可以避免出现上述错误。

548. 在播放电影 VCD 时出现画面停顿或破碎现象是什么原因?

检查 AUTOEXEC. BAT 文件中的"SMARTDRV"是否放在 MSCDEX. EXE 之后。若是,则将 SMARTDRV 语句放到 MSCDEX. EXE 之前,不使用光驱的文件读写增加缓存程序,改为 SMARTDRV. EXE/U,故障即可排除。

549. 光驱在读数据时,有时读不出,并且读盘的时间变长怎么处理?

光驱读不出数据的硬件故障主要集中在激光头组件上,且可分为二种情况:一种是使用太久造成激光管老化;另一种是光电管表面太脏或激光管透镜太脏及位移变形。所以在对激光管功率进行调整时,还需对光电管和激光管透镜进行清洗。

光电管及聚焦透镜的清洗方法是:拔掉连接激光头组件的一组扁平电缆,记住方向,拆开激光头组件。这时能看到护套罩着激光头聚焦透镜,去掉护套后会发现聚焦透镜由四根细铜丝连接到聚焦、寻迹线圈上,光电管组件安装在透镜正下方的小孔中。用细铁丝包上棉花蘸少量蒸馏水擦拭(不可用酒精擦拭光电管和聚焦透镜表面),并查看透镜是否水平悬空正对激光管,否则需适当调整。至此,清洗工作完毕。

调整激光头功率。在激光头组件的侧面有一个像十字螺钉的小电位器。用色笔记下其初始位置,一般先顺时针旋转 $5°\sim10°$,装机试机不行再逆时针旋转 $5°\sim10°$,直到能顺利读盘。注意切不可旋转太多,以免功率太大而烧毁光电管。

550. 开机检测不到光驱或者检测失败是什么原因?

这有可能是由于光驱数据线接头松动、硬盘数据线损毁或光驱跳线设置错误引起的。遇到这种问题,首先应该检查光驱的数据线接头是否松动,如果没有插好,将其重新插好、插紧。如果这样仍然不能排除故障,那么更换新数据线。如果故障依然存在,就检查一下光盘的跳线设置,如果有错误,将其更改即可。

551. 光驱能够正常播放 CD,但是却不能读数据光盘是什么原因?

在 Windows 98 以前因为没有相应的软件支持,光驱播放 CD 音乐光盘时,光驱与声卡必须有 CD 音频线连接才能有音乐信号输出。Windows XP 系统支持数字音频,以及超级解霸 3000 的数字音频功能,可以不需要 CD 音频线也能播放 CD 光盘。如果整张 CD 光盘都能够播放,说明光驱的硬件本身没有问题。数据光盘不能读取,应先查看数据光盘是否进行了加密和是否打开了 DMA 数据通道等。目前市面上的盗版光盘为了逃避检查,都人为地对光盘进行了加密设置,必须用相应的解密手段才能正常读出光盘上的数据。

552. 光盘盘符不见了怎么办?

如果光盘盘符不见了,可以采用以下方法处理。

(1)将光驱数据线重新插一次或者换一条数据线,改换光驱跳线位置,重启。

(2)BIOS 中确认光驱所在 IDE 通道没有设置为禁用或者关闭。

(3)右击【我的电脑】,选择【属性】,在弹出的窗口中进入设备管理器页,然后点击【刷新】,看看能否找到光驱。

（4）在设备管理器中，分别双击【IDE ATA/ATAP 控制器】其下的【主要 IDE 通道】和【次要 IDE 通道】→【高级设置】→将【设备 0】和【设备 1】中的【设备类型】设置为【自动检测】→【确定】。

（5）找到 C:\盘根目录下的 Autoexec. bat 和 Config. sys 文件（没有的话创建），然后在 Autoexec. bat 文件中输入以下内容：C:\windows \command \mscdex/d:mscd001；在 Config. sys 文件中输入：Device＝c:\windows \command \ebd \oakcdrom. sys。然后重新启动电脑看看能否找到光驱。

（6）更换主板驱动程序，看能否找到光驱。

若以上方法都未能解决，则可能是光驱损坏了，更换光驱。

553. 安装刻录机后无法启动电脑怎么处理？

首先切断电脑供电电源，打开机箱外壳检查 IDE 线是否完全插入，并且要保证 PIN-1 的接脚位置正确连接。如果刻录机与其他 IDE 设备共用一条 IDE 线，需保证两个设备不能同时设定为"MA"（Master）或"SL"（Slave）方式，可以把一个设置为"MA"，另一个设置为"SL"。

554. 使用模拟刻录成功，实际刻录却失败怎么处理？

刻录机提供的【模拟刻录】和【刻录】命令的差别在于是否打出激光光束，而其他的操作都是完全相同的。也就是说，【模拟刻录】可以测试源光盘是否正常，硬盘转速是否够快，剩余磁盘空间是否足够等刻录环境的状况，但无法测试待刻录的盘片是否存在问题和刻录机的激光读写头功率与盘片是否匹配等。模拟刻录成功，而实际刻录失败，说明刻录机与空白盘片之间的兼容性不是很好，可以采用如下两种方法来重新试验一下：①降低刻录机的写入速度，建议 2X 以下。②更换另外一个品牌的空白光盘进行刻录操作。出现此种现象的另外一个原因就是激光读写头功率衰减造成的，如果使用相同品牌的盘片刻录，在前一段时间内均正常，则很可能与读写头功率衰减有关，可以送有关厂商维修。

555. 用刻录机无法复制游戏 CD 是什么原因？

一些大型的商业软件或者游戏软件，在制作过程中，对光盘的盘片做了保护，所以在进行光盘复制的过程中，会出现无法复制，导致刻录过程发生错误，或者复制以后无法正常使用。

556. 刻录的 CD 音乐不能正常播放是什么原因？

并不是所有的音响设备都能正常读取 CD-R 盘片的，大多数 CD 机都不能正常读取 CD-RW 盘片的内容，所以最好不要用刻录机来刻录 CD 音乐。另外，还需要注意的是，刻录的 CD 音乐，必须要符合 CD-DA 文件格式。

557. 刻录光盘过程中出现"BufferUnderrun"错误提示信息是什么原因？

"BufferUnderrun"错误提示信息的意思为缓冲区欠载。一般在刻录过程中，待刻录数据需要由硬盘经过 IDE 界面传送给主机，再经由 IDE 界面传送到刻录机的高速缓存中（BufferMemory），最后刻录机把储存在 BufferMemory 里的数据信息刻录到 CD-R 或 CD-RW 盘片上，这些动作都必须是连续的，绝对不能中断。如果其中任何一个环节出现了问题，都会造成刻录机无法正常写入数据，并出现缓冲区欠载的错误提示，进而是盘片报废。解决的办法就是，在刻录之前需要关闭一些常驻内存的程序，如关闭光盘自动插入通告，关闭防毒软件、Window 任务管理和计划任务程序和屏幕保护程序等。

558. 光盘刻录过程中，刻录失败是什么原因？

提高刻录成功率需要保持系统环境单纯，即关闭后台常驻程序，最好为刻录系统准备一个专用的硬盘,专门安装与刻录相关的软件。在刻录过程中,最好把数据资料先保存在硬盘中,制作成"ISO 镜像文件",然后再刻入光盘。为了保证刻录过程数据传送的流畅,需要经常对硬盘碎片进行整理,避免发生因文件缺失无法正常传送造成的刻录中断错误。可以通过执行"磁盘扫描程序"和"磁盘碎片整理程序"来进行硬盘整理。此外,在刻录过程中,不要运行其他程序,甚至连鼠标和键盘也不要轻易去碰。刻录使用的电脑最好不要与其他电脑联网,在刻录过程中,如果系统管理员向本机发送信息,则会影响刻录效果,另外,在局域网中,不要使用资源共享。如果在刻录过程中,其他用户读取本地硬盘,则会造成刻录工作中断或者失败。除此以外,还要注意刻录机的散热问题,良好的散热条件会给刻录机一个稳定的工作环境。如果因为连续刻录,刻录机发热量过高,可以先关闭电脑,等温度降低以后再继续刻录。针对内置式刻录机最好在机箱内加上额外的散热风扇。外置式刻录机要注意防尘,防潮,以免造成激光头读写不正常。

559. 使用 EasyCDPro 刻录时,无法识别中文目录名怎么处理?

在使用 EasyCDPro 刻录中文文件名的时候,可以在文件名选项中选取 Romeo,就可以支持长达 128 位文件名,即 64 个汉字的文件名了。另外,WinonCD、Nero、DirectCD2. x 等都能很好地支持长中文文件名。

560. 如何选择适合自己 DVD 刻录机刻录格式的盘片?

在兼容性方面 DVD 刻录盘不如 CD-R。DVDROM 从诞生之日起,各厂商就为其格式标准争论不休,即使到目前为止,DVD 依然分为主要的 3 种格式:DVDRAM、DVDR/RW、DVD+R/RW。由松下主推的 DVDRAM,采用与传统 DVD 不同的物理格式,技术超前,在应用上能够满足类似于光盘塔等专业应用,但它与 DVDROM 存在不兼容问题,一般普通 DVDROM 和 DVD 硬碟机不能读取 DVDRAM 格式盘片,因此该类盘片在市场上相对少见,价格也较贵。由先锋等公司主推的 DVDR/RW 格式,是与原有 DVDROM 相同的物理格式,采用恒定线速度(CLV)读取方式令其与 DVDROM 完全兼容,但也造成了速度容易受到限制,由于其进入市场时间较早,因此盘片的价格较便宜。由 SONY、BenQ 主推的 DVD+R/RW 标准虽然面市较晚,但综合了前两种标准的优点,在兼容性上与 DVDR/RW 基本相同,刻录速度可以达到更高,在寻址方式上优于 DVDR/RW,因此其在刻录时定位更为准确,盘片的价格比 DVDR/RW 略贵一些。

因此,目前市场上能够买到的 DVD 刻录盘有 5 种 DVDRAM、DVDR、DVDRW、DVD+R、DVD+RW,大家在购买的时候务必选择适合自己 DVD 刻录机刻录格式的盘片,否则将不能顺利刻录。例如,购买 DVD+RW 刻录机,应该选择 DVD+R/RW 盘片。

561. 在显示器上找不到鼠标是什么原因?

此现象可以从以下几方面进行分析:①鼠标彻底损坏,需要更换新鼠标。②鼠标与主机连接串口或 PS/2 口接触不良,仔细接好线后,重新启动即可。③主板上的串口或 PS/2 口损坏,这种情况很少见,如果是这种情况,只能更换一个主板或使用多功能卡上的串口。④鼠标线路接触不良,这种情况是最常见的。接触不良的位置多在鼠标内部的电线与电路板的连接处。故障只要不是在 PS/2 接头处,一般维修起来不难。通常是由于线较短,或比较杂乱而导致鼠标线被用力拉扯的原因,解决方法是将鼠标打开,再使用电烙铁将焊点焊好。还有一种情况就是鼠标线内部接触不良,是由于老化引起的,这种故障通常难以查找,更换鼠标是最快的解决方法。

562. 鼠标能显示,但无法移动怎么办?

对于机械式鼠标,鼠标指针反应迟钝,定位不准确或无法移动。这种情况主要是因为鼠标里的机械定位滚动轴上积聚了过多污垢而导致传动失灵,造成滚动不灵活。维修的重点放在鼠标内部的 X 轴和 Y 轴的传动机构上。处理方法:打开胶球锁片,将鼠标滚动球卸下来,用干净的布蘸上中性洗涤剂对胶球进行清洗,摩擦轴等可用酒精进行擦洗。最好在轴心处滴上几滴缝纫机油,但要注意不能滴到摩擦面和码盘栅缝上。将污垢清除后,鼠标的灵活性恢复。若是光电鼠标出现此故障,维修比较困难,建议重新购买鼠标。

563. 鼠标按键失灵是什么原因?

此现象可从以下几个方面进行分析:①鼠标按键无动作,可能是因为鼠标按键和电路板上的微动开关距离太远或单击开关经过一段时间的使用而反弹能力下降。拆开鼠标,在鼠标按键的下面粘上一块厚度适中的塑料片,厚度要根据实际需要而确定,处理完毕后即可使用。②鼠标按键无法正常弹起,可能是因为按键下方微动开关中的碗形接触片断裂引起的,尤其是塑料簧片长期使用后容易断裂。如果是三键鼠标,那么可以将中间的那一个键拆下来应急。如果是品质好的鼠标,则可以拆开微动开关,清洗触点,上一些润滑脂后,装好即可使用。

564. 键盘上一些键出现"卡键"故障怎么处理?

键盘上的按键,如空格键、回车键不起作用,有时需按数次才输入。有的按键,如光标键按下后不再起来,屏幕上光标连续移动,此时键盘其他字符不能输入,需再按一次才能弹起来。

这是键盘的"卡键"故障,出现键盘的卡键现象主要由以下两个原因造成:一个原因就是键帽下面的插柱位置偏移,使得键帽按下后与键体外壳卡住不能弹起而造成卡键,此原因多发生在新键盘或使用不久的键盘上。另一个原因就是按键长久使用后,复位弹簧弹性变得很差,弹片与按杆摩擦力变大,不能使按键弹起而造成卡键,此种原因多发生在长久使用的键盘上。当键盘出现卡键故障时,可将键帽拔下,然后按动按杆。若按杆弹不起来或乏力,则是由第二种原因造成的,否则为第一种原因所致。若是由于键帽与键体外壳卡住的原因造成"卡键"故障,则可在键帽与键体之间放一个垫片,该垫片可用稍硬一些的塑料做成(如废弃的软磁盘外套),其大小等于或略大于键体尺寸,并且在按杆通过的位置开一个可使铵杆自由通过的方孔,将其套在按杆上后,插上键帽。用此垫片阻止键帽与键体卡住,即可修复故障按键。若是由于弹簧疲劳,弹片阻力变大的原因造成"卡键"故障,可将键体打开,稍微拉伸复位弹簧使其恢复弹性,取下弹片将键体恢复。通过取下弹片,减少按杆弹起的阻力,从而使故障按键得到了恢复。

565. 某些字符不能输入怎么处理?

若只有某一个键字符不能输入,则可能是该按键失效或焊点虚焊。打开键盘,用万用表电阻挡测量接点的通断状态。若键按下时始终不导通,则说明按键簧片疲劳或接触不良,需要修理或更换;若键按下时接点通断正常,说明可能是因虚焊、脱焊或金属孔氧化所致,可沿着印刷线路逐段测量,找出故障进行重焊。若因金属孔氧化而失效,可将氧化层清洗干净,然后重新焊牢。若金属孔完全脱落而造成断路时,可另加焊引线进行连接。

566. 按下一个键产生一串多种字符,或按键时字符乱跳是什么原因?

选中不含回车键的某行某列,产生多个其他字符;选中含回车键的一列,字符乱跳且不能最后进入系统。这种现象是由逻辑电路故障造成的,用示波器检查逻辑电路芯片,找出故障芯片后更换同型号芯片,排除故障。

567. Modem 经常掉线是什么原因?

Modem 经常掉线可从以下几个方面分析:①电话线路质量不佳。②若数据终端就绪(DTR)信号无效持续的时间超过 Modem 默认设置值,引起掉线。③如果电话有"呼叫等待"功能,每当有电话打进来,调制解调器就会受到干扰而断开。④另外,Modem 本身的质量以及不同 Modem 间的兼容性问题也是引起 Modem 掉线的一个普遍存在的原因。

568. 怎么才能使 Modem 无拨号音?

若希望 Modem 无拨号音,可以通过适当的 AT 命令来改变:用 ATM0 设置 Modem 无拨号音,ATM1 设置 Modem 从拨号到连接时有拨号音。通过 ATL0(低音量)、ATL1(低音量)、ATL2(中音量)、ATL3(高音量)等指令可改变音量。

569. Modem 无法拨号或连接怎么处理?

如果没有正确安装 Modem,通信功能将无法正常工作。下列过程列出了验证 Modem 与 Windows 的通讯程序安装了不兼容的驱动程序文件,可能会导致 COM 端口和 Modem 工作不正常,所以应该首先检查是否加载了正确的 Windows98 文件。

(1)检验现有的通讯文件。将 System 目录中的 COMM. DRV 和 SERIAL. VXD 文件与 Windows98 软盘或光盘中的原版文件进行比较,检查文件的大小和日期是否相同。确认在 System. ini 文件中有下列几行:[boot]Comm. drv=Comm. drv[386enh]device= * . vcd。在"控制面板"中运行"添加新硬件"向导,检测和安装 Windows98 驱动程序。注意:Windows98 在 System. ini 中不加载 SERIAL. VXD 驱动程序,而是使用注册命令来加载它。另外,在 System. ini 中也没有与 * . VCD 相关的文件。这些文件被内置于 VMM32. VXD 中。

(2)检验调制解调器的配置。在【控制面板】中,双击【调制解调器】图标。验证您的调制解调器的制造商和型号,运行【安装新调制解调器】向导检测调制解调器并确认当前配置是否正确。如果您的调制解调器未出现在已安装的调制解调器列表中,请单击【添加】,然后选择合适的调制解调器。如果制造商和类型不正确,并且在列表中没有您的设备制造商及类型,请试着用【通用调制解调器】中的【与 Hayes 兼容】选项,设置为调制解调器支持的最大波特率,并单击【确定】。在排除冲突列表中删除所有的调制解调器条目。

(3)检查调制解调器是否处于可以使用状态。在【控制面板】中双击【系统】图标,然后单击【设备管理】标签,在列表中选择您的调制解调器并单击【属性】,确认是否选中【设备已存在,请使用】。

(4)检查端口的正确性。在【控制面板】中双击【调制解调器】图标,选择您的调制解调器,然后单击【属性】,在【通用】标签上,检验列出的端口是否正确。如果不正确,请选择正确的端口,然后单击【确定】按钮。

(5)确认串口的 I/O 地址和 IRQ 设置是否正确。在【控制面板】中双击【系统】图标,单击【设备管理】标签,再单击【端口】,选取一个端口,然后单击【属性】,单击【资源】标签显示该端口的当前资源设置,请参阅调制解调器的手册以找到正确的设置,在【资源】对话框中,检查【冲突设备列表】以查看调制解调器使用的资源是否与其他设备发生冲突,如果调制解调器与其他设备发生冲突,请单击【更改设置】,然后单击未产生资源冲突的配置。

需要注意的是,如果 COM1 上有鼠标器或其他设备,请不要在 COM3 上使用调制解调器。通常 COM1 和 COM3 端口使用同样的 IRQ,并且在多数计算机上不能同时使用。COM2 和 COM4 也有同样的问题。如果可能的话,请更改 COM3 和 COM4 端口的 IRQ 设置,使它们不再冲突。另外,有一些显示卡的地址也和 COM4 端口冲突,如果发现冲突,请使用其他端口,或者更换您的图形适配器。

　　(6)检验端口设置。在【控制面板】上双击【调制解调器】图标,单击【调制解调器】,然后单击【属性】,在出现的菜单中单击【连接】标签以便检查当前端口设置,如波特率、数据位、停止位和校验。

　　(7)检验调制解调器波特率。在【控制面板】中双击【调制解调器】,选择一种调制解调器,然后单击【属性】,单击【通用】标签,然后将波特率设置为正确速率。

　　需要注意的是,如果呼叫的主系统在原先设置的波特率下无法通讯,那么有时降低波特率可能会解决问题。

570. 电脑无法上网是什么原因?

　　(1)网络连接的 DNS 存在问题。打开本地网络连接,查看连接状态是否正常,发送和接收的包是否正常。如果发送和接收的包为 0,则打开【本地连接属性】窗口,查看 DNS 和网关是否正确,最好 Ping 一下网关和 DNS,看是否可以 Ping 通。如果不通,则换一个 DNS 试试。

　　(2)感染病毒。现在很多病毒都可能造成网络连接正常却无法上网的现象。这种情况往往表现在打开 IE 时,在 IE 界面的左下框里提示正在打开网页,但没响应。如果用杀毒软件始终无效,那么就需要手工清除病毒。在任务管理器里查看进程,如果有某个陌生进程的 CPU 占用率高达 90％以上,那么将它结束。如果不能结束,则要启动到安全模式下把这个程序删除,同时要在注册表中将所有同这个程序相关的项目删除。

571. 喷墨打印机打印时墨迹稀少,字迹无法辨认怎么处理?

　　该故障多数是由于打印机长期未用或其他原因造成墨水输送系统障碍或喷头堵塞。如果喷头堵塞不严重,直接执行打印机上的清洗操作即可。如果多次清洗后仍没有效果,则可以拿下墨盒(对于墨盒喷嘴非一体的打印机,需要拿下喷嘴,但需要小心),把喷嘴放在温水中浸泡一会。注意,一定不要把电路板部分也浸在水中,用吸水纸吸走沾有的水滴,装上后再清洗几次喷嘴即可排除故障。

572. 更换新墨盒后,打印机在开机时面板上的“墨尽”灯亮怎么处理?

　　正常情况下,当墨水已用完时“墨尽”灯才会亮。更换新墨盒后,打印机面板上的“墨尽”灯还亮,一是有可能墨盒未装好,另一种可能是在关机状态下自行拿下旧墨盒,更换上新的墨盒。因为重新更换墨盒后,打印机将对墨水输送系统进行充墨,而这一过程在关机状态下将无法进行,使得打印机无法检测到重新安装上的墨盒。另外,有些打印机对墨水容量的计量是使用打印机内部的电子计数器来进行计数的(特别是在对彩色墨水使用量的统计上),当该计数器达到一定值时,打印机判断墨水用尽。而在墨盒更换过程中,打印机将对其内部的电子计数器进行复位,从而确认安装了新的墨盒。打开电源,将打印头移动到墨盒更换位置。将墨盒安装好后,让打印机进行充墨,充墨过程结束后,故障排除。

573. 喷墨打印机喷头软性堵头怎么处理?

　　软性堵头堵塞指的是墨水在喷头上粘度变大所致的断线故障。一般用原装墨水盒经过多次清洗就可恢复,但这样的方法太浪费墨水。最简单的办法是利用手中的空墨盒来进行喷头的清洗。用空墨盒清洗前,先要用针管将墨盒内残余墨水尽量抽干净,然后加入清洗液。加注清洗液时,应在干净的环境中进行,将加好清洗液的墨盒按打印机正常的操作上机,不断按打印机的清洗键对其进行清洗。利用墨盒内残余墨水与清洗液混合的淡颜色进行打印测试,正常之后换上好墨盒即可使用。

574. 打印机清洗泵嘴出现故障如何处理?

打印机清洗泵嘴出现故障较常见,是造成堵头的主要因素之一。打印机清洗泵嘴对打印机喷头的保护起决定性作用。喷头小车回位后,要由清洗泵嘴对喷头进行弱抽气处理,对喷头进行密封保护。在打印机安装新墨盒或喷嘴有断线时,机器下端的抽吸泵要通过它对喷头进行抽气,嘴的工作精度越高越好。但在实际使用中,它的性能及气密性会因时间的延长、灰尘及墨水在此嘴的残留凝固物增加而降低。如果不对其经常进行检查或清洗,会使打印机喷头不断出些故障。

养护此部件的方法:将打印机的上盖卸下并移开小车,用针管吸入纯净水对其进行冲洗,特别要充分清洗喷嘴内镶嵌的微孔垫片。特别注意千万不能用乙醇或甲醇对其进行清洗,这样会造成此组件中镶嵌的微孔垫片溶解变形。另外,喷墨打印机要尽量远离高温及灰尘的工作环境,良好的工作环境能保证机器长久正常的使用。

575. 检测墨线正常而打印精度明显变差怎么处理?

喷墨打印机在使用中会因使用的次数及时间的延长而导致打印精度逐渐变差。喷墨打印机喷头也是有寿命的。一般一只新喷头从开始使用到报废,如果不出故障,就 20～40 个墨盒的用量。如果打印机已使用很久,打印精度变差,可以用更换墨盒的方法来试试,如果换了几个墨盒,其输出打印的结果都一样,就该注意打印机的喷头将要更换了。如果更换墨盒故障排除,说明使用的墨盒中有质量较差的非原装墨水。

如果打印机是新的,打印的结果不能令人满意,经常出现打印线段不清晰、文字图形歪斜、文字图形外边界模糊、打印出墨控制同步精度差,这说明可能买到的是假墨盒或者使用的墨盒是非原装产品,应当对其立即更换。

576. 打印机行走小车错位碰头怎么处理?

喷墨打印机行走小车的轨道是由两只粉末合金铜套与一根圆钢轴的精密结合来滑动完成的。虽然行走小车上装有一片含油毡垫以补充轴上的润滑油,但因周围的环境中有灰尘,时间一久,会因空气的氧化、灰尘的破坏使轴表面的润滑油老化而失效,这时如果继续使用打印机,就会因轴与铜套的摩擦力增大而造成小车行走错位,直至碰撞车头造成无法使用。

一旦出现此故障应立即关闭打印机电源,用手将未回位的小车推回停车位。找一小块海绵或毡,放在缝纫机油里浸饱,用镊子夹住在主轴上来回擦。最好是将主轴拆下来,洗净后上油,这样的效果最好。另一种小车碰头是因为器件损坏所致。打印机小车停车位的上方有一只光电传感器,它是向打印机主板提供打印小车复位信号的重要元件。此元件如果因灰尘太多或损坏,打印机的小车会因找不到回位信号碰到车头,而导致无法使用,一般出此故障时需要更换器件。

577. 怎样排除打印机故障?

针对不同的故障,应采用不同的方法来解决。

(1)打印机的打印头移动受阻而停下长鸣或者是在原处振动。出现这种故障一般是因为打印头导轨长时间滑动而造成干涩,打印头移动受阻,到了一定程度就会使打印停止。在打印导轨上涂几滴仪表油查看故障是否排除,若未排除则送交维修部进行修理。

(2)打印字迹偏淡。一般说来针式打印机的故障是由打印头断针、推杆位置调得过远等原因引起的,可以更换色带和调节推杆;喷墨打印机则是因墨水过干、输墨管内进空气等,可以对喷头、墨水盒等进行检测维修;激光打印机一般是由于墨粉盒内的墨粉较少等,可以取出墨粉盒轻轻摇动来处理。

（3）打印纸上重复出现污迹。对于针式
打印机来说，出现该故障多因为色带脱毛或
油墨过多，可以更换色带盒；对于喷墨打印机
来说一般是因为墨水盒或者是输墨管漏墨；
对于激光打印机来说可能是由于脏污或损坏
的轧辊引发。打印机结构如图 6-6 所示。

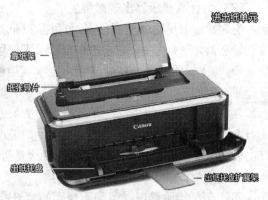

进出纸单元

靠纸架

纸张导片

出纸托盘

出纸托盘扩展架

图 6-6　打印机结构

578. 打印机不能打印汉字怎么办？

出现此类故障一般需要安装驱动或者下载最新的驱动，有的打印机不带中文字库。如 EPSON 与 GSX 的打印机后面带 K 的表示有中文字库；这种情况下使用驱动打印才能打印中文。如果财务软件做得有问题，选择了西文打印也会导致打不出中文。

579. 电脑刚开机时显示器的画面抖动厉害是什么原因？

电脑刚开机时显示器的画面抖动厉害，有时甚至连图标和文字也看不清，但过一两分钟之后就恢复正常。这种现象多发生在潮湿的天气，是显示器内部受潮的缘故。要彻底解决此问题，可使用食品包装中的防潮砂用棉线串起来，然后打开显示器的后盖，将防潮砂挂于显像管管颈尾部靠近管座附近。

580. 电脑开机后，显示器只闻其声不见其画，漆黑一片是什么原因？

出现该故障是因为显像管座漏电所致，须更换管座。拆开显示器后盖可以看到显像管尾的一块小电路板，管座就焊在该电路板上。小心拔下这块电路板，再焊下管座，更换一个同样的管座。这时不要急于将电路板装回去，先找一小块砂纸，小心地将显像管尾后凸出的管脚用砂纸擦拭干净，特别注意，要将管脚上的氧化层擦干净。

581. 显示器花屏是什么原因？

此类故障大多是由显卡引起的。如果是新换的显卡，则可能是显卡质量不佳或不兼容，或者是没有安装正确的驱动程序。如果是旧显卡而加了显存的话，则有可能是新加进的显存和原来的显存型号参数不一所致。

582. 显示器屏幕抖是什么原因？

显示器抖动的原因可从如下几个方面分析。

（1）显示器刷新频率设置得太低。当显示器的刷新频率设置低于 75Hz 时，屏幕常会出现抖动、闪烁的现象，把刷新率适当调高，故障即可排除。

（2）电源变压器离显示器和机箱太近。电源变压器工作时会造成较大的电磁干扰，从而造成屏幕抖动。把电源变压器放在远离机箱和显示器的地方，问题即可解决。

（3）劣质电源或电源设备已经老化。

（4）音箱放得离显示器太近。音箱的磁场效应会干扰显示器的正常工作，使显示器产生屏幕抖动和串色等磁干扰现象。

（5）有些计算机病毒会扰乱屏幕显示，如造成字符倒置、屏幕抖动、图形翻转显示等故障。

（6）显卡接触不良。重插显卡后，故障可得到排除。

（7）电源滤波电容损坏。打开机箱，如果看到电源滤波电容顶部鼓起（电路板上个头最大的那个

电容),那么便说明电容坏了,屏幕抖动是由电源故障引起的。换了电容之后,即可解决问题。

583. 为什么显示器出现黑屏?

引起显示器黑屏的原因很多,可以从以下几方面进行检查:①检查主机电源是否工作;②检查显示器是否加电;③检查显卡与显示器信号线接触是否良好;④打开机箱检查显卡是否安装正确,与主板插槽是否接触良好。显卡或插槽是否因使用时间太长而积尘太多造成接触不良。显卡上的芯片是否有烧焦、开裂的痕迹;⑤检查其他的板卡(包括声卡、解压卡、视频捕捉卡)与主板的插槽接触是否良好。注意检查硬盘的数据线、电源线接法是否正确;⑥检查内存条与主板的接触是否良好,内存条的质量是否过硬;⑦检查 CPU 与主板的接触是否良好;⑧检查主板的总线频率、系统频率、DIMM 跳线是否正确;⑨检查参数设置;⑩检查环境因素是否正常。电压是否稳定,或温度是否过高等。

584. 怎样排除静电噪声和不规则的背景噪声?

排除此类故障可采取以下措施:①避免长时间低温环境工作。因为长时间在低温下工作电脑可能出现开机有"嗡嗡"声、主板不工作、无法找到硬盘、液晶显示器无显示或者出现杂波干扰等故障。②冬季天冷室内开空调暖气时,电脑应避免正对着空调的热气喷射口或太靠近暖气片、取暖器等热源,因为长时间在此种环境下工作会使得机内温度上升,而导致半导体材料老化、电路短路等故障。③避免在温差过大的环境中使用电脑,温差过大,会在机箱内形成冷凝水,一旦渗入主板、CPU 等电脑主要部件会大大缩短这些配件的使用寿命。

585. 系统濒临崩溃的原因都有哪些?

排除硬件故障,系统濒临崩溃的原因有如下几种。

(1)软件冲突。软件和系统已有的软件冲突,甚至和系统本身冲突。

(2)系统文件被替换,导致系统不稳定。很多软件都有修改替换系统文件达到某些性能的提升或者个性化的效果,非官方的系统文件稳定性不好,可能会导致系统运行在崩溃的边缘。

(3)注册表信息紊乱。注册表是 Windows 系统配置信息的仓库,如果注册表信息出现错误,将导致不可预料的错误出现。

(4)驱动不兼容。使用第三方驱动往往会出现这个问题。

(5)杀毒软件误杀系统文件。某些重要的系统文件被病毒感染后,在杀毒软件提示病毒的时候,若选择删除文件,下次启动系统后,系统会出现问题或者提示丢失文件而无法启动。

(6)磁盘文件导致的系统崩溃。磁盘上的文件出现错误或者碎片过多,Windows 系统罢工。使用第三方的磁盘碎片整理工具或非正常关机会导致这种情况的发生。

586. 大型 3D 游戏提示缺少"d3dx9_41. dll",无法进入游戏怎么办?

解决上述问题有以下两种方法。

方法一:由于电脑没有安装 DirectX 软件而出现上述状况,许多游戏需要 DirectX9.0,可下载并安装 DirectX9.0。

方法二:直接去网上下载一个"d3dx9_41. dll"文件,放在 C:\Windows\System32 目录下即可,如图 6-7 所示。

587. Windows 7 系统的"msnp32. dll"动态链接失败是怎么回事?

"msnp32. dll"是微软网络协议相关动态链接库,属于 Microsoft networks,是系统 DLL 文件。

故障处理方法:进入注册表,搜索有关"msnp32. dll"的项目和键值并删除,如图 6-8 所示。

右击【我的电脑】→【属性】,删除【设备管理器】→【网上邻居】中网络属性下的所有组件,重新启动系统后重装网络组件即可。

图 6-7　"d3dx9_41.dll"文件

588. NTFS 怎样转化为 FAT32 格式?

方法一:格式化时同时转换。右击需要转换的驱动器,选择格式化,单击 FAT32 文件格式,如图 6-9 所示。

方法二:软件转换。磁盘管理工具"paragon partition Manager"可以自由选择语言代码页来进行分区转换,这样就不会发生类似 PQ Magic 那样的中文文件名乱码现象,这里以 paragon partition Manager7 汉化版为例介绍。

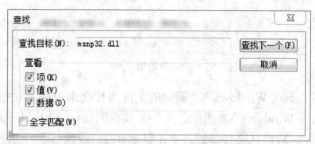

图 6-8　"msnp32.dll"的项目和键值

步骤 1. 在主窗口中选择菜单【常规】→【设置】→【本地信息】,时区选择"北京、香港",文件名语言选择"Chinese(RPC)",单击【确定】按钮即可。

步骤 2. 选中需要转换的磁盘分区,单击【分区菜单】→【修改】→【转换】菜单项。

步骤 3. 在转换分区对话框中选择 FAT32 文件格式,然后根据屏幕提示操作即可。

步骤 4. 最后系统会自动重启,在下一次启动的时候,会自动进行文件系统转化。

图 6-9　格式化

589. Windows XP 经常显示系统资源不足如何解决?

(1)清除"剪贴板"。单击【开始】→【程序】→【附件】→【系统工具】→【剪贴板查看程序】,在【编辑】菜单上,单击【删除】。

(2)减少自动运行的程序。单击【开始】→【运行】,键入"msconfig",单击"启动"选卡,清除不需要自启动的程序前的复选框,单击【确定】按钮,如图 6-10 所示。

再单击【开始】→【运行】,键入"sysedit",单击【确定】按钮,删除"autoexec.bat"、"win.ini"和"config.sys"文件中不必要的自启动的程序,重新启动计算机。

(3)设置虚拟内存。删除临时文件和交换文件,在【系统属性】下手动配置虚拟内存,将其默认位置转到其他逻辑盘下,如图 6-11 所示。

(4)应用程序存在 Bug 或毁坏。升级问题软件或将此软件卸载,改装其他同类软件。

(5)内存优化软件。不少的内存优化软件,如 RAM Idle 和 Memo Kit 都能够自动清空"剪贴板"、释放被关闭程序未释放的系统资源、对虚拟内存文件(Win386.swp)进行重新组织等,免除手工操作的麻烦，达到自动释放系统资源的目的。

图 6-10　启动项　　　　　　　　　　图 6-11　虚拟内存

590. Windows XP 删除的文件为什么未放在回收站？

Windows XP 删除的文件未放在回收站，可从以下几个方面分析。

（1）确认文件是通过单击【Delete】键或通过菜单选择删除命令删除，而不是按住【Shift】键再单击删除。按住【Shift】键再单击删除，删除的文件不放在回收站。

（2）右击回收站，查看回收站的属性。确定"删除时不将文件移入回收站，而是彻底删除"未被选中。回收站的空间不能为 0%。查看所删除内容是否大于回收站的剩余空间，如果大于回收站剩余空间，会出现如下提示：此处可以选择为永久删除。

591. 电脑无法启动 Windows，频繁死机怎么办？

重装系统，若故障未能排除，检查硬盘是否有坏道，检查电脑的 CPU、风扇是否正常运转，确定是否是因 CPU 温度过高造成死机。再查看电脑主板上是否有鼓起的电容，而造成硬件故障，导致频繁死机。

592. Windows 系统蓝屏死机是什么原因？

从硬件方面来说，超频过度是导致蓝屏的一个主要原因。过度超频，由于进行了超载运算，造成内部运算过多，使 CPU 过热，从而导致系统运算错误。如果既想超频，又不想出现蓝屏，那么必须做好散热措施。另外，适量超频或干脆不超频也是解决的办法之一。从软件方面看，遭到病毒或黑客攻击、注册表中存在错误或损坏、启动时加载程序过多、版本冲突、虚拟内存不足造成系统多任务运算错误、动态链接库文件丢失、过多的字体文件、加载的计划任务过多、系统资源产生冲突或资源耗尽都会产生蓝屏。另外，软硬件冲突也容易出现蓝屏。

593. 开机时提示 CMOS 出错怎么办？

开机时提示 CMOS 出错可以从以下两方面进行分析。

（1）如果没有电力供应，则检查 PC 电源、电源接口和电源线通电情况。检查机箱的接口和电源线是否完好，如果接口和电源线有破损、断裂，应当及时更换。检查主板电源线插口，若没有破损就将插口拔出再插入。可解决主板由于接触不良导致没有电力供应的情况。检查机箱电源供应情况，利用替代法检测，将电源盒装到另一台电脑上试试。国外有种测试 ATX 电源是否正常工作的方法：首先，检查电源盒上的外接开关，看它是否在"OFF"挡上，然后将之转换到"115V"挡。其次，准备一根 6～7 厘米的电源线。再次，将电源线与电源线插口连接起来，同时检查硬盘、CPU 风扇、光驱的电源线是否连接。如果电源盒后面有二级开关，将其打开。最后,检查电源风扇,如果机箱电源有问题,机箱电源风扇就不会转动。检查机箱电源上的开关,看它与主板的连接是否正确。找到主板上控制电源的跳线,试着削短该跳线针。若主板正常运行,就说明该跳线有问题。另外,在操作过程中注意不要让主板接触到金属箱。

(2)有电显示但仍然黑屏的处理技巧。检查所有的卡(显卡、声卡等)、CPU、内存条是否安装到位。若问题严重,则拔掉所有次要的原部件,断开所有次要的电源线,包括 IDE 、软驱等设备。然后初始启动自测屏幕:内存数据、主板、CPU、RAM、显卡等。如果自测通过,逐个添加其他部件,添加一个就自测一次。POST 诊断卡可用于电力供应的自我检查。

594. Windows XP 启动时间过长是什么原因?

(1)从软件的角度考虑:①设定虚拟内存。②检查应用软件或驱动程序。③删除桌面多余图标。④ADSL 导致的系统启动变慢。⑤字体对速度的影响。⑥删除随机启动程序。⑦取消背景并关闭 Active Desktop。⑧把 Windows 变得更苗条。⑨更改系统开机时间。

(2)从硬件的角度考虑:①Windows 系统自行关闭硬盘 DMA 模式。②CPU 和风扇是否正常运转并足够制冷。③USB 和扫描仪造成的影响。④是否使用了磁盘压缩。⑤网卡造成的影响。⑥文件夹和打印机共享。⑦系统配件配置不当。⑧断开不用的网络驱动器。⑨缺少足够的内存。⑩硬盘空间不足。⑪硬盘分区不能太多。

(3)系统可能存在病毒:①使系统变慢的 bride 病毒。②使系统变慢的阿芙伦病毒。③恶性蠕虫振荡波。

595. Windows 自动关机或重启怎么解决?

导致计算机自动关机或重启的原因很多,如 CPU 温度过高、电源出现故障、主板的温度过高而启动自动防护或病毒等。先确认 CPU 的散热是否正常,打开机箱查看风扇叶片是否运转正常,再进入 BIOS 中查看风扇的转速和 CPU 的工作温度。如果有这方面的问题,则更换更大功率的风扇。如果风扇、CPU 等硬件没有问题,可以使用替换法来检查电源是否老化或损坏。如果电源损坏,则更换一个新电源。若硬件没问题,则从软件方面考虑。

596. Ghost 版 Windows XP 安装至计算机导致死机怎么办?

可能是 Ghost 镜像内自带的驱动程序和电脑有冲突,也有可能是 SATA 硬盘找不到驱动或是显卡驱动不同。建议格式化重装,然后再装电脑硬件对应的驱动程序。第一次装系统最好不用 Ghost。因为很多网上的 Ghost 都集成很多万能驱动,不能对所有的机器兼容,造成很多兼容性问题。

597. 忘记了电脑登录密码,怎样才能打开电脑?

若忘记电脑登录密码,则开机时按【F8】键进入安全模式,用 administrator 登录,密码为空。登录后重建立一个用户即可。安全模式下的 administrator 用户和正常模式登录的 administrator 不同,即使在正常模式下设置了 administrator 的密码,安全模式下也是空的,它们是两个用户,只有安全模式下的 administrator 才是 Windows XP 真正的超级管理员。

598. 开机后不能进入系统是什么原因?

开机后停留在启动画面状态或显示 The disk is error 等有英文提示的诸多现象,此为系统故障。比较常见的是系统文件被修改、破坏或加载了不正常的命令行。此外,硬盘故障也是不可排除的。

首先,尝试能否进入安全模式,开机按【F8】键,选择启动菜单里的第三项"Safe Model"(安全模式)。进入安全模式以后,通过设备管理器和系统文件检查器来寻找故障,遇到有 1 号的设备,可以查明原因后再决定是删除还是应该禁用。也可以重装驱动程序,系统文件受损可以安装文件修复（建议事先把 Windows 的安装盘复制在硬盘里）。如果不能进入安全模式，可以使用启动光盘引导进入 DOS，在 DOS 下先杀毒并且用 dir 命令检查 C 盘内的系统文件是否完整。若 C 盘未发现文件，则重装系统。

599. 电脑内存不足怎么办？

步骤 1. 右击【我的电脑】，单击【属性】。

步骤 2. 单击高级选项卡，在【高级】选项卡下面的性能栏里单击【设置】按钮。在弹出框中再单击【高级】选项卡。可以看到最下面虚拟内存，如图 6-12 所示，然后单击【更改】按钮。

步骤 3. 虚拟内存一般设置在 C 盘之外的硬盘上，选择剩余空间比较大的硬盘，如选择 E 盘，再单选下面的自定义大小。

步骤 4. 输入最小值与最大值之后单击右下角的【设置】按钮。弹出一个重新启动计算机的提示，单击【确定】按钮。

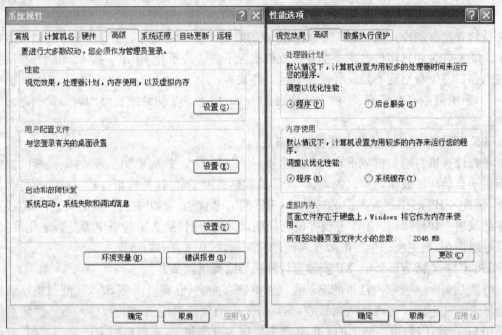

图 6-12　更改虚拟内存

600. Windows XP 关机自动重启是什么原因？

造成该故障的原因可从以下几个方面分析。

（1）Windows XP 默认情况下，系统出现错误时会自动重新启动，若关机过程中系统出现错误，则重新启动计算机。关闭该功能，故障即可解除。

右击【我的电脑】，在弹出的右键菜单中选择【属性】，弹出【系统属性】窗口，点选【高级】选项卡，单击【启动和故障恢复】栏目中的【设置】按钮，弹出【启动和故障恢复】窗口。在【系统失败】栏目中将【自动重新启动】选项前的对勾去掉，单击【确定】按钮即可，如图 6-13 所示。

（2）关机与电源管理有密切关系，电源管理对系统支持不佳会造成关机故障。依次单击【开始】→【设置】→【控制面板】→【性能与维护】→【电源选项】，在弹出的窗口中，根据需要启用或取消【高级电源支持】即可。如果在故障发生时使用的是启用【高级电源支持】，则取消它；如果在故障发生时，使用的是取消【高级电源支持】，则启用它。

（3）由 U 盘、鼠标、键盘、Modem 等 USB 设备引起的关机故障。出现此故障时,若电脑上接有 USB 设备,先将其拔掉,看看故障是否排除,如果确信是 USB 设备的故障,那么最好是换掉该设备或连接一个外置 USB Hub,将 USB 设备接到 USB Hub 上,而不要直接连到主板的 USB 接口上。

601. 电源开关或 RESET 键损坏开机后,过几秒就自动关机是什么原因?

如果 RESET 键按下后弹不起来,加电后因为主机始终处于复位状态,所以按下电源开关后,主机没有任何反应,和加不上电一样,因此电源灯和硬盘灯不亮,CPU 风扇不转。处理办法:打开机箱,修复电源开关或 RESET 键。主板上的电源多为开关电源,所用的功率管为分离器件,如有损坏,只要更换功率管、电容等即可。

图 6-13　启动和故障恢复

602. "磁盘清理"工具怎么应用?

Windows XP 系统自带的"磁盘清理"工具可以进行磁盘垃圾文件的清理,具体的操作如下。

步骤 1. 单击【开始】→【所有程序】→【附件】→【系统工具】→【磁盘清理】命令,进入【选择驱动器】设置对话框,选择要清理的驱动器名称。

步骤 2. 例如选择"C:",单击【确定】按钮,进入【C:的磁盘清理】对话框,对话框会自动显示可以清除的临时文件和垃圾文件,可以通过单击【查看文件】按钮,查看想删除的项目的具体信息(注意不要清理掉自己的重要文件),如图 6-14 所示。

步骤 3. 也可以通过单击【其他选项】标签,进入对话框中,对"Windows 组件"、"安装程序"和"系统还原"进行清理,力求达到释放磁盘空间的目的,选择后单击【确定】按钮即可完成操作。

603. 如何隐藏我的电脑中的驱动器?

例如,把 C 盘隐藏起来应该在注册表中做如下修改,操作步骤如下。

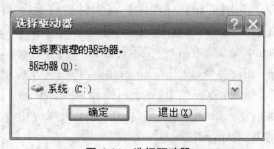

图 6-14　选择驱动器

步骤 1. 打开 HKEY_CURRENT_USER\Software\Microsoft\WindowsExplorer\CurrentVersion\Policies\子键。

步骤 2. 在右边的窗口中新建一个 DWORD 值"NoDrives",并将其值设为"4",这样就可以隐藏【我的电脑】中的 C 盘。如果要隐藏 A 盘,则"NoDrives"值为"1",B 盘的"NoDrives"值为"2",D 盘的"NoDrives"值为"8",E 盘的"NoDrives"值为"10"(十六进制,即是十进制的 16)。如此类推,后面的盘的数值是前面盘数值的 2 倍,隐藏所有盘"NoDrives"值为"FFFFFFFF"。

步骤 3. 重启计算机,可见 C 盘已隐藏。

604. 怎么删除应用服务程序?

如果不再需要某个应用程序,正确删除的一般方法如下。

步骤 1. 单击【开始】→【设置】→【控制面板】→【添加/删除程序】命令,选择要删除的程序名称,单击【更改/删除】按钮。

步骤 2. 如果确定要删除,在出现的警告对话框中选择【是】按钮。

605. 如何管理开机时加载的程序?

Windows XP 是根据注册表里的启动项自动加载程序的,注册表是 Windows XP 的核心。

步骤 1. 单击【开始】→【运行】命令,输入"msconfig"打开 Windows XP 的系统配置程序。

步骤 2. 进入【系统配置实用程序】设置对话框,选择"正常启动",则按照现行的系统和程序项启动;选择"诊断启动",则仅加载最基本的输入输出等程序;选择"有选择的启动"则可以自己选择。

步骤 3. 单击【服务】标签,进入【服务】设置对话框,下面系统配置实用程序里的【服务】复选框里有全部的服务程序,如果要终止某个服务(其状态为正在运行)去掉左边的勾后单击【应用】或【确定】即可。如果要全部启用或者全部禁用,有相应的按钮选择。

步骤 4. 在【启动】对话框里去掉开机时不启动的项目前的"√",就可以节约开机时间。当改变以上选项时会出现提示重启的对话框,如果要马上生效,则重新启动计算机。

606. 如何对常用的网页地址自动加载?

鼠标右键单击"Internet Explorer"图标,在出现的菜单中选择【属性】选项,进入【Internet 属性】设置对话框,在【主页】下面地址方框中输入常访问的地址,例如输入 www.hao123.com(也就是每次打开 Internet Explorer 自动打开的第一个网页),如图 6-15 所示。

607. ipconfig 命令如何应用?

ipconfig 命令可以通过输入命令检测网络,例如查看 IP 地址、查看网络是否正常工作等。

单击【开始】→【程序】→【附件】→【命令提示符】命令,或直接在【运行】对话框中输入"cmd"命令。在【命令提示符】对话框中,输入 ipconfig 命令,如图 6-16 所示。如果一切正常,则显示本机的 IP 和子网掩码以及默认网关信息。如果没显示或显示的是不可以应用的 IP 地址,则说明是网络出了问题。

608. 如何通过红外端口将打印机连接到计算机中进行打印?

要与打印机的红外端口相连接,必须要求计算机也有红外线接口,利用该接口,可实现无线打印。计算机安装好红外线传输端口的驱动程序后,还必须安装 IR 驱动程序,以

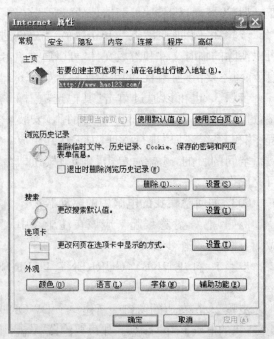

图 6-15　对常用的网页地址自动添加

确保该端口符合 IRDA 标准,以便让打印机的红外端口正确识别到。利用红外端口的驱动程

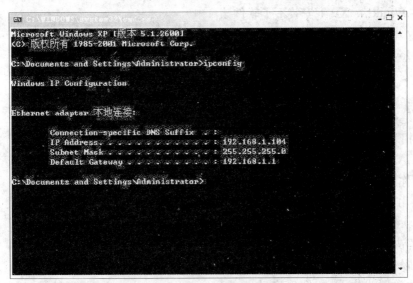

图 6-16　ipconfig 命令的应用

序,可以将计算机的普通打印端口 LPT1,重定向到红外线端口。另外还需要在计算机中,正确安装好打印机的驱动程序,同时将打印端口指定为计算机的红外端口。设置正确后,即可无线打印。若想使无线打印效果与电缆连接打印效果相同的话,必须使打印机红外端口和电脑红外端口之间的距离控制在 1 米左右,同时保证它们尽量在一条直线上。

609. 如何实现自动定时开机?

步骤 1. 启动计算机时,按【Delete】键进入 BIOS 界面。在 BIOS 设置主界面中选择"Power Management Setup"菜单,进入电源管理窗口。默认情况下,"Automatic Power Up(定时开机,有些机器选项为 Resume By Alarm,或者 Power alarm)"选项是关闭的,将光标移到该项,用 PageUp 或 PageDown 翻页键将"Disabled"改为"Enabled",然后在"Date(of Month)Alarm"和"Time(hh:mm:ss)Alarm"中分别设定开机的日期和时间。

步骤 2. 如果"Date"设为 0,则默认为每天定时开机。设置好后按【F10】键→【Y】键保存 CMOS 设置退出,接着机器会重新启动,此时定时开机即设定完成。当然,值得注意的是定时开机需要主板支持才行,现在大多数主板都有这项功能。另外,不同的主板在设置上会有所不同,不过都大同小异。

610. 如何关闭 Windows XP 的自动播放功能?

步骤 1. 单击【开始】→【运行】,在对话框中输入"gpedit.msc"命令,在【组策略】窗口中依次选择【计算机配置】→【治理模板】→【系统】。

步骤 2. 双击【关闭自动播放】,在【设置】选项卡中选"已启用"选项,单击【确定】按钮即可,如图 6-17 所示。

611. 下载中断后的文件希望继续下载,如何处理?

使用 FlashGet 下载文件时,由于某种原因无法继续下载,可以用网络蚂蚁接着下载。找到该文件已下载的部分,将扩展名.jc 去掉,打开网络蚂蚁,单击"文件"菜单中的"导入已中断的下载",在弹出的对话框中选择 FlashGet 没有完成的文件。接下来在打开的"添加任务"对话框中填上该文件的 URL 即可。这是针对以前的 FlashGet,对于迅雷基本可以实现继续下载。

612. 在 Windows XP 下安装不了软件该如何处理?

在 Windows XP 下安装软件时,提示"安装程序启动安装引擎失败:不支持此接口",导致无法安装。出现该故障的原因有多种。

①用户是否具有管理员的权限。②可能是系统文件损坏或被修改,尝试用 SFC 命令修复(sfc/SCANNOW)。③安装 ACDSEE5.0(特别是迷你中文版),会导致该现象,卸掉 5.0 版本,换用其他版本(如 4.0)进行安装尝试。④有的软件安装需要 Windows installer 支持,一般解决方法为:在【控制面板】→【管理工具】→【服务】中,找到 Windows installer 服务,把启动类型改为手动,然后启动即可。在安装好程序后需将此服务停止。如果仍然存在问题,则到微软站点下载最新的 Win-

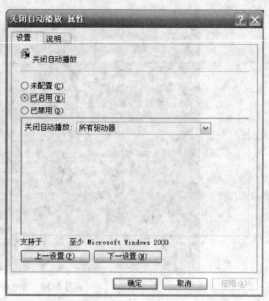

图 6-17　关闭 Windows XP 的自动播放功能

dows installer 2.0 版。⑤安装文件是单线程的,查看正在运行的进程,如果里面有 ikernel.exe,则表示现在无法安装,结束此进程,然后再安装就好了。⑥因为 NORDON 杀毒软件会把 INSTALL SHIELD 的 ikernel.exe 文件误认为病毒。退出防火墙,重新启动。⑦进入系统所在分区 program files→common fiels→installshield→engine→6→intel32,把该文件夹中的文件全部删除(或直接把 engine 整个文件夹都删除),重新启动,然后再次安装。⑧安装 NORTON SYTEMWORKS 2003,用它的 WINDOCTOR 自动修复,然后用 NORTON SYTEMWORKS 的 ONE BUTTON CHECKUP,重新启动计算机。

613. Outlook Express 无法使用怎么办?

Outlook Express 收发文件时可能与 Norton 冲突。如果用户安装有 Norton AntiVirus 2000、Norton AntiVirus 2001、Norton AntiVirus 2002 或 Norton AntiVirus 2003,或运行 Norton's LiveUpdate 和安装 Script Blocking 升级版本后,当试图用 Outlook 发送和收取电子邮件时,有可能会收到下列之一的错误信息:①等待 pop 服务器的回应时间过长,错误编号 0x800ccc0a。②没有找到服务器。帐户:帐户名称,POP 服务器:"邮件",错误编号:0x800ccc0d。③"服务器名称→发送和收取"任务报告错误,错误编号 0x800ccc0f。④与服务器的联系已被中断。服务器已经意外中止与你的联接,可能的原因包括服务器问题、网络问题或长时间停止响应。帐号:帐号名称,服务器:"服务器名称",协议:POP3,服务器反应:"+ok",端口:110,SSL:NO,错误编号:0x800ccc0f。禁用 Norton 的邮件保护和 Script Blocking 功能,故障排除。如果问题仍没有解决,请与网络中心联系。

614. QQ 密码忘了怎么办?

如果 QQ 号码有密码保护可以通过密码保护重新设立一个新的密码。如果 QQ 号码未申请密码保护或密码保护遗忘,可以登录 http://aq. qq. com/cn/appeal/appeal_portal,输入 QQ 号码,单击"申诉 QQ 号码",按照步骤完成填写信息,提交申请表,等待系统回复。处理时限为:普通号码三个工作日,会员号码一个工作日。

615. 双击". txt"文件打不开怎么办?

这是感染一种病毒的特征,以 Windows XP 操作系统为例介绍其解决方法。

步骤 1. 启动到纯 DOS 模式,用最新杀毒软件杀毒。

步骤 2. 右击一个". txt"文件,从弹出的快捷菜单中选择【打开方式】→【选择程序】命令,打开【打开方式】对话框。

步骤 3. 勾选"始终使用选择的程序打开这种文件"复选框,在"程序"列表框中选择"记事本"。

步骤 4. 单击【确定】按钮,关闭对话框,故障排除。

616. 如何打开损坏的 Word 文件?

步骤 1. 在 Word 中,通过【文件】菜单选择【打开】菜单项,弹出【打开】对话框。

步骤 2. 在【打开】对话框中选择已经损坏的文件,从【文件类型】列表框中选择【从任意文件中恢复文本(* . *)】项,然后单击【打开】按钮。这样,就可以打开这个选定的被损坏文件。

617. Word 文档不能被修改如何解决?

Word 文档不能被修改是因为该 Word 文档被保护了。处理方法:启动 word 文档,新建一个空白文档,执行【插入文件】命令,打开【插入文件】对话框,定位到需要解除保护的文档所在的文件夹,选中该文档,单击【插入】按钮,将加密保护的文档插入新文档中,文档保护会被自动撤销。

618. 玩 3D 游戏时经常不定时死机怎么办?

此类故障可从以下几个方面分析:①查看显卡后面外接电源是否接好,若显卡有个接口,需要都接上才可以。②检查显卡金手指是否被氧化,除去灰尘,重新插好。③若故障未排除,则检查显卡的显存是否有问题。用手试探显存表面温度,有问题的显存温度会比较高。

619. Vista、Windows XP 或者 Windows 7 哪个系统好?

对于 Vista、Windows XP 或者 Windows 7,从不同角度分析有不同的结果。

(1)兼容性:Windows 7 略好于 Vista SP2。但是有些程序,如杀毒软件,Vista SP2 兼容性要好于 Windows 7。Windows 7 发布不久,安装有的杀毒软件会出现小故障,可以下载兼容 Windows 7 的杀毒软件,例如 avast 和小红伞都不错。现在杀毒软件和游戏运行在 Windows XP 上基本不会遇到什么问题。

(2)稳定性:Vista SP2 好于 Windows 7。Windows 刚发布,慢慢的补丁多了,会更稳定。稳定性方面,Windows XP 不如 Vista SP2 和 Windows 7,Windows XP 比较容易感染病毒,而且输入法、浏览器易出现混乱,甚至蓝屏。

(3)速度:Windows 7 明显好于 Vista Sp2。Windows XP 是最快的。但是 2G 及以上的内存,Windows XP 和 Windows 7 的差别不大,在运行 ppstream、Office 等一些常用程序的时候,2G 内存下,Windows 7 要快于 Windows XP。

(4)空间:Windows 7 比 Vista SP2 小 5~6G,Windows XP 占用空间最小,比 Windows 7 小 5G 左右。

(5)界面:Windows 7 明显好于 Vista SP2 和 Windows XP。

(6)操作的方便性:Windows 7 强于 Vista SP2 和 Windows XP。功能上,Windows 7 和 Vista SP2 要比 Windows XP 强大,举几个常用的例子,一是系统功能可以自由配置,Windows 7 和 Vista SP2 很方便,但是 Window XP 就需要不断插入系统光盘。二是功能强大,Windows

7 和 Vista SP2 有声音输入法，识别率普通话可以达到 60％左右，很方便；而且 Windows 7 和 Vista SP2 有预览功能，例如多媒体、Office、txt 等文件，直接点击就能看到内容，但是在 Windows XP 下，必须打开才行。Windows 7 的任务栏比 Vista SP2 和 Windows XP 更快捷、方便。

（7）安装的便捷性：Windows 7 安装最省心，直接下一步就行。尤其是这几年的机子，不用像 Vista 和 Windows XP 一样去找主板、显卡的驱动。

620. 怎样使用瑞星杀毒软件"定时查杀病毒"？

定时扫描功能是在一定时刻，瑞星杀毒软件自动启动，对预先设置的扫描目标进行扫描。此功能为用户提供了即使在无人值守的情况下，也能保证计算机防御病毒的安全。

操作方法：在瑞星杀毒软件主程序界面中，选择【设置】→【详细设置】→【定制任务】→【定时查杀】。在【定时查杀】页进行设置，定时杀毒为用户提供了自动化的、个性化的杀毒方式。

621. 怎样使用瑞星杀毒软件"病毒隔离系统"功能？

病毒隔离系统是文件回退的一项技术，该隔离区存储了曾经感染了病毒并被瑞星杀毒软件查杀过的文件。它能够非常方便快捷地将该区中的文件恢复到查杀前的文件形态。

该功能与计算机系统中的"回收站"功能类似。平时删除文件时，被删除后的文件其实仍然还在硬盘上，它们只不过被转移到系统的回收站中。当发现误删了某个文件的时候，可以到回收站中恢复被误删的文件。同样的道理，瑞星病毒隔离系统就是用来存放感染了病毒并被瑞星杀毒软件查杀过的文件，也可以将其恢复。

622. Windows XP 中怎样恢复系统？

在 Windows XP 中，如果某些系统文件发生意外故障，即便是安全模式也无法进入。此时，可使用 Windows XP 中的系统控制台命令。Windows 系统控制台是非常有效的诊断、测试以及恢复系统功能的特效工具，它执行的是命令行模式，所以必须记住特定功能的命令名称和参数。

使用命令恢复控制台有两种方式，一是用 Windows XP 启动光盘引导，启动的时候选择用命令恢复控制台修复；二是在 Windows XP 运行的时候安装。具体方法：先将 Windows XP 安装启动盘插入光驱，在开始菜单中选择运行（或按【Win 键＋R】）打开运行对话框，输入命令 X\1386\WINNT32.EXE /CMDCONS（其中 X 是装载 XP 的光驱盘符），当系统询问是否安装命令恢复控制台，选择【是】，弹出安装向导，选择跳过网络更新，文件复制完毕后，安装成功。重新启动后，在启动列表中就可以看到 Microsoft Windows XP Recovery Console 这个选项。

623. 怎样使用 Outlook Express 备份并恢复"通讯簿"？

Outlook Express 的通讯簿记录了所有的通讯地址，当计算机需要重装系统或格式化磁盘时，可以对通讯簿进行备份。在"C:\Windows\ApplicationData\Microsoft\AddressBook"目录中找到名为 username. wab 的文件，其中的 username 为在电脑中的注册用户名。这就是所需要的通讯簿，可以把它备份在指定路径下，以便以后重装 Outlook Express 后复制到原目录。也可以通过修改注册表备份，在开始菜单下打开运行，如图 6-18 所示，在里面输入 regedit，然后回车。

打开注册表后，在"我的电脑 HKEY_ CURRENT _ USER \ Software \ Microsoft \

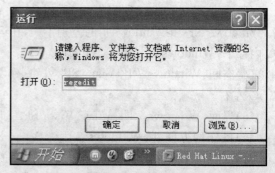

图 6-18　运行 regedit

WAB\WAB4\WabFileName"键值中找到"默认"字符串。右击该字符串,选择修改,改为保存通讯簿的路径。重装 Outlook Express 后,记得如此改回来才能找到原来的通讯簿,如图 6-19 所示。

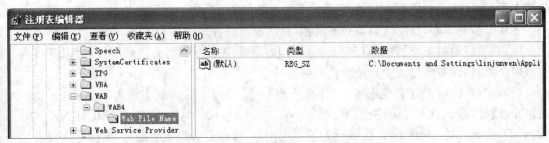

图 6-19　注册表

624. Windows XP 设备管理器里面有问号是怎么回事?

Windows 的设备管理器是一种管理工具,可用它来管理计算机上的设备。可以使用设备管理器查看和更改设备属性、更新设备驱动程序、配置设备参数和卸载设备。

在设备管理器中若某个设备前显示问号表示该硬件未安装驱动程序或驱动程序不正确,如图 6-20 所示;显示叉号表示该硬件未能被操作系统所识别,如图 6-21 所示。

处理方法:鼠标右击该硬件设备,选择【卸载】命令,然后重新启动系统。如果是 Windows XP 操作系统,大多数情况下会自动识别硬件并自动安装驱动程序。不过,某些情况下可能需要插入驱动程序盘,按照提示进行操作。

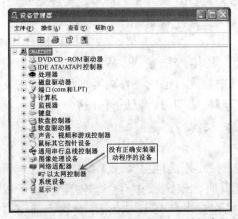

图 6-20　没有正确安装驱动程序的设备

图 6-21　硬件未能被操作系统所识别

625. 如何确认自己的系统是安全的?

(1)电脑刚开机连接网络的情况下,可以使用 netstat-an 命令判断系统安全。一般情况下,刚开机不会有外部 IP 连接电脑的。单击【开始菜单】→【运行】在对话框中输入 cmd 命令,进入 DOS,再输入 netstat-an 命令。netstat 命令是观察网络连接状态的实用工具。可能系统有一些程序会在刚开机的情况下与外部 IP 建立连接,比如系统升级打补丁、杀毒软件、防火墙、千千静听、讯雷等,也可以通过防火墙限制这些程序是否访问网络,是否开机自动启动等。若发现有外部 IP 连接电脑,可进入网站 www.ip138.com 查询对方 IP,判断系统安全。

（2）通过系统进程判断系统安全。除了系统正常进程外，如果发现来历不明的进程，可以到百度搜索该进程名称，查看进程是否是病毒木马。

（3）系统服务。单击【开始菜单】→【运行】，在对话框中输入 msconfig 命令，然后在【服务】选项卡下方选中【隐藏所有 Microsoft 服务】复选框。除了系统正常服务外，如果还有其他来历不明的服务也要小心，百度搜索该服务名称，看该服务是否是病毒木马。

（4）查看启动对象。利用 360 等工具查看，如果发现来历不明的启动项目，可以到百度搜索该启动项目名，看该启动项目是否是病毒木马。

（5）查看系统是否有隐藏帐号。单击【开始】→【运行】在对话框中输入 regedit.exe 命令，按【Enter】键，启动注册表编辑器 regedit.exe。打开键：KEY_LOCAL_MAICHINE\SAM\SAM\Domains\account\user\names\查看系统用户，看有没有隐藏的帐号，前提是需要有这个注册项的权限！（Windows 7 下的注册表结构略有不同，请参看手册）。

626. 如何设定永久通用 WinRAR 压缩密码?

若制作同一个常用的密码加密压缩包，可以让 WinRAR 自动添加密码。具体方法是：打开 WinRAR，选择【选项】→【设置】命令，在弹出的"设置"窗口中，选择【压缩】选项卡，单击【创建默认配置】按钮，在弹出的【设置默认压缩选项】窗口中选择【高级】标签，单击【设置口令】按钮，最后在【口令设置】中输入自己常用的密码，连续按【确定】保存设置即可。

627. 如何隐藏压缩包里的文件名?

WinRAR 可以对 RAR 文件进行文件名加密，具体方法如下：在 WinRAR 的主界面上点击【添加】按钮，建立一个新的压缩包，在弹出的窗口上选择【文件】选项卡，并选定要添加到压缩包的文件，接下来转换到【高级】选项卡，单击【设置密码】按钮，输入密码即可。要注意的是，在点击【确定】之前，一定要选中【加密文件名】选项才能实现文件名加密。

628. 如何给压缩包添加注释?

WinRAR 提供了给压缩文件添加注释的功能。具体方法是：用 WinRAR 打开相应的 RAR 文件，单击工具栏上的【注释】按钮，在注释窗口中输入自己的注释内容即可（支持中文输入）。下次想添加或查看时再次单击工具栏上的【注释】按钮即可。以后打开这个文件时，其注释信息会出现在窗口右边。

629. 如何解读 U 盘 Autorun.inf 文件?

Autorun.inf 文件被广泛地应用在光盘制作中，主要作用是能够实现光盘自动播放。但是这一项应用却被一些病毒所利用，使硬盘、U 盘深受其害。该病毒并不会令电脑变慢，所以尽管它有明显的外部特征，还是容易被忽略。但是如果在双击打开 U 盘时，不是在当前窗口打开，而是在新窗口中打开，那么则有可能中毒了。这时可以在【我的电脑】中右击盘符，其最上方的命令，如果为【Auto】，而不是正常的【打开】，那么中毒的可能性则进一步增大；但要确认是否中毒，还需要在地址栏中输入 E:\autorun.inf（E 盘需换成实际的盘符），如果打开的文件中 open 行后所跟的文件是 sxs.xls.exe 这样的文件，那么肯定中毒了。

630. 如何清除与 Autorun.inf 文件有关的病毒?

方法一：手工清除。由于该病毒作用的原理是利用了自动播放 autorun.inf 文件来完成的，因此可以将其手工删除。打开【文件夹选项】窗口，切换到【查看】标签，将【隐藏受保护的操作系统文件】项取消，设置【显示所有文件和文件夹】，这样就可以查看到磁盘根目录下的 autorun.inf 文件，将其打开后，查看 open 行后所跟的文件，正常情况下应该为 sxs.xls.exe，但也有一些变种是其他文件名称,如 tel. xls. exe、fun. xls. exe 等。

　　首先将 open 行后所跟的文件删除,然后再将 autorun. inf 文件一并删除。一般来说,只要有一个盘符感染,那么其他分区也会被感染,因此要对所有分区进行同样的操作。

　　需要注意的是,手工清除只对部分对象适用。如果对系统做了备份文件,那么可以用备份文件恢复,恢复成功后的 C 盘则是安全的,然后在资源管理器中将其他盘的上述文件删除,这样即比较彻底。

　　方法二:杀毒软件清除。其实,如果安装了杀毒软件,只要将病毒库升级到最新版本,一般都能够将其查杀。另外瑞星还提供了橙色八月专杀工具,不妨试用一下。但是很多用户反映,使用杀毒软件清除后磁盘无法打开了。这是因为杀毒软件只清除了 open 行后所跟的文件,并不能清除 autorun. inf 文件。双击分区时则会自动运行 autorun. inf 文件中 open 行所列的文件,而该文件被删除了自然会出错。此时使用上面介绍的手工清除方法将 autorun. inf 文件删除即可。

　　【提示】:使用上述方法清除后需要重新启动电脑方能生效。

631. 如何预防与 autorun. inf 文件有关的病毒?

　　若 U 盘在中毒的机器上使用过,则会被感染。被感染的 U 盘放到其他机器上使用时,又会重复感染。

　　通过前面的介绍已经看出,病毒的运行主要是通过双击时触发 autorun. inf 文件来完成的。如果不双击,而是采用右击盘符,选择"打开"或者"资源管理器"命令来查看 U 盘中的内容,这样 autorun. inf 文件就无法运行,自然就不会感染病毒了。

632. 如何恢复 U 盘里的中毒文件?

　　U 盘中病毒,用杀毒软件查杀后,病毒被清除了,可是 U 盘里的部分文件也找不到了,无论点击【显示所有文件和文件夹】还是再次运行杀毒软件杀毒,都无法使消失的文件恢复。但是 U 盘里的"已使用存储空间"并没有减少,所以文件并没有被删除,那么如何才能找回被隐藏的文件呢?

　　USBCleaner 是一款纯绿色的辅助杀毒工具,此软件具有侦测 1000 余种 U 盘病毒、U 盘病毒广谱扫描、U 盘病毒免疫、修复显示隐藏文件及系统文件、安全卸载移动盘盘符等功能,全方位一体化修复杀除 U 盘病毒。同时 USBCleaner 能迅速对新出现的 U 盘病毒进行处理。使用 USBCleaner 恢复 U 盘被隐藏文件的操作步骤如下。

　　步骤 1. 下载 USBCleaner,解压后在文件夹里找到"Foldercure. exe"双击运行。

　　步骤 2. 单击【开始扫描】按钮,选择【执行 U 盘扫描】后会弹出一个窗口,询问是否进行修复,选择【是】,该程序会对文件进行修复,并会提示"修复成功"的红色文字。

　　步骤 3. 修复完成后会弹出对话框,提示"所有的操作已成功完成",单击【确定】按钮,在【是否重新启动电脑】的对话框中选择【是】。

633. 如何对系统声音进行选择与设置?

　　系统声音的选择与设置是为系统中的事件设置声音,当事件被激活时系统会根据用户的设置自动发出声音提示用户。选择系统声音的操作步骤如下。

　　步骤 1. 在【控制面板】窗口中双击【声音及音频设备】图标,打开【声音及音频设备】属性对话框,它提供了检查配置系统声音环境的手段。这个对话框包含了音量、声音、音频、语声和硬件共 5 个选项卡。

步骤 2. 在【声音】选项卡中,【程序事件】列表框中显示了当前 Windows XP 中的所有声音事件。如果在声音事件的前面有一个【小喇叭】的标志,表示该声音事件有一个声音提示。要设置声音事件的声音提示,则在【程序事件】列表框中选择声音事件,然后从【声音】下拉列表中选择需要的声音文件作为声音提示。

步骤 3. 用户如果对系统提供的声音文件不满意,可以单击【浏览】按钮,弹出浏览声音对话框。在该对话框中选定声音文件,并单击【确定】按钮,回到【声音】选项卡。

步骤 4. 在 Windows XP 中,系统预置了多种声音方案供用户选择。用户可以从【声音方案】下拉列表中选择一个方案,以便给声音事件选择声音。

步骤 5. 如果用户要设置配音方案,可以在【程序事件】列表框中选择需要的声音文件并配置声音,单击【声音方案】选项组中的【另存为】按钮,打开【将方案存为】对话框。在【将此配音方案存为】文本框中输入声音文件的名称后,单击【确定】按钮即可。如果用户对设置的配音方案不满意,可以在【声音方案】选项组中,选定该方案,然后单击【删除】按钮,删除该方案。

步骤 6. 选择【音量】选项卡,可以在【设备音量】选项组中,通过左右调整滑块改变系统输出的音量大小。如果希望在任务栏中显示音量控制图标,可以启用【将音量图标放入任务栏】复选框。

步骤 7. 如果想调节各项音频输入输出的音量,单击【设备音量】区域中的【高级】按钮,在弹出的【音量控制】对话框里调节即可。对话框中列出了从总体音量到 CD 唱机、PC 扬声器等单项输入输出的音量控制功能。也可以通过选择【静音】来关闭相应的单项音量。

步骤 8. 单击【音量】选项卡中的【扬声器设置】区域中的【高级】按钮后,在弹出的【高级音频属性】对话框可以为多媒体系统设定最接近硬件配置的扬声器模式。

步骤 9. 在【高级音频属性】对话框中选择【性能】选项卡,提供了对音频播放及其硬件加速和采样率转换质量的调节功能。要说明的是,并不是所有的选项都是越高越好,需要根据自己的硬件情况进行设定,较好的质量通常意味着较高的资源占有率。

设置完毕后,单击【确定】按钮保存设置。

634. 如何利用回收站给文件夹加密?

单击【我的电脑】→【查看】→【文件夹选项】,选中【显示所有文件】,单击【确定】按钮。

进入系统根目录,右击【回收站】(即名为"Recycled"的文件夹),在弹出的快捷菜单对话框中选中【启用缩略图查看方式】,单击【应用】,系统自动将"只读"属性选中了,手动除去【只读】属性,单击【确定】按钮。这时会发现图标变成了一个普通文件夹的样子,双击【Recycled】文件夹,找到一个名为"desktop. ini"的初始化文件,并激活它,复制到需要加密的文件下,如"d:\MyFiles"文件夹下面。

右击【d:\MyFiles】文件夹,选择【属性】,在弹出的对话框中确保【只读】属性被选中,在【启用缩略图查看方式】复选框前打上勾,单击【确定】按钮即可。

635. 如何解决插电即开机问题?

有些用户有关机后断开电源板电源的习惯,会遇到电源板一通电,计算机就自动开机的问题,Power 键形同虚设。

解决方法如下:有的主板在 BIOS 设置的【Power Management Setup】中,有一个选项【Pwron After PWFail】,它的默认设置为【ON】,将它设置为【OFF】,下一次再通电时就不会自动开机了。如果没有这个选项,可以把电源管理中的 ACPI 功能关闭之后再次打开,如果本来就是关闭的,则打开它即可。大多数主板在 BIOS 中有一个选项:即在【POWER MANAGE-MENT SETUP】(电源管理设置)中可以选择在意外断电后重新来电时机器的状态,是自动开机或是保持关机状态还是保持断电前的状态。请把自动开机设为【Off】。此外,电源或主板质量不佳也可能导致类似问题出现。ATX 主板的启动需要检测一个电容的电平信号。如果在接通电源的时候不能保证一次接通良好,就会产生一个瞬间的冲击电流,可能使电源误认为是开机信号,从而导致误开机。

636. 如何解决系统关机变重启故障?

(1)正确设置 BIOS。如果计算机连上了网络或者连着 USB 设备,那么 BIOS 的设置不对很可能会导致不能正常关机。一般而言,老主板容易出现这种故障,在 BIOS 里面禁掉网络唤醒和 USB 唤醒选项即可。

(2)设置电源管理。关机是与电源管理密切相关的,有时候电源管理选项设置得不正确也会造成关机故障。单击【开始】→【设置】→【控制面板】→【电源选项】,在弹出的窗口中,根据需要启用或取消【高级电源支持】(如果在故障发生时使用的是启用【高级电源支持】,就试着取消它,反之就启用它),Windows 98 中这种方法往往能解决大部分电源管理导致的关机故障。如果没有选中【高级】菜单里的【在按下计算机电源按钮时(E):关闭电源】,把它选中即可。

(3)禁用快速关机。有时使用了 Windows 的快速关机功能也会导致这类关机故障。在Windows 98 中可以通过下列方法来解决:单击【开始】→【运行】,在对话框中输入 Msconfig,打开【系统配置实用程序】,在【高级】选项中选中【禁用快速关机】,然后重启计算机即可。

637. 如何简单地重装系统?

打开电源启动电脑,当系统自检时,不断按住【DEL】键或【F2】键(根据电脑主板不同,大多数电脑是按【DEL】键),出现蓝色界面进入【CMOS】设置【主菜单】(或灰色界面)。如是出现蓝色界面,则按方向键选择其中的【Advanced Bios Features】并回车,选择【First Boot Device】后回车(如是出现灰色界面,则选择【Boot】后回车),选择【Boot Device Prioity】后回车,选择前面有 1st 的项目,回车,用方向键或【+】键选择有 CDROM(或者 CD/DVD)的项目,按【F10】键(或选择【Try Other Boot Devices Yes】或者选择【SAVE&EXITSETUP】),回车退出。此时将光盘放进光驱开始安装系统。需要注意的是,如果 C 盘有重要文件的,必须在安装前复制到其他盘保存,否则就会被格式化删除。

设置好光驱启动后将系统盘放入光驱,重新启动电脑,光盘会自动进入安装界面,这时就等电脑自动安装了。根据系统提示,选择相关选项,并单击下一步或回车,直到系统安装结束。

638. 如何解决光驱读盘不正常?

电脑安装 Windows XP 操作系统后,不能连续读光盘,插入第一张光盘一切正常,打开光驱放入第二张光盘,还是第一张光盘的内容,重新启动机器后,第二张光盘也能正常读出。处理方法:右击【我的电脑】,选择【管理】→【存储】→【可移动存储】→【库】,单击光驱所在的盘符,在名称项目中右击【属性】,在"延迟卸除"下有一项为"收回不可装入的媒体",将它的时间改为0,故障排除。若未能解决,则打开注册表编辑器,找到 HKEY_LOCAL_MACHINE\SYS-TEM\CurrentControlSet\Control\Class\{4D36E965-E325-11CE-BFC1-08002BE10318}键值,将下面的 UpperFilters 和 LowerFilters 删除,重启机器即可。

639. 为何回收站无法清空?

Windows XP 系统,从 F 盘中删除了一个名为"dvdregionfree3031"的文件后,回收站中的内容无法清空,而且每次打开回收站时它总先搜索一遍,然后在清空回收站时显示一个确认删除对话框,单击【是】后清空,再次打开回收站时重复上述情况。处理方法:启动到带命令行的安全模式下,对每一个分区下的 Recycled 目录执行【Attrib-s-r-h】命令去除特殊属性,使用【Del】命令删除每一个分区下的 Recycled 目录。操作完毕后重新启动进入正常模式,故障排除。

640. 如何解决内存不能为 read 的问题?

运行某些程序的时候,有时会出现内存错误的提示,然后该程序就关闭。"0x????????"指令引用的"0x????????"内存,该内存不能为"read"。"0x????????"指令引用的"0x????????"内存,该内存不能为"written"。

此类故障的原因,一是硬件,即内存方面有问题;二是软件,这就有多方面的问题了。

硬件可从以下几方面分析:①内存条坏了(二手内存情况居多)。②内存插在主板上的金手指部分灰尘太多。③使用不同品牌不同容量的内存,从而出现不兼容的情况。④超频带来的散热问题。可以使用 MemTest 这个软件来检测内存,它可以彻底的检测出内存的稳定度。

软件故障可从以下几方面分析:①检查系统中是否有木马或病毒。②更新操作系统,让操作系统的安装程序重新拷贝正确版本的系统档案、修正系统参数。有时候操作系统本身也会有 BUG,要注意安装官方发行的升级程序。③尽量使用最新正式版本的应用程序、Beta 版、试用版都会有 BUG。④删除然后重新创建 Winnt\System32\Wbem\Repository 文件夹中的文件:右击【我的电脑】,单击【管理】。在【服务和应用程序】下,单击【服务】,关闭并停止【Windows Management Instrumentation 服务】。删除 Winnt\System32\Wbem\Repository 文件夹中的所有文件(在删除前请创建这些文件的备份副本)。打开【服务和应用程序】,单击【服务】,打开并启动【Windows Management Instrumentation 服务】。当服务重新启动时,将基于以下注册表项中所提供的信息重新创建这些文件:HKEY_LOCAL_MACHINE SOFTWARE Microsoft WBEMCIMOM AutorecoverMOFs。

641. 如何解决开始菜单响应速度过慢?

开始菜单的弹出速度是可以控制的,可以在控制面板中对它进行修改:打开注册表编辑器,依次展开 HKEY_CURRENT_USER\ControlPanel\desktop 分支,在此创建一个 DWORD 值,并将它命名"Menushowdelay",可以将该键的键值设为 0 至 0100000 之间的值,这个值就是显示菜单延长时间的值,单位为 MS,输入后重启计算机即可生效。

642. 电脑故障急救必备的工具有哪些?

电脑故障急救必备的工具有以下几种。

(1)电脑的诊断、维护盘。在诊断电脑故障的时候,最好借助一些诊断工具和软件,最好备有各种系统和机型的随机诊断盘。

(2)不同版本的 DOS 和 WINDOWS 启动盘。以便在维修和检测时使电脑能够顺利地启动,甚至修复系统文件。

(3)病毒检查、清理盘。此外,电脑的故障诊治,一般是对硬盘上的系统软件、驱动软件和应用软件进行检修。因此,用户最好备份一套完整的系统软件,或者用备份替换原来被损坏的文件,使电脑恢复原来的工作环境。

(4)电脑硬盘的引导失败也是电脑的一大原因,最好事先备份好硬盘上主引导区和引导区的一些信息。比如,当硬盘不能正常引导 DOS,就可以通过 DOS 启动盘来引导 DOS,然后再将事先备份的硬盘主引导区和引导区的信息复制到硬盘上,将备份的 FAT 表信息放到硬盘相应的区域,使硬盘能够重新引导操作系统,减少硬备数据损失,提高数据安全性。

643. 如何处理 Windows XP 不能自动关机的现象?

Windows XP 不能自动关机可能的原因很多,排除硬件故障后,可从以下几个方面进行分析。

(1)如果出现可以安全的关闭计算机并不自动关闭电源,原因是没有开启电源支持,单击【开始】→【设置】→【控制面板】→【电源选项】→【高能电源管理】,勾选【启用高级电源管理支持】即可。也可能是 BIOS 设置有误,进入 BIOS,修改 BIOS 中有关电源管理的选项。

(2)杀毒软件冲突。有的杀毒软件与 Windows XP 有冲突,在关机前先将杀毒软件实时监控禁用,然后关闭系统托盘驻留程序,再关机如果问题解决则是杀毒软件问题。

(3)内存驻留程序。和杀毒软件冲突情况相同,在关机前先将系统中驻留的软件关闭,找出影响关机的程序。

(4)病毒感染。有很多病毒都会在系统中不断自我复制,解决办法就是杀毒(安全模式)。

(5)USB 设备冲突。在关机前将 USB 设备拔出。

(6)优化后遗症。如果用优化软件强行结束任务加快关机,可能造成系统失去响应。

第 7 章　电脑的常用工具软件

644. 文件压缩软件(WinRAR)有什么用途?

WinRAR 是一款功能强大的压缩包管理器,它是档案工具 RAR 在 Windows 环境下的图形界面。该软件可用于备份数据,缩减电子邮件附件的大小,解压缩从 Internet 上下载的 RAR、ZIP 及其他压缩格式的文件,并且可以新建 RAR 及 ZIP 格式的文件。同时,使用这个软件也可以创建自解压可执行文件。

645. 从哪里下载文件压缩软件 WinRAR?

步骤 1. 在 IE 浏览器地址栏输入 WinRAR 官网网址 http://www.winrar.com.cn/download.htm,打开网站,会有不同版本的试用版可以下载,找到需要的版本,单击【下载】按钮,如图 7-1 所示。

步骤 2. 到下一页面单击【免费下载】,弹出如图 7-2 所示的提示对话框,单击【保存】按钮。

图 7-1　WinRAR 3.93 中文正式版下载界面

图 7-2　文件下载页面

步骤 3. 选择存储路径。等下载完毕后有【运行】、【打开文件夹】、【关闭】三个选项。单击【运行】可直接安装。

646. 如何安装压缩软件 WinRAR?

安装压缩软件 WinRAR 常用方法有以下两种。

方法一:双击压缩软件 WinRAR 的安装程序,弹出安装界面,如图 7-3 所示。单击【安装】,然后根据页面提示单击【确定】,完成安装。

方法二:下载完毕后,在【文件下载】对话框中,单击【运行】,如图 7-4 所示。然后按照方法

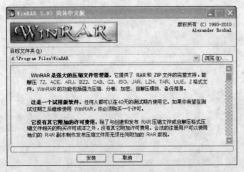

图 7-3　压缩软件 WinRAR 安装界面

图 7-4　在【文件下载】对话框中点击【运行】进行安装

一依次操作完成安装。

647. 如何启动压缩软件 WinRAR?

启动压缩软件 WinRAR 常用方法有以下三种。

方法一:【开始】菜单方式。依次单击菜单栏中【开始】→【所有程序】→【WinRAR】→【WinRAR】,如图 7-5 所示,即可启动压缩软件 WinRAR 程序。

方法二:双击 WinRAR 图标。双击桌面上的 WinRAR 快捷方式图标即可启动 WinRAR 程序。

方法三:单击右键。选中需要压缩或解压的文件,单击右键弹出快捷菜单,选择相应功能即可。

图 7-5　用【开始】菜单方式启动压缩软件 WinRAR

648. 如何用压缩软件 WinRAR 对文件(文件夹)进行压缩?

利用压缩软件 WinRAR 给文件打包,可以缩小文件的大小,还可以把多个文件放到文件夹里,通过给文件夹打包,达到合成一个文件的目的,方便文件的传送。文件(文件夹)压缩步骤如下,以下均以名为 book 的文件夹为例。

步骤 1. 右键单击该文件夹弹出快捷菜单,可看到【添加到压缩文件】、【添加到 book. rar】、【压缩并 E-mail】、【压缩到"book. rar"并 E-mail】四个命令,如图 7-6 所示。

步骤 2. 选择【添加到压缩文件】即可打开【压缩文件名和参数】对话框,如图 7-7 所示。在【常规】选项卡里可以重新输入压缩文件名,选择压缩文件格式,设置其他需要的选项,在【压缩方式】列表框中默认为【标准】,要提高压缩速度选择【最快】,要提高压缩质量选择【最好】。

步骤 3. 选择【添加到 book. rar】,则在当前目录直接生成所需要的文件名为 book. rar 的压缩文件。

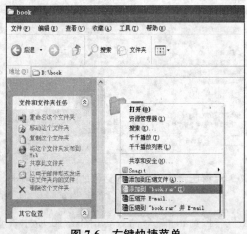

图 7-6　右键快捷菜单

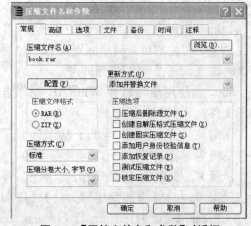

图 7-7　【压缩文件名和参数】对话框

649. 如何用压缩软件 WinRAR 给文件(文件夹)解压缩?

解压缩就是将压缩后的文件恢复,有如下两种方法。

方法一：使用快捷菜单。

步骤 1. 右键单击需要解压的文件，以 book. rar 为例，弹出快捷菜单包括有【打开】、【解压文件】、【解压到当前文件夹】、【解压到 book\】四个命令，如图 7-8 所示。

步骤 2. 如果选择【打开】或者【解压文件】可以打开相应的界面，通过设置自己需要的参数进行解压。选择【解压到当前文件夹】，表示直接将压缩包中的文件解压到当前文件夹中。如果当前文件夹内容很多，不建议选择该操作，因为如果压缩包的内容过多，往往会给当前的文件夹管理带来不便。选择【解压到 book\】表示直接解压到当前文件夹中的 book 文件夹下，并会自动创建该文件夹。

方法二：双击压缩文件。

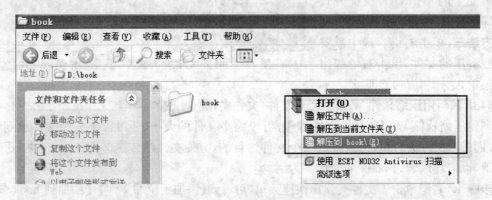

图 7-8　右键快捷菜单

步骤 1. 双击需要解压的文件，以 book. rar 为例，打开 WinRAR 主界面，点击【解压到】，打开【解压路径和选项】对话框的【常规】选项卡，如图 7-9 所示。

步骤 2. 在【解压路径和选项】对话框中单击【确定】，则系统会以压缩文件名为路径名，在当前文件夹下再建立一个新的文件夹，所有解压缩出来的内容都放在这个文件夹内。如果不想保存在系统默认的路径里，可以在图 7-9 右边的目录树里面点击选择想要存放的位置，单击【确定】按钮即可。

650. 如何用压缩软件 WinRAR 制作自解压文件？

压缩软件 WinRAR 提供了制作自解压文件的功能，具体步骤如下。

步骤 1. 右键单击需要压缩的文件夹，弹出快捷菜单，包括【添加到压缩文件】、【添加

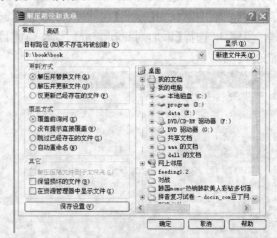

图 7-9　【解压路径和选项】对话框的【常规】选项卡

到"book. rar"】、【压缩并 E-mail】、【压缩到"book. rar"并 E-mail】四个命令，如图 7-10 所示。选择【添加到压缩文件】命令，弹出【压缩文件名和参数】对话框。

步骤 2. 在【压缩文件名和参数】对话框的【常规】选项卡中，选中箭头所指的【创建自解压格式压缩文件】项，如图 7-11 所示，单击【确定】即可。

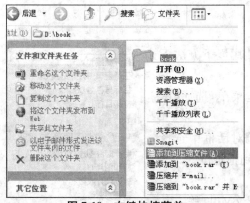

图 7-10　右键快捷菜单

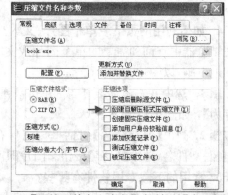

图 7-11　【压缩文件名和参数】对话框的【常规】选项卡

651. 如何用压缩软件 WinRAR 进行分卷压缩？

步骤 1. 选中并右击需要分卷压缩的文件，在弹出的快捷菜单中选择【添加到压缩文件】选项，弹出【压缩文件名和参数】对话框。

步骤 2. 切换到【常规】选项卡，在窗口下方箭头所指的【压缩分卷大小，字节】设置框中输入分卷压缩文件的大小，单击【确定】按钮，如图 7-12 所示。压缩自动开始，压缩过程结束后，会自动在原文件旁边生成同名的压缩文件，如 book. part1. rar、book. part2. rar 等。

步骤 3. 分卷压缩后的压缩文件，如果是储存在硬盘中，就必须放在同一文件夹

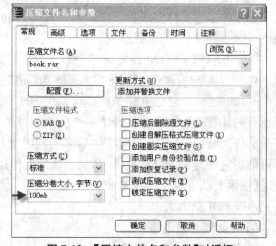

图 7-12　【压缩文件名和参数】对话框

中，才能正常解压缩，只要解压它们其中任何一个压缩文件，解压后都会是一个完整的原文件。

652. 什么是"下载"，在网上可以下载哪些资源？

下载(DownLoad) 是指通过网络进行文件传输，把互联网或其他电子计算机上的信息保存到本地电脑上的一种网络活动。通俗地说下载就是把网络上共享的东西，通过网络，存放到本地电脑。

在网上下载的资源主要包括以下几种。

(1)文档、网页和图片。文档是网页中提供的文字信息，或者是在网上以 Word 格式保存的文稿等。另外，网上还有大量的图片信息，这些都可以从网上直接下载获得。

(2)应用程序软件。应用软件就是人们通常所说的电脑软件，例如用于播放电影的播放器软件，以及可以用于上网聊天的 QQ 等。

(3)多媒体文件。网上还有很多电影和歌曲，可以使用各种播放器软件打开播放，也可以从网上下载并保存在自己的电脑中。

653. 如何下载网上资源？

在网上可以下载的资源，大部分都是以超级链接的形式出现在网页上，可以使用浏览器所提供的功能直接下载。但是使用浏览器直接下载，在多线程下载、断点续传、下载文件管理等方面支持较弱。如果想要快速地从网上下载文件，可以使用下载工具软件。目前国内比较知

名的下载软件有网际快车、迅雷、eMule 等。

654. 如何利用网页下载单个图片、文本？

在浏览器中查询到需要的单个图片或文本，可使用以下方法下载到本地电脑，以图片为例。

步骤 1. 选中并右击需要下载的图片，弹出快捷菜单，选择【图片另存为】，如图 7-13 所示。

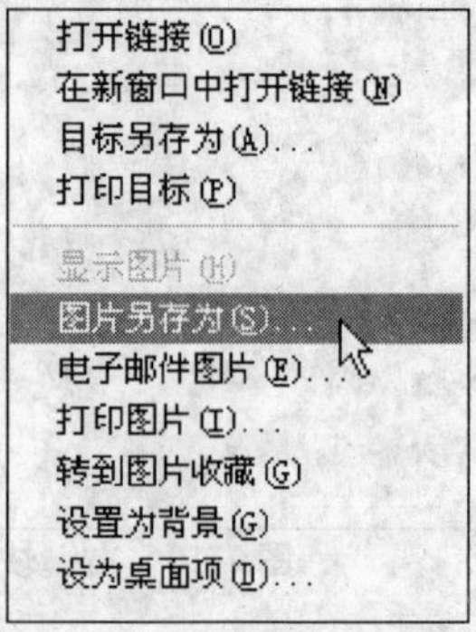

步骤 2. 弹出【保存图片】对话框，在【保存图片】对话框中选择保存路径、文件名，单击【保存】按钮。图片即可保存到指定位置。

655. 常用的下载专用软件有哪些？

目前国内比较知名的下载软件有迅雷、网际快车、eMule 等。

迅雷（Thunder）是一款基于 P2SP 技术的下载软件，具有较快的下载速度，当遇到无效链接时，迅雷会搜索到其他链接来下载所需用的文件。它支持多线程下载和断点续传，同时迅雷还可以智能分析出哪个节点上传速度最快，从而提高用户的下载速度。

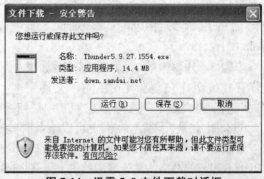

图 7-13　右键菜单

网际快车（FlashGet）可以多线程下载，支持断点续传。网际快车通过把一个文件分成几个部分同时下载，可以成倍地提高速度，它的文件管理功能也很完善，例如可以实现文件自动分类、分组管理等。

eMule 是一个完全免费并且开放源代码的 P2P 资源下载和分享软件，利用它可以将全世界所有的计算机和服务器整合成一个巨大的资源分享网络。用户既可以在这个网络中搜索到海量的优秀资源，又可以从网络中的多点同时下载需要的文件，以达到最佳的下载速度，用户还可使用它快速上传分享文件，达到最优的上传速度和资源发布效率。

【提示】：迅雷和网际快车也同时支持 BT 和 eMule 的下载方式。

656. 如何下载迅雷？

迅雷软件是一款免费软件，下载迅雷软件具体步骤如下。

步骤 1. 在 IE 浏览器地址栏输入迅雷的官网网址 http://dl.xunlei.com，打开主页，选择合适的下载地址，单击下载。

步骤 2. 出现文件下载对话框，单击【保存】按钮，选择保存路径即可，如图 7-14 所示。

图 7-14　迅雷 5.9 文件下载对话框

657. 如何启动迅雷？

打开下载工具迅雷常用方法有以下三种。

方法一：【开始】菜单方式。依次单击【开始】→【所有程序】→【迅雷】→【启动迅雷】，即可启动下载工具迅雷。

方法二：双击迅雷图标。双击桌面上的迅雷快捷方式图标即可启动迅雷程序。

方法三：单击右键。选中需要下载的文件，单击右键弹出快捷菜单，选择【使用迅雷下载】。可以

图 7-15　迅雷右键快捷菜单

利用单击右键的方式选择用迅雷下载该图片,如图 7-15 所示。

658. 如何卸载迅雷下载工具?

有以下两种方法,可以启动卸载迅雷软件。

方法一:使用迅雷软件自带的卸载功能。依次单击【开始】→【所有程序】→【迅雷】→【卸载迅雷 5】,如图 7-16 所示。

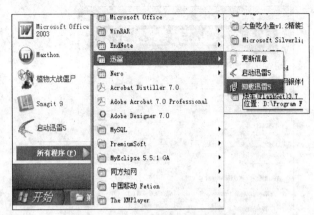

图 7-16 　【开始】菜单方式卸载迅雷

方法二:在【控制面板】中卸载迅雷软件。依次单击菜单栏中【开始】→【控制面板】→【添加或删除程序】,选择迅雷 5,单击【删除】按钮,如图 7-17 所示。

在不管用哪种方法都会弹出【迅雷 5 卸载】对话框时,如图 7-18 所示,选择【是】。

最后根据系统提示,重新启动计算机,完成卸载。

659. 如何使用迅雷建立下载任务?

使用迅雷建立下载任务有以下两种方法。

方法一:右击需要下载的链接,弹出快捷菜单,选择【使用迅雷下载】,选择保存的位置后,单击【确定】按钮,如图 7-15 所示。

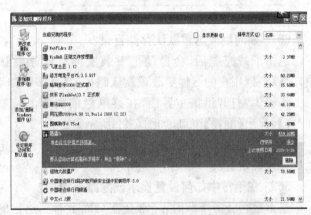

图 7-17 　【添加或删除程序】对话框

方法二:打开迅雷界面,单击【新建】快捷菜单,弹出【建立新的下载任务】窗口,在网址栏输入或复制所需要下载的链接地址,选择保存位置,单击【确定】按钮即可,如图 7-19 所示。

660. 如何使用迅雷下载 BT 资源?

在使用迅雷下载 BT 资源时,可以按照如下步骤进行操作。

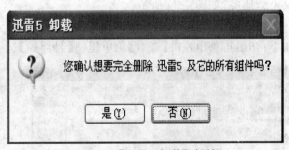

图 7-18 　【迅雷 5 卸载】对话框

步骤 1. 找到一个 BT 资源下载地址后,首先下载该 BT 资源的 BT 种子。

步骤 2. 打开 BT 种子。

①迅雷下载完成 BT 种子后,找到该 BT 种子并双击,如图 7-20 所示。

②打开迅雷后,选择菜单栏中的【文件】→【打开 BT 种子文件】,如图 7-21 所示。

步骤 3. 弹出【新建任务】对话框,列出该 BT 资源的所有文件,此时可以根据需要选择要下载的文件,单击【确定】按钮,迅雷即开始下载资源。

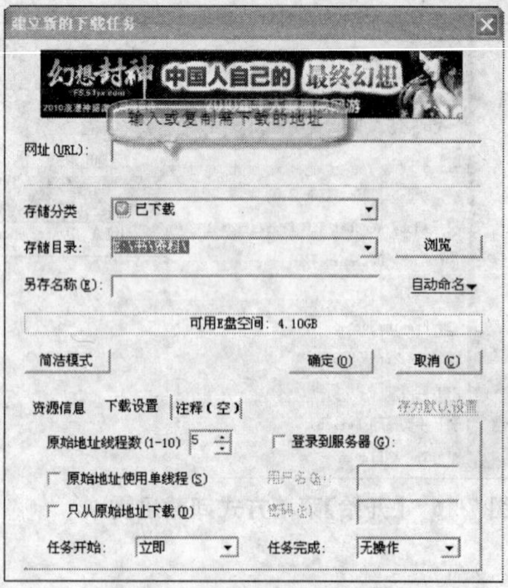

图 7-19　【建立新的下载任务】窗口

图 7-20　双击 BT 种子文件

661. 如何更改迅雷默认存储目录?

迅雷下载完成后,会自动把下载文件存储于默认路径中,可以根据用户的习惯更改该默认路径,具体步骤如下。

步骤 1. 打开迅雷主界面,在菜单栏依次单击【工具】→【配置】,弹出【配置】窗口,如图 7-22 所示。

步骤 2. 在【配置】窗口中的默认目录里选择想确定的路径,单击【确定】按钮,如图 7-23 所示。

662. 在迅雷中如何设置显示或隐藏悬浮窗?

迅雷进行任务下载时,经常会在桌面上看到迅雷的悬浮窗,通过该悬浮窗可以查看任务是否在下载。下载的百分比及下载速度,如图 7-24 所示。

图 7-21　利用菜单打开 BT 种子文件

通过以下设置,可使它根据需要显示或隐藏。具体操作如下:在迅雷菜单栏的【查看】菜单里将【悬浮窗】选项打上勾将显示悬浮窗,反之悬浮窗消失,

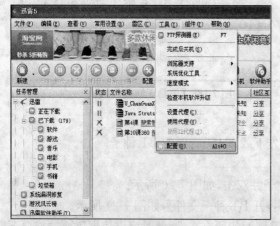

图 7-22　迅雷主界面

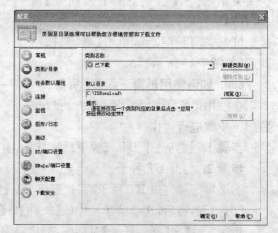

图 7-23　【配置】窗口

如图 7-25 所示。

663. 如何下载快车(FlashGet)软件?

步骤 1. 在 IE 浏览器地址栏输入快车官网网址 http://www.flashget.com/cn/,打开主页,如图 7-26 所示,单击免费下载最新版本。

步骤 2. 弹出文件下载界面,单击【保存】按钮,选择保存路径即可。

664. 如何安装快车(FlashGet)软件?

将快车软件下载到本地电脑后,可按以下步骤安装。

步骤 1. 双击 flashget 安装文件,运行安装程序,如图 7-27 所示。

图 7-24　悬浮窗

图 7-25　迅雷查看菜单

图 7-26　快车(FlashGet)官网下载页面

图 7-27　快车安装软件

步骤 2. 经过【许可验证】→【安装选项】→【选择目录】→【正在安装】→【完成安装】五个步骤完成安装。在【许可验证】步骤中,要求接受许可协议;【安装选项】步骤如图 7-28 所示,安装程序提供了四个可选项,可以根据需求选择需要安装的选项;在【选择目录】步骤中,根据自己的使用习惯选择安装目录,单击【下一步】按钮,单击【完成】按钮,设定下载文件的默认存储路径,完成安装。

665. 如何卸载快车(FlashGet)软件?

有以下两种方法,可以启动卸载快车(FlashGet)程序。

方法一:使用快车(FlashGet)软件自带的卸载功能。依次单击【开始】→【所有程序】→【快车(FlashGet)】→【卸载快车(FlashGet)】,即可启动卸载快车(FlashGet)程序。

方法二:在【控制面板】中卸载快车(FlashGet)。依次单击【开始】→【控制面板】→【添加或删除程序】,选择快车(FlashGet),单击【删除】按钮。

弹出【快车(FlashGet)卸载】窗口,单击【下一步】,然后单击【卸载】,完成卸载。

666. 如何用快车(FlashGet)软件下载网络资源?

步骤1. 右键单击链接,在弹出的快捷菜单中选择【使用快车3下载】,弹出【新建任务】对话框,如图7-29所示。单击【立即下载】,即可将任务添加到下载列表中。

步骤2. 下载完成后,【正在下载】栏不再显示该下载任务,单击【完成下载】,此时该任务在右边栏内显示,如图7-30所示。

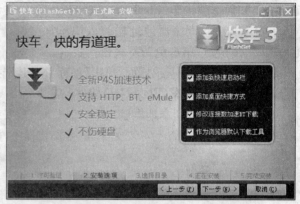

图7-28　快车安装界面之【安装选项】

667. 如何用快车(FlashGet)软件下载BT资源?

在用快车(FlashGet)下载时,如果找到的是BT资源,下载BT资源的具体步骤如下。

步骤1. 依次单击菜单里的【文件】→【新建BT任务】,如图7-31所示。弹出【打开】窗口,选择需要下载的种子文件。

步骤2. 选择要下载到的路径和分类,开始高速下载文件。

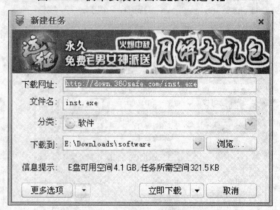

图7-29　快车【新建任务】对话框

668. 如何用快车软件下载全部链接?

要下载网页中的全部链接,具体操作步骤如下。

步骤1. 在网页中右键单击链接,在弹出的快捷菜单中选择【使用快车3下载全部链接】,如图7-32所示。

步骤2. 在【下载全部链接】对话框的选择框中按照需求进行筛选。

步骤3. 选择完毕后单击【下载】按钮,弹出【新建任务】对话框,如图7-29所示,选择路径后单击【立即下载】。

669. 如何更改快车的默认存储目录?

如果想根据需要设置默认存储路径,一般有如下两种方法。

方法一:安装完成快车3后,最后一步将弹出【快车默认下载目录】的对话框,如图7-33所示,通过【浏览】选择需要的路径,单击【确定】按钮即可。

图7-30　快车完成下载界面

方法二:在快车软件中进行修改,鼠标右键单击【完成下载】,在弹出的快捷菜单中选择【设置默认下载目录】,如图 7-34 所示。弹出【快车默认下载目录】的对话框,选择需要设置的目录,单击【确定】按钮即可。

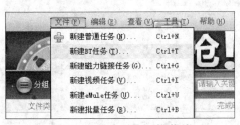

图 7-31　快车的【文件】菜单

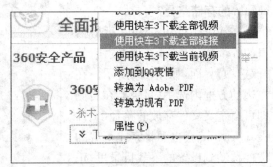

图 7-32　快车右键菜单

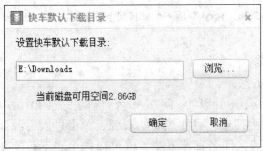

图 7-33　【快车默认下载目录】对话框

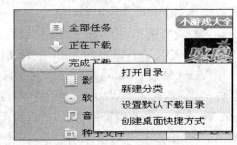

图 7-34　右键设置默认下载目录

670. 在快车中如何设置悬浮窗?

在快车的菜单栏中依次单击【查看】→【悬浮窗】,弹出【始终显示】、【不显示】、【仅在下载时显示】三个选项,如图 7-35 所示。根据需要勾选选项,悬浮窗将按选定的选项显示。

671. 如何下载安装电驴 eMule?

VeryCD 版 eMule 是一款免费软件,下载 VeryCD 版 eMule 具体步骤如下。

步骤 1. 在 IE 浏览器地址栏输入网址 http://www.emule.org.cn/download/,打开页面如图 7-36 所示,单击上面箭头所指的【立即下载】,即可下载 easyMule。单击下面实线箭

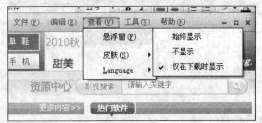

图 7-35　快车查看菜单

头所指【下载 eMule VeryCD 版】,下载的是 VeryCD 版 eMule。根据自己喜好选择下载。

步骤 2. 不论下载哪个版本的文件,都会弹出文件下载界面,单击【保存】按钮,选择保存路径即可进行下载。

步骤 3. 双击下载的安装文件,根据安装向导提示,安装软件,需要注意的是在安装过程中有一个环节是选择所需安装组件,可根据自己需要选择安装或不安装。

672. 如何用 VeryCD 版 eMule 搜索资源?

在 VeryCD 版 eMule 中,在顶部菜单内单击【搜索】项,如图 7-37 所示,在【名字】里面输入关键字,【类型】可以选择任意(推荐方式)或者是指定的选项,【方法】最好选择【全局(服务器)】,然后单击【开始】,在结果栏里会出现很多相关信息,根据需要选择来源数较多的资源,双

击即可下载。

673. 如何更改 VeryCD 版 eMule 的存储路径?

在 VeryCD 版 eMule 运行窗口的顶部菜单单击【选项】按钮,打开【选项】界面,如图7-38所示。在左边的方框内选中【目录】,在右侧即可自定义文件存放的路径(文件夹)。eMule 会自动将完成下载的文件移动到设置的下载目录里,正在下载的文件会被临时存放在设置的临时目录下,在【共享目录】里还可以勾选多个共享目录,与其他人分享这些资源。

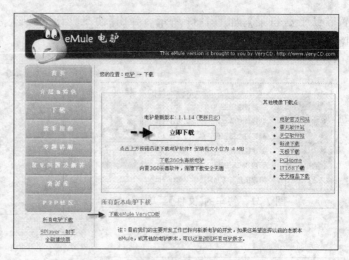

图 7-36　VeryCD 版 eMule 官网下载页面

674. 如何用 VeryCD 版 eMule 进行文件下载?

用 VeryCD 版 eMule 进行文件下载,有两种方法。

方法一:通过 Web 寻找资源并下载,可以访问 VeryCD 网站(http://www.VeryCD.com),浏览网页,或通过页面上方的搜索栏寻找想要的资源。单击进入资源详细页面后,弹出如图 7-39 所示的界面,单击下载的文件名直接下载。也可以选中想下载的文件,单击【下载选中的文件】,eMule 会自动添加所选择的文件。

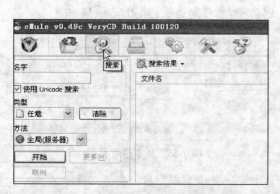

图 7-37　VeryCD 版 eMule 高级搜索界面

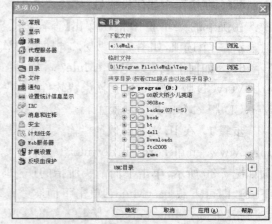

图 7-38　VeryCD 版 eMule 选项界面

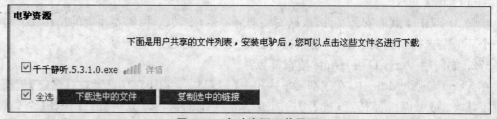

图 7-39　电驴资源下载界面

方法二：通过 eMule 软件内的搜索功能，用本书前面提到的用 VeryCD 版 eMule 搜索资源的方法，找到所需资源，双击资源即可下载。

675. 如何在 VeryCD 版 eMule 中进行上载文件？

由于 eMule 的宗旨是"人人为我，我为人人"，在下载的同时，也可上载文件，这会增大文件的下载源，提高下载速度。如何上载文件，有两种情况，一种是在使用 eMule 下载的同时，也提供上载。另一种是上传自己有的文件，具体步骤如下。

步骤 1. 把该文件拷贝到 eMule 下载的 incoming 目录里，或者指定的共享目录。

步骤 2. 在 VeryCD 版 eMule 运行窗口的顶部菜单内单击【共享】按钮，单击【刷新】即可找到要共享的文件。

步骤 3. 找到要公布的文件并右击，选择【复制 ed2k 链接到剪贴板】，然后在论坛公布即可。

676. 什么是暴风影音？

暴风影音是一款视频播放器，它提供和升级了系统对常见绝大多数影音文件和流媒体的支持，包括 RealMedia、QuickTime、MPEG2、MPEG4（ASP/AVC）、VP3/6/7、Indeo、FLV 等流行视频格式；C3/DTS/LPCM/AAC/OGG/MPC/APE/FLAC/TTA/WV 等流行音频格式；3GP/Matroska/MP4/OGM/PMP/XVD 等媒体封装及字幕支持等。配合 Windows Media Player 最新版本可完成当前大多数流行影音文件、流媒体、影碟等的播放而无需其他任何专用软件。暴风影音采用标准的 Windows 安装程序，具有稳定灵活的安装、卸载、维护和修复功能，并对集成的解码器组合进行了尽可能的优化和兼容性调整。

677. 如何下载安装暴风影音？

暴风影音是一款免费软件，下载暴风影音具体步骤如下。

步骤 1. 在 IE 浏览器地址栏输入暴风影音官网网址 http://www.baofeng.com/，打开主页，如图 7-40 所示，单击【立即下载】，下载"暴风影音 2012"。

步骤 2. 弹出文件下载界面后，单击【保存】，选择保存路径进行下载。

步骤 3. 双击下载的安装文件，根据安装向导提示进行安装，【许可证协议】→【选择组件和需要创建的快捷方式】→【选择安装位置】→【安装软件】，完成安装。

图 7-40　暴风影音官网下载页面

【提示】：需要注意的是在安装过程中的其他安装选项，可以根据自己需要选择安装或不安装。

678. 如何更新暴风影音？

暴风影音软件会经常进行更新，如果要对已经安装的暴风影音进行在线更新，具体步骤如下。

在暴风影音右上角打开主菜单，然后依次单击【主菜单】→【帮助】→【检查更新】，如图 7-41

所示。查看是否有新的版本，如果有新的版本，即可进行软件更新。

679. 如何卸载暴风影音？

有以下两种方法，可以启动暴风影音卸载程序。

方法一：使用暴风影音软件自带的卸载功能。依次单击【开始】→【所有程序】→【暴风影音】→【卸载暴风影音】，即可启动暴风影音卸载程序。

方法二：在【控制面板】中卸载暴风影音。依次单击【开始】

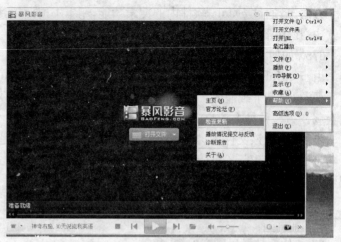

图 7-41　检查更新菜单

→【控制面板】→【添加或删除程序】，选择暴风影音，单击【更改/删除】，如图 7-42 所示。

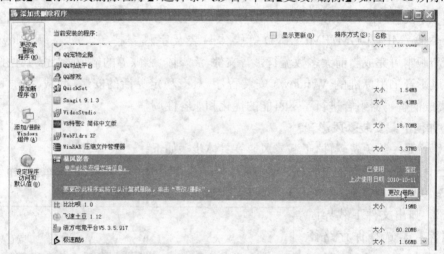

图 7-42　【添加或删除程序】选项卡中删除暴风影音

弹出【暴风影音卸载】窗口，单击【卸载】按钮，完成卸载。

680. 如何启动暴风影音？

启动暴风影音常用方法有以下三种。

方法一：【开始】菜单方式。依次单击【开始】→【所有程序】→【暴风影音】→【暴风影音】，即可启动暴风影音。

方法二：双击暴风影音图标。双击桌面上的暴风影音快捷方式图标即可启动暴风影音。

方法三：如果媒体文件已经和暴风影音软件关联，则双击该媒体文件既可以打开暴风影音软件，并开始播放该媒体文件。

681. 暴风影音的主界面所包含的内容及其基本控制键的使用？

安装暴风影音以后，首次启动暴风影音时，会弹出暴风影音新特性介绍界面，如图 7-43 所示。从图中可以了解到暴风影音快捷菜单的使用方法。界面下排的键依次为停止 ■ 、上一个 ◄ 、播放 ► （当视频开始播放时、变为 ❚❚ 暂停）、下一个 ► 、打开文件 📂 、音量调节 🔊 —○—（拖动圆点可以增大或减小音量)。

682. 暴风影音中如何打开播放文件?

在暴风影音中打开想要播放的文件有以下四种方法。

方法一:单击暴风影音主界面的打开文件,选择文件路径。

方法二:单击暴风影音主界面下的文件夹图标,选择文件路径。

方法三:单击暴风影音主界面主菜单,单击打开文件,选择文件路径。

方法四:如果需要打开的文件和暴风影音关联,直接双击该文件。

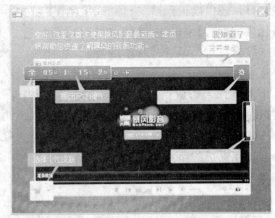

图 7-43　暴风影音 2012 新特性

683. 暴风影音怎么改变屏幕显示比例?

依次单击【主菜单】→【显示】→【显示比例】,如图 7-44 所示,根据屏幕实际情况选择显示视频占屏幕的比例,也可以选择全屏。

684. 如何下载暴风影音中视频的字幕?

在看视频文件时,有一些文件没有字幕,影响观看效果,按如下步骤操作可加载字幕。

步骤 1. 到专门搜索字幕的网站(如射手网),根据视频名字搜索字幕。

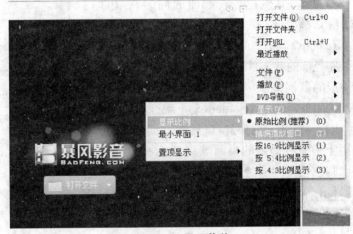

图 7-44　显示菜单

步骤 2. 将搜到的文件和电影文件放在同一个文件夹里。如果是 srt 格式的字幕文件,将这个文件和电影文件放到同一个文件夹里即可。如果搜到的文件是 idx 和 sub 文件,这两个文件需要配套使用,所以通常已经被打包,以 rar 的形式存在。下载时直接下载 rar 文件,使用前解压。若没有打包的,则下载 idx 和 sub 两个文件。将这两个文件和电影放在同一个文件夹里。

步骤 3. 将电影文件的文件名(扩展名不变)和 srt 文件的文件名(或 idx 和 sub 两个文件的文件名)改成同一名字。设置完成后再打开电影文件,即可观看字幕了。

685. 千千静听的下载、安装和使用?

千千静听是一款优秀的音乐播放免费软件,具有音乐播放、音乐格式转换、显示歌词等功能,而且体积小巧,安装后也仅有 5M 左右。千千静听的官方网站地址为 http://ttplayer.qianqian.com/。进入该网站后,在页面顶端选择【立即下载最新版】即可下载最新版本的千千静听。官方网站上还提供了大量的软件皮肤,用户可以根据自己的喜好为千千静听选择外观。千千静听的安装非常简单,双击下载的安装文件,按照安装向导的提示安装即可。

启动千千静听后,弹出如图 7-45 所示的程序界面,包括主控窗口、【均衡器】窗口和【播放列表】窗口,还可以根据需要打开或关闭其他窗口,如【歌词秀】窗口、在线【音乐窗口】等。通过主控窗口对音乐进行基本的控制,如播放、停止、上一曲、下一曲、暂停等;【均衡器】窗口用于调节音乐播放的声音效果;【播放列表】窗口显示出播放器将播放哪些音乐文件。

图 7-45　千千静听界面

686. 如何使用千千静听中的歌词功能?

要在千千静听中查看歌词,需要按以下步骤操作。

步骤 1. 使用鼠标右键单击主控窗口的标题栏,在弹出的菜单中选择【查看】→【歌词秀】,或者直接按【F2】键,弹出【歌词秀】窗口,如图 7-46 所示。

步骤 2. 要想在播放歌曲的同时,在【歌词秀】窗口中同步欣赏歌词,需要具备后缀名为 .lrc 的歌词文件。歌词文件存放在千千静听安装路径下的歌词目录中。如果在该目录中找不到对应的歌词文件,则千千静听会自动向千千静听歌词服务器进行搜索,并自动下载到歌词目录。

除了利用【歌词秀】窗口欣赏歌词外,还可以利用千千静听提供的桌面歌词功能在桌面上直接欣赏歌词。方法是在图 7-46 所示的菜单中选择【显示桌面歌词】即可,此时【歌词秀】窗口自动消失,并在 Windows XP 桌面下方的中央位置直接显示歌词。

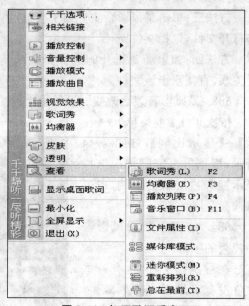

图 7-46　打开歌词秀窗口

687. 如何使用千千静听的设置音效功能?

在利用千千静听欣赏歌曲之余,可以利用千千静听提供的【均衡器】功能享受不同音效,具体的操作步骤如下。

步骤 1. 确保【均衡器】窗口打开,如果【均衡器】窗口没有打开,可以在菜单中选择【查看】→【均衡器】或者直接按【F3】键打开【均衡器】窗口。

步骤 2. 确保【均衡器】窗口中的【开启】按钮处于打开状态,如果处于关闭状态,则按下【开启】按钮。

步骤 3. 单击【均衡器】窗口的【配置】按钮,弹出如图 7-47 所示的菜单,菜单里列出千千静听预置好的音效配置,用户可以选择其中自己喜好的配置,也可以从文件加载事先

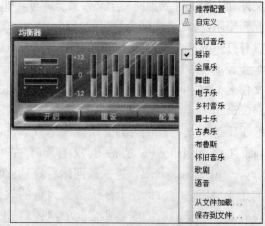

图 7-47　【均衡器】的配置

保存的音效配置。

　　步骤 4. 还可以直接对【均衡器】中各个波段进行调整,不同波段都有不同的效果,可以根据用户的需要进行调节。

688. 什么是 Foxmail,如何下载和安装 Foxmail?

　　Foxmail 是一款非常好用的邮件客户端软件,利用该软件不必登录邮件服务器的网站,就可以方便地收发邮件并进行邮件的各种管理操作。Foxmail 是一款免费软件,下载安装 Foxmail 的具体步骤如下。

　　步骤 1. 在 IE 浏览器地址栏输入网址 http://fox.foxmail.com.cn/,打开如图 7-48 所示的主页,单击【最新版本下载】,下载 Foxmail 软件。

　　步骤 2. 弹出文件下载界面,单击【保存】按钮,选择保存路径进行下载。

　　步骤 3. 双击下载的安装文件,根据安装向导提示安装即可。

689. 如何设置邮件客户端软件 Foxmail?

　　Foxmail 软件在使用前需要建立新帐户并进行设置后才能使用,有两种方法进入设置向导。

　　方法一:首次启动 Foxmail 软件时,会弹出如图 7-49 所示的设置向导。

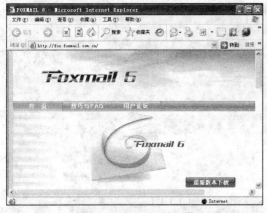

图 7-48　Foxmail 的下载

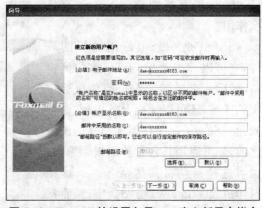

图 7-49　Foxmail 的设置向导——建立新用户帐户

　　方法二:在 Foxmail 的菜单栏中选择【邮箱】→【新建邮箱帐户】。

　　步骤 1. 在如图 7-49 所示的【向导】对话框中输入自己的电子邮件地址和密码,这时【帐户显示名称】和【邮件中采用的名称】会根据电子邮件地址自动出现,用户可以根据自己的需要进行修改,单击【下一步】。

　　步骤 2. 弹出如图 7-50 所示的对话框,Foxmail 自动识别输入的电子邮件地址所对应 POP3 接收服务器和 SMTP 发送邮件服务器的地址,用户核实正确后单击【下一步】即可。

690. 如何利用 Foxmail 软件接收邮件?

　　在建立邮箱帐户并设置后,就可以利用 Foxmail 接收电子邮件了。接收邮件的步骤如下。

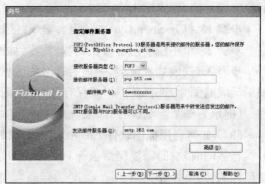

图 7-50　Foxmail 的设置向导——指定邮件服务器

步骤 1. 选择自己的邮箱帐户。

步骤 2. 单击工具条上的【收取】按钮，或者鼠标右键单击邮箱帐户然后选择【收取邮件】，如图 7-51 所示。

步骤 3. 在右侧的收件箱中查看接收到的邮件即可。

691. 如何利用 Foxmail 软件发送邮件？

在建立邮箱帐户并设置正确后，就可以利用 Foxmail 发送电子邮件了，发送邮件的步骤如下。

步骤 1. 选择自己的邮箱帐户。

步骤 2. 单击 Foxmail 工具条上的【撰写】按钮。

步骤 3. 如图 7-52 所示，填写收件人邮件

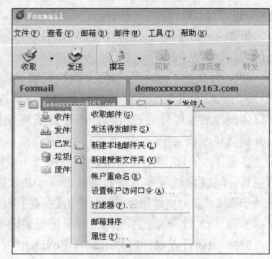

图 7-51　利用 Foxmail 接收邮件

地址、主题和邮件内容等信息后，单击工具条上的【发送】按钮即可。

692. 屏幕抓图软件 Snagit 有什么作用？

Snagit 是一个很好用的抓图软件，它可以捕捉菜单、窗口、客户区窗口、最后一个激活的窗口或用鼠标定义的区域，还可以捕捉 RM 电影、游戏画面。Snagit 在保存屏幕捕获的图像之前，还可以用其自带的编辑器编辑，也可选择自动将其送至 Snagit 虚拟打印机或 Windows 剪贴板中，或直接用 E-mail 发送。Snagit 官方网站是 http://www.techsmith.com。

图 7-52　利用 Foxmail 撰写邮件

693. 如何利用抓图软件 Snagit 捕捉区域、窗口？

Snagit 可以捕捉菜单、窗口、客户区窗口、最后一个激活的窗口或用鼠标定义的区域。以捕捉区域为例，具体操作步骤如下。

步骤 1. 打开 Snagit，单击预设方案里【区域】图标。

步骤 2. 单击【捕捉】红按钮，启动捕捉，如图 7-53 所示。

步骤 3. 选取捕捉区域，完成后选取的区域图片自动在 Snagit 编辑器里打开，在这里可以编辑截取的图片，选择所需格式保存，完成截图。

【提示】：如果要捕捉窗口、全屏幕、滚动窗口，只需要在步骤 1 里点击相应图标就可以了。

694. 如何利用抓图软件 Snagit 捕捉图像时保留鼠标？

在截图时，有时需要保留鼠标，这样可以明确地表明点击位置，Snagit 捕捉屏幕是可以保留鼠标的，具体操作如下。

步骤 1. 在预设方案里单击【区域】图标。

步骤 2. 单击方案设置里的【选项】下的【鼠标】图标,如图 7-54 左侧箭头所示。

步骤 3. 单击【方案设置】里选项下的【定时捕捉】图标,如图 7-54 右侧箭头所示。

步骤 4. 弹出【定时捕捉】窗口,选中【启用延时/计划捕捉】,在延时捕捉里选择需要的延时时间,单击【确定】按钮。

步骤 5. 单击【捕捉】按钮,启动捕捉。

步骤 6. 在延迟时间到达之后,此时会在鼠标所在位置留下鼠标印记,然后选取捕捉区域,完成后选取的区域图片自动在 Snagit 编辑器里打开,在这里可以编辑截取的图片,选择所需格式保存,完成截图。

图 7-53　Snagit 预设方案捕捉区域

图 7-54　方案设置里的【选项】

695. 如何在 Snagit 中设置自己的方案?

在抓图过程中,可能反复用到一种操作方法,如延时捕捉或鼠标捕捉。Snagit 提供了方案管理,通过它可以设定自己的方案,减少操作步骤,以如何利用抓图软件 Snagit 捕捉图像时保留鼠标设为一个自己的方案为例,具体操作如下。

步骤 1. 按照如何利用抓图软件 Snagit 捕捉图像时保留鼠标里介绍的步骤从第 1 步执行到第 4 步。

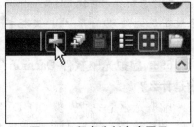

图 7-55　保存为新方案图示

步骤 2. 如图 7-55 所示,在工具条上单击【保存为新方案】按钮。

步骤 3. 在【新方案名称】对话框里的【名称】中输入方案名,在这里可设置热键,点击【保存】。如图 7-56 所示,在【预设方案】→【我的捕捉方案】里会出现刚才保存的方案名称。

696. 如何下载、安装和使用 Adobe Reader 软件?

PDF 文档是一种广泛使用的文档格式,需要特定的软件才能打开阅读。Adobe Reader 软件是可以用于查看和打印 PDF 文档的免费软件。Adobe Reader 的官方主页为:http://www.adobe.com/cn/products/reader/,其下载地址为:http://get.adobe.com/cn/reader/,进入该页面后,单击立即下载。Adobe Reader 的安装非常简单,双击下载的安装文件,然后按照安装向导的提示安装即可。

安装 Adobe Reader 后,即打开 PDF 文档进行阅读和打印。打开 PDF 文档的方法有以下两种。

方法一:启动 Adobe Reader 软件,在菜单栏选择【文件】→【打开】,弹出【打开】对话框,选择要打开的文件,单击【确定】按钮即可。

方法二： 在 Windows XP 系统的资源管理器中找到要打开的 PDF 文档，双击该文档即可自动利用 Adobe Reader 打开该文档。

697. 如何利用 Adobe Reader 复制 PDF 文档中的文本？

在阅读 PDF 文档的时候，用户有时需要将 PDF 文档的文本内容复制到 Word 中，要到达该目的，需要按以下步骤操作。

步骤 1. 用 Adobe Reader 软件打开待阅读的 PDF 文档。

步骤 2. 在打开的文档中用鼠标左键选择需要复制的文档，单击鼠标右键，在弹出的快捷菜单中选择【复制】，或者直接按【Ctrl＋C】组合键，如图 7-57 所示。

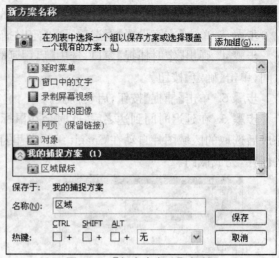

图 7-56　【新方案名称】对话框

步骤 3. 打开目标 Word，将光标置于需要插入文档的位置，单击鼠标右键，在弹出的快捷菜单中选择【粘贴】，或者直接按【Ctrl＋V】组合键。

【提示】： 需要指出的是，有些 PDF 文档经过特殊的处理或者 PDF 文档内容为图片，那么就无法将 PDF 文档中的内容复制出来。

698. 虚拟光驱软件 Daemon Tools 的用途是什么？

虚拟光驱是一种模拟 CD/DVD-ROM 工作的工具软件。运行虚拟光驱软件后，在计算机上会多出 1 个（或多个）光盘驱动器，表

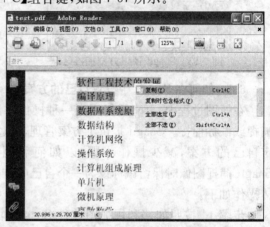

图 7-57　在 Adobe Reader 中复制文本

面上与真正的光盘驱动器没有什么区别。这种虚拟光驱的工作原理是：先利用专门的软件将光盘（CD 或者 DVD 盘）上的数据生成一个光盘镜像文件，例如 ISO、CUE、NRG 等格式的文件；然后利用虚拟光驱软件将镜像文件加载起来，就如同将光盘放入了光驱中，然后就可以使用这个虚拟光驱中的数据了。Daemon Tools 就是最为常用的虚拟光驱软件之一，可以用于加载虚拟光驱镜像文件。

699. 如何利用 Daemon Tools 工具加载虚拟光驱镜像文件？

Daemon Tools 可以用于加载虚拟光驱镜像文件，模拟一个甚至多个光盘驱动器。使用该软件加载镜像文件的步骤如下。

步骤 1. 安装 Daemon Tools，安装后会在系统中多出一个光盘驱动器，例如盘符为 G。

步骤 2. 启动 Daemon Tools 工具，该软件会在任务栏的托盘中出现一个程序图标，表示该软件工具已经启动。

步骤 3. 鼠标右键单击该程序图标，在弹出的菜单中选择【虚拟 CD/DVD-ROM】→【驱动器 0，G 没有媒体】→【安装镜像文件】，其中"0"表示第"0"个虚拟驱动器，G 表示当前虚拟光驱

的盘符,如图 7-58 所示。这时会弹出一个对话框用于选择镜像文件,选择镜像文件后单击【打开】按钮即可。

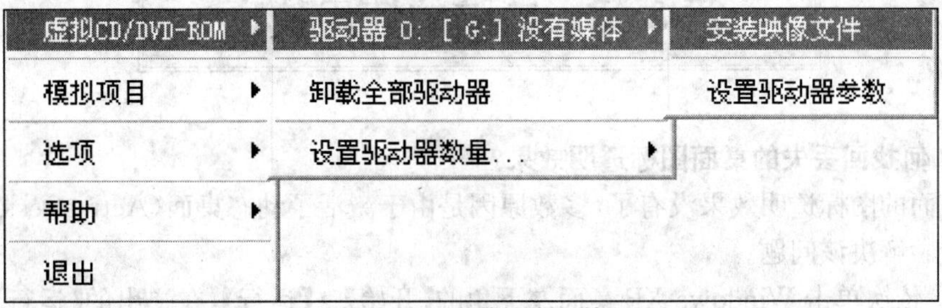

虚拟CD/DVD-ROM ▶	驱动器 0: [G:] 没有媒体 ▶	安装映像文件
模拟项目 ▶	卸载全部驱动器	设置驱动器参数
选项 ▶	设置驱动器数量… ▶	
帮助 ▶		
退出		

图 7-58 安装镜像文件

步骤 4. 在资源管理器中,打开 G 盘,即可看到虚拟光盘中的数据内容。

第8章 电脑的使用技巧

700. 如何找回丢失的桌面图标透明效果?

如果桌面的图标透明效果没有了,多数原因是由于激活了动态桌面(ActiveDesktop)所致。可按如下步骤解决该问题。

步骤1. 依次单击 Windows XP 桌面左下角的【开始】→【运行】,在弹出的【运行】对话框中键入"gpedit.msc"后回车,打开组策略窗口。

步骤2. 在左侧列表中依次选择【用户配置】→【管理模板】→【桌面】→【Active Desktop】,单击右侧的【启用 Active Desktop】,在窗口中部单击【属性】,在弹出的【属性】对话框中选定"未配置"单选项。

步骤3. 单击右侧的【禁用 Active Desktop】,在窗口中部单击【属性】,在弹出的【属性】对话框中选定"已禁用"单选项。

步骤4. 打开控制面板,在经典视图中双击【系统】图标,在弹出的【系统属性】对话框中选择【高级】选项卡。

步骤5. 单击"性能"栏的【设置】按钮,在"视觉效果"里勾选"在桌面上为图标标签使用阴影"复选框。

701. 怎样隐藏/显示桌面图标?

在 Windows XP 中增加了隐藏桌面图标的功能。方法是:鼠标右键单击桌面空白处,在弹出的快捷菜单中依次单击【排列图标】→【显示桌面图标】,如图 8-1 所示。将【显示桌面图标】前的"√"清除,即可隐藏桌面图标,在【显示桌面图标】前打上"√"即可使桌面图标显示出来。

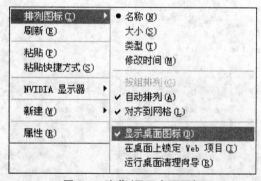

图 8-1 隐藏/显示桌面图标

702. 如何在桌面时间旁加上自己的名字?

步骤1. 依次单击 Windows XP 桌面左下角的【开始】→【控制面板】,在经典视图中双击【区域和语言选项】图标,弹出【区域和语言选项】对话框。

步骤2. 在【区域选项】选项卡中单击【自定义】按钮,弹出【自定义区域选项】对话框。

步骤3. 在【时间】选项卡中,把 AM 和 PM 符号换上自己名字,在时间格式栏选择"tt h:mm:ss"格式(名字在左边)或"h:mm:ss tt"格式(名字在右边),如图 8-2 所示。

步骤4. 依次单击【确定】按钮,关闭对话框,设置即可生效。

703. 如何在任务栏上显示星期与日期?

要想在任务栏上显示星期与日期,只要将任务栏拉高一点即可。方法是:将鼠标移到屏幕下边的任务栏的上边线位置,当鼠标指标变成双箭号时,按下左键,往上拖拉至两行高位置即可。这时系统托盘处就会显示时间、日期及星期。需要注意的是:缺省状态下 Windows XP 的任务栏是被锁定的,所以可能将鼠标指针移至任务栏边界时,鼠标并不会变形,任务栏边界不允许拖拉。这时需要先在任务栏空白处单击鼠标右键,单击快捷菜单中的【锁定任务栏】,将其前的对勾去掉。

704.【显示桌面】按钮不见了怎么办?

在 Windows XP 默认安装下,任务栏中找不到【显示桌面】按钮,可采用如下方法使其显示。

把鼠标移动到任务栏的空白区域,单击右键打开快捷菜单,单击【属性】菜单项,打开【任务栏和「开始」菜单属性】窗口,如图8-3所示。选择【任务栏】选项卡,在【任务栏外观】框中单击选中【显示快速启动】的复选框,单击【确定】即可。

705. 如何找出被 Windows XP 隐藏的输入法?

打开【控制面板】,双击【区域和语言选项】图标,进入【区域和语言选项】对话框,选择【语言】选项卡,单击【详细信息】按钮,在弹出的对话框中单击【语言栏】按钮,弹出【语言栏设置】对话框,勾选【在桌面上显示语言栏】选项。此时桌面出现语言栏,单击右上角的最小化按钮,输入法图标即可回到任务栏中。

706. 如何将所喜爱的程序放置在开始菜单的顶部?

如果对某个程序使用频率较高,可提高它在开始菜单中的优先级,将其放置在列表顶部。这种方式能够确保该程序保持在开始菜单中,且不受其他程序的干扰,即便其他程序具有更高的使用频率也是如此。设置方法是:在开始菜单上右键单击某程序的链接,并在随后出现的快捷菜单中选择【附到「开始」菜单】。该程序就会被永久移动到列表顶部,位于浏览器与电子邮件程序下方。

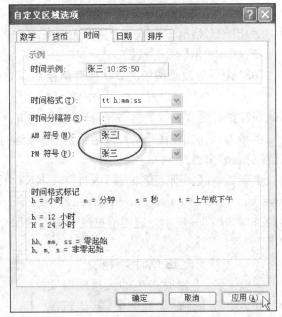

图 8-2　【时间】选项卡

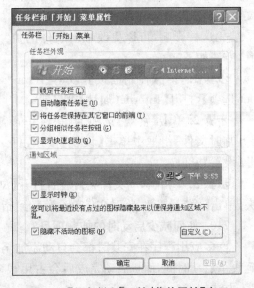

图 8-3　【任务栏和「开始」菜单属性】窗口

707. 如何使【我的文档】数据不在 C 盘存储?

缺省状态下,"我的文档"数据都在 C 盘存储。重装系统时 C 盘的数据都会丢失,造成很多不便。另外 C 盘也最容易受到病毒攻击,容易造成损失。使"我的文档"数据不在 C 盘存储的方法如下。

步骤 1. 在桌面上用右键单击【我的文档】图标,在弹出的快捷菜单中单击【属性】,打开【我的文档 属性】对话框。

步骤 2. 直接在【目标文件夹】输入框中输入"我的文档"的数据存储位置,或单击【移动】按钮,在弹出的对话框中选择一个目标文件夹。

步骤 3. 单击【确定】按钮。

708. 怎样更改画图板的默认保存路径?

Windows XP 自带画图板程序的默认保存路径是【图片收藏夹】,通过修改注册表,可以将默认保存路径更改为指定的路径,具体操作如下。

步骤 1. 依次单击【开始】→【运行】,打开【运行】窗口,输入"regedit",单击【确定】按钮,打开【注册表编辑器】。

步骤 2. 在【注册表编辑器】中打开 HKEY_CURREN_USER/Software/Microsoft/Windows/CurrentVersion/Explorer/User Shell Folders 目录,双击【My Pictures】,打开【编辑字符串】窗口,如图 8-4 所示。把键值更改为指定的保存路径,单击【确定】按钮关闭【注册表编辑器】即可。

709. 怎样更改 IE 临时文件夹?

一般来说,上网时产生的大量临时文件都存放在 IE 临时文件夹中,默认情况下,临时文件夹在系统分区上,大量的临时文件会影响硬盘读写系统文件的性能。为了避免这种影响,可以更改临时文件的位置,方法如下。

步骤 1. 打开【控制面板】,双击【Internet 选项】,打开【Internet 属性】窗口。

步骤 2. 单击【常规】选项卡,在【Internet 临时文件】组框中单击【设置】按钮,打开【设置】窗口。

图 8-4　更改画图板默认路径

步骤 3. 单击【移动文件夹】按钮,打开【浏览文件夹】对话框,选择一个非系统分区上的文件夹,单击【确定】按钮,临时文件就会移动到指定的文件夹上。

710. 如何减少启动时的加载项目?

许多应用程序在安装时都会自动添加至系统启动组,每次启动系统都会自动运行,这不仅延长了启动时间,而且启动完成后会占用很多系统资源。我们可以减少系统启动时的加载程序,方法如下。

步骤 1. 依次单击【开始】→【运行】,在弹出的【运行】对话框中键入"msconfig"后回车,打开【系统配置实用程序】对话框。

步骤 2. 单击【启动】,切换到【启动】选项卡,在此窗口列出了系统启动时加载的项目及来源,仔细查看是否需要自动加载,如果不需要,就取消该项的勾选。加载的项目越少,系统启动的速度就越快。

步骤 3. 单击【确定】按钮,关闭对话框。重新启动系统,配置即可生效。

711. 如何提高 Windows XP 的启动速度?

使用微软提供的【Bootvis】软件可以有效地提高 Windows XP 的启动速度。这个工具是微软内部提供的,专门用于提升 Windows XP 启动速度。下载此工具并解压缩到某个文件夹下,在【Options】选项中设置使用当前路径。从【Trace】选项下拉菜单中选择跟踪方式。该程序会引导 Windows XP 重新启动,并记录启动进程,生成相关的 BIN 文件。从 Bootvis 中调用这个文件,从 Trace 项下拉菜单中选择【Op-timizesystem】命令即可。

Windows XP 虽然提供了一个非常好的界面外观,但这样的设置也在极大程度上影响了系统的运行速度。如果你的电脑运行起来速度不是很快,建议将所有的附加桌面设置取消,即将 Windows XP 的桌面恢复到 Windows 2000 样式。

设置的方法如下:在【我的电脑】上单击鼠标右键,选择【属性】,在【高级】选项卡中单击【性能】项中的【设置】按钮,在关联界面中选择【调整为最佳性能】复选框即可。

712. Windows XP 中如何快速关闭多个已打开的窗口?

方法一:利用【关闭组】菜单命令。

步骤 1. 按住【Ctrl】键,然后鼠标单击桌面任务栏上要关闭的程序窗口对应的按钮,选中将要关闭的窗口。

步骤 2. 单击鼠标右键,在弹出的快捷菜单中单击【关闭组】命令,将选中的多个窗口关闭。

方法二:利用任务管理器。

步骤 1. 按下组合键【Ctrl＋Alt＋Del】,弹出【Windows 任务管理器】窗口,在【应用程序】选项卡可以看到当前打开的窗口。

步骤 2. 按住【Ctrl】键,单击选择所要关闭的多个窗口。

步骤 3. 单击【结束任务】按钮,将选中的窗口关闭。

713. 如何隐藏部分文件扩展名?

在资源管理器中依次单击【工具】→【文件夹选项】,选择"隐藏已知文件类型的扩展名"将所有文件的扩展名隐藏起来。如果只想隐藏部分文件扩展名,还要借助注册表编辑器。

步骤 1. 依次单击【开始】→【运行】,在弹出的【运行】对话框中键入"regedit"后回车,打开注册表编辑器。

步骤 2. 在注册表编辑器中展开"HKEY_CLASSES_ROOT"分支,找到要隐藏的文件扩展名并单击选中,如果右侧窗口中的【默认】键值数据为"数值未设定",则在右侧窗口中新建字符串值"NeverShowExt",退出注册表编辑器并重新启动计算机后,该类型文件的扩展名将会自动隐藏起来。

如果右侧窗口中的【默认】键值数据不是"数值未设定",如键值数据是"txtfile",则按照其值(如"txtfile")在左侧窗口找到这一项并单击选中,然后在右侧窗口中新建字符串值"Never-ShowExt",退出注册表编辑器并重新启动计算机。

714. 在 Windows XP 中如何实现批量文件重命名?

如果想对一些相关联的文件重新命名,文件名都一样,只是为了不重名而加上不同的数字,如果一个一个重命名,将是很繁琐的工作。Windows XP 提供了批量重命名文件的功能,可以轻松解决这个问题,方法如下。

步骤 1. 依次单击【开始】→【所有程序】→【附件】→【资源管理器】命令。

步骤 2. 在【资源管理器】中选择所有需要重新命名的文件(按住【Ctrl】键依次单击需要重命名的文件)。

步骤 3. 按【F2】键,然后重命名这些文件中的一个,这样所有被选择的文件将会被重命名为新的文件名,在末尾处加上递增的数字。

715. 在 Windows XP 中如何快速找到快捷方式指向的文件？

在 Windows XP 中，对于已经创建了快捷方式的文件，用户可以快速找到该文件。具体操作步骤如下。

步骤 1. 右键单击文件的快捷方式，弹出快捷菜单。

步骤 2. 单击该快捷菜单中的【属性】命令，打开文件的属性对话框。

步骤 3. 单击属性对话框中的【查找目标】按钮，资源管理器会直接打开目标文件所在文件夹，且这个文件已经被选中。

716. 在 Windows XP 中怎样快速展开文件夹？

快速展开文件夹操作可以使用户方便浏览某个文件夹下的所有文件或文件夹，具体操作步骤如下。

步骤 1. 打开资源管理器，在资源管理器中选中要展开的文件夹。

步骤 2. 按小键盘上的【 * 】键，则将该文件夹下的所有文件夹展开。结合使用方向键【←】、【↑】、【↓】、【→】可以依次折叠或展开文件夹。

717. 在删除文件时，遇到"文件或文件夹无法删除"的情况，应该怎么办？

在删除文件或文件夹，有时会遇到系统提示无法删除文件的情况。针对这种情况，一般来说都是还有系统的进程正在使用着该文件资源，所以操作系统不允许删除该文件。解决方法可以参考以下步骤。

步骤 1. 检查是否还有应用程序打开该文件，如果有则关闭应用程序后再删除该文件。

步骤 2. 重新启动，并进入系统安全模式，再次尝试删除该文件或文件夹。

步骤 3. 如果还是无法删除，则考虑仍有未知进程占用该文件。可以安装相应的软件工具强行解除进程对该文件的占用，例如可以使用 Unlocker。Unlocker 是一个免费的右键扩充工具，安装后，右键单击无法删除的文件或文件夹，在弹出的快捷菜单中选择【Unlocker】。此时会弹出窗口显示哪些进程占用了该文件或文件夹，选择此进程，并按下【Unlock】键就可以为待删除的文件（文件夹）解锁，使进程不再占用该文件（文件夹）资源。

718. 如何关闭 Windows XP 的系统还原功能？

系统还原功能是 Windows 系列操作系统的一个重要特色，当 Windows 运行出现问题后，还原操作系统。系统还原虽然对经常犯错误的人有用，但是它会占用很多磁盘空间，关闭系统还原功能方法是：单击 Windows XP 桌面左下角的【开始】→【所有程序】→【附件】→【系统工具】→【系统还原】，在弹出的【系统属性】对话框中单击【系统还原】，进入"系统还原"选项卡，勾选"在所有驱动器上关闭系统还原"复选框，这样 Windows XP 就会删除备份的系统还原点，从而释放它占用的磁盘空间。一般来说，为了兼顾系统性能和系统安全，建议打开 Windows XP 所在盘符的系统还原功能。

719. 如何自动关闭停止响应的程序？

我们在使用电脑的过程中经常会出现程序失去响应的现象，这些程序会白白地消耗系统的资源，造成系统长时间失去响应，甚至死机。可以通过修改注册表相关键值，使失去响应的程序自动关闭，快速释放系统资源。方法是：单击 Windows XP 桌面左下角的【开始】→【运行】，在弹出的【运行】对话框中键入"regedit"后回车，打开注册表编辑器。在注册表编辑器中找到 HKEY_CURRENT_USER/Control Panel/Desktop 分支，将 AutoEndTasks 的键值设置为 1 即可。

720. 怎样关闭【自动发送错误报告】功能?

在使用 Windows XP 过程中经常会遇到这样的情况,一旦一个程序异常终止,系统就会自动跳出一个对话框询问是否将错误发送给微软,这就是 Windows XP 中的【自动发送错误】功能,如果觉得这项功能没有用,可以把这项功能关掉,方法如下。

步骤 1. 打开【控制面板】,双击【系统】图标,或在桌面上右键单击【我的电脑】图标,在弹出的快捷菜单中单击【属性】,打开【系统属性】窗口。

步骤 2. 单击【高级】选项卡,单击【错误报告】按钮,打开【错误汇报】对话框,如图 8-5 所示。

步骤 3. 选中【禁用错误汇报】,同时选中【但在发生严重错误时通知我】,单击【确定】按钮即可。

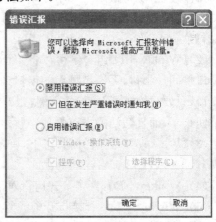

图 8-5　【错误汇报】对话框

721. 怎样让系统关闭时自动结束任务?

关闭系统时,有时会弹出对话框,提醒某个程序仍在运行,是否结束任务,如果不作应答,系统就不会关闭。可以通过修改注册表,让系统关闭时自动结束这些仍在运行的程序,方法如下。

打开【注册表编辑器】,在【注册表编辑器】中打开 HKEY_CURRENT_USER/Control Panel/Desktop 目录,双击【AutoEndTasks】打开【编辑字符串】对话框,将键值改为1,如图 8-6 所示,单击【确定】按钮,关闭【注册表编辑器】即可。

如果 Desktop 中没有 AutoEndTasks 键,可以在右侧窗口空白处单击鼠标右键,在弹出的快捷菜单中选择【新建】→【字符串值】,将新建的字符串命名为"AutoEnd-Tasks",并将其键值改为"1"即可。

图 8-6　系统关闭时自动结束任务

722. 如何让电脑的键盘会说话?

如果正在输入的内容被系统一字(字母)不差地念出来,可以避免输入错误。设置的方法如下。

步骤 1. 依次单击菜单栏中【开始】→【运行】。

步骤 2. 在【运行】对话框中输入"narrator",单击【确定】按钮。

步骤 3. 这时出现【讲述人】对话框,如图 8-7 所示。将【讲述人】最小化,这时再输入字母,系统会用标准的美国英语读出来。

步骤 4. 如果想取消此项功能,还原出【讲述人】对话框,单击【退出】即可。

723. 哪个是【Winkey】键,如何巧用键盘上的【Winkey】键?

【Winkey】键指的是键盘上刻有 Windows 徽标的键。【Winkey】键主要出现在 104 键和 107 键的键盘中。104 键键盘又称 Win95 键盘,该键盘在左右两边、【Ctrl】和【Alt】键之间增加了两个【Winkeg】键和一个属性关联键。107 键盘又称为 Win98 键盘,比 104 键多了睡眠、唤醒、开机等电源管理键,这 3 个键大部分位于键盘的上方。

【Winkey】键的设置有很多巧妙的用途,可提高操作速度,现将常用的几个介绍如下。

(1)直接按键盘上的【Winkey】键可以显示【开始】菜单。

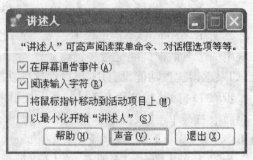

图 8-7 【讲述人】对话框

(2)【Winkey+D】组合键可以将桌面上的所有窗口瞬间最小化,无论是聊天的窗口还是游戏的窗口,只要再次按下这个组合键,最小化的窗口都回来了,而且激活的也正是最小化之前在使用的窗口。

(3)【Winkey+F】在任何状态下,弹出搜索窗口。替代操作【开始】→【搜索】→【文件和文件夹】。

(4)【Winkey+R】:直接打开运行对话框,替代操作【开始】→【运行】,打开【运行】对话框。

(5)【Winkey+E】:直接打开资源管理器。

724. 如何巧用 Windows XP 中的几个常用快捷键?

有些特殊情况下需要使用键盘来操作 Windows XP 系统,所以应该知道 Windows XP 中常用的快捷键,这样可以大幅度加快操作的速度。下面给出几个常用的组合快捷键。

(1)切换窗口的【Alt+Tab】:如果打开的窗口太多,该组合键可以在一个窗口中显示当前打开的所有窗口的名称和图标。选中自己希望要打开的窗口,松开该组合键即可。而【Alt+Tab+Shift】组合键则可以反向显示当前打开的窗口。

(2)显示【开始】菜单的【Ctrl+Esc】:有时电脑上任务栏被隐藏,可以用【Ctrl+Esc】组合键来显示【开始】菜单。

(3)显示【任务管理器】的【Ctrl+Alt+Del】:按下【Ctrl+Alt+Del】组合键即查调出 Windows 的任务管理器,可以查看或者终止正在运行的程序,查看当前系统的性能。当然,还可以对机器进行关闭、休眠和重新启动。

(4)快速查看属性的【Alt+Enter】组合键或【Alt】+鼠标双击:其作用相当于针对某个对象点鼠标右键,并选取【属性】。所针对的对象可以是资源管理器右边窗口中的文件夹、文件、桌面上的图标等。

(5)关闭当前窗口或退出程序【Alt+F4】组合键:想关闭当前的窗口或程序,只要按【Alt+F4】组合键即可。

725. 怎样关闭 Windows XP 的自动播放功能?

Windows XP 带有自动播放功能,就是一旦将多媒体光盘插入驱动器中,就会立刻自动播放光盘,这会造成程序的设置文件和在音频媒体上的音乐立即开始。可以用下述方法关闭该功能。

步骤 1. 单击【开始】→【运行】,打开【运行】对话框,输入"gpedit.msc"单击【确定】按钮,打开【组策略】窗口。

步骤 2. 打开"计算机配置\管理模板\系统"目录,双击右侧窗口中的【关闭自动播放】打开【关闭自动播放属性】窗口,在【设置】选项卡中选中【已启用】选项,如图 8-8 所示。

步骤 3. 单击【确定】按钮,关闭【组策略】窗口即可。

726. 在 Windows XP 中如何隐藏登录界面中的"关闭计算机"按钮？

将登录界面中的【关闭计算机】按钮隐藏后,可以避免用户在未登录情况下单击【关闭计算机】按钮关机。将登录界面中的【关闭计算机】按钮隐藏的具体操作步骤如下。

步骤 1. 依次单击【开始】→【控制面板】,打开【控制面板】窗口。

步骤 2. 在【控制面板】窗口中双击【管理工具】图标,打开【管理工具】窗口。

图 8-8 【组策略】窗口

步骤 3. 在【管理工具】窗口中双击【本地安全策略】图标,打开【本地安全设置】窗口。

步骤 4. 依次双击【本地策略】→【安全选项】,在右侧窗格中双击【关机:允许在未登录前关机】,打开【关机:允许在未登录前关机 属性】对话框,选中【已禁用】,如图 8-9 所示。

步骤 5. 单击【确定】按钮即可。

727. Windows XP 中如何快速切换用户？

使用快速切换用户操作,可以使用户在没有关闭正在运行的程序时也能够快速切换到其他用户帐户,而且使用其他用户帐户后,能够切换回正在运行程序的用户帐户。快速切换用户的操作步骤如下。

步骤 1. 使用组合键【Winkey + L】,【Winkey】键即键盘上有 Windows 徽标的键,打开登录界面。

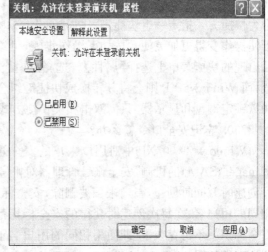

图 8-9 【关机:允许在未登录前关机 属性】对话框

步骤 2. 单击要登录的用户名,若需要输入密码则输入密码后登录即可。

728. 怎样快速关机？

Windows XP 系统关机或启动时,需要等一段时间,常用快速关机的方法有如下两种。

方法一: 快捷键方法。按下【Ctrl+Alt+Del】,打开任务管理器窗口,单击菜单栏【关机】→【关闭】,同时按住【Ctrl】键,系统在 1 秒之内就可以关闭。

方法二: 注册表方法。

步骤 1. 单击【开始】→【运行】,打开【运行】窗口,在【打开】下拉列表框中输入"regedit",单击【确定】按钮,打开【注册表编辑器】窗口。

步骤 2. 打开文件夹【HKEY_LOCAL_MACHINE/System/CurrentControlSet/Control】,双击 WaitToKillServiceTimeout,打开【编辑字符串】对话框,如图 8-10 所示。

步骤 3. 将【数值数据】文本框中的 20000 改为 4000,单击【确定】,关闭【注册表编辑器】。可使系统关闭时间设为 1 秒。

729. 如何创建【锁定计算机】的快捷方式?

在桌面上单击鼠标右键,在随后出现的
快捷菜单上指向【新建】,并选择【快捷方式】。
系统启动创建快捷方式向导。请在文本框中
输入下列信息:rundll32.exeuser32.dll,
LockWorkStation,单击【下一步】。输入快捷
方式名称。可将其命名为【锁定工作站】或选
用其他名称,单击【完成】。还可对快捷方式
图标进行修改,按以下操作步骤可修改快捷
方式图标:右键单击【快捷方式】,在弹出的快
捷菜单中选择【属性】。选择【快捷方式】选项
卡,单击【更改图标】按钮。在以下文件中查

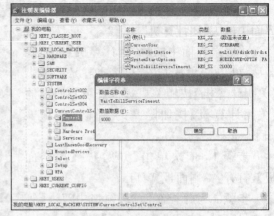

图 8-10 【注册表编辑器】窗口

找图标文本框中,输入 Shell32.dll,单击【确定】。从列表中选择所需图标,并单击【确定】。还
可为快捷方式指定一组快捷键,比如【Ctrl+Alt+L】。这种做法虽然只能节省一次击键,但却
可使操作变得更加灵便。按如下操作步骤,可添加快捷键组合:右键单击【快捷方式】,并在随
后出现的快捷菜单上选择【属性】。选择【快捷方式】选项卡,在快捷键文本框中,输入任何键
值,而 Windows XP 则会将其转换成快捷键组合(一般应采取【Ctrl】+【Alt】+任意键的形式)。
如欲锁定键盘和显示器,只需双击相关快捷方式或使用所定义的快捷键即可。

730. 忘记安全口令怎么办?

Windows 2000/XP 中对用户帐户的安全管理使用了安全帐号管理器(Security Account
Manager,SAM)的机制,安全帐号管理器对帐号的管理是通过安全标识进行的,安全标识在帐
号创建时就同时创建,一旦帐号被删除,安全标识也同时被删除。安全标识是唯一的,即使是
相同的用户名,在每次创建时获得的安全标识都完全不同。因此,一旦某个帐号被删除,它的
安全标识就不再存在了,即使用相同的用户名重建帐号,也会被赋予不同的安全标识,不会保
留原来的权限。

安全帐号管理器的具体表现就是%SystemRoot%\system32\config\sam 文件。SAM 文
件是 Windows NT/2000/XP 的用户帐户数据库,所有用户的登录名及口令等相关信息都会保
存在这个文件中。忘记安全口令处理方法:在系统启动前,插入启动盘,进入 C:\WINNT\
System3\Config\,用 ren 命令将 SAM 文件改名,或用 del 命令将 SAM 文件删除,重启电脑即
可。改名或删除 SAM 文件以后,试用 Administrator 登录,密码为空,则可登录成功。

731. 怎样使时间校正自动化?

鼠标双击系统任务栏托盘区中的系统时钟图标,打开【Internet 时间】选项卡,选择一台标
准的时间服务器,单击【确定】按钮后,系统自动连接到因特网上,并自动比较计算机内的系统
时钟与指定服务器的时钟,若计算机时间不准确即可自动调整。不过要想调整精确的话,必须
确保系统没有安装防火墙。

732. 如何使用 Windows 系统中的"录音机"将 WAV 文件转换成 MP3 格式?

使用 Windows 系统中的"录音机"进行 WAV 到 MP3 之间的转换,其操作步骤如下:鼠标
依次单击【开始】→【程序】→【附件】→【娱乐】→【录音机】,打开录音机程序。单击【文件】菜单
中的【打开】命令,选择 WAV 文件,再单击【文件】中的【另存为】命令,在【另存为】对话框中单

击【更改】按钮,弹出【声音选定】对话框,在【格式】框中选择【MPEG Layer-3】即可。

733. 录音时如何设置语声效果?

用户在进行语声的输入和输出之前,应对语声属性进行设置。在【声音和音频设备属性】对话框中,选择【语声】选项卡。在该选项卡中,用户不但可以为【声音播放】和【录音】选择默认设备,还可调节音量大小及进行语声测试。

步骤 1. 在【声音播放】选项组中,从【默认设备】下拉列表中选择声音播放的设备,单击【音量】按钮,打开【音量控制】窗口调整声音播放的音量。要设置声音播放的高级音频属性,单击【高级】按钮完成设置。

步骤 2. 在【录音】选项组中,从【默认设备】下拉列表中选择语声捕获的默认设备,单击【音量】按钮,打开【录音控制】窗口调整语声捕获的音量。要设置语声捕获的高级属性,单击【高级】按钮完成设置。

步骤 3. 单击【测试硬件】按钮,打开【声音硬件测试向导】对话框,该向导测试选定的声音硬件是否可以同时播放声音和注册语声。若要确保测试的准确性,在测试之前必须关闭使用麦克风的所有程序,如语声听写或语声通信程序。

步骤 4. 单击【下一步】按钮,向导开始测试声音硬件,并通过对话框显示检测进度。

步骤 5. 检测完毕后,打开【正在完成声音硬件测试向导】对话框,报告用户检测结果,单击【完成】按钮关闭对话框。

步骤 6. 设置完毕后,单击【确定】按钮保存设置。

734. 如何不让 QQ 图标在任务栏中显示?

运行腾讯 QQ 后,会在任务栏的通知区域显示 QQ 图标,若不想让 QQ 图标在任务栏显示,可以采用以下操作步骤。

步骤 1. 在 QQ 主面板,依次单击【主菜单】→【系统设置】→【基本设置】,打开【系统设置】对话框,如图 8-11 所示。

步骤 2. 单击【在任务栏通知区域显示 QQ 图标】前的复选框,去掉复选框内的对勾。

步骤 3. 单击【确定】按钮,将面板最小化即可。

步骤 4. 要想还原主面板或者想要查看消息,按组合键【Ctrl＋Alt＋Z】即可,也可以再设置其他的热键。

735. 在 Windows XP 环境下,如何使用远程桌面功能控制远程的计算机?

假设本地计算机为 Local 机,远程计算机为 Remote 机,可以通过以下的步骤来实现远程桌面功能。

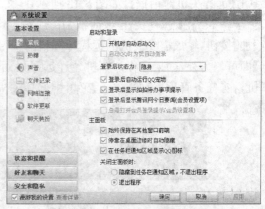

图 8-11　【系统设置】对话框

步骤 1. 在 Remote 机的 Windows XP 系统的桌面上用鼠标右击【我的电脑】,并从弹出的菜单中选择【属性】。

步骤 2. 在弹出的【系统属性】对话框中选择【远程】选项卡。

步骤 3. 在【远程】选项卡中的【远程桌面】一栏中，在【允许用户连接到此计算机】前打上对勾，如图 8-12 所示。

步骤 4. 在 Local 机中的【开始】菜单中选择【程序】→【附件】→【远程桌面连接】，或者【开始】→【运行】，然后输入 mstsc，按【确定】。通过以上两种方法可以启动远程桌面连接登录窗口，如图 8-13 所示。

步骤 5. 输入要连接的 Remote 计算机 IP 地址，单击【连接】按钮即可。

736. 在局域网如何实现远程关机？

在一个局域网内，有时存在远程关机的需求，例如有的学生期望在学校宿舍能够远程关掉实验室的计算机，这样就不用再跑到实验室去关机了。可以利用 shutdown 命令来实现这个功能。

步骤 1. 首先获取远程计算机的权限，在 Windows XP 系统中，单击【开始】→【运行】，输入"cmd"，单击【确定】，输入以下命令，如图 8-14 所示。

C:\>net use\\远程计算机的 IP/user：用户名 密码

步骤 2. 在命令行上输入 shutdown -i，弹出【远程关机对话框】，如图 8-15 所示。

步骤 3. 在【远程关机对话框】中单击

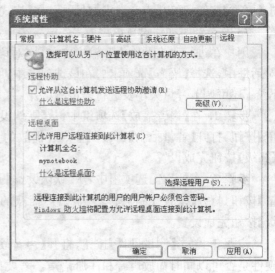

图 8-12　【系统属性】→【远程】选项卡

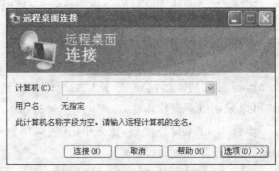

图 8-13　远程桌面连接登录窗口

【添加】按钮，输入需要关机的远程计算机的 IP 地址。在【注释】框中写入关机的注释，单击【确定】即可。另外，如果远程计算机允许远程桌面连接的话，也可以利用远程桌面连接到远程计算机，在【任务管理器】的【关机】菜单中选择关机即可。

```
C:\>net use \\192.168.1.103 /user:administrator 123456
```

图 8-14　用于取得远程计算机权限的命令

737. 怎样加快【网上邻居】的共享速度？

使用 Windows XP 的【网上邻居】共享资料时，花费的时间会较长，这是因为系统在检查其他计算机中的设置，可以将这个检查步骤取消以加快速度。方法如下：打开【注册表编辑器】，打开 HKEY_LOCAL_MACHINE/SOFTWARE/Microsoft/Windows/CurrentVersion/Explorer/RemoteComputer/NameSpace/{D6277990-4C6A-11CF-8D87-00AA0060F5BF}，如图

8-16所示,单击鼠标选择【删除】或用按下【Delete】键将【{D6277990 - 4C6A - 11CF - 8D87 - 00AA0060F5BF}】删除即可。

738. 编辑 Word 文档时,如何取消自动将 E-mail 地址转换为一个超链接?

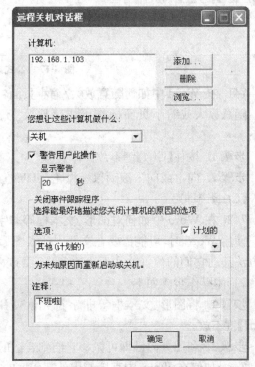

图 8-15　远程关机对话框

在 Word 文档中键入一个 E-mail 地址时,Word 自动将其转换为一个超链接,影响编辑效率。如果不让 Word 将 E-mail 地址自动转换为超链接,可以关闭自动将 Internet 及网络路径替换为超链接的功能。方法是:依次单击菜单栏的【工具】→【自动更正选项】命令,打开【自动更正】对话框。单击【键入时自动套用格式】,切换到"键入时自动套用格式"选项卡,在"键入时自动替换"栏中,取消"Internet 及网络路径替换为超链接"复选框的勾选,单击【确定】按钮。

739. 如何显示消失的 Word 工具栏和菜单栏?

如果 Word 工具栏不见了,平时用视图窗中的【工具栏】可以让工具栏显示出现。若菜单栏也没有了,重装 Office 后问题也会依旧。是否显示菜单工具栏等是由模板来决定的,Word 的模板保存在 Word 安装目录下的 Templates 目录,文件名为"Normal. dot",只要将该文件删除,然后重新启动 Word,系统就会生成一个新的"Normal. dot"模板文件,该模板文件是默认的状态,其中菜单栏和常用工具栏都有。

740. 在 Word 中,如何实现公式居中,公式编号靠右对齐?

通过以下方法可以简单地实现达到公式居中、编号右对齐的。

步骤 1. in word 文档中相应的位置上顺序写出公式和公式编号,将光标置于公式之前。

步骤 2. 单击标尺最左端的小图标 ,将制表符类型修改为居中式制表符 ;在标尺中央单击鼠标左键,这时在标尺上出现居中式制表符 。

步骤 3. 单击标尺最左端的小图标 ,将制表符类型修改为右对齐式制表符 ;在标尺末端单击鼠标左键,这时在标尺上出现右对齐式制表符 。

图 8-16　加快【网上邻居】共享速度

步骤 4. 在公式前按下【Tab】键,在公式后公式编号前按下【Tab】键,结果如图 8-17 所示。

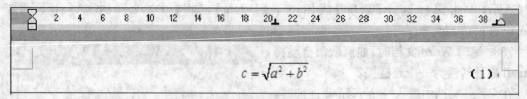

图 8-17　公式居中、公式编号

741. 在 Word 中如何随意放大/缩小页面？

随意放大或缩小页面操作可快捷地改变显示比例，使用 Word 更方便。具体操作步骤如下。

步骤 1. 按住【Ctrl】键不放。

步骤 2. 向上或向下滚动鼠标滑轮，可以随意放大或缩小页面，页面显示比例满足要求时，松开【Ctrl】键即可。

742. 在 Word 中如何对图形、文本框等非字符元素的位置进行微调？

使用 Word 时，可能需要在文档中插入图形或文本框等非字符元素。在排版时，采用平常的方法移动它们的位置往往无法达到满意的效果，可以采用以下方法对这些元素的位置进行微调，具体操作步骤如下。

步骤 1. 将图形、文本框等非字符元素使用鼠标或方向键将其移动到大致位置时，按住【Ctrl】键不放。

步骤 2. 利用方向键即可微移它们到合适的位置。

743. 如何在 Word 中直接调用外部程序？

使用 Word 2003 时，若要调用截图软件、通讯簿、计算器等外部程序，还得进入【开始】菜单或者回到桌面双击程序快捷图标，比较繁琐。若将它们以图标的形式放到工具条上，可直接调用，非常方便，具体操作方法如下。

步骤 1. 启动 Word 2003，执行【工具】→【宏】→【宏…】命令，调出宏对话框。在【宏名】文本框中键入宏的名称，如"ACDsee"，单击【创建】按钮，Word 会自动进入 VisualBasic 编辑器。

步骤 2. VB 代码窗口中已经自动加入了几行代码，在 SubACDsee() 和 EndSub 之间，加入自己的代码（以 Winamp 为例）：Shell "D：/ProgramFiles/Winamp/winamp. exe"。Shell 是 Word 宏中用来运行外部程序的命令，空一格然后在西文双引号之间输入所想要运行程序的路径和程序名即可，然后关闭 VB 编辑器回到 Word 编辑窗口中。

步骤 3. 执行【工具】→【自定义】命令调出自定义对话框，单击【命令】标签，在左边【类别】中选择【宏】，然后将右边的【命令】框中名为【Normal. NewMacros. ACDsee】的命令拖放到工具栏适当的位置。右击该新命令按钮，从右键菜单中选择【默认样式】即可。还可通过【更改按钮图标】为此按钮更换图标。

步骤 4. 之后在 Word 中编辑文档时，就可以通过单击该按钮直接调用 Winamp。其他程序快捷按钮的定制可依此类推。

744. 如何在 Word 中标注圆圈数字？

Word 在没有提供大于 10 的带圈数字，可用以下方法实现大于 10 的带圈数字的输入。

步骤 1. 依次单击菜单中的【插入】→【图片】→【自选图形】，插入一个空白的圆圈并设置线条为黑色。

步骤 2. 然后再插入一个文本框,将边框与颜色都设为透明,输入数字 11。

步骤 3. 移动文本框至圆圈中心即可。

745. 如何用低版本的 Office 打开或编辑 Office 2007 的文档?

用 Office 2007 编辑文档,缺省的文档保存格式在低版本的 Office 中均无法识别。利用微软官方的 Microsoft Office Word、Excel 和 PowerPoint 2007 文件格式兼容包可以让低版本的 Office 打开 Office 2007 文档。

打开微软官方网站 http://www.microsoft.com/china/downloads,下载所需文件。该兼容包可以用于 Office 2000、Office XP 和 Office 2003。下载完成后运行兼容包的安装程序,根据提示完成安装并重新启动操作系统。

安装该兼容补丁后,Office 2000、Office XP 和 Office 2003 就可以识别出 docx、docm 等格式的 Word 2007 文档,pptx、pptm、potx、potm、ppsx、ppsm 等格式的 PowerPoint 2007 文档,xlsb、xlsx、xlsm、xltx、xltm 等格式的 Excel 2007 文档。可以对上述格式的文档进行打开、保存或新建等编辑操作。

746. 安装 Office 2007 时如何同时保留低版本的 Office?

若安装 Office 2007 时,想同时保留低版本的 Office 2003,可按如下方法处理。

以 Word 为例,在运行安装文件的过程中,弹出如图 8-18 所示的【Microsoft Office Word 2007】对话框。单击【自定义】按钮,打开如图 8-19 所示的【Microsoft Office Word 2007】对话框中的【升级】标签页。

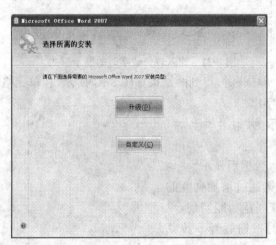

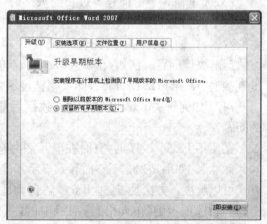

图 8-18 【Microsoft Office Word 2007】对话框

图 8-19 【Microsoft Office Word 2007】对话框中的【升级】标签页

在对话框的【升级】标签页中选择【保留所有早期版本】单选项,单击【立即安装】按钮,完成安装过程。这样就可以在一台电脑中同时安装 Office 2007 和低版本的 Office。

Office 2007 安装完成后,在文件系统中双击一个 Word 文档,自动打开的是 Word 2007 应用程序,如果想使用旧版本的 Office 2003 打开文档,则可在 Windows 窗口中依次单击【开始】→【所有程序】→【Microsoft Word 2003】,启动 Word 2003 应用程序,弹出些安装信息。启动 Word 2003 应用程序窗口后即可对文档进行操作。此后在文件系统中双击一个 Word 文档,自动打开的将是 Word 2003 应用程序,如果想使用 Office 2007 打开文档,则依前述方法在 Windows 窗口中依次单击【开始】→【所有程序】→【Microsoft Word 2007】,启动 Word 2007 应用程序即可。

747. 如何将 Office 2007 文档保存为低版本的 Office 文档?

用 Office 2007 编辑文档,保存的文档格式经常与低版本的 Office 无法兼容,为了使用方便,需要将 Office 2007 文档保存为低版本的 Office 文档格式,可以用下述方法处理。

单击【Office】按钮 ，将鼠标移动至【另存为】菜单项的右三角按钮 上,弹出【保存文档副本】列表,如图 8-20 所示。在此选择【Word 97-2003 文档】格式,打开【另存为】对话框,在该对话框中设置文档的保存位置和名称,单击【保存】按钮即可。

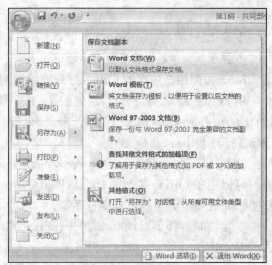

图 8-20　保存文档副本

748. 在 Excel 里输入较长的数字时,如何快捷地避免被显示为科学计数法的形式?

Excel 里输入身份证号等过长的数字时,会被自动改写为科学计数法形式,得不到想要的数据,在输入长数字前先输入符号"'"即

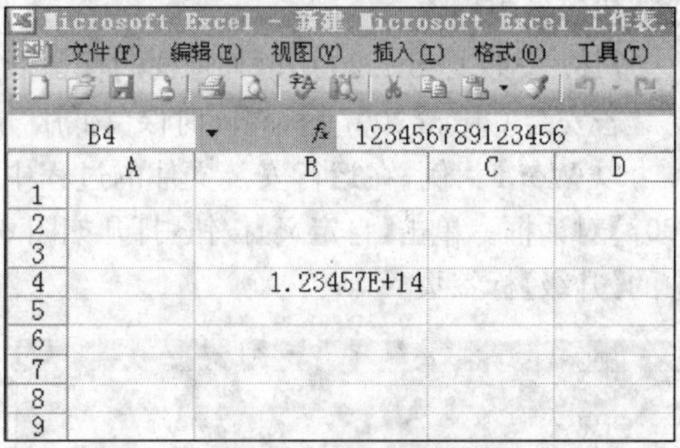

图 8-21　输入较长数字时的显示形式

可快捷解决该问题。例如,在输入"123456789123456"时,得到的结果如图 8-21 所示,在单元格里直接输"123456789123456",即可完整显示数字串。

749. 如何解决 Excel 2007 输入数据后显示为"＃＃＃＃＃"的问题?

在使用 Excel 2007 时,有时在单元格内输入数据后显示为"＃＃＃＃＃"。如果是列宽不够而导致显示不全,则通过增加列宽的方式可以解决。方法是:通过 Excel 的自动适应列宽功能实现,单击【开始】选项卡的【单元格】选项组中的【格式】按钮展开下拉菜单,选择【自动调整列宽】选项,如图 8-22 所示。

如果目标单元格原来的内容为数字,则可能是由于数字小数位数太长而不能正常显示所致。单击【开始】选项卡的【数字】选项组中的【减少小数位数】按钮,将小数位数调整到正常显示的范围,如图 8-23 所示。

750. 如何在 Excel 2007 中单元格中输入分数?

在使用 Excel 2007 时,在 Excel 的单元格中输入一个分数,例如输入 1/4,按【Enter】键,刚输入的分数却变成了"1 月 4 日",可用如下两种方法解决。

图 8-22　【自动调整列宽】选项

方法一:在 Excel 中输入分数时,输入一个数字"0"后,输入一个空格,再依次输入分子、斜杠"/"和分母。

方法二:向单元格输入分数之前,先在单元中单击鼠标右键,在弹出的快捷菜单中选择【设置单元格格式(F)…】,弹出【设置单元格格式】对话框,如图 8-24 所示。然后在【数字】选项卡中选择【分类】栏的【分数】选项,单击【确定】按钮返回。

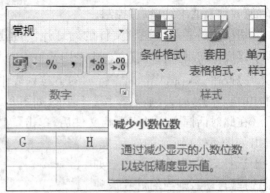

图 8-23 【减少小数位数】按钮

751. 如何使用 Power Point 2007 在幻灯片中插入公式?

切换到需要插入公式的幻灯片,单击功能区中的【插入】选项卡,单击【文本】选项组中的【对象】按钮,如图 8-25 所示。打开【插入对象】对话框,如图 8-26 所示。在【插入对象】对话框中的【对象类型】列表中选中【Microsoft 公式 3.0】选项,单击【确定】按钮打开公式编辑器,进入公式编辑状态。利用【公式编辑器】窗口上方的【公式】工具栏上的相应按钮,即可编辑制作出所需要的公式来。制作完成后,在【公式编辑器】窗口中,执行【文件】→【退出并返回到示例文稿.p】,或单击窗口右上方的【关闭】按钮,返回到幻灯片编辑状态。

如果进入公式编辑状态后,【公式】工具栏没有展开,可以执行菜单【视图】→【工具栏】命令。插入的公式,实际上是一个内嵌的图片,默认情况下比较小,会影响演示效果,可以利用鼠标拖动调整它的大小和位置,使其具有更好的演示效果。如果在【插入对象】对话框中没有【Microsoft 公式 3.0】选

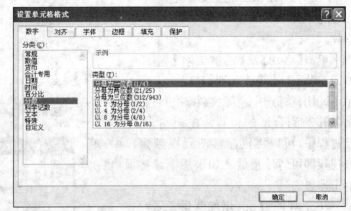

图 8-24 【设置单元格格式】对话框

图 8-25 【文本】选项组

图 8-26 【插入对象】对话框

项,说明该组件还没有安装,可以利用 Microsoft Office 的安装软件进行安装。

752. 如何使用 Power Point 2007 在幻灯片中插入视频?

在使用 Power Point 2007 编辑幻灯片时,一般的视频文件可以直接插入。可将事先准备好的视频文件作为电影文件直接插入到幻灯片中,但该方法插入的视频,PowerPoint 只提供简

单的【暂停】和【继续播放】控制。

切换到需要插入视频文件的幻灯片，单击【插入】选项卡，【媒体剪辑】组中的【文件中的影片】按钮，或单击【影片】按钮，在如图 8-27 所示的下拉列表中选择【文件中的影片】。打开【插入影片】对话框，如图 8-28 所示。

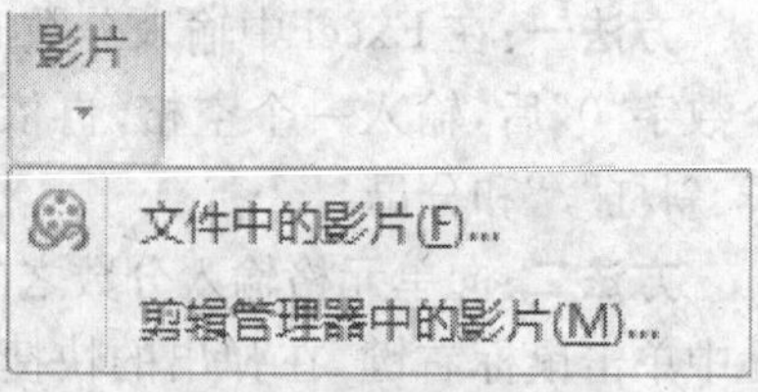

图 8-27 【影片】下拉列表

在此对话框中选择好视频文件后，单击【确定】按钮，弹出如图 8-29 所示的对话框，用于选择影片的播放方式。如果选择【自动】，则当幻灯片放映时自动播放该影片；如果选择【在单击时】，则当幻灯片放映时在影片上单击鼠标后才播放该影片。

单击【自动】或【在单击时】按钮，视频文件就插入到幻灯片中了。用鼠标选中视频文件，并将它移动到合适的位置。在播放过程中，可以将鼠标移动到视频窗口中，单击视频即可暂停播放。如果想继续播放，再次单击即可。

图 8-28 【插入影片】对话框

753. 如何为 ppt 增加背景音乐?

步骤 1. 将制作好的 ppt 演示文稿打开，定位到第一张幻灯片，在菜单栏选择【插入】→【影片和声音】→【文件中的声音】，在弹出的【插入声音】对话框中选择要作为背景音乐的文件，单击【确定】。这时会在当前幻灯片出现一个小喇叭的图标。

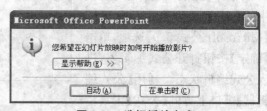

图 8-29 选择播放方式

步骤 2. 鼠标右击小喇叭图标，在弹出的菜单中选择【编辑声音对象】，在弹出的【声音选项】对话框中选中【循环播放，直到停止】选项。如图 8-30 所示。

步骤 3. 鼠标右击小喇叭图标，在弹出的菜单中选择【自定义动画】，在右侧的【自定义动画】栏中右击刚才插入的音乐，在弹出的菜单中选择【效果选项】，会弹出【播放】对话框如图8-31所示，选中【效果】选项卡，在【停止播放】中选择【在…张幻灯片之后】，然后输入一个大于文稿幻灯片总数的数字即可。

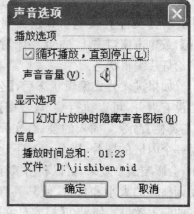

图 8-30 【声音选项】对话框

754. 如何使 PDF 文档变清晰?

Acrobat Reader 的默认设置本来是想使文本变得平滑些，但是反而导致文字边缘发虚、颜色灰暗，质量不好的 PDF 文档甚至根本看不清。此时只要稍微修改就能让文字显示清楚。先用 Acrobat Reader 打开任意一个 PDF 文档，选择菜单【编辑】→【首选项】，在弹出的窗口中选择【平滑】选项卡,把【平滑文本】前面的"√"去掉即可,如图8-32所示。

不用重新启动 Acrobat Reader 就能看到最终的效果,文字变细了,但看起来却十分清楚。修改前后的效果如图8-33和图8-34所示。

755. 忘记 WinRAR 压缩文件设置的密码怎么办?

WinRAR 在加密压缩时,没有"通用密码",若加密的 WinRAR 文件忘记了密码,破解的话只能使用解密软件。Advanced RAR Password Recovery 即可破解加密的 WinRAR 压缩文件。

756. 如何在生成压缩文件的同时自动设置密码?

使用的压缩文件不想被其他人查看,可以加载密码。其操作步骤如下:启动 WinRAR 软件,执行【选项】→【设置】命令,在弹出的对话框中单击【压缩】标签。单击【创建默认配置】按钮,在【设置默认压缩选项】对话框中选择【高级】标签,单击【设置密码】按钮。接下来在【口令设置】窗口中输入自己的密码,最后单击【确定】按钮以保存设置。设置完成后,每次使用右键菜单创建压缩文件后,都会自动地添加默认密码。

【提示】:本机的 WinRAR 软件设置完成后创建的压缩文件在其他电脑上解压时需要输入默认密码,但在本机上解压该压缩文件则不用输入默认密码。因为本机 WinRAR 软件已记忆默认密码。

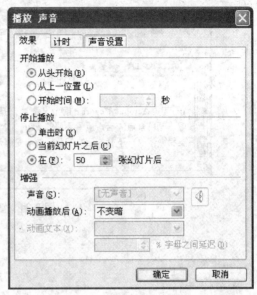

图8-31 【播放】对话框

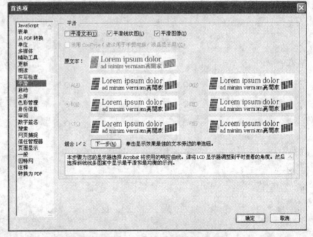

图8-32 【首选项】对话框

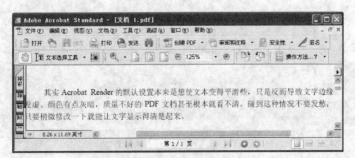

图8-33 修改前的效果

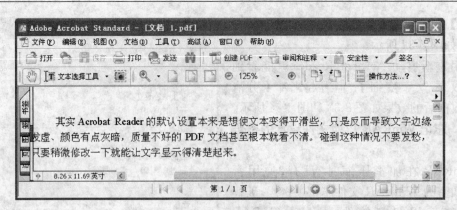

图 8-34　修改后的效果

第9章 电脑的安全防护

757. 什么是计算机病毒?

计算机病毒(Computer Virus)在《中华人民共和国计算机信息系统安全保护条例》中被明确定义,指编制或者在计算机程序中插入的破坏计算机功能或者毁坏数据,影响计算机使用,并能自我复制的一组计算机指令或者程序代码。"计算机病毒"与医学上的"病毒"不同,是某些人利用计算机软、硬件所固有的脆弱性,编制成的具有特殊功能的程序。计算机病毒有独特的复制能力,可以很快地蔓延,又常常难以根除。它们能把自身附着在各种类型的文件上,当文件被复制或从一个用户传送到另一个用户时,它们就随同文件一起蔓延开来。它具有隐蔽性、寄生性、传染性、触发性、破坏性、不可预见性。

758. 电脑病毒是怎样感染到电脑上的?

电脑病毒的主要传播途径有以下几种。

(1)通过硬盘、U盘、移动硬盘、光盘等存储介质:当不带病毒的计算机与带病毒的移动硬盘、U盘等外部存储介质进行文件交换时,就可以使计算机存储介质感染病毒,并不断扩散。光盘容量大,存储了海量的可执行文件,大量的病毒就有可能藏身于光盘,通过光盘向硬盘拷贝文件或者安装应用程序,造成硬盘感染。

(2)通过网络下载:上网时,病毒可以直接从网站传入计算机,下载的文件可能存在病毒,对计算机造成威胁。

(3)通过电子邮件:大多数 Internet 邮件系统支持在网络间传送带有附件的邮件。因此,遭受病毒的文档或文件就可能通过网关和邮件服务器进行传播。网络使用的简易性和开放性使得这种威胁越来越严重。

759. 计算机中毒都有哪些症状?

用户计算机中毒后经常表现出以下一种或几种症状:①计算机系统运行速度减慢。②计算机系统无故发生死机重新启动。③系统引导速度减慢。④Windows 操作系统无故频繁出现错误。⑤计算机屏幕上出现异常显示。⑥计算机系统的蜂鸣器出现异常声响。⑦系统不识别硬盘。⑧文件无法正确读取、复制或打开。⑨对存储系统异常访问。⑩Word 或 Excel 提示执行"宏"。⑪IE 无法打开,或者自动弹出浏览器窗口。⑫还有的会表现在不明显的地方,例如在磁盘中出现不明文件,磁盘卷标发生变化,计算机系统中的文件长度发生变化,文件的日期、时间、属性等发生变化,丢失文件或文件损坏,计算机存储的容量异常减少,不应驻留内存的程序驻留内存等。除了这些相对比较常见的症状,还有很多其他的症状不再一一列举。

760. 如何更好地预防计算机中毒?

预防计算机中毒可从以下几方面入手:①浏览网页时,若自动弹出窗口,或者要求安装某些插件,则不要轻易安装,更不要点击不明来源的链接。②保持操作系统的更新。病毒是根据操作系统的漏洞进行编制的,更新后系统漏洞被弥补,病毒就无机可乘。③定期更新杀毒软件病毒库。只有不断更新病毒库,才能查杀新出现的病毒,从而取得更好的查杀效果。④软件要到信任的网站下载。比如要安装 QQ,最好到腾讯的官方网站下载。在非官方网站下载的软件,可能有恶意插件,安装时要小心。⑤安装应用软件的过程中,不要选择自己不需要的插件。

761. 常见的计算机病毒有哪些?

按照传播方式、载体以及感染对象分类,病毒可分为:系统病毒、蠕虫病毒、木马病毒、黑客病毒、脚本病毒、宏病毒、后门病毒、玩笑病毒、捆绑机病毒等。按病毒的入侵方式可以分为:源代码嵌入攻击型、代码取代攻击型、系统修改型、外壳附加型等。按寄生方式可分为:引导型、文件型、网络型病毒和复合型病毒等。

762. 通过病毒名字能知道什么?

掌握一些病毒的命名规则,就能通过杀毒软件报告中出现的病毒名来判断该病毒的公有的特性了。病毒名字的一般格式为:<病毒前缀>. <病毒名>. <病毒后缀>。病毒前缀是一个病毒的种类,用来区别病毒的种族分类,不同的种类的病毒,其前缀不同。比如木马病毒的前缀 Trojan、蠕虫病毒的前缀是 Worm 等。病毒名是指一个病毒的家族特征,用来区别和标识病毒家族,比如以前著名的 CIH 病毒的家族名都是统一的" CIH ",振荡波蠕虫病毒的家族名是" Sasser "。病毒后缀是一个病毒的变种特征,用来区别具体某个家族病毒的某个变种。一般都采用英文中的 26 个字母来表示,如 Worm. Sasser. b 就是指振荡波蠕虫病毒的变种 B,因此一般称为"振荡波 B 变种"或者"振荡波变种 B"。如果该病毒变种非常多,可以采用数字与字母混合表示变种标识。

763. 什么是蠕虫病毒,它有什么特点?

杀毒软件中,一般将蠕虫病毒的前缀名命名为 Worm,即以 Worm 为文件名前缀的病毒为蠕虫病毒。这种病毒的共同特性是通过网络或者操作系统漏洞进行传播,大部分的蠕虫病毒发作后可能向外发送带毒邮件或者阻塞网络的表现。对于个人用户而言,威胁大的蠕虫病毒采取的传播方式,一般为电子邮件(E-mail)以及恶意网页等。通过电子邮件传播的蠕虫病毒,通常利用的是各种各样的欺骗手段以诱惑用户点击的方式进行传播。恶意网页传播是指当用户在不知情的情况下打开含有病毒的网页时,病毒就会发作。蠕虫病毒的一般防治方法是:使用具有实时监控功能的杀毒软件,并且不要轻易打开不熟悉的邮件附件以及不安全的网页。"冲击波"、"尼姆亚"、"熊猫烧香"及其变种都属于蠕虫病毒。

764. 什么是木马病毒,它有什么特点?

"木马"一般是以控制他人电脑为目的的程序,可以利用它来进行多种恶意行为,具有极大的隐藏性,多不会直接对电脑产生危害。木马、黑客病毒往往是成对出现的,即木马病毒负责侵入用户的电脑,而黑客病毒则会通过该木马病毒来进行控制。在杀毒软件的报告中,木马病毒的前缀是 Trojan。木马病毒的公有特性是通过网络或者系统漏洞进入用户的系统并隐藏,然后向外界泄露用户的信息。例如,针对网络游戏的木马病毒 Trojan. LMir. PSW. 60 。

765. 什么是宏病毒,它有什么特点?

为了方便用户,Office 软件中提供了用户定制宏的功能,可以使某些特定的工作自动完成。宏病毒是一种寄居在 Office 文档或模板中,并能对系统进行恶意操作的病毒。宏病毒的特性是能感染 Office 系列文档,然后通过 Office 通用模板进行传播。从 Office97 开始,在 Office 中提供了对宏安全性的设置,让用户可以自行设置宏的安全性选项,选项分为"非常高"、"高"、"中"和"低"四个级别,建议至少将宏的安全性设置到"中"以上。因为设置为"中"后,当打开带有宏的文档时,系统会提示是否启用宏,用户可以根据自己对文档的了解来选择是否启用。

766. 什么是防火墙？

防火墙是指一个内部网与 Internet 之间的一个安全网关，可以由用户自己定义规则，用于控制在两个网络之间进行访问的策略，保护内部网，防止外部非法用户的入侵。防火墙一般是由硬件设备和软件相结合构成的系统，也有针对个人计算机实施网络保护的软件防火墙。防火墙主要由服务访问规则、验证工具、包过滤和应用网关 4 个部分组成。防火墙的主要功能是根据用户设定的服务访问规则，阻止或允许某种类型的信息从一个网络进入另一个网络。

767. 什么是黑客？黑客与骇客的区别？

黑客一词在圈外或媒体上通常被定义为专门入侵他人系统进行不法行为的计算机高手。黑客最早源自英文 hacker，原指热心于计算机技术，水平高超的电脑专家，尤其是程序设计人员。早期在美国的电脑界是带有褒义的。但到了今天，黑客一词已被用于泛指那些专门利用电脑网络搞破坏或恶作剧的家伙。对这些人的正确英文叫法是 Cracker，有人翻译成骇客。

768. 网络攻击的一般步骤有哪些？

在攻击者对特定的网络资源进行攻击前，首先要确定攻击的目的，也就是说要对对方造成什么样的后果。第二步进行信息收集，了解将要攻击的环境，此时需要搜集汇总各种与目标系统相关的信息，包括机器数目、类型、操作系统等。攻击者搜集目标信息一般采用多个步骤，每一步均有可利用的工具，攻击者使用它们得到攻击目标所需要的信息。第三步获得权限，当收集到足够的信息之后，开始实施攻击行动，作为破坏性攻击，只需利用工具发动进攻，而作为入侵性攻击，要找到系统漏洞，然后利用系统漏洞获取一定权限，进行攻击。第四步攻击善后，为了自身的隐蔽性，黑客一般都会抹掉自己在日志中留下的痕迹。

769. 什么是入侵检测系统？

入侵检测系统简称"IDS"，是一种对网络传输进行即时监视，在发现可疑传输时发出警报或者采取主动反应措施的网络安全设备。它监视、检测并对网络中未经授权的活动和外部入侵行为进行响应。它与其他网络安全设备的不同之处在于，IDS 是一种积极主动的安全防护技术。入侵检测系统往往与防火墙配合使用，帮助系统对付网络攻击，假如防火墙是一幢大楼的门卫，那么 IDS 就是这幢大楼里的监视系统。一旦小偷爬窗进入大楼，或内部人员有越界行为，只有实时监视系统才能发现情况并发出警告。IDS 入侵检测系统不同于防火墙，它是一个监听设备。

770. 入侵检测系统有哪些类型？

入侵检测系统可以分为以下类型：①基于网络的入侵检测系统，它是通过分析主机之间网线上传输的信息来工作的，这类产品被放置在比较重要的网段内，不停的监视网段中的各种数据包。如果数据包与产品内置的某些规则相符，入侵检测系统就会发出警报甚至直接切断网络连接。②基于主机的入侵检测系统，它是被设计用于监视、检测对主机的攻击行为，这类产品通常是安装在被重点检测的主机之上，主要是对该主机的网络实时连接以及系统审计日志进行智能分析和判断。如果其中主体活动十分可疑，例如违反统计规律，入侵检测系统就会采取相应措施。③混合式入侵检测系统，它是基于网络和基于主机的入侵检测系统的结合，这种解决方案综合了基于网络和基于主机两种结构特点的入侵检测系统，既可发现网络中的攻击信息，也可从系统日志中发现异常情况。目前，基于网络的入侵检测产品是主流。

771. 什么是电子欺骗攻击？

电子欺骗（Spoofing）是利用目标网络的信任关系，来获取非授权访问的方法。也就是说当两台计算机之间存在了信任关系，第三台计算机就可能冒充建立了相互信任的两台计算机中的一台对另一台计算机进行欺骗，发生在网络上的计算机之间的欺骗统称为电子欺骗。常见的电子欺骗方式有：IP 欺骗、TCP 欺骗、ARP 欺骗、DNS 欺骗、路由欺骗等。

772. 什么是拒绝服务攻击？

拒绝服务（Denial of Service，DoS）攻击，即攻击者采用一定手段让目标机器停止提供服务，让目标计算机在网上停止工作。如果由多台主机同时对一台主机进行拒绝服务攻击，那就形成分布式拒绝。拒绝服务攻击通常利用系统的各种漏洞对计算机发动攻击，或者是利用大量的正常服务请求不断消耗目标主机的资源，直到致使目标主机超出处理能力因过载而不能再继续相应正常的请求。要想彻底解决拒绝服务攻击是很难的，但可以采取很多的防御措施来尽量降低拒绝服务攻击的危害，如及时修补系统的安全漏洞、使用并合理配置防火墙等。

773. 什么是缓存溢出攻击？

缓存溢出（Buffer overflow）漏洞是一种常见的安全漏洞。缓存溢出攻击利用计算机中的缓存溢出漏洞，使用超过正常长度的数据填充内存中的程序缓冲区，造成缓存的溢出。这种攻击会使系统死机或者重新启动，或者利用超长的数据植入程序，用于执行非法操作。互联网上就曾曝出过 DNS 缓存漏洞，该漏洞可以让黑客运用缓存溢出的攻击方式对 DNS 服务器的缓存进行攻击。

774. 现在大家常用的杀毒软件有哪些？

国产杀毒软件里面最常见的有 360 杀毒、瑞星、金山毒霸等。三款杀毒软件均各有特点，其中 360 杀毒软件轻巧而且免费。国外的杀毒软件在中国最常用的有卡巴斯基、诺顿、ESET Nod32、小红伞。卡巴斯基杀毒和防御功能都很不错，诺顿功能全面，ESET Nod32 则比较小巧，适合笔记本用户，小红伞杀毒能力很强，并且还有免费版本。每个人可以根据自己的习惯和爱好选择。需要注意的是安装完杀毒软件后还应该安装安全辅助软件，比如 360 杀毒搭配 360 安全卫士，金山毒霸搭配金山网盾等。系统没有安装防火墙软件的还应该安装防火墙。

775. 如何下载 360 杀毒软件？

360 杀毒软件是一款免费杀毒软件，可以从它的官方网站下载，具体步骤如下。

步骤 1. 在 IE 浏览器地址栏输入网址 http://sd.360.cn/，页面打开后如图 9-1 所示。

图 9-1　360 杀毒下载页面

步骤 2. 如图 9-1 所示，单击右侧箭头所指的【点此下载】，选择存储路径，单击【保存】即可，下载的是完整安装包，可不联网安装。左侧箭头所指的【立即下载】，下载的是在线安装包，在不联网的情况下不能完成安装。

776. 如何安装 360 杀毒软件？

步骤 1. 双击安装 360 杀毒安装程序，如图 9-2 所示。

步骤 2. 依次经过【欢迎使用"360 杀毒"安装向导】→【许可证协议】→【选择安装位置】→【选择"开始菜单"文件夹】→【正在安装】→【正在完成"360 杀毒"安装向导】，即可完成安装。

图 9-2　360 杀毒软件安装程序

777. 如何启动 360 杀毒软件？

启动 360 杀毒软件常用方法有以下两种。

方法一：【开始】菜单方式。依次单击菜单栏中【开始】→【所有程序】→【360 杀毒】→【360 杀毒】，如图 9-3 所示，即可启动 360 杀毒程序。

图 9-3　用【开始】菜单方式启动 360 杀毒软件

方法二：双击 360 杀毒图标。双击桌面上的 360 杀毒快捷方式图标即可启动 360 杀毒软件。

【提示】：当系统已经启动 360 杀毒软件时，双击桌面工具栏右下角 360 杀毒图标也可以打开 360 杀毒软件界面。

778. 如何在线升级 360 杀毒软件的病毒库？

为了保证更好的杀毒效果，360 杀毒软件需要定期更新，设置步骤如下。

图 9-4　360 杀毒软件的设置菜单

步骤 1. 单击 360 杀毒软件的设置菜单，如图 9-4 所示，弹出【设置】窗口。

步骤 2. 单击【设置】窗口中的【升级设置】，如图 9-5 所示，在右侧选择【自动升级病毒特征库及程序】、【关闭自动升级，每次升级时提醒我】、【定时升级】三个选项中的一项，系统会根据所设定的升级模式进行执行。

779. 如何利用 360 杀毒软件进行病毒查杀？

打开 360 杀毒的主界面，选择【病毒查杀】选项卡，如图 9-6 所示。360 杀毒软件为【病毒查杀】功能提供了【快速扫描】、【全盘扫描】、【指定位置扫描】三个选项，可根据需要选择。

780. 如何处理 360 杀毒软件扫描出的病毒？

在 360 杀毒软件进行杀毒的过程中，该

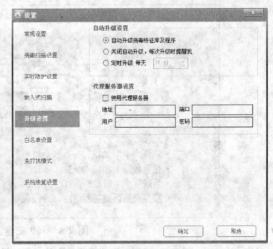

图 9-5　360 杀毒软件【升级设置】

软件可以对扫描出的病毒进行自动处理。设置方法如图9-7所示，在查杀的过程中，将【病毒查杀】选项卡中【自动处理扫描出的威胁】前打上勾即可。

781. 360 杀毒软件与 360 安全卫士的区别是什么？

360 杀毒与 360 安全卫士是两个功能不同的软件。360 杀毒软件是保护系统安全的杀毒软件，360 安全卫士是系统安全辅助软件。360 杀毒免费且拥有完善的病毒防护体系，为电脑提供全面保护。360 安全卫士拥有木马查杀、恶意软件清理、漏洞补丁修复、电脑全面体检等多种功能。同时还具备开机加速、垃圾清理等多种系统优化功能，可大大加快电脑运行速度，内含的 360 软件管家还可帮助用户轻松下载、升级和强力卸载各种应用软件。

图 9-6　360 杀毒软件的【病毒查杀】选项卡

782. 如何下载 360 安全卫士？

360 安全卫士拥有查杀木马、清理插件、修复漏洞、电脑体检等多种功能，同时还具备开机加速、垃圾清理等多种系统优化功能，可以官网下载，具体步骤如下。

图 9-7　360 杀毒【病毒查杀】选项卡

步骤 1. 在 IE 浏览器地址栏输入网址 http://www.360.cn/down/soft_down2-3.html，页面打开后如图 9-8 所示。

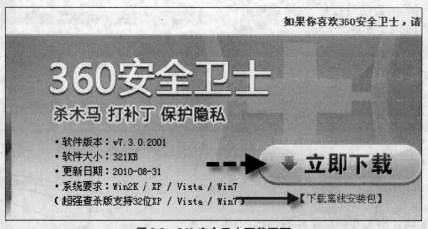

图 9-8　360 安全卫士下载页面

步骤 2. 如图 9-8 所示，单击下面箭头所指的【下载离线安装包】，选择存储路径，单击【保存】即可,下载的是完整安装包,可不联网安装。单击上面箭头所指的【立即下载】,下载的是在线安装包,在不联网的情况下不能完成安装。

783. 如何安装 360 安全卫士?

步骤 1. 双击安装 360 安全卫士安装程序,如图 9-9 所示。

步骤 2. 打开【欢迎使用"360 安全卫士"安装向导】页面,根据提示完成安装步骤。

图 9-9　360 安全卫士安装程序

784. 如何启动 360 安全卫士?

启动 360 安全卫士的常用方法有以下两种。

方法一:【开始】菜单方式。依次单击菜单栏中【开始】→【所有程序】→【360 安全卫士】→【360 安全卫士】,如图 9-10 所示,即可启动安全 360 卫士程序。

方法二:通过桌面快捷方式。双击桌面上的【360 安全卫士】快捷方式图标即可启动 360 安全卫士程序。

【提示】:如果系统已经启动了 360 安全卫士实时保护时,可以双击桌面工具栏右下角 360 安全卫士实时保护图标。

785. 如何用 360 安全卫士对计算机进行体检?

通过利用 360 安全卫士对计算机进行体检,可以发现并预防计算机潜在危机,具体操作如下。

步骤 1. 打开 360 安全卫士主界面【电脑体检】选项卡,单击【立即体检】按钮。

图 9-10　用【开始】菜单方式启动 360 安全卫士

步骤 2. 体检结束后,360 安全卫士显示了扫描的详细结果,还对诊断结果进行分类,便于用户分类查看,并给出修复意见,可单击【一键修复】,完成修复。如图 9-11 所示。

786. 如何用 360 安全卫士查杀木马病毒?

步骤 1. 打开 360 安全卫士,单击【查杀木马】,打开【360 木马云查杀】窗口,如图 9-12 所示。

步骤 2. 在【云查杀】选项卡里提供了【快速扫描】、【全盘扫描】和【自定义扫描】三个扫描方式,用户可以根据需要进行选择,一般选择推荐项即可。

步骤 3. 扫描完成后可在【查杀结果】选项卡里查看扫描进度和扫描结果。

步骤 4. 如果查到病毒,【扫描结果】选项卡将列出所查到的病毒,并且【立即清理】按钮会变为可用状态,点击该按钮进行处理即可。

787. 如何用 360 安全卫士清理计算机中的插件?

步骤 1. 打开 360 安全卫士主界面【清理插件】选项卡,单击【立即体检】。

步骤 2. 清理插件扫描结束后,360 安全卫士会给出清理插件扫描结果,扫描结果会根据网友的评价形成的综合评分,并给出【立即清理】、【可以清理】、【建议保留】等建议,可以根据需要,

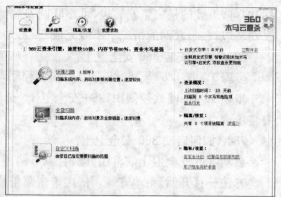

图 9-11　360 安全卫士【电脑体检】选项卡　　　　　　**图 9-12　【云查杀】选项卡**

把列表中不需要的插件名称前的复选框打上勾,单击【立即清理】,完成清理,如图 9-13 所示。

788. 如何用 360 安全卫士修复系统漏洞?

360 安全卫士提供的漏洞扫描可以针对 Windows 2000 及 Windows XP 系统进行漏洞扫描,检测出机器中存在哪些漏洞,缺少哪些补丁,并且给出漏洞的严重级别,提供相应补丁的下载和安装。运用 360 安全卫士修复系统漏洞具体步骤如下。

步骤 1. 打开 360 安全卫士主界面【修复漏洞】选项卡,单击【重新扫描】,360 安全卫士将扫描出系统中所有漏洞。

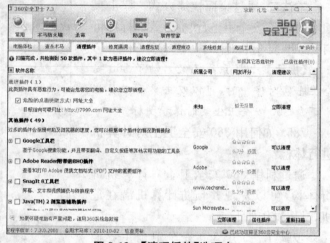

图 9-13　【清理插件】选项卡

步骤 2. 扫描的漏洞中将根据微软发布漏洞补丁时间排序,同时 360 安全卫士将标明各种漏洞的严重程度。单击即可查看该条漏洞详细信息。

步骤 3. 选择需要进行安装的补丁,单击【下载及修复】,开始下载选择的补丁,下载完毕后可自动开始安装。

789. 如何用 360 安全卫士清理计算机中的系统垃圾?

计算机运行一段时间以后,会出现电脑磁盘空间越来越小、运行速度越来越慢等现象。这是因为 Windows 在安装应用软件和使用过程中都会产生相当多的垃圾文件,这些垃圾文件不仅浪费磁盘空间,严重时还会使系统运行变慢。360 安全卫士提供了清理系统垃圾文件的功能,用 360 安全卫士清理计算机中的系统垃圾具体操作如下。

步骤 1. 打开 360 安全卫士主界面【清理系统垃圾】选项卡,选择需要清理的类别,单击【开始扫描】。

步骤 2. 扫描结束后,360 安全卫士会给出扫描结果,单击【立即清理】,可完成系统垃圾的清理。

790. 如何用 360 安全卫士清理计算机的使用痕迹?

360 安全卫士清理计算机的使用痕迹功能可以快捷方便地帮助清理使用电脑和上网时产

生的痕迹,极大地保护了个人隐私。使用360安全卫士清理计算机使用痕迹的具体步骤如下。

步骤 1. 打开360安全卫士主界面【清理痕迹】选项卡。

步骤 2. 在列表中选中要清理的项目,然后单击【开始扫描】,扫描结束后单击【开始清理】,即可完成了清理。

791. 如何用360安全卫士对系统进行修复?

在计算机的使用过程中,经常会安装一些应用程序或者上网下载软件,难免会对系统造成损害,例如修改了浏览器的主页,而且不易修复。360安全卫士针对这类恶意的系统修改设计了系统修复功能,具体步骤如下。

步骤 1. 打开360安全卫士主界面【系统修复】选项卡。

步骤 2. 360安全卫士会自动对系统进行扫描,扫描完毕后会将扫描过的条目列出,并标出安全等级和修复方式,安全等级标为【危险】的条目会显示为红色。

步骤 3. 在列表中选中要修复的项目,单击【一键修复】,360安全卫士就开始进行修复工作。

【提示】:在【系统修复】选项卡上还可以对IE浏览器进行锁定,以避免恶意软件对IE浏览器进行修改。

792. 360安全卫士的高级工具功能有什么用?

360安全卫士还提供了一个【高级工具】选项卡,该选项卡中列出了一些实用工具的图标,它提供了更为快捷的访问方式。该选项卡中还列出了其他的360安全产品的图标,如360杀毒、360安全浏览器等,单击这些图标会导航到产品对应的网站。

793. 在Windows XP中为什么要使用用户帐户?

当多人共享计算机时,每个人的习惯设置可能会有不同,这时会出现设置被更改的情况,造成不便。使用用户帐户,可以为不同用户建立相应的计算机设置,适用于多人共用一台计算机的情况。用户帐户有两种类型。一种是计算机管理员帐户,一种是受限帐户,使用计算机管理员帐户的用户有权更改所有的计算机设置,例如:访问和读取所有非私人的文件、创建与删除用户帐户、更改其他人的用户帐户、更改自己的帐户名或类型、更改自己的图片、创建更改或删除自己的密码。使用受限帐户的用户只允许更改自己的图片,创建更改或删除自己的密码。

794. 如何在Windows XP中建立一个新的用户帐户?

在一台电脑上建立多个用户,设置不同的权限,可以满足一台电脑多人使用的需求,在Windows XP中创建用户帐户具体步骤如下。

步骤 1. 依次单击菜单栏中【开始】→【控制面板】,在【控制面板】界面里双击【用户帐户】,弹出【用户帐户】界面,如图9-14所示。

步骤 2. 在【用户帐户】界面里选择【创建一个新用户】。

步骤 3. 按弹出页面提示为新帐户起名,点击【下一步】,选择一个帐户类型,单击【创建】创建帐户。这样在欢迎屏幕和开始菜单里就会出现创建的新帐户名称。

795. 如何设置更改Windows XP用户帐户的类型?

当多人使用一台计算机的时候,不能所有的用户都是管理员帐户,大部分应该是受限帐户。以受限帐户登录,只能更改某些设置,管理员帐户有权更改Windows XP用户帐户类型。更改Windows XP用户帐户类型的具体步骤如下。

步骤1. 首先要以计算机管理员帐户登录。

步骤2. 依次单击菜单栏中【开始】→【控制面板】,在【控制面板】界面里双击【用户帐户】,出现【用户帐户】界面。

步骤3. 在【用户帐户】界面里选择要更改帐户类型的帐户名。

步骤4. 单击【更改帐户类型】,选择单击所需的帐户类型,如图 9-15 所示,单击【更改帐户类型】。

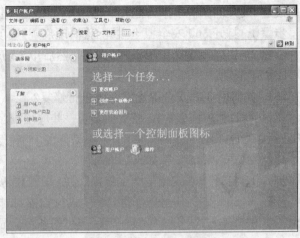

图 9-14 【用户帐户】界面

796. 如何创建和更改 Windows XP 用户帐户的密码?

步骤1. 依次单击菜单栏中【开始】→【控制面板】,在【控制面板】界面里双击【用户帐户】,出现【用户帐户】界面。

步骤2. 单击帐户名,再单击【创建密码】。

步骤3. 在【输入新密码】和【再次输入密码以确认】中,键入该帐户的密码。

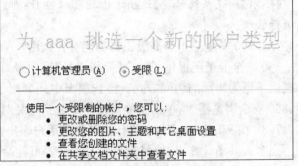

图 9-15 用户帐户类型设置

步骤4. 在【输入词或短语作为密码提示】中,输入便于记住密码的提示。如果设置了密码提示,则任何使用此计算机的用户都可以在"欢迎"屏幕上看到此提示。

【提示】:在创建用户帐户密码后,还可以更改密码,在步骤 2 中单击【更改密码】,需要注意的是只有创建了密码,才能更改。

797. Windows XP 登录选项有哪些,如何设置?

用不同的用户帐户登录到计算机时,Windows 将对帐户进行验证,以便显示人性化的桌面设置、文件和文件夹。一般有两种方式可以登录到计算机,一种是【欢迎屏幕】,另一种是【传统登录提示】。【欢迎屏幕】会列出所有可以登录的用户名,只需要单击相应的用户名即可登录,如果设置了密码的话,则必须输入登录密码才可以登录。这种方法简便、快速,但是安全性较差。【传统登录提示】要求输入用户名和登录密码,比较繁琐,但安全性较高。可以根据自己机器的安全性要求设置登录方式,具体步骤如下。

步骤1. 以计算机管理员帐户登录计算机,依次单击菜单栏中【开始】→【控制面板】,在【控制面板】界面里,双击【用户帐户】,弹出【用户帐户】界面。

步骤2. 单击【更改用户登录或注销的方式】,在【使用欢迎屏幕】前打勾,单击【应用选项】,则选择了【欢迎屏幕】登录方式。若不选择,则选择了【传统登录提示】。

798. 如何将计算机设置成登录 Windows 之前必须按【Ctrl+Alt+Delete】组合键?

将计算机设置成必须按【Ctrl+Alt+Delete】组合键才能登录 Windows 系统,可以保护计算机免受某些特洛伊木马的攻击。一些特洛伊木马程序可以模仿 Windows 登录界面,欺骗用户输入用户名和密码。具体设置步骤如下。

步骤 1. 首先要以计算机管理员帐户登录。

步骤 2. 依次单击菜单栏中【开始】→【控制面板】,在【控制面板】界面双击【用户帐户】,出现【用户帐户】窗口。

步骤 3. 选择【高级】选项卡,在【安全登录】项目中,选中【要求用户按 Ctrl+Alt+Delete】复选框,单击【确定】按钮如图 9-16 所示。

【提示】:如果在 Windows XP 的【用户帐户】里找不到【高级】选项卡,则在【开始】→【运行】里输入 control userpasswords2 也可找到。

799. 如何使用组合键锁定计算机?

在工作期间需要暂时离开办公桌,为确保计算机的安全,需要锁定计算机,只有通过输入密码才能够再次使用,以确保系统安全。具体方法有如下两种。

方法一: 如果计算机系统的登录方式设置的是【传统登录提示】,只需按下【Ctrl+Alt+Delete】组合键,单击【锁定计算机】按钮即可。再次按下【Ctrl+Alt+Delete】组合键,输入密码即可解锁。

方法二: 按下【Windows 键+L】组合键,无需关闭所有应用程序即回到登录界面。选择帐户名并输入相应密码即可解锁。

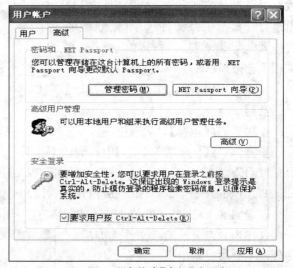

图 9-16　用户帐户【高级】选项卡

800. 如何设置屏幕保护密码?

通过设置屏幕保护密码,系统在屏幕保护程序启动后,重新开始工作时,将提示键入密码进行解锁,需要注意的是,屏幕保护程序密码与登录密码相同,如果没有使用密码登录,则不可以设置屏幕保护程序密码。具体设置步骤如下。

步骤 1. 依次单击菜单栏中【开始】→【控制面板】,在【控制面板】里双击【显示】。

步骤 2. 在【屏幕保护程序】选项卡上的【屏幕保护程序】方框中,单击屏幕保护程序。

步骤 3. 选中【在恢复时使用密码保护】复选框。如果选用的是【欢迎屏幕】登录方式,那就选中【显示欢迎屏幕】复选框。

801. 在 Windows XP 中如何加密文件和文件夹?

若不希望别人打开或修改自己的文件,可以给文件或文件夹加密。只有以自己的用户名登录计算机才有权对其进行打开和修改操作。如果以其他身份登录,单击文件夹下的文件则提示不能打开,设置加密的步骤如下。

步骤 1. 选中需要加密的文件或文件夹,右击,在弹出的快捷菜单中选择【属性】命令。

步骤 2. 在【属性】对话框中选【常规】选项卡,单击【高级】按钮,弹出【高级属性】对话框。

步骤 3. 在【高级属性】对话框中的【压缩或加密属性】中选择【加密内容以便保护数据】,单击【确定】,如图 9-17 所示。

【提示】:Windows XP 系统的加密操作只针对 NTFS 格式的磁盘分区,它对传统的 FAT16

和 FAT32 格式的分区不提供加密支持，如果想使用加密操作，就需要把磁盘转换为 NTFS 分区格式。

802. 在 Windows XP 中如何彻底隐藏文件？

通过右键单击要隐藏的文件，在弹出的菜单中选择【属性】→【常规】→【隐藏】，可以把此文件设成隐藏文件，但是通过打开显示隐藏文件选项，被隐藏的文件就能够被看见。通过如下操作，文件就不会被显示出来。

步骤 1. 依次单击菜单栏中【开始】→【运行】。

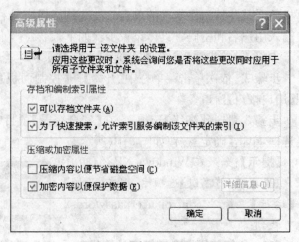

图 9-17 【高级属性】对话框

步骤 2. 在【运行】对话框中输入 regedit，打开【注册表编辑器】。

步骤 3. 在【注册表编辑器】中找到以下条目。

HKEY_LOCAL_MACHINE/SOFTWARE/Microsoft/Windows/CurrentVersion/explorer/Advanced/Folder/Hidden/SHOWALL

设置 CheckedValue 的值为 0（如果没有这一项可新建一个），如图 9-18 所示。

这样当开启显示隐藏文件功能后，文件也不会被显示出来。

803. Windows XP 的安全中心有什么作用？

安全中心提供了对系统全方位的安全管理。涉及了防火墙、病毒防护软件、自动更新三个安全要素。防火墙有助于保护计算机，阻止未授权用户通过网络或 Internet 获得对计算机的访问，Windows 将查看计算机是否受防火墙的保护；病毒防护软件可以保护您的计

图 9-18 【注册表编辑器】

算机免受病毒和其他安全问题的威胁，Windows 将检查您的计算机是否正在使用完整的最新防病毒程序；使用自动更新，Windows 可以定期地检查针对于您计算机的最新的重要更新，然后自动安装这些更新。安全中心同时检测防火墙、自动更新、病毒防护软件的工作状态，对于状态正常的设置，安全中心会用绿色显示；反之，相应的选项出现异常情况，如关闭或禁用，会以红色显示。如果出现的问题涉及这三个安全要素之一（如病毒防护程序已过期、防火墙未开启等），那么安全中心将向用户发送警报，并提供建议做法以便用户可以更好地保护计算机。

804. 如何打开 Windows XP 的安全中心？

打开 Windows XP 的安全中心有两种方法。

方法一：依次单击菜单栏中【开始】→【控制面板】→【安全中心】。

方法二：双击桌面工具栏右下角 Windows 安全报警图标即可。

【提示】：如果使用的计算机是网络上的组成部分，则您的安全设置通常将由网络管理员进行管理。在这种情况下，【安全中心】不显示安全状态，也不发送通知。

805. 如何启用或关闭 Windows XP SP2 自带的防火墙？

防火墙有助于保护计算机，阻止未授权用户通过网络或 Internet 获得对计算机的访问。Windows 防火墙内置在 Windows XP 中，启用它将帮助保护计算机免受病毒攻击和其他安全威胁。具体步骤如下。

步骤 1. 依次单击菜单栏中【开始】→【控制面板】→【网络和 Internet 连接】，选择【Windows 防火墙】选项即可打开 Windows 防火墙，如图 9-19 所示。或者依次单击菜单栏中【开始】→【控制面板】→【安全中心】，然后选择【Windows 防火墙】。

步骤 2. 在【常规】选项卡中选择默认项启用（推荐），则启用了 Windows XP 自带的防火墙。如果选择了关闭，则关闭了 Windows XP 自带的防火墙。

步骤 3. 在【例外】选项卡中，可以像使用其他网络防火墙一样来编辑拦截规则。在这里可以手动编辑允许连接的应用程序，包括添加程序、添加端口、编辑和删除。

步骤 4. 在【高级】选项卡中，包含了【网络连接设置】、【安全日志记录】、【ICMP 设置】和【还原默认设置】四组选项，可以根据实际情况进行配置。

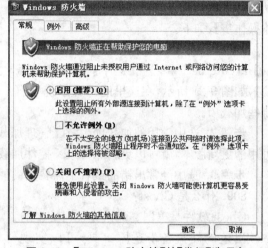

图 9-19　【Windows 防火墙】的【常规】选项卡

806. Windows XP 安全中心病毒防护选项的设置？

病毒防护软件可以保护计算机免受病毒和其他安全问题的威胁。Windows 将检查计算机是否正在使用完整的最新防病毒程序。需要注意的是【病毒防护】选项，由于目前绝大多数杀毒软件都不能被识别，所以在每次开机时都会有提示，而实际上已经安装了它不能识别的杀毒软件，如何设置取消这个提示，具体步骤如下。

步骤 1. 依次单击菜单栏中【开始】→【控制面板】→【安全中心】，进入安全中心。

步骤 2. 点击【病毒防护】项下的【建议】，勾选【我已经安装了防病毒程序并将自己监视其状态】，单击【确定】即可。

【提示】：如果【病毒防护】设置标记为【启用】时，【建议】按钮不可用。

807. 如何阻止 IE 浏览器的弹出窗口？

Windows XP SP2 为 IE 浏览器增加了屏蔽弹出窗口功能。具体操作步骤如下。

步骤 1. 打开 IE 浏览器，单击菜单栏的【工具】→【Internet 属性】，在弹出的【Internet 选项】窗口中，选择【隐私】选项卡，如图 9-20 所示。

步骤 2. 选中最下方【弹出窗口阻止程序】中的【阻止弹出窗口】选项前的复选框。以后当第一次访问那些有弹出窗口的网站时，系统会弹出对话框询问，用户只需要选择【是】就可阻止该弹出窗口显示，并且在下一次访问该页面时，IE 浏览器会自动拦截该页面的弹出。

步骤 3. 如果有些网站的弹出窗口希望能够正常浏览,可以打开 IE 浏览器,依次单击【工具】→【Internet 属性】→【隐私】,单击【设置】按钮,在窗口中的【要添加的网站地址】下输入特定的网站地址,再单击【添加】按钮即可。

808. 如何统一管理 IE 浏览器加载项?

在使用计算机的时候,经常会给自己的 IE 浏览器安装辅助插件,比如 3721、google 搜索工具条,有时在安装工具软件时也会自动添加一些插件。如何管理这么多插件,具体操作步骤如下。

步骤 1. 打开 IE 浏览器,依次单击【工具】→【Internet 属性】→【程序】→【管理加载项】,如图 9-21 所示,在这里能查看系统中有哪些加载项。

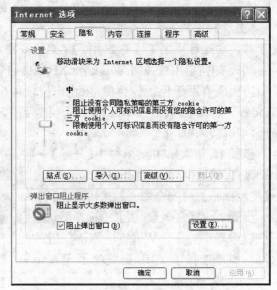

图 9-20　【Internet 选项】窗口的【隐私】选项卡

步骤 2. 选中常用的加载项,并在【管理加载项】对话框右下角的【更新 ActiveX】,如果存在可用的更新版本,就可以更新 ActiveX 控件加载项。

步骤 3. 选中经常出错的或者不需要用的插件,选择【禁用】,就可以禁用。

809. 什么是 Ghost?

Ghost 软件是美国赛门铁克公司推出的一款出色的硬盘备份还原工具,可以实现 FAT16、FAT32、NTFS、OS2 等多种硬盘分区格式的分区及硬盘的备份还原,俗称克隆软件。Ghost 的备份还原是以硬盘的扇区为单位进行的,也就是说可以将一个硬盘上的物理信息完整复制,包括系统中所有的内容,包括声音动画图像、磁盘碎片等,都可以完整复制。它的工作方式是将分区或硬盘直接备份到一个扩展名为 gho 的文件里(镜像文件),也可以将分区或硬盘直接备份到另一个分区或硬盘里。

810. 如何启动 Ghost?

Ghost 只支持 DOS 操作系统的运行环境,启动 Ghost 的步骤如下。

图 9-21　【管理加载项】对话框

步骤 1. Ghost 是免费软件,在网上搜索 Ghost 8.0,就可以在很多网站上下载。

步骤 2. 把下载的 Ghost 文件复制到启动盘里,可以是启动 U 盘里,也可将其刻录到启动光盘。

步骤 3. 用启动盘进入 DOS 环境后,在提示符下输入 Ghost,回车即可运行 Ghost。

步骤 4. 按任意键进入 Ghost 操作界面，出现 Ghost 菜单如图 9-22 所示。

811. Ghost 菜单功能简介？

Ghost 主菜单共有四项，如图 9-23 所示，从下至上分别为【Quit】(退出)、【Help】(帮助)、【Options】(选项)、【GhostCast】(多播服务，主要用于机房网络克隆)、【Peer to Peer】(点对点，主要用于网络中)、【Local】(本地)。一般情况下只用到【Local】菜单项，其下有三个子项：【Disk】(硬盘备份与还原)、【Partition】(磁盘分区备份与还原)、【Check】(硬盘检测)，前两项功能是用得最多的。

812. 如何利用 Ghost 进行分区备份？

重新安装好了系统，如何对系统分区进行克隆呢？具体操作步骤如下。

步骤 1. 选【Local】→【Partition】→【To Image】菜单，弹出硬盘选择窗口，开始分区备份操作，如图 9-24 所示。

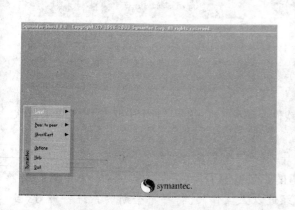

图 9-22　Ghost 运行界面

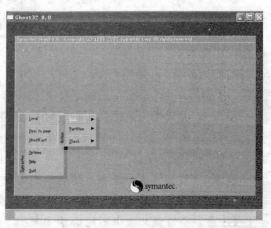

图 9-23　Gost Local 菜单项

步骤 2. 单击弹出窗口中白色的硬盘信息条，选择需要备份的硬盘，进入窗口，选择要操作的分区，若没有鼠标，可用键盘进行操作【Tab】键进行切换，回车键进行确认，方向键进行选择。

步骤 3. 在弹出的窗口中选择备份储存的目录路径并输入备份文件名称，注意备份文件的名称带有 gho 的扩展名。

步骤 4. 接下来，程序会询问是

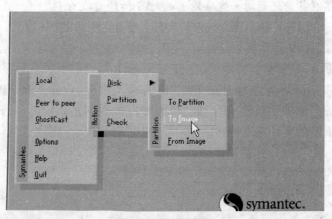

图 9-24　分区备份

否压缩备份数据，并给出 3 个选择：【No】表示不压缩，Fast 表示压缩比例小而执行备份速度较快，【High】就是压缩比例高但执行备份速度相当慢。最后选择【Yes】按钮即开始进行分区硬盘的备份。

Ghost 备份的速度相当快，备份的文件以 gho 后缀名储存在设定的目录中。

813. 如何利用 Ghost 镜像文件对分区进行恢复？

若计算机运行缓慢，系统崩溃或者中了比较难以杀除的病毒时，就可以利用以前克隆的镜像文件进行克隆还原了，具体步骤如下。

步骤 1. 在界面中选择菜单【Local】→【Partition】→【From Image】，如图 9-25 所示。

步骤 2. 在弹出窗口中选择想要还原的备份文件，再选择需要还原的硬盘和分区，单击【Yes】按钮即可开始还原。

【提示】：一定要注意选对目标硬盘或分区，否则会将丢失数据。

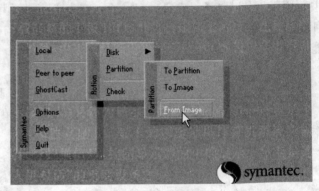

图 9-25 分区还原

814. Ghost 的最佳使用方案是什么？

Ghost 备份要选择合适的时机，一般在刚安装完操作系统，并安装了必备的应用软件后，使用 Ghost 进行备份，用 Ghost 软件进行备份的最佳方案和步骤如下。

步骤 1. 完成操作系统及各种驱动的安装。

步骤 2. 将常用的软件如杀毒、媒体播放软件、office 办公软件、工作中必须用到的工作软件等安装到系统所在盘。

步骤 3. 安装操作系统和常用软件的各种升级补丁，然后优化系统。

步骤 4. 用启动盘启动到 DOS 下做系统盘的克隆备份了。

【注意】：备份盘的大小不能小于系统盘。经过以上操作，就将一个全新的系统备份好，当感觉计算机运行缓慢，系统崩溃或者中了比较难以杀除的病毒时，就可以进行克隆还原了。当然在备份还原时一定要注意选对目标硬盘或分区。

815. 利用 Ghost 进行恢复时必须要注意的问题？

Ghost 软件方便好用，使用它时要注意一些细节问题。①在备份系统时，单个的备份文件最好不要超过 2GB。②在备份系统前，最好将一些无用的文件删除以减少 Ghost 文件的体积。如 Windows 的临时文件夹、IE 临时文件夹、Windows 的内存交换文件。③在备份系统前，整理目标盘和源盘，以加快备份速度。④在恢复系统时，最好先检查一下要恢复的目标盘是否有重要的文件还未转移，一定要注意选对分区，否则硬盘信息被覆盖后，很难恢复。